G. Hilgarth
Hochspannungstechnik

Moeller

Leitfaden der Elektrotechnik

Herausgegeben von
Professor Dr.-Ing. Hans Fricke
Technische Universität Braunschweig
Professor Dr.-Ing. Heinrich Frohne
Universität Hannover
Professor Dr.-Ing. Norbert Höptner
Fachhochschule Karlsruhe
Professor Dr.-Ing. Karl-Heinz Löcherer
Universität Hannover
Professor Dr.-Ing. Paul Vaske †

Springer Fachmedien Wiesbaden GmbH

Hochspannungstechnik

Von Prof. Dr.-Ing. Günther Hilgarth
Fachhochschule Braunschweig/Wolfenbüttel

2., überarbeitete und erweiterte Auflage

Mit 172 Bildern, 16 Tafeln und 46 Beispielen

Springer Fachmedien Wiesbaden GmbH 1992

Die Deutsche Bibliothek - CIP-Einheitsaufnahme

Leitfaden der Elektrotechnik / Moeller.
Hrsg. von Hans Fricke ... Stuttgart : Teubner.
NE: Moeller, Franz [Begr.] ; Fricke, Hans [Hrsg.]
Hilgarth, Günther: Hochspannungstechnik.
2., überarb. u. erw. Aufl. - 1992

Hilgarth, Günther:
Hochspannungstechnik / von Günther Hilgarth.
2., überarb. und erw. Aufl. - Teubner : Stuttgart, 1992
(Leitfaden der Elektrotechnik)
ISBN 978-3-519-16422-7 ISBN 978-3-663-10316-5 (eBook)
DOI 10.1007/978-3-663-10316-5

Ursprünglich erschienen bei B.G. Teubner Stuttgart 1992.

Satz: Satz- & Grafikstudio Tanomvet, Beindersheim
Umschlaggestaltung: W. Koch, Sindelfingen

Vorwort

Die Hochspannungstechnik wurde bisher innerhalb der Lehrbuchreihe „Leitfaden der Elektrotechnik" in Band IX „Elektrische Energieverteilung“ recht knapp in einem Abschnitt „Elektrische Festigkeitslehre“ behandelt. Die vielen Anregungen, diesen Abschnitt weiter auszubauen und außerdem Band IX in Teilgebieten der Energieverteilung zu ergänzen, haben zu dem Entschluß geführt, einen eigenen Band „Hochspannungstechnik“ in die Buchreihe aufzunehmen.

Hochspannungstechnik wird in vielen Bereichen der Elektrotechnik in vielfältiger Weise eingesetzt. Ein in seinem Umfang begrenztes Lehrbuch kann deshalb nicht dem Anspruch genügen, dieses Fachgebiet vollständig behandeln zu wollen. Dieser Band beschränkt sich daher auf jenen Teilbereich, der der Theorie und dem Hochspannungslaboratorium zugeordnet werden kann und der auch die Lehre beherrscht. Er wendet sich somit vorwiegend an Studenten von Hochschulen und klammert die unmittelbar dem schnellen technischen Wandel unterliegenden Hochspannungsgeräte und -anlagen und ihren Betrieb aus.

Grundlage der Hochspannungstechnik ist das elektrische Feld, das im ersten Abschnitt behandelt wird. Hier werden auch die gebräuchlichsten numerischen Verfahren zur Feldberechnung mit Digitalrechnern im Ansatz aufgezeigt. Die folgenden Abschnitte beschreiben die Durchschlagmechanismen in gasförmigen, flüssigen und festen Isolierstoffen, die Erzeugung und die Messung hoher Spannungen sowie die Hochspannungsprüfung von Betriebsmitteln und Isolierstoffen. Ferner werden die Entstehung von Überspannungen in elektrischen Netzen ihre Fortpflanzung über Leitungen als Wanderwellen und ihre Begrenzung durch Überspannungsableiter behandelt.

Diesen Stoffumfang in einem preislich vertretbaren Buch unterzubringen, erfordert die Beschränkung auf wesentliche Zusammenhänge und gestattet teilweise nur knappe Darstellungen. Vornehmlich sollen Kenntnisse über physikalische Zusammenhänge vermittelt werden. Soweit es hierbei der Anschaulichkeit zugute kommt, werden Vereinfachungen in Kauf genommen. Alle Ableitungen beziehen sich auf leicht berechenbare Elektrodenanordnungen (Platten, Zylinder, Kugeln), zumal sich so gewonnene Erkenntnisse auf andere Elektrodenformen übertragen lassen.

Die Entscheidung, was eingehend behandelt, kurzgefaßt oder gar fortgelassen wird, unterliegt der subjektiven Bewertung durch den Verfasser. Mancher Leser hätte vielleicht die Schwerpunkte anders gesetzt. Fachkundige Anregungen zur inhaltlichen Verbesserung des Buches und kritische Anmerkungen zu fachlichen Aussagen werden deshalb dankend entgegengenommen. Dies gilt auch für die in der Erstauflage leider unvermeidlichen Druckfehler.

Zur Erzielung eines möglichst niedrigen Buchpreises wurde dieser Band auf Wunsch des Verlages in Schreibsatz hergestellt, bei dem auf eine Unterscheidung von kursiv gesetzten Formelzeichen und steil geschriebenen Einheitskurzzeichen verzichtet werden muß. Die Kennzeichnung von Vektoren erfolgt durch Pfeile über den Formelzeichen. Gleichungen und Bilder sind in jedem Abschnitt fortlaufend numeriert, wobei die erste Zahl den Abschnitt angibt. Grundsätzlich werden nur Größengleichungen und das Internationale Einheitensystem (SI) verwendet. Bei Formelzeichen und Indizes wurde nach Möglichkeit DIN 1304 beachtet.

Herrn Prof. Dr.-Ing. P. Vaske danke ich für die kritische Durchsicht des Manuskripts, die Koordination mit den anderen Bänden der Buchreihe und für die vielen wertvollen Anregungen. Mein besonderer Dank gilt meiner Frau, die gewissenhaft alle Texte redaktionell überprüft und verständnisvoll auf viele Stunden der Gemeinsamkeit verzichtet hat. Dem Verlag sei für die gute Zusammenarbeit und die sorgfältige Herstellung des Buches gedankt.

Wolfenbüttel, im Frühjahr 1981 Günther Hilgarth

Vorwort zur 2. Auflage

Nach dem Erscheinen der Erstauflage haben sich viele Fachkollegen kritisch mit diesem Buch befaßt und haben Anregungen eingebracht, was bei einer Neuauflage verbessert oder zusätzlich berücksichtigt werden sollte. All jenen, die auf diese Weise Interesse an dem Buch bewiesen haben, sage ich herzlichen Dank. Unter Beibehaltung des ursprünglichen Konzepts hat sich der Verfasser bemüht, möglichst viele Vorschläge in der neuen Auflage zu berücksichtigen. Der Versuch, jeder Anregung im vollen Umfang zu folgen, hätte jedoch den für das Buch vorgesehenen Rahmen gesprengt. Es muß deshalb um Nachsicht gebeten werden, wenn manches nur in knapper Form oder auch gar nicht berücksichtigt werden konnte.

In die vorliegende Auflage wurden das verlustbehaftete Dielektrikum, die Methode der Finiten Elemente zur numerischen Feldberechnung, die rechnerische Behandlung der Gleitentladung und das Bergeron-Verfahren zur Behandlung der Mehrfachreflexion bei Wanderwellen neu aufgenommen. Die statistische Auswertung wurde als gesondertes Kapitel eingefügt. Außerdem sind einige Beispiele hinzugefügt worden. Ganze Abschnitte oder Abschnittsteile wurden völlig überarbeitet und inhaltlich ergänzt.

Herrn Prof. Dipl.-Ing. W. Eysoldt danke ich für die fachliche Durchsicht des Manuskripts. Ein besonderer Dank gilt aber meiner Frau, die mich bei der redaktionellen Überarbeitung aller Textvorlagen wirkungsvoll unterstützt hat. Ebenso danke ich dem Verlag für die gute Zusammenarbeit.

Wolfenbüttel, im Herbst 1991 Günther Hilgarth

Inhalt

2 Gasförmige Isolierstoffe

3 Feste Isolierstoffe

4 Flüssige Isolierstoffe

5 Statistische Auswertung

6 Erzeugung hoher Spannungen

7 Messung hoher Spannungen

8 Hochspannungsprüfung

9 Überspannungen und Wanderwellen

Anhang

Hinweise auf DIN-Normen in diesem Werk entsprechen dem Stand der Normung bei Abschluß des Manuskriptes. Maßgebend sind die jeweils neuesten Ausgaben der Normblätter des DIN Deutsches Institut für Normung e. V. im Format DIN A 4, die durch die Beuth-Verlag GmbH Berlin und Köln, zu beziehen sind. – Sinngemäß gilt das gleiche für alle in diesem Buch angezogenen amtlichen Richtlinien, Bestimmungen und Verordnungen usw.

1 Elektrisches Feld

Ursache aller elektrischen Erscheinungen sind positive und negative elektrische Ladungen, wobei sich ungleichartige Ladungen gegenseitig anziehen und auszugleichen suchen bzw. gleichartige Ladungen sich gegenseitig abstoßen. Die Ladungsvorzeichen sind dabei willkürlich festgelegt, um auf diese Weise zu einer einheitlichen rechnerischen Behandlung zu gelangen.

Die Ladung selbst ist nicht an den Begriff Masse gebunden, sie ist aber nicht ohne Ladungsträger denkbar. Solche elektrisch geladenen Teilchen nennt man Ionen. Unter den Ladungsträgern nehmen das elektrisch positiv geladene Proton mit der kleinstmöglichen Ladung, der Elementarladung $e = 0{,}16$ a As und das negativ geladene Elektron mit der Ladung $Q_e = -e$ Sonderstellungen ein. Alle anderen möglichen Ladungswerte betragen ein ganzes Vielfaches dieser Elementarladung. Für die Betrachtungen in diesem Buch genügt es, mit dem Ladungsbetrag zu rechnen.

Werden nun Ladungen unterschiedlichen Vorzeichens voneinander räumlich getrennt, so werden auch auf in diesen Raum eingebrachte Ladungen Kräfte ausgeübt. Der Raum, in dem dieser Zwangszustand herrscht, wird elektrisches Feld genannt.

Ein wertvolles Hilfsmittel zur Veranschaulichung des Feldes ist das Feldbild. Es ist die Darstellung einiger Kraftwirkungslinien, auf denen beispielsweise sehr langsam wandernde Ladungsträger von einer Elektrode zur anderen bewegt würden. Solche Linien bezeichnet man als Feld- oder Verschiebungslinien. Je nachdem, ob eine Ladungsträgerströmung zwischen den Elektroden möglich (elektrischer Leiter) oder praktisch ausgeschlossen ist (Nichtleiter, Dielektrikum), unterscheidet man elektrische Strömungsfelder und elektrostatische Felder.

Die elektrische Festigkeitslehre befaßt sich vornehmlich mit den Eigenschaften und dem Verhalten von Isoliermitteln unter der Einwirkung von elektrischen Feldern. Sie dient somit der Aufgabe, Isolieranordnungen optimal zu gestalten und elektrische Entladungen nach Möglichkeit zu verhindern. Grundlage für die Bearbeitung elektrischer Festigkeitsprobleme ist also das elektrostatische Feld, das im Folgenden nochmals in knapper Form behandelt wird. Wer sich ausführlicher mit dem elektrischen Feld beschäftigen möchte, sei auf Band I, Teil 2 verwiesen[1]).

---

[1]) Zusammenstellung der Leitfadenbände am Ende des Buches

1.1 Elektrische Feldstärke

Das elektrische Feld ist gekennzeichnet durch seine Kraftwirkung auf elektrische Ladungen. Die e l e k t r i s c h e F e l d s t ä r k e

$$\vec{E} = \vec{F} \,/\, Q_p^+ \tag{1.1}$$

wird deshalb definiert als die Kraft $\vec{F}$, die auf eine p o s i t i v e Probeladung Q_p^+ wirkt (Bild 1.1).

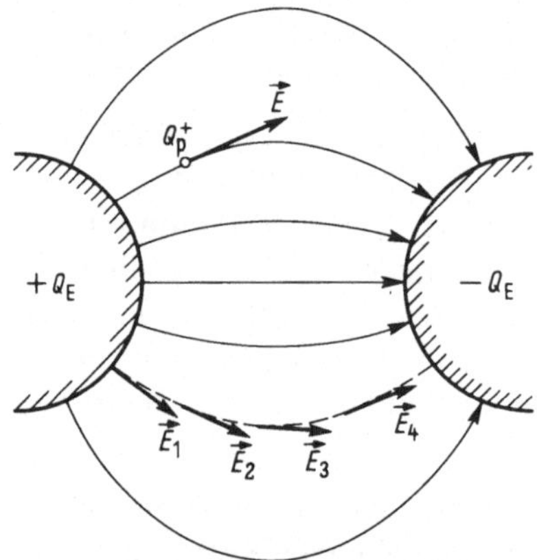

1.1
Feldbild zur Definition der elektrischen Feldstärke $\vec{E}$

Setzt man die Kraft in N (Newton) und die Ladung in As ein, so ergibt sich die Einheit der Feldstärke in N / (As) = V / m. Die Größe der Ladung Q_p^+ ist beliebig; es wird aber vorausgesetzt, daß die Probeladung Q_p^+ sehr klein gegenüber der Erzeugerladung Q_E ist und so das auszumessende elektrische Feld selbst nicht beeinflußt.

Da die Kraft ein Vektor, die Ladung dagegen ein Skalar ist, muß auch die elektrische Feldstärke ein V e k t o r[1]) sein, wenn die Definitionsgleichung (1.1) erfüllt sein soll. Durch die Vereinbarung einer positiven Probeladung ist ferner die Richtung für alle Feldstärkevektoren eindeutig festgelegt. Sie sind jeweils einem Raumpunkt zugeordnet. Je mehr von ihnen bekannt sind, umso genauer kann das elektrische Feld beschrieben werden. Die Feldlinien ergeben sich dabei als Raumkurven, deren Tangenten mit den Richtungen der Feldstärkevektoren übereinstimmen. Haben alle Feldstärkevektoren im betrachteten Feldbereich gleichen Betrag und gleiche Richtung, so spricht man von einem h o m o g e n e n F e l d.

---

[1]) Vektoren werden in diesem Buch durch Pfeile über den Formelzeichen gekennzeichnet.

1.2 Elektrisches Potential und Spannung

In Bild 1.2 ist ein kleiner Ladungsträger mit der positiven Ladung Q_p^+ angedeutet, der – bedingt durch die Feldkräfte – auf der Oberfläche der negativ geladenen Elektrode liegt. Das Schwerefeld bleibt bei dieser Betrachtung ausgeschlossen.

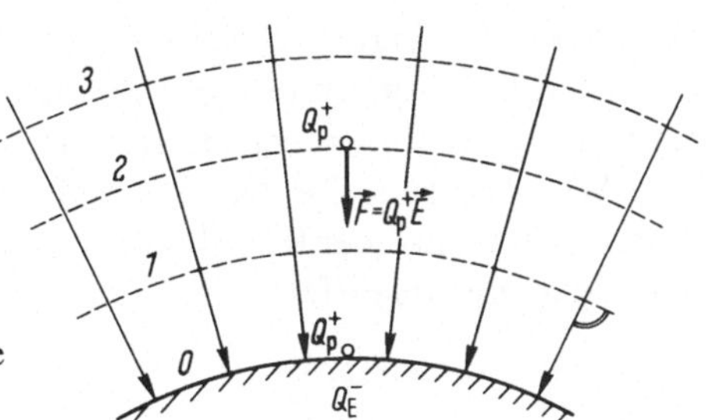

1.2
Feldbild zur Erläuterung des elektrischen Potentials. Q_p^+ positive Probeladung, Q_E^- negative Erzeugerladung 0, 1, 2, 3 Äquipotentialflächen

Verschiebt man die Ladung gegen die Feldkräfte beispielsweise auf die Entfernung der Linie 2, wird eine bestimmte potentielle Energie W_{p2} gegenüber der Bezugsfläche 0 gespeichert, die der Ladung Q_p^+ direkt proportional ist. Die auf die Ladung bezogene potentielle Energie wird als das elektrische Potential

$$\varphi = W_p \,/\, Q_p^+ \tag{1.2}$$

bezeichnet. Setzt man die Energie in Ws und die Ladung in As ein, so erhält man das Potential in Ws / (As) = V.

Alle Punkte, für die sich derselbe Betrag für den Quotienten $W_p \,/\, Q_p^+$ ergibt, bilden eine Äquipotentialfläche. Im Beispiel wird die Elektrodenoberfläche als Bezugspotential $\varphi = 0$ angenommen. Ihr lassen sich unendlich viele Äquipotentialflächen zuordnen, von denen in Bild 1.2 drei angedeutet sind. Da es aber kein absolutes Bezugspotential gibt, kann auch jeder anderen Äquipotentialfläche das Bezugspotential $\varphi = 0$ zugeordnet werden, wobei die Potentiale aller übrigen Flächen auf dieses Nullniveau bezogen werden.

Gibt man den auf der Äquipotentialfläche 2 gehaltenen Ladungsträger frei und läßt ihn durch die Kraft des Feldes auf einem beliebigen Weg s bis zur Äquipotentialfläche 1 befördern, so wird die potentielle Energie von W_{p2} auf W_{p1} abgebaut, wobei die Energiedifferenz

$$W_{p2} - W_{p1} = Q_p^+ (\varphi_2 - \varphi_1) = \int_2^1 \vec{F}\, d\vec{s} = Q_p^+ \int_2^1 \vec{E}\, d\vec{s} = Q_p^+\, U_{21}$$

gleich der vom Feld verrichteten Arbeit ist. Hierbei ist $d\vec{s}$ der Vektor des Wegelements. Mit $U_{12} = -U_{21}$ gilt für die Spannung

$$U_{12} = \varphi_1 - \varphi_2 = \int_1^2 \vec{E}\, d\vec{s} \tag{1.3}$$

die Potentialdifferenz zwischen den Äquipotentialflächen 1 und 2.

Zwischen zwei Punkten ein und derselben Äquipotentialfläche besteht folglich die Potentialdifferenz Null. Nach Gl. (1.3) muß dann das Skalarprodukt $\vec{E}\, d\vec{s} = 0$ sein. Das ist der Fall, wenn die beiden Vektoren $\vec{E}$ und $d\vec{s}$ senkrecht zueinander stehen. Folglich müssen alle Verschiebungslinien alle Äquipotentiallinien senkrecht durchdringen

Wird das Feld in kartesischen Koordinaten betrachtet, so läßt sich der Feldstärkevektor $\vec{E}$ nach Bild 1.3 in seine drei Komponenten zerlegen, deren Beträge $E_x = \partial\varphi / \partial x$, $E_y = \partial\varphi / \partial y$ und $E_z = \partial\varphi / \partial z$ sich als die Differentialquotienten des Potentials nach dem Weg ergeben. Die partielle Schreibweise soll darauf hinweisen, daß jeweils ausschließlich in einer Koordinatenrichtung bei Konstanthaltung der beiden anderen Koordinatenwerte differenziert wird.

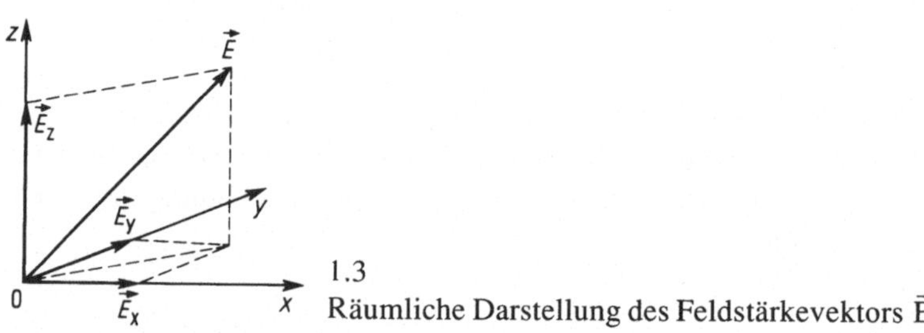

1.3
Räumliche Darstellung des Feldstärkevektors $\vec{E}$

Da ein Feldstärkevektor immer in Richtung des Potentialgefälles, also des negativen Differentialquotienten, weist, gilt mit den in die positiven Richtungen der drei Koordinatenachsen zeigenden Einheitsvektoren $\vec{i}$, $\vec{j}$ und $\vec{k}$ für den Feldstärkevektor im Raum

$$\vec{E} = -\left(\vec{i}\,\frac{\partial\varphi}{\partial x} + \vec{j}\,\frac{\partial\varphi}{\partial y} + \vec{k}\,\frac{\partial\varphi}{\partial z}\right) = -\operatorname{grad}\varphi \tag{1.4}$$

Hierbei wird der Klammerausdruck als Gradient des Potentials bezeichnet und durch das Kurzzeichen grad φ ersetzt.

Jedes elektrische Feld hat eine räumliche Ausdehnung und kann entweder durch die Feldstärkevektoren $\vec{E}$ (Vektorfeld) oder durch das Potential φ (Potentialfeld) rechnerisch erfaßt werden. Läßt es sich jedoch allein durch zwei Koordinaten eindeutig beschreiben, ist also z. B. $\partial\varphi / \partial z = 0$, so spricht man von einem zweidimensionalen Feld.

Beispiel 1.1. Ein zweidimensionales elektrisches Feld sei durch die Potentialgleichung

$$\varphi = m \ln [a (x^2 + y^2)] = f(x, y)$$

mit den Konstanten m und a beschrieben. Der Punkt P_0 mit $x_0 = 0{,}5$ cm und $y_0 = 0$ liegt auf der Oberfläche einer Elektrode und hat das Bezugspotential $\varphi_0 = 0$. Im Feldpunkt P_1 mit $x_1 = 6{,}0$ cm und $y_1 = 4{,}0$ cm beträgt das Potential $\varphi_1 = +\,8{,}0$ kV. Es sind die Konstanten m und a zu bestimmen; das Feldbild ist darzustellen und die Gleichung für die Feldstärke anzugeben.

Im Punkt P_0 ist das Bezugspotential

$$\varphi_0 = 0 = m \ln [a\,(x_0^2 + y_0^2)] = m \ln (a \cdot 0{,}25\,\text{cm}^2)$$

Folglich muß $a \cdot 0{,}25\,\text{cm}^2 = 1$ und $a = 1/(0{,}25\,\text{cm}^2) = 4{,}0\,\text{cm}^{-2}$ sein. Im Punkt P_1 ist das Potential

$$\begin{aligned}\varphi_1 &= 8{,}0\,\text{kV} = m \ln [a\,(x_1^2 + y_1^2)] = m \ln [4{,}0\,\text{cm}^{-2}\,(6{,}0^2 + 4{,}0^2)\,\text{cm}^2] \\ &= 5{,}338\,\text{m}\end{aligned}$$

und somit

$$m = 8{,}0\,\text{kV} / 5{,}338 = 1{,}499\,\text{kV}$$

Um das Feldbild zeichnen zu können, muß die Funktion aller Äquipotentiallinien bekannt sein. Aus der Potentialgleichung erhält man für jedes beliebige, aber konstante Potential die Kreisgleichung

$$x^2 + y^2 = (e^{\varphi/m})/a = r^2$$

Alle Äquipotentiallinien sind also konzentrische Kreise um den Koordinatenursprung mit dem Radius

$$r = (e^{\varphi/(2m)})/\sqrt{a} = (e^{\varphi/(2{,}998\,\text{kV})})/(2{,}0\,\text{cm}^{-1}) = 0{,}5\,\text{cm}\,(e^{\varphi/(2{,}998\,\text{kV})})$$

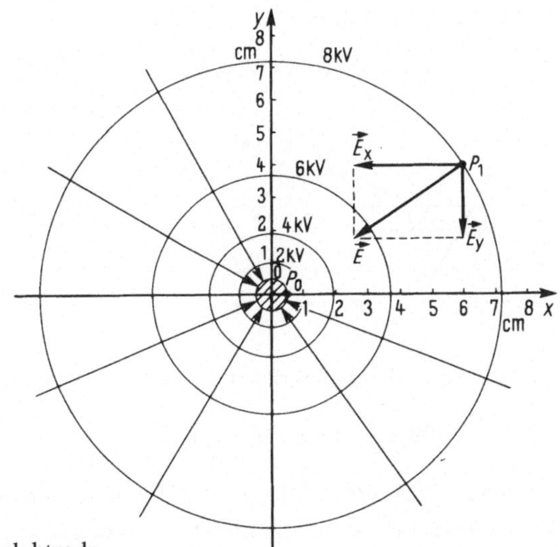

1.4
Radialsymmetrisches Feld der Zylinderelektrode

Die Potentialgleichung beschreibt somit das in Bild 1.4 dargestellte rotationssymmetrische Feld um einen zylindrischen Leiter mit dem Radius $r_z = 0{,}5$ cm. Die Äquipotentialflächen sind koaxiale Zylinderschalen, so daß sich in Richtung der z-Achse keine Potentialänderung ergibt. Mit $\partial\varphi/\partial x = 2\,mx/(x^2 + y^2)$ und $\partial\varphi/\partial y = 2\,my/(x^2 + y^2)$ gilt für die elektrische Feldstärke

$$\vec{E} = -\left(\vec{i}\,\frac{\partial\varphi}{\partial x} + \vec{j}\,\frac{\partial\varphi}{\partial y}\right) = -\frac{2\,m}{x^2 + y^2}\,(\vec{i}x + \vec{j}y)$$

Für den Punkt P_1 ist dann der Feldstärkevektor

$$\vec{E} = -\frac{2 \cdot 1{,}499\ \text{kV}}{(6{,}0\ \text{cm})^2 + (4{,}0\ \text{cm})^2}(\vec{i} \cdot 6{,}0\ \text{cm} + \vec{j} \cdot 4{,}0\ \text{cm})$$

$$= -\vec{i} \cdot 0{,}3459\ (\text{kV}/\text{cm}) - \vec{j} \cdot 0{,}2306\ (\text{kV}/\text{cm})$$

der in Bild 1.4 mit eingetragen ist.

1.3 Verschiebungsfluß und Verschiebungsdichte

Das elektrostatische Feld ist ein Quellenfeld, da die Verschiebungslinien bei den Ladungen beginnen und enden. Die Gesamtheit aller Verschiebungslinien bildet den Verschiebungsfluß $\Psi_0 = Q$, der gleich der auf der positiven Elektrode befindlichen Ladung + Q ist. Unter der Verschiebungsdichte D versteht man den Quotienten aus Verschiebungsfluß und einer von diesem senkrecht durchsetzten Fläche. Für eine beliebig im Raum liegende, differential kleine Fläche dA (Bild 1.5) ist also die Projektion in eine Äquipotentialfläche dA cos α anzusetzen, wenn α der Winkel ist, den der Flächenvektor $d\vec{A}$ gegenüber dem Verschiebungsdichtevektor $\vec{D}$ einnimmt. Dann ist

$$D = d\Psi / (dA \cos \alpha)$$

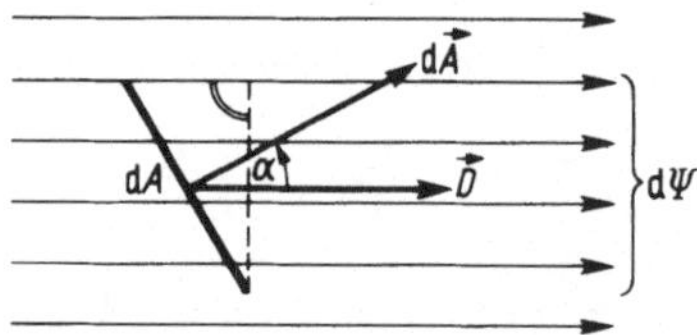

1.5
Flächenelement dA im elektrischen Feld

Umgeformt ergibt sich der differentielle Verschiebungsfluß

$$d\Psi = D\, dA \cos \alpha = \vec{D}\, d\vec{A}$$

als inneres Vektorprodukt aus der Verschiebungsdichte $\vec{D}$ und dem Flächenvektor $d\vec{A}$. Werden die differential kleinen Flußanteile über eine beliebige Fläche integriert, erhält man den Verschiebungsfluß

$$\Psi = \int \vec{D}\, d\vec{A} \tag{1.5}$$

Wird das Integral über eine geschlossene Fläche A gebildet – z. B. über eine Kugelfläche – so erhält man die Quellenladung

$$Q = \oint_A \vec{D}\, d\vec{A} \tag{1.6}$$

die sich in dem von der Fläche umschlossenen Raum befindet, durch Integration über eine Hülle.

1.4 Dielektrischer Widerstand und Kapazität

In Bild 1.6 wird ein differential kleines Volumen betrachtet, das von zwei Seiten durch die beiden um den Abstand ds voneinander entfernten Teiläquipotentialflächen A und im übrigen durch Flächen begrenzt wird, die von den Verschiebungslinien tangiert werden. Die Seitenflächen A können zwar beliebig groß sein, jedoch sollen sie als so klein angenommen werden, daß das im Volumen A ds herrschende elektrische Feld als homogen angesehen werden kann. Diesem Feldstück kann ein dielektrischer Widerstand

$$dR_{di} = \frac{ds}{\varepsilon A} = \frac{ds}{\varepsilon_0 \varepsilon_r A} \qquad (1.7)$$

zugeordnet werden. Hierin ist $\varepsilon = \varepsilon_r \varepsilon_0$ die dieelektrische Leitfähigkeit, auch Dielektrizitätskonstante genannt. Da sie aber nicht immer konstant ist, wird in solchen Fällen die Bezeichnung Permittivität bevorzugt. Sie ist das Produkt aus der Dielektrizitätszahl ε_r und der elektrischen Feldkonstanten (absoluten Dielektrizitätskonstanten) ε_0 = 8,854 pF / m = 88,54 fAs / (V cm), die für Vakuum gilt.

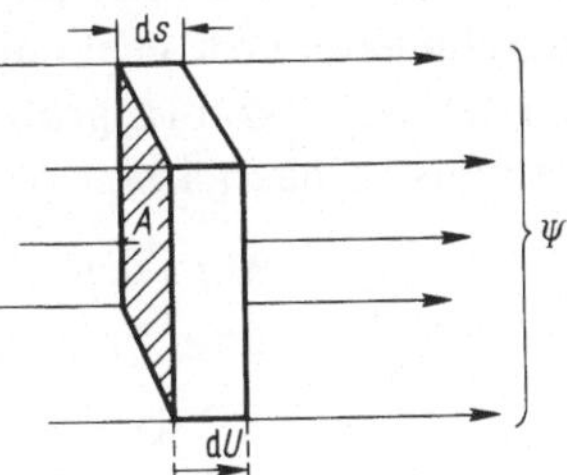

1.6
Raumelement im elektrischen Feld

Überträgt man das vom elektrischen Strömungsfeld bekannte Ohmsche Gesetz auf das elektrostatische Feld, indem man den elektrischen Strom durch den Verschiebungsfluß Ψ ersetzt, so gilt nach Bild 1.6 für die Spannung

$$dU = \Psi \, dR_{di} \qquad (1.8)$$

Nach Einsetzen von Gl. (1.3), (1.5) und (1.7) kann man auch schreiben

$$E \, ds = D \, A \frac{ds}{\varepsilon_0 \varepsilon_r A}$$

Hieraus folgt unter Berücksichtigung der Vektorschreibweise für die Verschiebungsdichte

$$\vec{D} = \varepsilon_0 \, \varepsilon_r \, \vec{E} \tag{1.9}$$

Schreibt man die für ein differentiell kleines Feldstück gültige Gl. (1.8) für das gesamte elektrostatische Feld, so gilt für die an den Elektroden anliegende Spannung

$$U = \Psi_0 \, R_{di} = Q \, R_{di}$$

wobei R_{di} den dielektrischen Widerstand des gesamten Feldes darstellt. Umgeformt ergibt sich die Ladung

$$Q = \Psi_0 = U / R_{di} = C \, U \tag{1.10}$$

Die Kapazität $C = 1 / R_{di}$ darf auch als dielektrischer Leitwert verstanden werden; eine Betrachtungsweise, die in vielen Fällen hilfreich sein kann.

1.5 Beispiele elektrischer Felder

1.5.1 Planparallele Platten

Ein in seiner Gesamtheit homogenes elektrisches Feld ist praktisch nicht zu verwirklichen. Es gibt aber homogene Feldteile, z. B. zwischen zwei planparallelen Platten (Bild 1.7). Jedoch bildet die gesamte Oberfläche jeweils einer Elektrode eine Äquipotentialfläche, so daß auch Verschiebungslinien an den Stirn- und Rückseiten beginnen oder enden und zum Gesamtfluß beitragen (Streufluß). Ist der Plattendurchmesser groß gegenüber dem Plattenabstand s oder ist im homogenen Feldteil die Dielektrizitätszahl ε_r groß gegenüber jener im Bereich des Streuflusses, so kann dieser oftmals vernachlässigt werden. Die Feldstärke

$$E = U / s \tag{1.11}$$

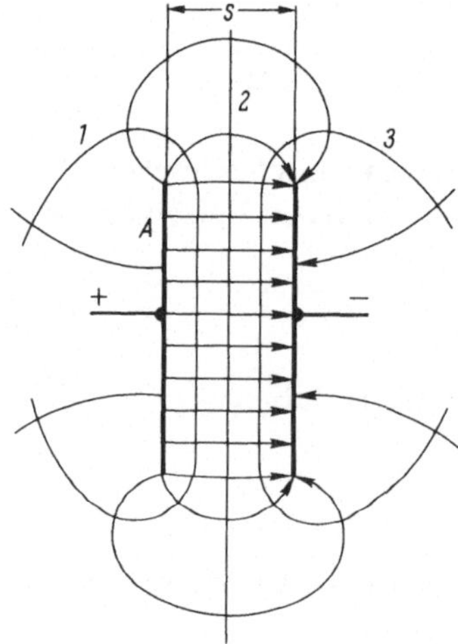

1.7
Feldbild eines Plattenkondensators

ist im Bereich zwischen den Platten überall gleich und proportional der angelegten Spannung U. Unter Vernachlässigung des Streuflusses ergibt sich für die Kapazität des Plattenkondensators

$$C_0 = \varepsilon_0 \, \varepsilon_r \, A / s \tag{1.12}$$

An den Plattenkanten (Bild 1.7) ist die Verschiebungsdichte und somit die elektrische Feldstärke besonders groß. An diesen Stellen würden im praktischen Betrieb die elektrischen Entladungen zuerst einsetzen. Würde man dagegen den beiden Elektroden eine Form geben, die den Äquipotentialflächen 1 und 3 entspricht, so ist mit Sicherheit gewährleistet, daß die größte Feldstärke ausschließlich im homogenen Feldbereich auftritt. Diese von Rogowski vorgeschlagene Elektrodenform folgt der Funktion

$$y = \frac{s}{\pi}\left(\frac{\pi}{2} + e^{x\pi/s}\right) = f\,(x) \tag{1.13}$$

In Bild 1.8 ist sie dargestellt, und eine mögliche Elektrodenform ist gestrichelt angedeutet.

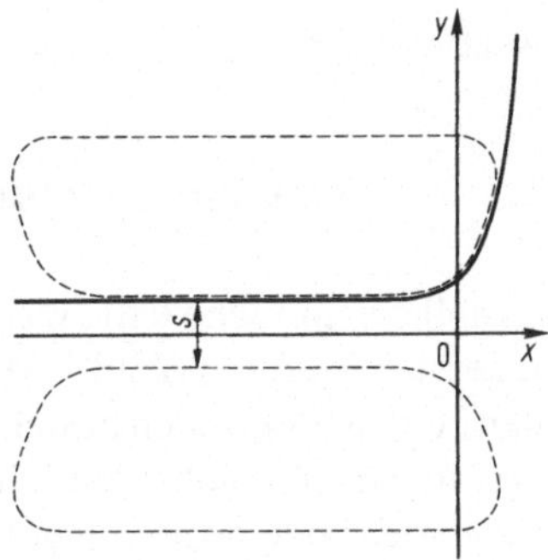

1.8
Rogowski Profil

Wie aus Gl. (1.13) abzulesen ist, gehört zu jedem Plattenabstand s ein anderes Rogowski-Profil. Daher haben solche Elektroden nur eine sehr begrenzte praktische Bedeutung. Für viele Fälle reicht eine zylindrische Abrundung mit einem Radius $r > s$ aus.

Gelegentlich ist die Streufeld-Kapazität gegenüber jener nach Gl. (1.12) nicht mehr zu vernachlässigen. Wird mit C_m die Kapazität bezeichnet, die sich einschließlich des Streufeldes ergibt, so gilt nach [20] für kreisrunde Platten mit dem Radius r, der Dicke a und dem Abstand s für den relativen Fehler näherungsweise

$$F = \frac{C_m - C_0}{C_0} = \frac{s}{\pi\, r}\left[\ln\left(\frac{16\,\pi\, r\,(s+a)}{s^2}\right) + \frac{a}{s}\ln\left(\frac{s+a}{a}\right) + 1\right] \tag{1.14}$$

und wenn $s \gg a$

$$F \approx \frac{s}{\pi r}\left[\ln\left(\frac{16 \pi r}{s}\right)+1\right] \tag{1.15}$$

Für parallele Schienen mit der Dicke a = 10 mm, der Schienenhöhe h und dem Abstand s kann überschlägig der Fehler

$$F \approx (s / h)^{0,667} \tag{1.16}$$

angenommen werden.

Beispiel 1.2. Für zwei parallele Schienen in Luft mit der Dicke a = 10 mm, der Höhe h = 20 cm und dem Abstand s = 10 cm ist die auf die Länge ℓ bezogene Kapazität $C'_m = C_m / \ell$ zu ermitteln.

Ohne Berücksichtigung des Streufelds nach Gl. (1.12) ist die bezogene Kapazität

$$C'_0 = C_0 / \ell = \varepsilon_0\, \varepsilon_r\, h / s = 8{,}85\,(\text{pF} / \text{m}) \cdot 1 \cdot 20\,\text{cm} / (10\,\text{cm}) = 17{,}70\,\text{pF} / \text{m}$$

Nach Gl. (1.16) beträgt der Fehler $F = (s / h)^{0,667} = (10\,\text{cm} / 20\,\text{cm})^{0,667} = 0{,}63 = 63\%$. Die bezogene Gesamtkapazität unter Einbeziehung des Streufeldes

$$C'_m = (1+F)\, C'_0 = (1+0{,}63)\, 17{,}70\,\text{pF} / \text{m} = 28{,}85\,\text{pF} / \text{m} \approx 29\,\text{pF} / \text{m}$$

ist also rund 63% größer als die nach Gl. (1.12) berechnete.

1.5.2 Koaxiale Zylinder

Es soll der einfache Fall zweier koaxialer Zylinderelektroden mit den Radien r_1 und r_2 untersucht werden (Bild 1.9). Die Elektrodenanordnung habe die Länge ℓ. Zwischen den beiden Elektroden besteht ein radialsymmetrisches Feld, das im vorliegenden Fall von innen nach außen gerichtet ist. Dadurch ist festgelegt, daß das Potential φ_1 der Innenelektrode positiv gegenüber dem Potential φ_2 der Außenelektrode sein soll.

Für eine koaxiale Zylinderschale mit dem beliebigen Radius r, die auch eine Äquipotentialfläche ist, ergibt sich die Verschiebungsdichte

$$D = \frac{\Psi_0}{2 \pi r \ell} = \frac{Q}{2 \pi r \ell} = \varepsilon_0\, \varepsilon_r\, E \tag{1.17}$$

Hieraus folgt für die elektrische Feldstärke

$$E = \frac{Q}{2 \pi r \ell \varepsilon_0 \varepsilon_r} \tag{1.18}$$

Die größte Feldstärke

$$E_1 = \frac{Q}{2 \pi r_1 \ell \varepsilon_0 \varepsilon_r} \tag{1.19}$$

tritt an der Oberfläche des Innenleiters ($r = r_1$) auf.

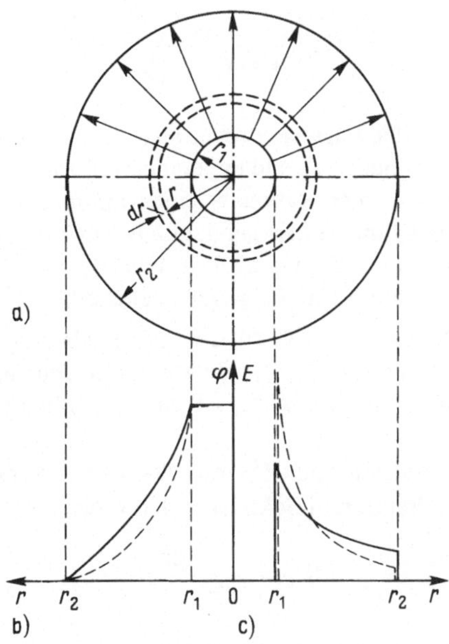

1.9
Koaxiale Zylinder mit Schnittbild (a), Potentialverteilung (b) und Feldstärkeverteilung (c). (Für konzentrische Kugeln b und c gestrichelt)

Aus Gl. (1.18) und (1.19) folgt das Feldstärkenverhältnis

$$E / E_1 = r_1 / r \tag{1.20}$$

Für die Ermittlung der räumlichen Potentialverteilung wird zunächst das Bezugspotential $\varphi_2 = 0$ vereinbart. Dann ist nach Gl. (1.3) mit $\varphi_1 = \varphi$ das Potential

$$\varphi = \int_r^{r_2} \vec{E}\, d\vec{s} = \int_r^{r_2} E\, dr \cos 0° = \int_r^{r_2} E\, dr =$$

$$= \frac{Q}{2\pi \ell \varepsilon_0 \varepsilon_r} \int_r^{r_2} \frac{dr}{r} = \frac{Q}{2\pi \ell \varepsilon_0 \varepsilon_r} \ln \frac{r_2}{r} \tag{1.21}$$

Für $r = r_1$ ist das Potential

$$\varphi_1 = U_{12} = \frac{Q}{2\pi \ell \varepsilon_0 \varepsilon_r} \ln \frac{r_2}{r_1} \tag{1.22}$$

Setzt man Gl. (1.21) und (1.22) ins Verhältnis, so findet man die Potentialverteilung

$$\varphi = U_{12} \frac{\ln (r_2 / r)}{\ln (r_2 / r_1)} \tag{1.23}$$

die in Bild 1.9b dargestellt ist.

Bildet man weiter das Verhältnis von Gl. (1.18) und (1.22), so erhält man die Feldstärkeverteilung in Bild 1.9c über

$$E = \frac{U_{12}}{r \ln (r_2 / r_1)} \tag{1.24}$$

An der Innenelektrode, also bei $r = r_1$, tritt die größte Feldstärke E_1 auf. Bei konstanter Spannung U_{12} und unveränderlichem Außenradius r_2 nimmt dieser Höchstwert E_1 bei einem bestimmten Radius r_1 einen minimalen Wert an. Es existiert also ein optimales Radienverhältnis r_2 / r_1, bei dem z.B. bei Vorgabe einer höchstzulässigen Feldstärke E_1 die größtmögliche Spannung U_{12} angelegt werden kann. Bei jedem davon abweichenden Radienverhältnis tritt die gleiche Feldstärke E_1 bereits bei einer kleineren Spannung U_{12} auf.

Wenn in Gl.(1.24) für $r = r_1$ die Feldstärke E_1 minimal klein werden soll, dann muß der Nenner $f(r_1) = r_1 \ln (r_2 / r_1)$ ein Maximum annehmen. Aus der Ableitung $df(r_1) / dr_1 = \ln (r_2 / r_1) - 1$ folgt mit $df(r_1) / dr_1 = 0$ das optimale Radienverhältnis $r_2 / r_1 = e$.

Kapazität des Zylinderkondensators. Eine Zylinderschale mit der Dicke dr (Bild 1.9 a) hat den dielektrischen Widerstand

$$dR_{di} = \frac{dr}{2 \pi r \ell \varepsilon_0 \varepsilon_r}$$

Summiert man alle in Reihe liegenden Widerstandsdifferentiale, so ist

$$R_{di} = \frac{1}{C} = \frac{1}{2 \pi \ell \varepsilon_0 \varepsilon_r} \int_{r_1}^{r_2} \frac{dr}{r} = \frac{\ln (r_2 / r_1)}{2 \pi \ell \varepsilon_0 \varepsilon_r}$$

und schließlich die Kapazität des Zylinderkondensators

$$C = \frac{2 \pi \ell \varepsilon_0 \varepsilon_r}{\ln (r_2 / r_1)} \tag{1.25}$$

Unter Berücksichtigung von Gl. (1.10) hätte man dieses Ergebnis auch unmittelbar aus Gl. (1.22) entnehmen können. Eventuelle Streufelder an den Stirnseiten der Zylinderanordnung sind bei der Ableitung vernachlässigt worden, was bei genügender Länge der Zylinderanordnung (z. B. Kabel) ohne Bedeutung ist.

Beispiel 1.3. Bei einer Kondensatordurchführung wird die ursprünglich sehr nichtlineare Potentialverteilung (vgl. Bild 1.9 b) zwischen Innenleiter und Flansch durch in ihrer Länge abgestufte Metallfolien linearisiert, die als koaxiale Zylinderschalen in der Isolation eingebettet sind. Nach Bild 1.10 sind lediglich zwei Folien 1 und 2 vorgesehen; in der Praxis ist ihre Anzahl wesentlich größer. Der Innenleiter-Radius r_i, die Radien r_1 r_2, und r_3 sowie die Flanschbreite ℓ_3 sind bekannt. Die Foliendicke wird vernachlässigt. Durch geeignete Abstufung der Längen ℓ_1 und ℓ_2 soll die Potentialverteilung zwischen Innenleiter und Flansch linearisiert werden.

Um die gewünschte Linearisierung der Potentialverteilung zu erreichen, müssen die Spannungen und somit die Kapazitäten zwischen jeweils zwei Zylindern gleich sein. Nach Gl. (1.25) ist also

$$\frac{2 \pi \ell_1 \varepsilon_0 \varepsilon_r}{\ln (r_1 / r_i)} = \frac{2 \pi \ell_2 \varepsilon_0 \varepsilon_r}{\ln (r_2 / r_1)} = \frac{2 \pi \ell_3 \varepsilon_0 \varepsilon_r}{\ln (r_3 / r_2)}$$

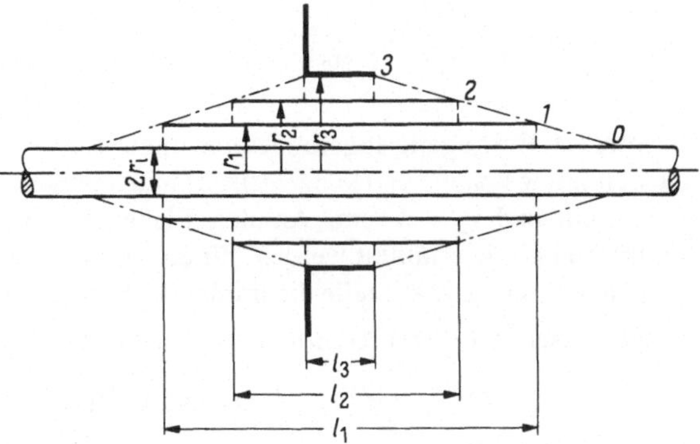

1.10
Kondensatordurchführung

Hieraus ergeben sich die gesuchten Längen

$$\ell_1 = \ell_3 \frac{\ln(r_1 / r_i)}{\ln(r_3 / r_2)} \quad \text{und} \quad \ell_2 = \ell_3 \frac{\ln(r_2 / r_1)}{\ln(r_3 / r_2)}$$

1.5.3 Konzentrische Kugeln

Die rechnerische Behandlung ist die gleiche wie bei den koaxialen Zylindern und soll deshalb hier nicht wiederholt werden. Als einziger Unterschied ist nun statt der Zylinderfläche $2\pi r \ell$ in Gl. (1.17) die Kugelfläche $4\pi r^2$ einzuführen. Unter der Voraussetzung, daß wieder $\varphi_2 = 0$ und $\varphi_1 = U_{12}$ vereinbart wird, erhält man die Potentialverteilung

$$\varphi = U_{12} \frac{(1/r) - (1/r_2)}{(1/r_1) - (1/r_2)} \tag{1.26}$$

und die Feldstärkeverteilung

$$E = \frac{U_{12}}{r^2 \left[(1/r_1) - (1/r_2)\right]} \tag{1.27}$$

und das Feldstärkenverhältnis

$$E / E_1 = (r_1 / r)^2 \tag{1.28}$$

wobei wieder E_1 die größte, an der Oberfläche des Innenleiters auftretende Feldstärke ist. Die Potential- und Feldstärkeverteilungen sind zum Vergleich in Bild 1.9 gestrichelt mit eingezeichnet. Bei konstanter Spannung U_{12} und dem optimalen Radienverhältnis $r_2 / r_1 = 2$ wird die Höchstfeldstärke E_1 minimal klein.

Auf die Ableitung der Kapazität des Kugelkondensators kann hier verzichtet werden. Sie wird wie beim Zylinderkondensator (Abschn. 1.5.2) berechnet, wobei allerdings die Zylinderfläche durch die Kugelfläche $4\pi r^2$ zu ersetzen ist. Es ergibt sich dann

$$C = \frac{4\pi\varepsilon_0\varepsilon_r}{(1/r_1)-(1/r_2)} \tag{1.29}$$

Beispiel 1.4. Ein kugelig abgerundeter zylindrischer Stab ist in eine ebenfalls kugelig auslaufende Bohrung koaxial und konzentrisch isoliert eingebettet (Bild 1.11). Die Radien betragen $r_1 = 1$ cm und $r_2 = 2$ cm. An den Elektroden liegt die Spannung U_{12}. Es soll die Äquipotentiallinie ermittelt werden, für die $\varphi = U_{12}/2$ ist ($\varphi_2 = 0$; $\varphi_1 = U_{12}$). Ferner ist zu untersuchen, an welcher Stelle die größte Feldstärke auftritt.

Im zylindrischen Teil der Anordnung gilt nach Gl. (1.23)

$$1/2 = \ln(r_2/r)/\ln(r_2/r_1) \quad \text{oder} \quad r_2/r_1 = (r_2/r)^2$$

Hieraus folgt der Radius

$$r = \sqrt{r_1\, r_2} = \sqrt{1\,\text{cm}\cdot 2\,\text{cm}} = 1{,}41\,\text{cm}\,.$$

Für den Kugelteil gilt nach Gl. (1.26) $1/2 = [(1/r)-(1/r_2)]/[(1/r_1)-(1/r_2)]$, woraus sich der Radius

$$r = \frac{2}{(1/r_1)+(1/r_2)} = \frac{2}{(1/1\,\text{cm})+(1/2\,\text{cm})} = 1{,}33\,\text{cm}$$

ergibt.

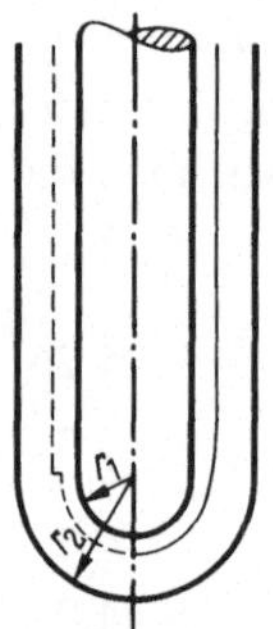

1.11
Elektrodenanordnung mit berechneter (– – – –) und wirklicher (———) Äquipotentiallinie

Demnach müßte also die Äquipotentiallinie dort, wo der Zylinder in die Kugel übergeht, von einem Radius r = 1,41 cm auf einen kleineren mit r = 1,33 cm springen. In der linken Bildhälfte ist eine solche Äquipotentiallinie gestrichelt angedeutet. Ein Sprung in der Äquipotentiallinie ist aber nicht möglich, weil dann ein Punkt mehrere Potentiale haben müßte. Die gesuchte Linie wird also abweichend hierzu den in der rechten Bildhälfte gezeichneten Verlauf aufweisen.

Die größte Feldstärke im Zylinderteil ist

$$E_{1Z} = \frac{U_{12}}{r_1 \ln(r_2/r_1)}$$

und im Kugelteil

$$E_{1K} = \frac{U_{12}}{r_1^2\,[(1/r_1)-(1/r_2)]}$$

Das Verhältnis beider Feldstärken ergibt

$$\frac{E_{1K}}{E_{1Z}} = \frac{\ln(r_2 / r_1)}{1-(r_1 / r_2)} = \frac{\ln(2\,\text{cm} / 1\,\text{cm})}{1-(1\,\text{cm} / 2\,\text{cm})} = 1{,}39 > 1$$

Die größte Feldstärke wird also an der Oberfläche des kugeligen Stabendes auftreten. Vgl. hierzu auch Bild 1.9 c.

1. 5.4 Parallele Zylinder

Zunächst wird das Feld zweier Linienladungen Q_1 und Q_2 betrachtet, die nach Bild 1.12 a im Abstand d_0 parallel zueinander angeordnet sind. Mit den Radien ρ_1 und ρ_2, mit denen die Abstände des beliebigen Punktes P von den beiden Ladungen bezeichnet werden, gilt für das dort vorliegende Potential

$$\begin{aligned} \varphi &= \varphi_1 + \varphi_2 = \int E_1 \, d\rho_1 + \int E_2 \, d\rho_2 \\ &= \frac{Q_1}{\varepsilon_0 \, \varepsilon_r \, 2\pi\ell} \int \frac{d\rho_1}{\rho_1} + \frac{Q_2}{\varepsilon_0 \, \varepsilon_r \, 2\pi\ell} \int \frac{d\rho_2}{\rho_2} \\ &= \frac{Q_1}{\varepsilon_0 \, \varepsilon_r \, 2\pi\ell} \ln \rho_1 + k_1 + \frac{Q_2}{\varepsilon_0 \, \varepsilon_r \, 2\pi\ell} \ln \rho_2 + k_2 \\ &= \frac{1}{\varepsilon_0 \, \varepsilon_r \, 2\pi\ell} [Q_1 \ln \rho_1 + Q_2 \ln \rho_2] + k_{12} \end{aligned} \tag{1.30}$$

wenn die beiden Integrationskonstanten zu $k_{12} = k_1 + k_2$ zusammengefaßt werden. Für den hier betrachteten Fall sollen die beiden Ladungen gleiche Beträge, aber entgegengesetzte Vorzeichen aufweisen, so daß $Q_1 = -Q_2 = -Q$ gesetzt werden kann. Gl. (1.30) nimmt dann die Form

$$\varphi = \frac{Q}{\varepsilon_0 \, \varepsilon_r \, 2\pi\ell} \ln \frac{\rho_2}{\rho_1} + k_{12} \tag{1.31}$$

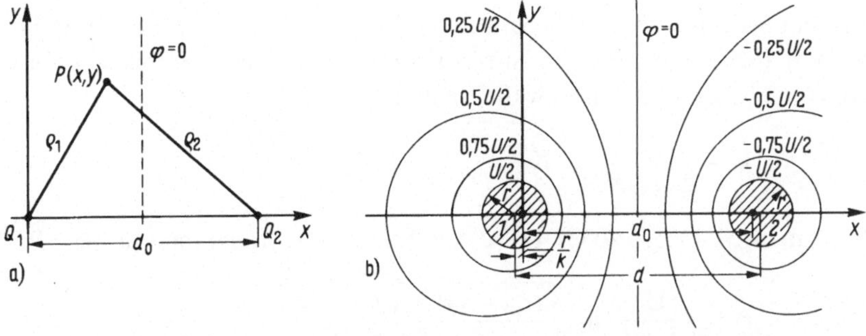

1.12 Feld zweier paralleler Linienladungen mit Koordinaten für die Potentialbestimmung (a) und Äquipotentiallinien paralleler Zylinderelektroden (b)

an. Es leuchtet ein, daß nun die im Abstand $x = d_0 / 2$ von der x-Achse rechtwinklig durchsetzte Fläche eine Äquipotentialfläche sein muß, der zweckmäßig das Bezugspotential $\varphi = 0$ zugeordnet wird. Für diese Fläche ist $\rho_1 = \rho_2$ und $\ln(\rho_2 / \rho 1) = 0$, so daß auch $k_{12} = 0$ sein muß.

Mit $\rho_1 = \sqrt{x^2 + y^2}$ und $\rho_2 = \sqrt{(d_0 - x)^2 + y^2}$ wird aus Gl. (1.31) die Potentialgleichung

$$\varphi = \frac{Q}{\varepsilon_0 \, \varepsilon_r \, 2 \pi \ell} \ln \sqrt{\frac{(d_0 - x)^2 + y^2}{x^2 + y^2}} = f(x, y) \qquad (1.32)$$

Für jedes beliebige, aber konstante Potential φ muß daher der Radikand $[(d_0 - x)^2 + y^2] / (x^2 + y^2) = K^2$ konstant sein, wobei die Konstante $K \geq 1$ sein muß, wenn die Potentiale für $x < d_0 / 2$ positive Vorzeichen aufweisen sollen. Durch Umstellen ergibt sich hieraus die Kreisgleichung

$$\left(x + \frac{d_0}{K^2 - 1} \right)^2 + y^2 = \left(\frac{K \, d_0}{K^2 - 1} \right)^2 \qquad (1.33)$$

Alle Äquipotentialflächen sind folglich Zylinderschalen mit den Radien $r = K d_0 / (K^2 - 1)$, deren Achsen auf der negativen x-Achse gegenüber dem Ursprung um $d_0 / (K^2 - 1) = r / K$ verschoben sind (Bild 1.12b). Gl. (1.32) ist somit auch geeignet, das Feld zweier achsparalleler Zylinder mit den Radien r und dem Achsabstand d zu beschreiben.

Mit dem Radius $r = K d_0 / (K^2 - 1)$ und dem Abstand $d = d_0 + (2 r / K)$ ergibt sich die quadratische Gleichung $K^2 - (d / r) K + 1 = 0$ mit der Lösung der für die Elektrodenoberfläche gültigen Konstanten

$$K_0 = \frac{d}{2 r} + \sqrt{\left(\frac{d}{2 r} \right)^2 - 1} \qquad (1.34)$$

Das negative Vorzeichen der Wurzel entfällt, da nach obiger Vereinbarung $K \geq 1$ sein muß.

Besteht zwischen zwei achsparallelen Zylindern mit den Radien r und dem Achsabstand d die Spannung U, so ist für $x = r - (r / K_0)$ und $y = 0$ das Potential $\varphi = U / 2$. Aus Gl. (1.32) folgt dann für die Spannung

$$U = \frac{Q}{\varepsilon_0 \, \varepsilon_r \, \pi \ell} \ln K_0 \qquad (1.35)$$

Setzt man Gl. (1.35) zu Gl. (1.32) ins Verhältnis, findet man für das Potential

$$\varphi = \frac{U}{2 \ln K_0} \ln \sqrt{\frac{(d_0 - x)^2 + y^2}{x^2 + y^2}} \qquad (1.36)$$

und aus Gl. (1.35) unter Berücksichtigung von Gl. (1.34) die Kapazität

$$C = \frac{Q}{U} = \frac{\varepsilon_0 \, \varepsilon_r \, \pi \, \ell}{\ln\left[(d/2\,r) + \sqrt{(d/2\,r)^2 - 1}\right]} \tag{1.37}$$

Beispiel 1.5. Zwei parallele Zylinderelektroden mit den gleichen Radien $r = 2{,}0$ cm haben den Achsabstand $d = 10{,}0$ cm. Welche Spannung U darf angelegt werden, damit der Höchstwert der Feldstärke $E_{max} = 17{,}0$ kV / cm nicht überschritten wird?

Nach Bild 1.12 tritt die Höchstfeldstärke an der Oberfläche der Elektroden, und zwar beim Leiter 1 bei $y = 0$ und $x = r - (r/K)$ auf. Für $y = 0$ ist das Potential

$$\varphi = \frac{U}{2 \ln K_0} \ln \frac{d_0 - x}{x}$$

Hieraus folgt mit Gl. (1.4) für die Feldstärke

$$E = E_x = \frac{U}{2 \ln K_0} \cdot \frac{d_0}{x\,(d_0 - x)}$$

Für $x = r - (r/K_0)$ ist $E_x = E_{max}$ und mit $d_0 = r\,(K_0^2 - 1)/K$ folglich die **Höchstfeldstärke**

$$E_{max} = \frac{U}{2 \ln K_0} \cdot \frac{K_0 + 1}{r\,(K_0 - 1)}$$

Aus Gl. (1.34) ergibt sich die Konstante

$$K_0 = (d/2\,r) + \sqrt{(d/2\,r)^2 - 1} = (10\text{ cm}/2 \cdot 2\text{ cm}) + \sqrt{(10\text{ cm}/2 \cdot 2\text{ cm})^2 - 1}$$
$$= 4{,}791$$

und somit die gesuchte Spannung

$$U = E_{max} \cdot 2(\ln K_0)\, r\,(K_0 - 1)/(K_0 + 1)$$
$$= 17{,}0\,(\text{kV}/\text{cm}) \cdot 2\,(\ln 4{,}791) \cdot 2\text{ cm}\,(4{,}791 - 1)/(4{,}791 + 1) = 69{,}75\text{ kV}$$

Nach Gl. (1.37) ist die auf die Länge ℓ **bezogene Kapazität** in Luft

$$C' = \frac{C}{\ell} = \frac{\varepsilon_0 \, \varepsilon_r \, \pi}{\ln\left[(d/2\,r) + \sqrt{(d/2\,r)^2 - 1}\right]}$$
$$= \frac{8{,}854\,(\text{pF}/\text{m}) \cdot 1\,\pi}{\ln\left[(10\text{ cm}/2 \cdot 2\text{ cm}) + \sqrt{(10\text{ cm}/2 \cdot 2\text{ cm})^2 - 1}\right]} = 17{,}75\text{ pF}/\text{m}$$

1.5.5 Gespiegelte Ladung

Hat eine Elektrode, z. B. ein Zylinder oder eine Kugel, nach Bild 1.1 3 mit der Ladung Q_1 das Potential $\varphi_1 = U$ gegenüber einer ebenen Gegenelektrode mit dem Bezugspotential $\varphi_0 = 0$, so ändert sich das Feld nicht, wenn man sich die zur Bezugsebene gespiegelte Elektrode 2 mit der Ladung $Q_2 = -Q_1$ und dem Potential $\varphi_2 = -U$ hinzudenkt. Der Vorteil dieser „gespiegelten Ladung" liegt darin, daß auf Berechnungsergebnisse zurückgegriffen werden kann, wie sie z. B. für parallele Zylinder schon in Abschn. 1.5.4 behandelt sind. Dieses Verfahren wird beispielsweise bei der Berechnung der Kapazitäten von Mehrleitersystemen (s. Band IX) oder bei der numerischen Feldberechnung mit dem Ersatzladungsverfahren nach Abschn. 1.10.2 angewendet.

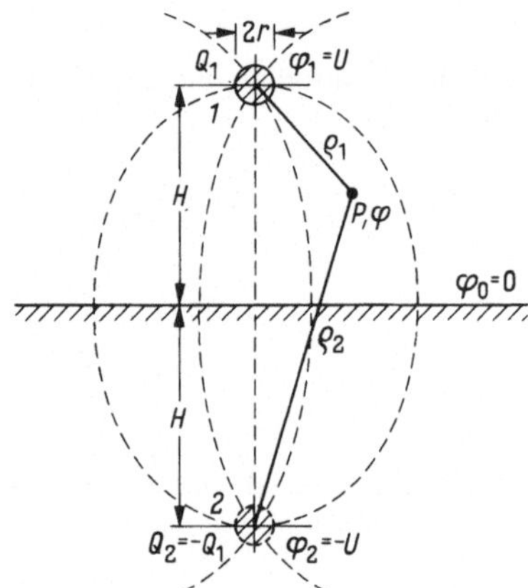

1.13
Gespiegelte Ladung

Beispiel 1 .6. Für einen nach Bild 1.13 in der Höhe H parallel zu einer Ebene verlaufenden Zylinderleiter mit dem Radius r soll die Kapazität unter der Voraussetzung ermittelt werden, daß $H \gg r$ ist.

Nach Gl. (1.31) und Gl. (1.32) ist bei dem Feldpunkt P das Potential

$$\varphi = \frac{Q_1 \ln(\rho_2 / \rho_1)}{\varepsilon_0 \, \varepsilon_r \cdot 2 \pi \ell}$$

An der Oberfläche des Zylinderleiters, also bei $\rho_1 = r$ und $\rho_2 \approx 2$ H muß das Potential φ_1 gleich der Spannung

$$U = \frac{Q_1 \ln(2 H / r)}{\varepsilon_0 \, \varepsilon_r \cdot 2 \pi \ell}$$

sein. Hieraus ergibt sich die K a p a z i t ä t

$$C_1 = \frac{Q_1}{U} = \frac{\varepsilon_0 \, \varepsilon_r \cdot 2 \pi \ell}{\ln(2 H / r)}$$

Zu diesem Ergebnis kommt man auch, wenn man in Gl. (1.37) den Leiterabstand d = 2 H und $(d/2r)^2 - 1 \approx (d/2r)^2$ setzt und weiter berücksichtigt, daß $C_1 = 2C$ ist. Schon bei Verhältnissen $H/r \geq 4$ bleibt der Fehler gegenüber der genauen Berechnung nach Gl. (1.37) unter 1%!

Handelt es sich bei der Anordnung nach Bild 1.13 um die Elektrodenanordnung K u g e l - E b e n e, dann gilt im Punkt P für das Potential

$$\varphi = \int E_1 \, d\rho_1 + C_1 + \int E_2 \, d\rho_2 + C_2$$

und mit den Feldstärken $E_1 = Q_1 / (4 \pi \cdot \varepsilon \rho_1^2)$ und $E_2 = Q_2 / (4 \pi \cdot \varepsilon \rho_2^2)$ sowie mit der Konstanten $C_{12} = C_1 + C_2$

$$\varphi = \int \frac{Q_1}{4\pi\cdot\varepsilon}\cdot\frac{d\rho_1}{\rho_1^2} + \int \frac{Q_2}{4\pi\cdot\varepsilon}\cdot\frac{d\rho_2}{\rho_2^2} + C_{12} = \frac{1}{4\pi\cdot\varepsilon}\left[-\frac{Q_1}{\rho_1} - \frac{Q_2}{\rho_2}\right] + C_{12}$$

Wird $Q_1 = -Q_2 = -Q$ gesetzt und weiter berücksichtigt, daß für $\rho_1 = \rho_2$ das Potential $\varphi = 0$ und somit auch die Konstante $C_{12} = 0$ sein müssen, ergibt sich im Feld zwischen Kugel und Ebene das Potential

$$\varphi = \frac{Q}{4\pi\cdot\varepsilon_0\,\varepsilon_r}\left[\frac{1}{\rho_1} - \frac{1}{\rho_2}\right] \tag{1.38}$$

Unter der Voraussetzung, daß $H \geq r$ ist, liegt an der Oberfläche der Kugel, also bei $\rho_1 = r$ und $\rho_2 = 2H$ das Potential

$$\varphi_1 = U = \frac{Q}{4\pi\cdot\varepsilon_0\,\varepsilon_r}\left[\frac{1}{r} - \frac{1}{2H}\right]$$

Hieraus folgt für die Kapazität

$$C = \frac{Q}{U} = \frac{4\pi\cdot\varepsilon_0\,\varepsilon_r}{(1/r)-(1/2H)} \tag{1.39}$$

Wie man über die Luft-Einheitskapazität nach Abschn.1.5.6 leicht nachprüfen kann, stimmt Gl.(1.39) bereits für $H/r = 4$ mit der exakt berechneten Kapazität sehr gut überein, wobei die Abweichung mit wachsendem Verhältnis H/r immer kleiner wird.

1.5.6 Luft-Einheitskapazität

Aus Gl. (1.25) und Gl. (1.37) für Zylinderanordnungen ersieht man, daß alle Anordnungen mit konstanten Verhältnissen r_2/r_1 bzw. $d/(2\,r)$ eine einzige längenbezogene Kapazität aufweisen, wenn die Dielektrizitätszahl einen bestimmten Wert, z. B. $\varepsilon_r = 1$, hat. Dies trifft, wie aus Gl. (1.29) abzuleiten ist, auch für Kugelelektroden zu, wenn hier die Kapazität auf den Radius der kleineren Kugel bezogen wird.In beiden Fällen läßt sich deshalb eine bezogene Luft-Einheitskapazität C_{LE} definieren, die es erlaubt, Kapazitäten der verschiedenen Kugel- und Zylinderanordnungen mühelos zu ermitteln. Hiermit ist die Kapazität einer

Zylinderanordnung $\quad C = \varepsilon_r\,\ell\,C_{LE}$ (1.40)

und einer Kugelanordnung $\quad C = \varepsilon_r\,r\,C_{LE}$ (1.41)

wenn mit ℓ die Länge der Zylinderanordnung und mit r der Radius der kleineren Kugel bezeichnet werden. Die Luft-Einheitskapazität C_{LE} ist bei der Schlagweite s und dem Radius r der stärker gekrümmten Elektrode eine Funktion des Geometriekennwerts

$$p = (s + r)/r \tag{1.42}$$

In Bild 1.14 ist diese Abhängigkeit für 6 verschiedene Elektrodenanordnungen dargestellt. Die Luft-Einheitskapazität ist insbesondere für die Elektrodenanordnungen Kugel-Kugel und Kugel-Ebene bedeutsam, für die sich die Potential- und Feldstärkeverteilungen wie auch die Kapazitäten weitaus umständlicher rechnerisch ermitteln lassen [11] [38], als dies z. B. bei Zylinderelektroden der Fall ist.

Beispiel 1.7. Für die beiden parallelen Zylinderelektroden in Luft nach Beispiel 1.5 mit den gleichen Radien r = 2,0 cm und dem Achsabstand d = 10,0 cm ist die Kapazität für die Länge ℓ = 1,0 m zu ermitteln.

Mit der Schlagweite $s = d - 2r = 10{,}0\,\text{cm} - 2 \cdot 2{,}0\,\text{cm} = 6{,}0\,\text{cm}$ ergibt sich der Geometriekennwert

$$p = (s + r)/r = (6{,}0\,\text{cm} + 2{,}0\,\text{cm})/(2{,}0\,\text{cm}) = 4{,}0$$

Aus Bild 1.14 findet man die zugehörige Luft-Einheitskapazität $C_{LE} = 0{,}177$ pF/cm. Dann ist mit Gl. (1.40) die gesuchte Kapazität

$$C = \varepsilon_r\, \ell\, C_{LE} = 1 \cdot 100{,}0\,\text{cm} \cdot 0{,}177\,\text{pF/cm} = 17{,}7\,\text{pF}$$

Der gleiche Wert hat sich in Beispiel 1.5 bei exakter Berechnung ergeben.

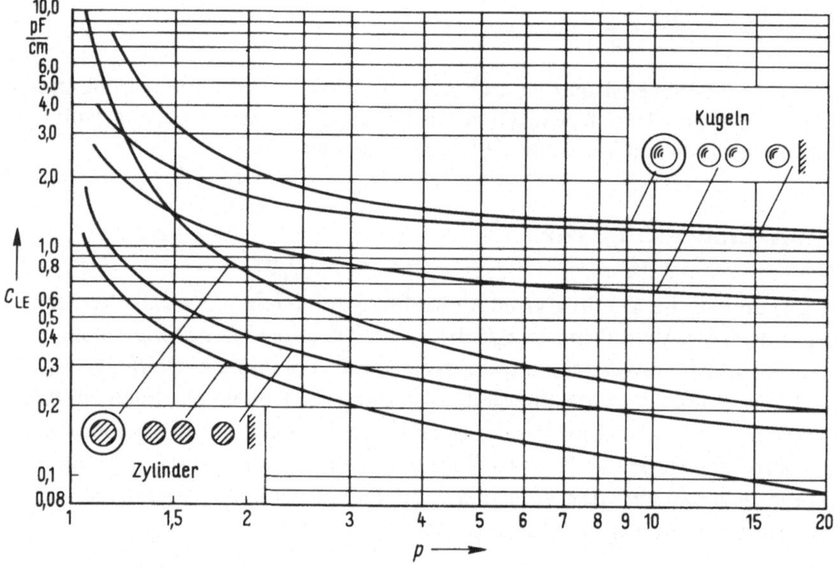

1.14 Luft-Einheitskapazität C_{LE} abhängig vom Geometriekennwert p

1.6 Coulombsches Gesetz

Nach Bild 1.15 befindet sich die punktförmige Ladung Q_2 im radialsymmetrischen Feld der ebenfalls punktförmigen Ladung Q_1, so daß mit Gl. (1.1) die auf beide Ladungen wirkende Kraft

$$F = E_1\, Q_2$$

berechnet werden kann, wenn mit E_1 die im Abstand r bestehende Feldstärke des durch die Ladung Q_1 bedingten Feldes bezeichnet wird. Die Kraftrichtung bedarf keiner besonderen Berücksichtigung, da es sich je nach den Vorzeichen der beiden Ladungen immer nur um auf der Verbindungslinie wirkenden Anziehungs- oder Abstoßungskräfte handeln kann. Wegen der Radialsymmetrie des Feldes ist mit der Flußdichte $D_1 = \varepsilon_0 \varepsilon_r E_1$ und unter Berücksichtigung von Gl. (1.6) die Feldstärke

$$E_1 = \frac{D_1}{\varepsilon_0 \varepsilon_r} = \frac{Q_1}{\varepsilon_0 \varepsilon_r \cdot 4 \pi r^2}$$

und somit das Coulombsche Gesetz für die gegenseitig wirkende Kraft zwischen zwei punktförmigen Ladungen

$$F = \frac{Q_1 Q_2}{\varepsilon_0 \varepsilon_r \cdot 4 \pi r^2} \tag{1.43}$$

Obgleich Gl. (1.43) ausschließlich für punktförmige Ladungen gilt, läßt sich das Coulombsche Gesetz aber auch hinreichend genau auf Ladungsträger mit endlichen Abmessungen anwenden, wenn die Radialsymmetrie des Feldes der Ladung Q_1 weitgehend gewährleistet ist. Dies ist i. allg. bei einer kleinen Ladung Q_2 der Fall, die sich im Feld einer Kugelelektrode mit relativ großer Ladung Q_1 befindet.

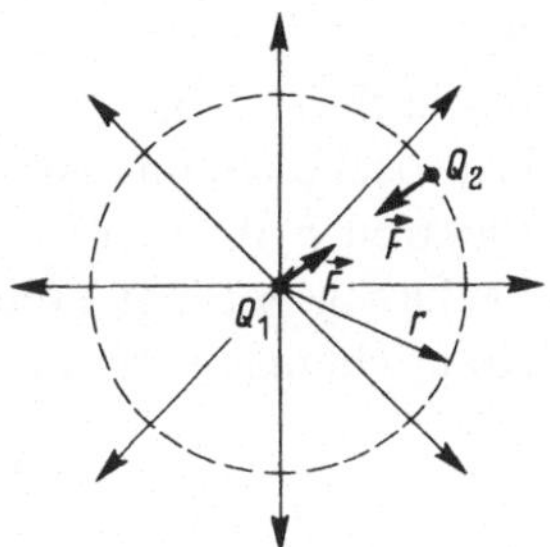

1.15
Punktladung Q_2 im Feld der Punktladung Q_1

Beispiel 1.8. Aus der Oberfläche einer im Vakuum befindlichen Kugel mit dem Radius $r_1 = 1{,}0$ cm und der Ladung $Q_1 = 10$ nAs tritt ein Elektron mit der Ladung $|Q_2| = 0{,}16$ aAs und der Ruhemasse $m_2 = 9{,}1 \cdot 10^{-31}$ kg aus. In welcher Entfernung von der Kugeloberfläche erreicht das Elektron 10% der Lichtgeschwindigkeit c, wenn die Anfangsgeschwindigkeit Null ist?

Mit der Geschwindigkeit v und dem Radius r ist die Kraft

$$F = m_2 \frac{dv}{dt} = \frac{Q_1 |Q_2|}{4 \pi \varepsilon_0 r^2}$$

Setzt man für $dv / dt = (dv / dr)(dr/dt) = (dv / dr)\, v$, kann man umformen in

$$\int_{v=0}^{v} v \, dv = \frac{Q_1 |Q_2|}{4 \pi \varepsilon_0 m_2} \int_{r=r_1}^{r} \frac{1}{r^2} dr$$

wobei gleichzeitig die Integration ausgeführt wird.

Hieraus folgt

$$\frac{v^2}{2} = \frac{Q_1 |Q_2|}{4 \pi \varepsilon_0 m_2} \left(\frac{1}{r_1} - \frac{1}{r} \right)$$

Mit der Geschwindigkeit $v = 0{,}1\,c = 0{,}1 \cdot 300\,\mathrm{m/\mu s} = 30\,\mathrm{m/\mu s}$ findet man den gesuchten Radius

$$r = \frac{Q_1 |Q_2| r_1}{(Q_1 |Q_2| - \varepsilon_0\, 2 \pi v^2 r_1 m_2)}$$

$$= \frac{10\,\mathrm{nAs} \cdot 0{,}16\,\mathrm{aAs} \cdot 1{,}0\,\mathrm{cm}}{10\,\mathrm{nAs} \cdot 0{,}16\,\mathrm{aAs} - 88{,}54\,\frac{\mathrm{fAs}}{\mathrm{V\,cm}} \cdot 2\pi \cdot 30^2 \left(\frac{\mathrm{m}}{\mathrm{\mu s}} \right)^2 \cdot 1{,}0\,\mathrm{cm} \cdot 9{,}1 \cdot 10^{-31}\,\mathrm{kg}}$$

$$= 1{,}398\,\mathrm{cm}$$

In einem Abstand von rund 4 mm von der Elektrodenoberfläche, d. s. 20% des Elektrodendurchmessers, wird schon die vorgeschriebene Geschwindigkeit erreicht, so daß die bei der Rechnung angenommene Radialsymmetrie des Kugelfelds weitgehend gewährleistet ist.

1.7 Raumladung

In Abschn. 1.1 bis 1.6 wird stets ein raumladungsfreies Feld vorausgesetzt, bei dem die elektrische Ladung entweder an der Oberfläche der feldbegrenzenden metallischen Elektroden (Oberflächenladung) oder nach Abschn. 1.5.4 als Linienladung vorliegt. Treten dagegen in einem Volumen ΔV verteilte Ladungen ΔQ auf, so spricht man von Raumladung mit der Raumladungsdichte

$$\rho = \lim_{\Delta V \to 0} \frac{\Delta Q}{\Delta V} = \frac{dQ}{dV} \tag{1.44}$$

Derartige Raumladungen können in mannigfacher Weise auftreten, z. B. als Raumladungswolke in ionisierten Gasen (s. Abschn. 2.6.3) oder durch Ladungsträgerwanderung in Isolierstoffen.

Nach Gl. (1.6) ergibt das Hüllintegral über eine geschlossene Fläche diejenige Ladung, die sich in dem von der Fläche umschlossenen Volumen befindet. Bei Raumladungsfreien Feldern hat dieses Integral den Wert Null. Enthält dagegen nach Bild 1.16 das Volumenelement $dV = dx\,dy\,dz$ die Ladung dQ, so nimmt Gl. (1.6) die Form

$$\begin{aligned} dQ = \oint \vec{D}\, d\vec{A} &= (D_x + dD_x)\, dy\, dz - D_x\, dy\, dz + (D_y + dD_y)\, dx\, dz \\ &\quad - D_y\, dx\, dz + (D_z + dD_z)\, dx\, dy - D_z\, dx\, dy \\ &= dD_x\, dy\, dz + dD_y\, dx\, dz + dD_z\, dx\, dy \end{aligned}$$

an. Hieraus folgt mit Gl. (1.44) für die Raumladungsdichte

$$\rho = \frac{dQ}{dV} = \frac{dD_x\, dy\, dz + dD_y\, dx\, dz + dD_z\, dx\, dy}{dx\, dy\, dz}$$

und in partieller Schreibweise

$$\rho = \frac{\partial D_x}{\partial x} + \frac{\partial D_y}{\partial y} + \frac{\partial D_z}{\partial z} = \operatorname{div} \vec{D} \tag{1.45}$$

Die Raumladungsdichte ergibt sich also aus der D i v e r g e n z des Verschiebungsdichtevektors $\vec{D}$, wofür das Kurzzeichen div $\vec{D}$ eingeführt wird.

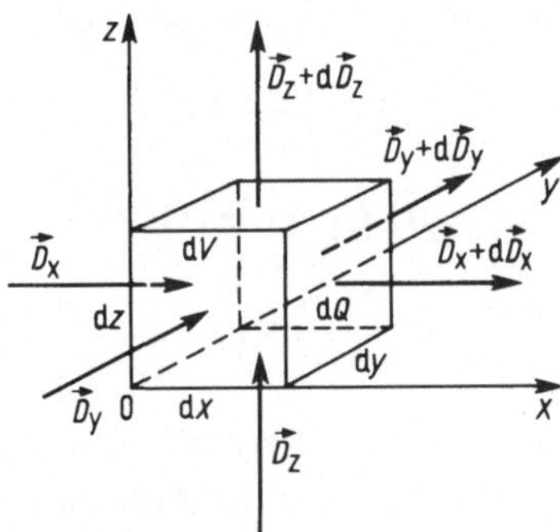

1.16
Volumenelement dV mit der eingeschlossenen Ladung dQ

Nach Gl. (1.9) ist mit der elektrischen Feldstärke $\vec{E}$ die Verschiebungsdichte $\vec{D} = \varepsilon_0\, \varepsilon_r\, \vec{E} = \varepsilon\, \vec{E}$ und somit die Raumladungsdichte $\rho = \operatorname{div} \vec{D} = \operatorname{div} (\varepsilon\, \vec{E}) = \varepsilon \operatorname{div} \vec{E}$. Wird weiter mit Gl. (1.4) das Potential φ eingeführt, so erhält man für die Divergenz des Feldstärkevektors

$$\operatorname{div} \vec{E} = \frac{\rho}{\varepsilon} = -\operatorname{div} \operatorname{grad} \varphi = -\left(\frac{\partial^2 \varphi}{\partial x^2} + \frac{\partial^2 \varphi}{\partial y^2} + \frac{\partial^2 \varphi}{\partial z^2} \right) \tag{1.46}$$

Hieraus folgt die P o i s s o n s c h e P o t e n t i a l g l e i c h u n g

$$\frac{\partial^2 \varphi}{\partial x^2} + \frac{\partial^2 \varphi}{\partial y^2} + \frac{\partial^2 \varphi}{\partial z^2} = -\frac{\rho}{\varepsilon} \tag{1.47}$$

aus der für raumladungsfreie Felder mit $\rho = 0$ die L a p l a c e s c h e P o t e n t i a l g l e i c h u n g

$$\frac{\partial^2 \varphi}{\partial x^2} + \frac{\partial^2 \varphi}{\partial y^2} + \frac{\partial^2 \varphi}{\partial z^2} = 0 \tag{1.48}$$

hervorgeht, die z. B. bei der numerischen Berechnung raumladungsfreier Felder nach Abschn. 1.10.1 benötigt wird.

Beispiel 1.9. Die Isolierung eines Gleichstromkabels nach Bild 1.17 mit der Länge ℓ, dem Leiterradius $r_1 = 1{,}0$ cm und dem Radius des geerdeten Metallmantels $r_2 = 2{,}0$ cm weist eine sehr geringe, aber endliche Eigenleitfähigkeit auf, so daß positive Ladungsträger allmählich durch den Isolierstoff ($\varepsilon_r = 4$) wandern. Die Ladungsdichte wird mit $\rho = \rho_1\,(r_1 / r)$ angenommen, wobei $\rho_1 = 10\,(\mathrm{nAs/cm^3})$ die Raumladungsdichte unmittelbar an der Leiteroberfläche ist. Auf welchem Potential liegt der Leiter, wenn die Betriebsspannung abgetrennt wird?

Mit dem Volumen $dV = 2\,\pi\,r\,\ell\,dr$ ist mit Gl. (1.6) die von der Zylinderschale mit dem Radius r eingeschlossene Ladung,

$$Q = \oint_A \vec{D}\,d\vec{A} = D \cdot 2\,\pi\,r\,\ell = \oint_V \rho\,dV = \int_{r_1}^{r} \rho_1 \frac{r_1}{r} \cdot 2\,\pi\,r\,\ell\,dr$$

Mit der Ladungsdichte $D = \varepsilon_0\,\varepsilon_r\,E$ folgt hieraus für die Feldstärke

$$E = \frac{\rho_1\,r_1}{\varepsilon_0\,\varepsilon_r}\left(1 - \frac{r_1}{r}\right)$$

Da $\varphi_2 = 0$ ist, gilt nach Gl. (1.3) für das Potential des Leiters

$$\varphi_1 = \int_{r_1}^{r_2} \vec{E}\,d\vec{r} = \frac{\rho_1\,r_1}{\varepsilon_0\,\varepsilon_r}\int_{r_1}^{r_2}\left(1 - \frac{r_1}{r}\right)dr = \frac{\rho_1\,r_1}{\varepsilon_0\,\varepsilon_r}\left[(r_2 - r_1) - r_1 \ln\frac{r_2}{r_1}\right]$$

$$= \frac{10\,(\mathrm{nAs/cm^3}) \cdot 1{,}0\,\mathrm{cm}}{8{,}854\,(\mathrm{pF/m}) \cdot 4}\left[(2{,}0\,\mathrm{cm} - 1{,}0\,\mathrm{cm}) - 1{,}0\,\mathrm{cm}\,\ln\frac{2{,}0\,\mathrm{cm}}{1{,}0\,\mathrm{cm}}\right]$$

$$= 8664\,\mathrm{V} \approx 8{,}7\,\mathrm{kV}$$

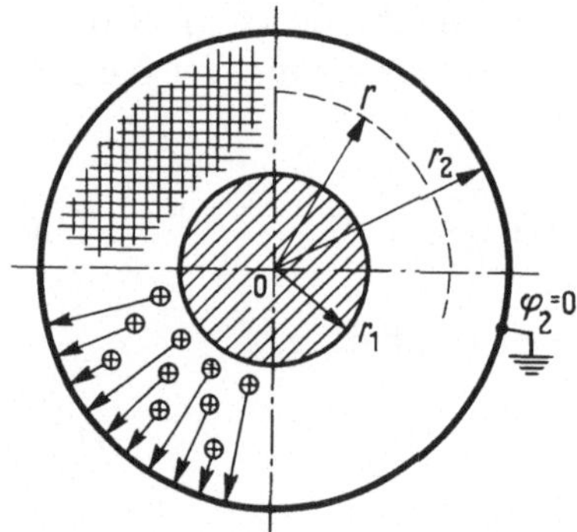

1.17
Gleichstromkabel mit in die Isolierung eingewanderten Raumladungen

Wird der Leiter geerdet, also ebenfalls auf das Potential $\varphi_1 = 0$ gezwungen, entstehen im Isolierstoff in unmittelbarer Umgebung des Leiters so hohe Feldstärken, daß es dort zu einem Teildurchschlag und so zu einer dauerhaften Beschädigung der Isolation kommen kann.

1.8 Energie und Kraft

Für die in einem elektrischen Kondensator mit der Kapazität C gespeicherte elektrische Energie (s. Band I) gilt

$$W_e = CU^2 / 2 = QU / 2$$

Werden Ladung Q und Spannung U ersetzt durch die Größen des elektrischen Feldes, so findet man nach Einführen von Gl. (1.3) und Gl. (1.6)

$$W_e = \frac{1}{2} \oint_A \int_s \vec{D}\,\vec{E}\,d\vec{A}\,d\vec{s} = \frac{\varepsilon_0\,\varepsilon_r}{2} \int_V E^2\,dV \tag{1.49}$$

Daher ist die elektrische Energie im elektrischen Feld gespeichert und jedem Volumenelement dV eine Energie dW_e zugeordnet. Es läßt sich also für jeden Punkt des Feldes die E n e r g i e d i c h t e

$$w_e = dW_e / dV = \varepsilon_0\,\varepsilon_r\,E^2 / 2 \tag{1.50}$$

angeben. Aus der Energiedichte lassen sich die elektrostatischen Kräfte ableiten, die auf die Elektrodenoberfläche wirken. Würde das Flächenelement dA in Bild 1.18 durch die senkrecht angreifende Kraft $d\vec{F}$ um den Weg $d\vec{s}$ bewegt, so wäre die im Volumenelement $dV = d\vec{A}\,d\vec{s}$ bis dahin gespeicherte elektrische Energie in Bewegungsenergie

$$d\vec{F}\,d\vec{s} = dW_e = \frac{1}{2}\,\varepsilon_0\,\varepsilon_r\,E^2\,d\vec{A}\,d\vec{s}$$

umgewandelt worden.

Hieraus folgt unter Berücksichtigung der Vektorschreibweise

$$d\vec{F} = \frac{1}{2}\,\varepsilon_0\,\varepsilon_r\,E^2\,d\vec{A} \tag{1.51}$$

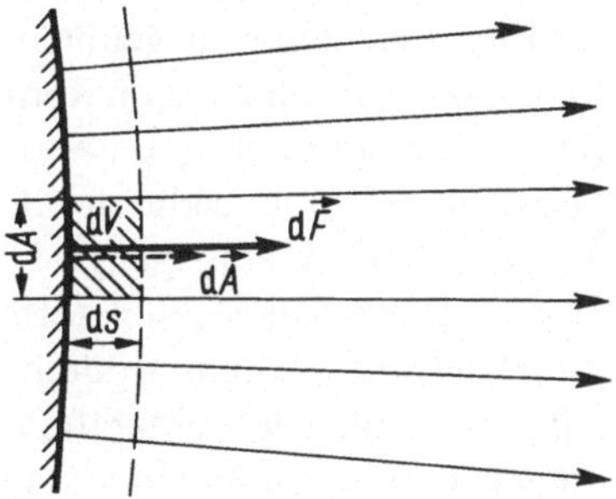

1.18
Feldkräfte an der
Elektrodenoberfläche

Die Vektorschreibweise sagt lediglich aus, daß die Kraft in Richtung des Flächenvektors wirkt, also immer senkrecht an der Elektrodenoberfläche angreift. Auch hier läßt sich eine K r a f t d i c h t e

$$p_e = dF / dA = \varepsilon_0\,\varepsilon_r\,E^2 / 2 = w_e$$

– d. h. ein elektrostatischer Druck – definieren. Die Kraftdichte ist also gleich der Energiedichte unmittelbar vor der Elektrodenoberfläche.

1.9 Materie im elektrischen Feld

Jeder Stoff ist aus elektrisch geladenen Elementarteilchen zusammengefügt, wobei das A t o m mit einem positiv geladenen Kern und einer ladungsgleichen Anzahl negativer Elektronen die kleinste nach außen neutral wirkende Baueinheit bildet. Somit erscheint i. allg. jeder Werkstoff zunächst unelektrisch. Wird er aber in ein elektrisches Feld eingebracht, so werden auf die positiven und negativen Ladungsträger entgegengesetzt gerichtete Kräfte ausgeübt, die sich der Atom-Bindungskraft überlagern. Je nach Art des Werkstoffs ergeben sich unterschiedliche elektrische Eigenschaften.

Bei den M e t a l l e n sind die äußeren Schalen der Atome mit jeweils einem (z. B. Kupfer) oder zwei (z. B. Eisen) Elektronen besetzt, die eine sehr geringe Bindung zum Restatom haben und sich unter der Einwirkung eines elektrischen Feldes vom Atom lösen können (E l e k - t r o n e n l e i t u n g). Diese f r e i e n E l e k t r o n e n bedingen die gute elektrische Leitfähigkeit metallischer Werkstoffe (elektrische Leiter). Bei den isolierenden Werkstoffen, wie Porzellan, Glas, Kunststoff und dgl., ist eine Elektronenleitung zwar nicht ganz auszuschließen, jedoch ist sie dort nur in so geringem Maße vorhanden, daß sie für die meisten Betrachtungen ganz vernachlässigt werden kann. Man spricht deshalb vereinfachend von N i c h t l e i t e r n (Dielektrika). Im folgenden soll im Hinblick auf die Probleme der elektrischen Festigkeitslehre ausschließlich das Verhalten von Nichtleitern im elektrischen Feld untersucht werden. Für das Verhalten leitender Werkstoffe s. Band I, Teil 1 und 3.

1.9.1 Polarisation

Unter der Wirkung des elektrischen Feldes wird ein Atom durch die auf den Kern und die Elektronenhülle ausgeübten Kräfte deformiert, so daß durch die Verlagerung der Ladungsschwerpunkte von Kern und Hülle ein e l e k t r i s c h e r D i p o l entsteht (D e f o r m a t i o n s p o l a r i s a t i o n). Weiter können sich bei polar aufgebauten Substanzen Dipole dadurch bilden, daß sich die positiven und negativen Ionen im Kristallgitter in entgegengesetzter Richtung verlagern (G i t t e r p o l a r i s a - t i o n). Die meisten Isolierstoffe enthalten aber schon polare Moleküle oder Molekülgruppen mit festem, durch unsymmetrische Ladungsverteilung bedingtem Dipolmoment. Die Feldkräfte suchen die zunächst chaotisch verteilten Dipole zu drehen und auszurichten (D i p o l - o d e r O r i e n t i e r u n g s p o l a r i s a - t i o n).

Elektrischen Wechselfeldern können Deformations- und Gitterpolarisation bis zu sehr hohen Frequenzen praktisch verzögerungsfrei folgen; sie bewirken deshalb bei technischen Frequenzen auch keine nennenswerten Polarisationsverluste. Die Dipoldrehung bei der Orientierungspolarisation erfolgt gegen verhältnismäßig starke Rückstellkräfte und wird durch Reibung behindert, wodurch sich im Wechselfeld Polarisationsverluste ergeben, die auch d i e l e k t r i s c h e V e r l u s t e genannt werden.

Eine weitere Polarisation ist dadurch möglich, daß infolge der zwar geringen elektrischen Leitfähigkeit eine Ladungsträgerwanderung eintritt, als deren Folge sich Raumladungen bilden (Raumladungspolarisation). Diese Polarisationsart ist i. allg. aber nur bei Gleichfeldern oder bei Wechselfeldern niederer Frequenzen wirksam, die einer solchen Raumladungsbildung genügend Zeit lassen.

Jede Art von Ladungsträgerverschiebung bewirkt einen elektrischen Strom, so daß dem Werkstoff eine entsprechende elektrische Leitfähigkeit zugeordnet werden kann.

Bei Gleichspannung klingt die durch Polarisation bedingte transiente Gleichstromleitfähigkeit mit der Zeit auf einen stationären Wert ab, der schließlich nur noch durch den Transport freier Ladungsträger (Elektronen, Ionen) hervorgerufen wird. Diese stationäre Gleichstromleitfähigkeit kann u.U. aber erst nach längerer Zeit (Stunden, Tage) erreicht werden [2], was bei der Messung des Isolationswiderstands (s. Abschn. 8.2.3) beachtet werden muß.

Bei Wechselspannung treten in erster Linie Polarisationsverluste auf, denen sich noch Verluste durch Ladungsträgerleitung überlagern können. I. allg. dominieren die Polarisationsverluste, so daß die Wechselstromleitfähigkeit vornehmlich durch sie bestimmt wird.

Die Polarisation des dielektrischen Werkstoffs wird rechnerisch berücksichtigt durch die Dielektrizitätszahl ε_r (Tafel 1.19). Dies veranschaulicht Bild 1.20 in vereinfachter Weise. Dabei wird angenommen, daß der zunächst im Vakuum befindliche Plattenkondensator mit einer Spannung U_0 aufgeladen und dann von der Spannungsquelle getrennt wird, so daß sich in der Folge die aufgenommene Ladung $Q_0 = C_0 U_0$, mit C_0 als Kapazität des Plattenkondensators im Vakuum, nicht mehr ändert.

Tafel 1.19 Dielektrizitätszahl ε_r bei 20 °C, Verlustfaktor d = tan δ (50 Hz, 20 °C) und Durchschlagfeldstärke E_d verschiedener Isolierstoffe nach [4], [28], [40], [41]

Isolierstoff	Dielektrizitätszahl ε_r	Verlustfaktor 10^3 tan δ in kV / cm	Durchschlag-feldstärke E_d
Porzellan	5 bis 6,5	17 bis 25	340 bis 380
Steatit	5,5 bis 6,5	2,5 bis 3	200 bis 300
Hartpapier	4 bis 7	20 bis 100	300 bis 600
Papier imprägniert	4 bis 4,3	5 bis 10	500 bis 600
Epoxidharz	2,8 bis 5	3 bis 10	200 bis 400
Polyesterharz	3,5 bis 5	3 bis 50	200 bis 290
Polyvinylchlorid	4 bis 5	50 bis 80	150 bis 500
Polyäthylen	2,3 bis 2,4	0,2 bis 0,3	200 bis 600
Hartgummi	2,5 bis 5	2 bis 6	200 bis 300
Mineralöl	2,2 bis 2,6	– bis 10	200 bis 350
Chlophen	4,5 bis 7	– bis 2	150 bis 250

Der homogene Feldbereich zwischen den Platten mit der äußeren Feldstärke $E_ä$ wird anschließend mit einem dielektrischen Werkstoff ausgefüllt, in dem die unorientierten Dipole nun einem Drehmoment unterliegen (Bild 1.20 a).

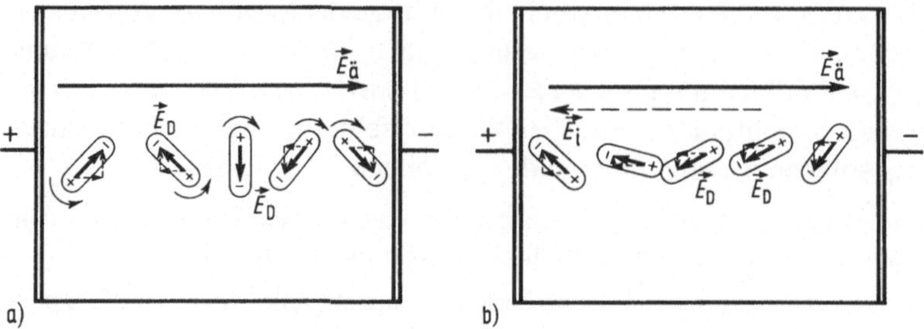

1.20 Orientierungspolarisation im Dielektrischen Werkstoff
a) statistisch verteilte Dipole
b) orientierte Dipole

Jeder Dipol hat ein eigenes elektrisches Feld, das jeweils durch den Feldstärkevektor $\vec{E}_D$ angedeutet ist. Durch die Orientierung aller Dipole werden also auch die Feldstärkevektoren $\vec{E}_D$ ausgerichtet, daß sich in jedem Fall eine Komponente ergibt, die der äußeren Feldstärke $\vec{E}_ä$ entgegengesetzt gerichtet ist. Diese Feldstärkekomponenten bilden eine innere Feldstärke $\vec{E}_i$ (Bild 1.20b), die eine verminderte resultierende Feldstärke $E_ä - E_i$ bewirkt. Die Spannung zwischen den Platten sinkt auf einen Wert unter U_0 ab, was, da sich die Ladung Q_0 nicht verändern kann, nach Gl. (1.10) auf eine Verringerung des dielektrischen Widerstandes R_{di} bzw. eine Vergrößerung der dielektrischen Leitfähigkeit ε hinweist. Da sich auch die Verschiebungsdichte D nicht verändert haben kann, gilt mit Gl. (1.9)

$$D = \varepsilon_0 E_ä = \varepsilon_0 \varepsilon_r (E_ä - E_i)$$

Hieraus findet man für die Dielektrizitätszahl

$$\varepsilon_r = \frac{1}{1 - (E_i / E_ä)} \qquad (1.52)$$

Erfahrungsgemäß ist ε_r in weiten Grenzen nahezu unabhängig von der Verschiebungsdichte, was ein konstantes Verhältnis $E_i / E_ä$ voraussetzt. Die Dipolorientierung folgt also der äußeren Feldstärke $E_ä$ nach linearer Gesetzmäßigkeit. Bei vollständiger Ausrichtung aller Dipole kann jedoch die innere Feldstärke E_i nur einen bestimmten endlichen Wert annehmen. Dagegen könnte die äußere Feldstärke $E_ä$ theoretisch unendlich gesteigert werden, so daß nach Gl. (1.52) für $E_ä \to \infty$ dann die Dielektrizitätszahl $\varepsilon_r \to 1$ gehen würde. Eine solche Sättigung, wie sie vergleichsweise für die relative Permeabilität μ_r im magnetischen Feld geläufig ist, kann also im elektrischen Feld ebenfalls auftreten, jedoch wäre dies bei den üblichen Isolierstoffen i. allg. erst bei Feldstärken gegeben, die weit über den technisch vertretbaren liegen. Bei keramischen Seignettedielektriken ist diese Sättigung schon bei recht kleinen elektrischen Feldstärken (12 kV / cm) zu beobachten.

Die Dielektrizitätszahl ε_r wächst bei den meist verwendeten Isolierstoffen mit der Temperatur (Bild 1.21). Die Dipolorientierung wird mit wachsender Thermobewegung der Moleküle gewissermaßen durch „Losrütteln" erleichtert. Wird dagegen die

Thermobewegung so intensiv, daß sie eine stabile Ausrichtung zu behindern beginnt, so tritt oberhalb bestimmter Temperaturen wieder ein Absinken von ε_r auf, wie es sich bei der Kurve 5 in Bild 1.21 abzeichnet. Bei Chlophen (s. Abschn. 4.1) tritt dieses Maximum schon bei etwa 10 °C auf. Besonders hohe Dielektrizitätszahlen lassen sich durch keramische Titanatmassen (ε_r = 3000 bei 20 °C) verwirklichen.

Die Frequenzabhängigkeit ist i. allg. gering. So betragen z. B. die Dielektrizitätszahlen von Epoxidharzen bei 50 Hz ε_r = 3,7 und bei 1 MHz ε_r = 3,6.

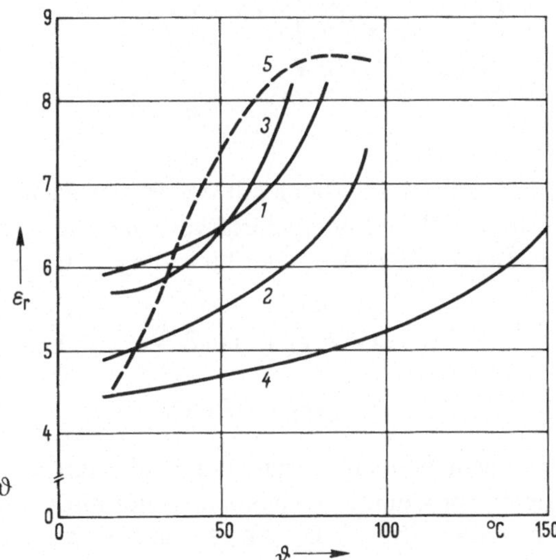

1.21
Dielektrizitätszahl ε_r verschiedener Isolierstoffe abhängig von der Temperatur ϑ
1 Porzellan, 2 und 3 Hartpapier,
4 Gießharz, 5 Polyvinylchlorid

1.9.2 Dielektrische Verluste

Wird an durch Materie isolierte Elektroden Spannung angelegt, treten dielektrische Verluste auf, so daß außer dem kapazitiven Strom I_c noch der Wirkstrom I_w fließt. Solche Verluste werden einmal durch die meist sehr geringe elektrische Eigenleitfähigkeit γ des Werkstoffs ($\gamma \approx 10^{-16}$ bis 10^{-10} S / cm) und zum anderen durch den Energiebedarf hervorgerufen, den die ständig wechselnde Polarisierung der Dipole bei Wechselspannung benötigt (s. Abschn. 1.9.1).

Nach Bild 1.22 kann deshalb die Ersatzschaltung des verlustbehafteten Kondensators mit der Kapazität C und dem hierzu parallel angeordneten Wirkwiderstand R angegeben werden. Der von dem Gesamtstrom $\underline{I}$ und dem kapazitiven Strom $\underline{I}_c$ eingeschlossene Winkel wird als Verlustwinkel δ bezeichnet. Es sind dann mit der Spannung U und der Kreisfrequenz ω der Verlustfaktor

$$d = \tan \delta = \frac{I_w}{I_c} = \frac{U / R}{U \omega C} = \frac{1}{R \omega C} \tag{1.53}$$

und die Verlustleistung

$$P_d = U^2 / R = R^2 \omega C \tan \delta$$

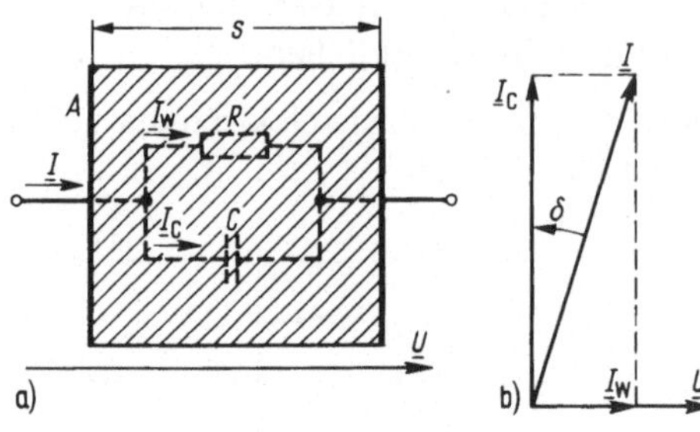

1.22
Plattenkondensator mit eingezeichneter Ersatzschaltung (a) und Zeigerdiagramm (b) mit Verlustwinkel δ

Ein Plattenkondensator mit der Plattenfläche A, dem Plattenabstand s, dem Feldvolumen V und der Feldstärke E hat die Kapazität $C = \varepsilon_0 \varepsilon_r A / s$ und somit die dielektrische Verlustleistung

$$P_d = U^2 \omega \varepsilon_0 \varepsilon_r \tan \delta \frac{A}{s} = \left(\frac{U}{s}\right)^2 \omega \varepsilon_0 \varepsilon_r \tan \delta A s$$
$$= E^2 \omega \varepsilon_0 \varepsilon_r \tan \delta V \qquad (1.54)$$

In einem beliebig gestalteten Feld kann nun jedes Volumenelement dV als ein elementar kleiner Plattenkondensator mit der differentiellen Verlustleistung $dP_d = E^2 \omega \varepsilon_0 \varepsilon_r \tan \delta dV$ angesehen werden. Für ein beliebig gestaltetes elektrisches Feld ergibt sich dann die dielektrische Verlustleistung

$$P_d = \int_V E^2 \omega \varepsilon_0 \varepsilon_r \tan \delta dV = \int_V E^2 \omega \varepsilon_0 \varepsilon_r'' dV \qquad (1.55)$$

wobei $\varepsilon_r \tan \delta = \varepsilon_r''$ als dielektrische Verlustzahl bezeichnet wird. Sie umfaßt diejenigen beiden Größen, die in Gl.(1.55) die Werkstoffeigenschaften berücksichtigen, wogegen Feldstärke E, Kreisfrequenz ω und die elektrische Feldkonstante ε_0 werkstoffunabhängig sind.

Der Leitwert $\underline{Y} = G + j \omega C$ mit $G = 1 / R$ nach Bild 1.22 läßt sich auch durch eine komplexe Kapazität $\underline{C}$ mit der komplexen Dielektrizitätszahl $\underline{\varepsilon}_r = \varepsilon_r' - j \varepsilon_r''$ ausdrücken. Mit der Vakuumkapazität $C_0 = \varepsilon_0 A / s$ (bei $\underline{\varepsilon}_r = 1$) ergibt sich dann für den komplexen Leitwert

$$\underline{Y} = j \omega \underline{C} = j \omega \underline{\varepsilon}_r C_0 = j \omega (\varepsilon_r' - \varepsilon_r'') C_0$$
$$= \omega C_0 \varepsilon_r'' + j \omega C_0 \varepsilon_r' = G + j \omega C \qquad (156)$$

und hieraus nach Gl.(1.53) für den Verlustfaktor

$$\tan \delta = 1 / (R \omega C) = G / (\omega C) = \varepsilon_r'' / \varepsilon_r' \qquad (1.57)$$

Nach Gl. (1.56) entspricht ε_r' der üblicherweise verwendeten Dielektrizitätszahl ε_r. Mit $\varepsilon_r = \varepsilon_r'$ folgt aus Gl. (1.57) für die dielektrische Verlustzahl $\varepsilon_r'' = \varepsilon_r \tan\delta$, wie sie bereits in Gl. (1.55) eingeführt wurde.

Beispiel 1.10. Ein runder Leiter mit dem Radius $r_i = 1$ cm und der Länge $\ell = 20$ m wird gegen ein gleichlanges koaxiales Metallrohr mit dem Radius $r_a = 1{,}5$ cm durch ölgetränktes Papier ($\varepsilon_r = 4$, $\tan\delta = 10^{-2}$) isoliert (Bild 1.23). Wie groß ist die dielektrische Verlustleistung bei der angelegten Spannung U = 100 kV und der Frequenz f = 50 Hz (Kreisfrequenz $\omega = 2\pi f = 2\pi \cdot 50\,\text{Hz} = 314\,\text{s}^{-1}$)?

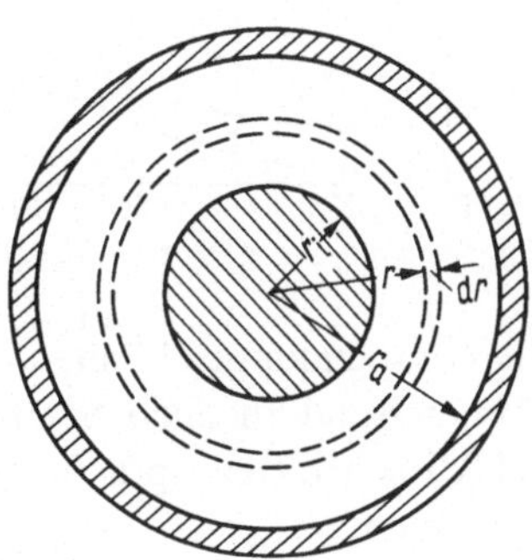

1.23
Isolierter konzentrischer Leiter

Nach Gl. (1.24) ist die Feldstärke $E = \dfrac{U}{r \ln(r_a/r_i)}$.

Mit einem rohrförmigen Volumenelement $dV = 2\pi r \ell\, dr$ und mit $\varepsilon_r'' = \varepsilon_r \tan\delta$ ergibt sich daher nach Gl. (1.55) die Verlustleistung

$$P_d = \int_{r_i}^{r_a} \frac{U^2 \omega \varepsilon_0 \varepsilon_r''}{r^2 \ln^2(r_a/r_i)} 2\pi r \ell\, dr = \frac{U^2 \omega \varepsilon_0 \varepsilon_r'' \cdot 2\pi\ell}{\ln(r_a/r_i)}$$

$$= \frac{100^2\,\text{kV}^2 \cdot 314\,\text{s}^{-1} \cdot 8{,}85 \cdot 10^{-14}\,(\text{As/V cm})\, 4 \cdot 10^{-2} \cdot 2\pi \cdot 2000\,\text{cm}}{\ln(1{,}5\,\text{cm}/1{,}0\,\text{cm})}$$

$$= 345\,\text{W}$$

Der Verlustfaktor ist i. allg. nicht konstant, sondern hängt von verschiedenen Einflußgrößen ab. Bei vielen Werkstoffen steigt der Verlustfaktor nach Bild 1.24 bei Temperaturen über 20 °C exponentiell mit der Temperatur an, so daß sich z. B. für Isolieröle nach Bild 1.24 b im logarithmischen Maßstab Geraden ergeben. Diese exponentielle Abhängigkeit ist insbesondere für den Wärmedurchschlag (Abschn. 3.2.1) von Bedeutung. Bei anderen Werkstoffen, z. B. bei vernetztem Polyäthylen (VPE), kann der Verlustfaktor im gleichen Temperaturbereich bei Temperaturanstieg kleiner werden [8].

Überschreitet die elektrische Feldstärke im Werkstoff bestimmte kritische Werte, so können in der Isolation Teilentladungen (Abschn. 3.2.2) einsetzen, die zusätzliche dielektrische Verluste (I o n i s a t i o n s v e r l u s t e) verursachen und nach Bild 1.25 zum Ansteigen des Verlustfaktors führen [2], [8], [18]. Mechanische Zug- und

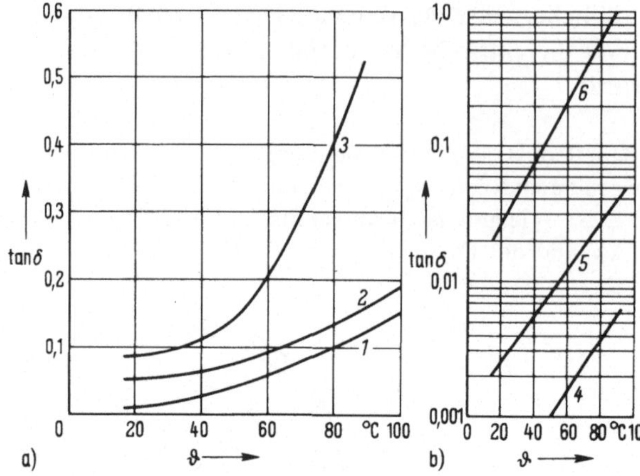

1.24
Verlustfaktor tan δ abhängig von der Temperatur ϑ
1 Hartpapier, 2 Porzellan, 3 vergütetes Glas, 4 Öl guter, 5 mittlerer, 6 geringer Qualität

Druckspannungen können von Einfluß sein, und schließlich ist nicht nur bei Flüssigkeiten sondern auch bei Feststoffen eine durch Alterung bedingte und von der elektrischen Beanspruchung abhängige zeitliche Veränderung des Verlustfaktors zu erwarten.

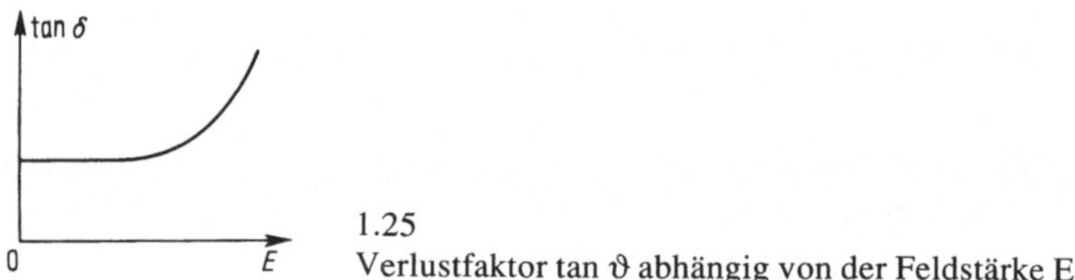

1.25
Verlustfaktor tan ϑ abhängig von der Feldstärke E

1.9.3 Nachladungseffekt

Kondensatoren, die nur sehr kurzzeitig entladen werden, können nach gewisser Zeit infolge einer verzögerten Depolarisierung wieder Spannung führen. Bei dem Plattenkondensator nach Bild 1.20 b ergibt sich mit der äußeren Feldstärke $E_ä$, der inneren Feldstärke E_i und dem Plattenabstand s für die anliegende Spannung

$$U = (E_ä - E_i)\, s \tag{1.58}$$

Es wird angenommen, daß die Kondensatorplatten nur sehr kurzzeitig leitend überbrückt werden, so daß zwar die Spannung völlig abgebaut wird, die Polarisation aber wegen der Kürze der Zeit noch voll erhalten bleibt. Da sich folglich die innere Feldstärke E_i nicht geändert hat, ist $U = 0$ lediglich durch das Absinken der äußeren Feldstärke auf $E_ä = E_i$ erreicht worden. Hiernach ist die Orientierung der Dipole jedoch stärker, als es die verkleinerte äußere Feldstärke $E_ä$ erfordern würde, und die Polarisation wird sich nun soweit zurückbilden, bis sich wieder ein nach Gl. (1.52) vorgegebenes Verhältnis $E_i / E_ä < 1$ eingestellt hat. Es baut sich also wieder zwischen den Kondensatorplatten eine endliche Feldstärkendifferenz $E_ä - E_i$ und somit nach Gl. (1.58) eine Spannung auf.

In Hochspannungsanlagen verwendete Betriebsmittel mit kapazitivem Verhalten sollten deshalb zur Vermeidung gefährlicher Nachladespannungen ausreichend lange oder dauerhaft entladen werden. Dies ist besonders bei Gleichspannung zu beachten.

1.9.4 Feldlinienbrechung an Grenzflächen

Elektrische Verschiebungslinien werden beim Durchtreten einer von zwei Dielektriken gebildeten Grenzfläche gebrochen, wenn sich die Dielektrizitätszahlen der beiden Medien unterscheiden. In Bild 1.26 sind für einen Punkt der Grenzfläche einmal die Verschiebungsdichtevektoren $\vec{D}_1$ und $\vec{D}_2$ und die Feldstärkevektoren $\vec{E}_1$ und $\vec{E}_2$ in beiden Werkstoffen mit den Dielektrizitätszahlen ε_{r1} und ε_{r2} dargestellt. Die Vektoren sind in ihre senkrecht zur Grenzfläche stehenden Normalkomponenten $\vec{D}_{N1}$, $\vec{D}_{N2}$, $\vec{E}_{N1}$ und $\vec{E}_{N2}$ und in ihre Tangentialkomponenten $\vec{D}_{T1}$, $\vec{D}_{T2}$, $\vec{E}_{T1}$ und $\vec{E}_{T2}$ zerlegt.

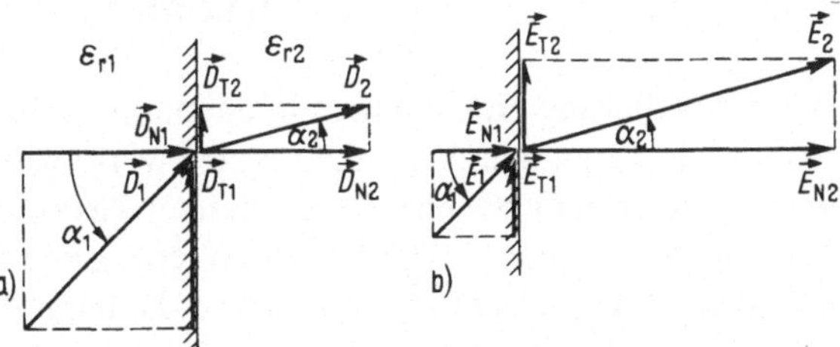

1.26
Brechung elektrischer Verschiebungslinien, veranschaulicht durch die Verschiebungsdichte-Vektoren $\vec{D}$ (a) und die Feldstärkevektoren $\vec{E}$ (b)

Die Normalkomponenten der Verschiebungsdichte-Vektoren repräsentieren einen Verschiebungsfluß, der die Grenzfläche senkrecht durchsetzt. Wenn, wie dies hier vorausgesetzt ist, an der Grenzfläche keine Raumladungen vorhanden sind, muß der senkrechte Verschiebungsfluß unmittelbar vor und hinter der Grenzfläche gleich groß und folglich auch $\vec{D}_{N1} = \vec{D}_{N2}$ sein. Aus Bild 1.26 ergibt sich

$$\frac{\tan \alpha_1}{\tan \alpha_2} = \frac{D_{T1} / D_{N1}}{D_{T2} / D_{N2}} = \frac{D_{T1}}{D_{T2}} = \frac{\varepsilon_0 \, \varepsilon_{r1} \, E_{T1}}{\varepsilon_0 \, \varepsilon_{r2} \, E_{T2}} \tag{1.59}$$

wenn α_1 und α_2 die Winkel sind, die die Feldstärke- bzw. Verschiebungsdichtevektoren mit der Lotrechten zur Grenzfläche einschließen.

Weiter müssen die Tangentialkomponenten der Feldstärkevektoren $\vec{E}_{T1}$ und $\vec{E}_{T2}$ gleich sein, weil andernfalls irgend ein anderer Punkt der Grenzfläche gegenüber dem betrachteten zwei unterschiedliche Potentiale annehmen müßte. Mit $E_{T1} = E_{T2}$ folgt aus Gl. (1.59) das Brechungsgesetz

$$\tan \alpha_1 / \tan \alpha_2 = \varepsilon_{r1} / \varepsilon_{r2} \tag{1.60}$$

Eine Verschiebungslinie, die z. B. in Porzellan mit der relativen Dielektrizitätszahl $\varepsilon_{r1} = 6$ unter dem Winkel $\alpha_1 = 45°$ in die Grenzfläche einläuft, würde in Luft ($\varepsilon_{r2} = 1$) mit dem Winkel $\alpha_2 = 9{,}5°$ austreten. Geht also eine elektrische Verschiebungslinie von einem Dielektrikum mit großer in ein angrenzendes mit kleinerer Dielektrizitätszahl über, so wird sie zum Einfallslot hin gebrochen. Beim Skizzieren elektrischer Feldbilder ist mitunter die grobe Vereinfachung hilfreich, Verschiebungslinien aus festen Isolierstoffen nach Bild 1.27 etwa senkrecht in Luft austreten zu lassen. Hiermit hat man auch eine Gedankenstütze, um sich der Gesetzmäßigkeit bei der Feldlinienbrechung zu erinnern.

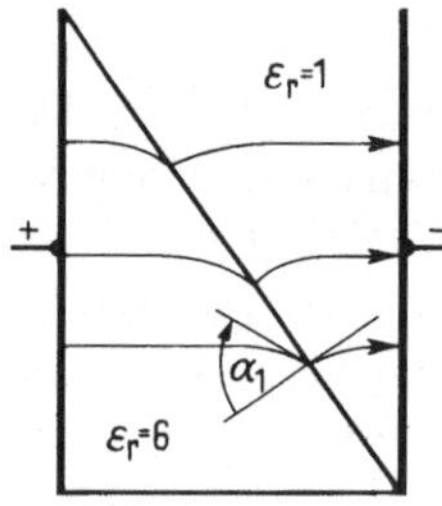

1.27
Plattenkondensator mit schräger Grenzfläche (Porzellan – Luft) und eingezeichneten Verschiebungslinien

1.9.5 Geschichtetes Dielektrikum

Bei der Isolierung elektrischer Anlagenteile ist oftmals ein Schichten verschiedener Isoliermittel unumgänglich, so beispielsweise beim Transformator mit papierisolierten Leitern unter Öl oder beim Gürtelkabel, das zwischen Leiter und Metallmantel eine Schichtung aus ölgetränkter Papierisolierung und den mit Beilauf gefüllten Zwickeln aufweist. Eine Schichtung von festen Isolierstoffen und Luft tritt auch bei allen isolierten Leitungen auf.

Durch eine günstig gewählte Abstufung verschiedener Isolierstoffe kann die Spannungsfestigkeit der Isolieranordnung erhöht werden, andererseits können aber auch unerwünschte Gaseinschlüsse oder Hohlräume in Öl oder festen Isolierstoffen die Durchschlagspannung vermindern. In jedem Fall gibt die Kenntnis der räumlichen Feldstärke- und Potentialverteilung Aufschluß über die Isolationsfähigkeit der untersuchten Anordnung.

Im folgenden soll zunächst von absoluten Nichtleitern, also von Werkstoffen mit elektrischen Leitfähigkeiten $\gamma = 0$, ausgegangen werden. Ohne große Fehler gelten die hierfür abgeleiteten Gleichungen bei W e c h s e l s p a n n u n g auch für Dielektriken mit Leitfähigkeiten $\gamma > 0$, jedoch n i c h t b e i G l e i c h s p a n n u n g! Das Verhalten geschichteter, verlustbehafteter Dielektriken wird in Abschn. 1.9.5.4 beschrieben.

1.9.5.1 Plattenelektroden. Für die zwischen den beiden Platten 1 und 4 in Bild 1.28 bestehende S p a n n u n g gilt

$$U_{14} = E_1\,a + E_2\,b + E_3\,c \qquad (1.61)$$

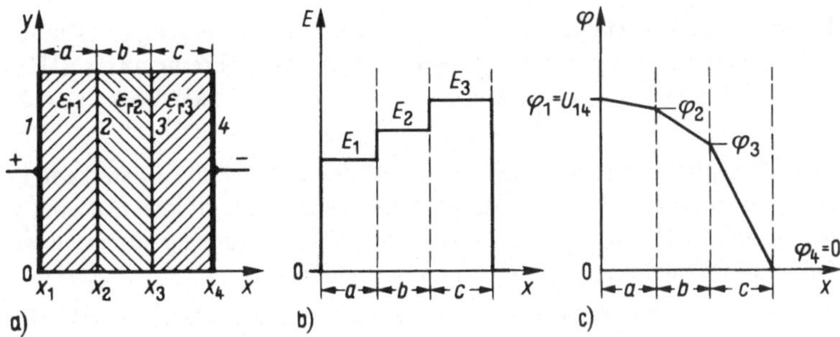

1.28 Plattenkondensator mit drei Isolierschichten
a) Querschnitt
b) zugehörige Feldstärkeverteilung
c) Potentialverteilung für $\varepsilon_{r1} > \varepsilon_{r2} > \varepsilon_{r3}$

wenn E_1, E_2 und E_3 die elektrischen Feldstärken in den drei Isolierschichten mit den Dicken a, b und c und den Dielektrizitätszahlen ε_{r1}, ε_{r2} und ε_{r3} sind. Da der Verschiebungsfluß Ψ in allen drei Schichten gleich ist, muß auch die Verschiebungsdichte D gleich sein, so daß Gl. (1.61) die Form

$$U_{14} = \frac{D}{\varepsilon_0 \varepsilon_{r1}} a + \frac{D}{\varepsilon_0 \varepsilon_{r2}} b + \frac{D}{\varepsilon_0 \varepsilon_{r3}} c = \frac{D}{\varepsilon_0}\left(\frac{a}{\varepsilon_{r1}} + \frac{b}{\varepsilon_{r2}} + \frac{c}{\varepsilon_{r3}}\right)$$

annimmt. Allgemein ist nach Gl. (1.9) die elektrische Feldstärke $E = D/(\varepsilon_0 \varepsilon_r)$. Mit $D/\varepsilon_0 = E \varepsilon_r$ ergibt sich für jeden Abzissenwert x die elektrische Feldstärke

$$E = \frac{U_{14}}{\varepsilon_r\left(\frac{a}{\varepsilon_{r1}} + \frac{b}{\varepsilon_{r2}} + \frac{c}{\varepsilon_{r3}}\right)} = \frac{U_{14}}{\varepsilon_r K_p} \tag{1.62}$$

wobei für die Dielektrizitätszahl ε_r jeweils der Wert einzusetzen ist, der an der betrachteten Stelle x vorliegt. Für eine beliebige Anzahl von Isolierschichten erhält man den Plattenschichtungskoeffizienten

$$K_p = \frac{a}{\varepsilon_{r1}} + \frac{b}{\varepsilon_{r2}} + \frac{c}{\varepsilon_{r3}} + \ldots \tag{1.63}$$

Gl. (1.62) weist aus, daß die elektrische Feldstärke innerhalb jeweils einer Isolierschicht konstant ist, sich aber an den Grenzflächen sprunghaft ändert, wenn ε_{r1}, ε_{r2} und ε_{r3} verschieden sind (Bild 1.28 b). Wegen der konstanten Feldstärken ergibt sich innerhalb der einzelnen Isolierschichten eine lineare Potentialverteilung, wobei die Potentialverteilungskurve an den Grenzflächen Knickpunkte aufweist (Bild 1.28c).

Mit der Plattenfläche A, der Ladung Q und der Verschiebungsdichte $D = Q/A$ ist nach Gl. (1.62) $U_{14}/K_p = E \varepsilon_r = D/\varepsilon_0 = Q/(A \varepsilon_0)$ und somit die Kapazität

$$C = Q/U_{14} = \varepsilon_0 A/K_p \tag{1.64}$$

Beispiel 1.11. Zwei planparallele Plattenelektroden in Luft ($\varepsilon_{rL} = 1$) haben den Abstand s = 2,5 cm und liegen an der Sinusspannung U = 25 kV bei der Frequenz f = 50 Hz. Wie verändern sich die Verhältnisse, wenn eine Glasplatte ($\varepsilon_{rG} = 7$)) mit der Dicke s_1 = 2,2 cm eingeschoben wird?

Ohne Glasplatte beträgt der Effektivwert der elektrischen Feldstärke in Luft $E_{(eff)} = U / s = 25$ kV / (2,5 cm) = 10 kV / cm. Da die effektive Durchschlagfeldstärke von Luft (s. Abschn. 2.4.1) hier grob mit $E_{d(eff)} = (30 / \sqrt{2})\,\mathrm{kV/cm} \approx 21\,\mathrm{kV/cm}$ angenommen werden darf, wird die Isolierstrecke der angelegten Spannung standhalten.

Nach dem Einschieben der Glasplatte beträgt die elektrische Feldstärke (Effektivwert) nach Gl. (1.62) im Glas

$$E_{G(eff)} = \frac{U}{\varepsilon_{rG}\left(\dfrac{s_1}{\varepsilon_{rG}} + \dfrac{s_2}{\varepsilon_{rL}}\right)} = \frac{25\,\mathrm{kV}}{7\left(\dfrac{2{,}2\,\mathrm{cm}}{7} + \dfrac{0{,}3\,\mathrm{cm}}{1}\right)} = 5{,}82\,\mathrm{kV/cm}$$

und in dem verbleibenden Luftspalt $s_2 = s - s_1$

$$E_{L(eff)} = \frac{U}{\varepsilon_{rL}\left(\dfrac{s_1}{\varepsilon_{rG}} + \dfrac{s_2}{\varepsilon_{rL}}\right)} = \frac{25\,\mathrm{kV}}{7\left(\dfrac{2{,}2\,\mathrm{cm}}{7} + \dfrac{0{,}3\,\mathrm{cm}}{1}\right)} = 40{,}75\,\mathrm{kV/cm}$$

Die nun in Luft auftretende Feldstärke liegt weit über der Durchschlagfeldstärke (Bild 1.29), so daß der Luftspalt in jeder Halbperiode durchschlagen wird. Das Einschieben der durchschlagfesten Glasplatte hat sich also eher nachteilig ausgewirkt, weil die im Luftspalt auftretenden Teilentladungen auf die Dauer auch die Glasplatte beschädigen können. Die gleiche Erscheinung führt zu den unerwünschten Teilentladungen in Hohlräumen fester Isolierstoffe (s. hierzu Abschn. 3.2.2).

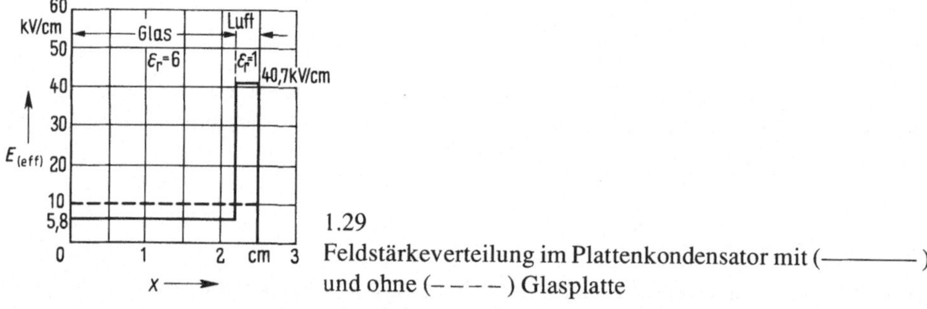

1.29
Feldstärkeverteilung im Plattenkondensator mit (————) und ohne (– – – –) Glasplatte

1.9.5.2 Koaxiale Zylinder. Bei einer Schichtung von z. B. drei Dielektriken nach Bild 1.30, wobei der Außenelektrode mit dem Radius r_4 das Potential $\varphi_4 = 0$ und der Innenelektrode das Potential $\varphi_1 = U_{14}$ zugeordnet sein sollen, ergibt sich für die anliegende Spannung

$$U_{14} = \int_{r_1}^{r_2} E_1\,dr + \int_{r_2}^{r_3} E_2\,dr + \int_{r_3}^{r_4} E_3\,dr \tag{1.65}$$

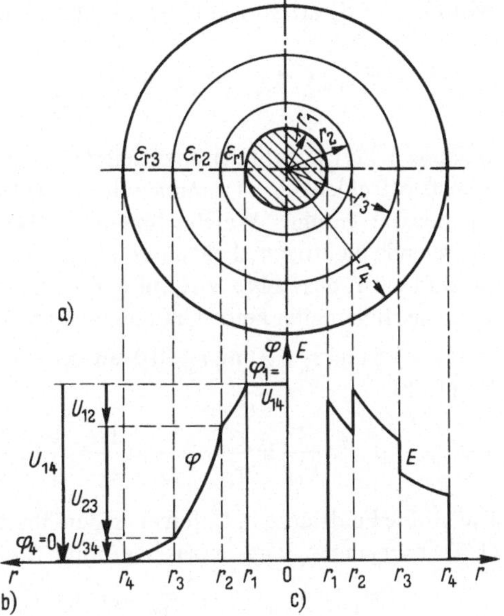

1.30
Zylinderelektroden (a) mit drei Isolierschichten
Feldstärke E (c) und Potential φ (b) abhängig vom Radius r für $\varepsilon_{r1} > \varepsilon_{r2} < \varepsilon_{r3}$

und nach Einführen von Gl. (1.1 8)

$$U_{14} = \frac{Q}{2\pi\ \varepsilon_0\ \ell}\left(\int_{r_1}^{r_2}\frac{dr}{\varepsilon_{r1}\ r} + \int_{r_2}^{r_3}\frac{dr}{\varepsilon_{r2}\ r} + \int_{r_3}^{r_4}\frac{dr}{\varepsilon_{r3}\ r}\right) =$$

$$= \frac{Q}{2\pi\ \varepsilon_0\ \ell}\left(\frac{1}{\varepsilon_{r1}}\ln\frac{r_2}{r_1} + \frac{1}{\varepsilon_{r2}}\ln\frac{r_3}{r_2} + \frac{1}{\varepsilon_{r3}}\ln\frac{r_4}{r_3}\right) \tag{1.66}$$

Aus Gl. (1.18) folgt weiter, daß für $Q / (2\pi\ \varepsilon_0\ \ell) = E\ \varepsilon_r\ r$ gesetzt werden kann. Somit erhält man die F e l d s t ä r k e v e r t e i l u n g

$$E = \frac{U_{14}}{\varepsilon_r\ r\left(\frac{1}{\varepsilon_{r1}}\ln\frac{r_2}{r_1} + \frac{1}{\varepsilon_{r2}}\ln\frac{r_3}{r_2} + \frac{1}{\varepsilon_{r3}}\ln\frac{r_4}{r_3}\right)} = \frac{U_{14}}{\varepsilon_r\ r\ K_z} \tag{1.67}$$

wobei für eine beliebige Anzahl n zylindrischer Isolierschichten der Z y l i n d e r - s c h i c h t u n g s k o e f f i z i e n t

$$K_z = \frac{1}{\varepsilon_{r1}}\ln\frac{r_2}{r_1} + \frac{1}{\varepsilon_{r2}}\ln\frac{r_3}{r_2} + \ldots + \frac{1}{\varepsilon_{rn}}\ln\frac{r_{n+1}}{r_n} \tag{1.68}$$

einzusetzen ist. In Gl. (1.67) ist ε_r diejenige Dielektrizitätszahl, die bei dem jeweils veränderlichen Radius r vorliegt, so beispielsweise ε_{r2} im Bereich $r_2 \leq r \leq r_3$. In Bild 1.30 b und c sind Feldstärke- und Potentialverteilungen für $\varepsilon_{r1} > \varepsilon_{r2} < \varepsilon_{r3}$ angegeben.

Mit Gl. (1.68) erhält man aus Gl. (1.66) auch unmittelbar die K a p a z i t ä t

$$C = Q / U_{14} = 2\pi\ \varepsilon_0\ \ell / K_z \tag{1.69}$$

Beispiel 1.12. Ein zylindrischer Leiter mit dem Radius $r_1 = 1{,}5$ cm, der mit einer 5 mm dicken Kunststoffschicht ($\varepsilon_r = 4$) ummantelt ist, wird in einem Metallrohr mit dem Innenradius $r_3 = 10$ cm koaxial geführt. Welche Spannung darf angelegt werden, damit die größte in Luft auftretende elektrische Feldstärke $E_{max} = 15$ kV / cm nicht übersteigt? Weiter ist derjenige Innenradius r_3' des Rohres zu ermitteln, der unter den gleichen Bedingungen erforderlich wäre, wenn der Innenleiter keine Ummantelung hätte.

Mit $r_1 = 1{,}5$ cm, $r_2 = 2$ cm, $r_3 = 10$ cm, $\varepsilon_{r1} = 4$ und $\varepsilon_{r2} = 1$ ist der Schichtungskoeffizient nach Gl. (1.68)

$$K_z = \frac{1}{\varepsilon_{r1}} \ln \frac{r_2}{r_1} + \frac{1}{\varepsilon_{r2}} \ln \frac{r_3}{r_2} = \frac{1}{4} \ln \frac{2{,}0\ \text{cm}}{1{,}5\ \text{cm}} + \frac{1}{1} \ln \frac{10\ \text{cm}}{2\ \text{cm}} = 1{,}68$$

Die größte Feldstärke in Luft tritt an der Oberfläche des Kunststoffmantels auf, so daß in Gl. (1.67) $r = r_2$ und $\varepsilon_r = \varepsilon_{r2}$ einzusetzen sind. Somit beträgt die zulässige Spannung

$$U_{13} = E_{max}\ \varepsilon_{r2}\ r_2\ K_z = (15\ \text{kV} / \text{cm}\ 1 \cdot 2\ \text{cm} \cdot 1{,}68 = 50{,}4\ \text{kV}$$

Ohne Kunststoffmantel besteht die größte Feldstärke in Luft an der Oberfläche des Innenleiters, also bei $r = r_1$. Aus Gl. (1.24) findet man den erforderlichen neuen Innenradius

$$r_3' = r_1 \exp \frac{U_{13}}{E_{max}\ r_1} = 1{,}5\ \text{cm} \exp \frac{50{,}4\ \text{kV}}{(15\ \text{kV} / \text{cm}) \cdot 1{,}5\ \text{cm}} = 14{,}1\ \text{cm}$$

In diesem Fall müßte also der Innendurchmesser des Metallrohres um rund 40% größer gewählt werden als bei einem ummantelten Innenleiter!

1.9.5.3 Konzentrische Kugeln. Der Rechnungsgang zur Ableitung der Feldstärkeverteilung ist der gleiche wie bei koaxialen Zylindern, so daß auf eine Wiederholung verzichtet werden kann. Überträgt man Bild 1.30 auf eine Kugelanordnung, so muß lediglich in die auch hier gültige Gl. (1.65) die Gl. (1.27) eingeführt werden. Somit ergibt sich für konzentrische Kugeln mit geschichtetem Dielektrikum die elektrische F e l d s t ä r k e v e r t e i l u n g

$$E = \frac{U}{\varepsilon_r\ r^2\ K_k} \tag{1.70}$$

mit dem K u g e l s c h i c h t u n g s k o e f f i z i e n t e n

$$K_k = \frac{1}{\varepsilon_{r1}} \left(\frac{1}{r_1} - \frac{1}{r_2} \right) + \frac{1}{\varepsilon_{r2}} \left(\frac{1}{r_2} - \frac{1}{r_3} \right) + \ldots + \frac{1}{\varepsilon_m} \left(\frac{1}{r_n} - \frac{1}{r_{n+1}} \right) \tag{1.71}$$

und der an den Elektroden anliegenden Spannung U. Ebenso findet man für die K a p a z i t ä t

$$C = 4\pi\ \varepsilon_0 / K_k$$

1.9.5.4 Verlustbehaftetes Dielektrikum. Die Feldstärkeverteilungen nach den Gl. (1.62), (1.67) und (1.70) gelten definitionsgemäß für absolute Nichtleiter, deren elektrische Leitfähigkeit $\gamma = 0$ ist. Diese Bedingung ist bei technischen Isolierstoffen nicht erfüllt, die zwar in der Regel äußerst geringe ($\gamma = 10^{-16}$ bis 10^{-10} S / cm) aber doch endliche Leitfähigkeiten aufweisen.

In Bild 1.31a ist eine Plattenschichtung aus zwei Isolierstoffen mit der Plattenfläche A, den Schichtdicken s_1, s_2, den Dielektrizitätszahlen $\varepsilon_{r1}, \varepsilon_{r2}$ und den elektrischen Leitfähigkeiten γ_1, γ_2 dargestellt. Bild 1.31b zeigt die entsprechende elektrische Ersatzschaltung.

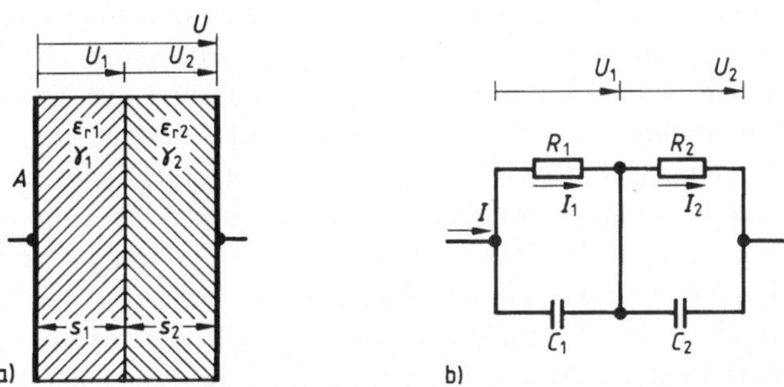

1.31 Plattenelektroden mit zwei geschichteten Dielektriken (a) mit elektrischer Ersatzschaltung (b) bei Gleichspannung U

Bei Wechselspannung wird der Gesamtstrom I hauptsächlich durch die Kapazitäten C_1 und C_2 bestimmt, weil bei technischen Frequenzen generell $R \gg 1 / \omega C$ ist. Somit ergeben sich die Spannungen U_1 und U_2 wie auch die Feldstärkeverteilung wie bei den verlustlosen Dielektrika (s. Abschn. 1.9.5.1). Nicht so bei Gleichspannung! Hier legen die Widerstände R_1 und R_2 die Spannungsverteilung fest, und es gilt für die Spannungen

$$U_1 = I_1 R_1 = I_1 s_1 / (\gamma_1 A) \quad \text{und} \quad U_2 = I_2 R_2 = I_2 s_2 / (\gamma_2 A)$$

Da im Gleichgewichtszustand $I_1 = I_2$ sein muß, ergibt sich das Spannungsverhältnis

$$U_1 / U_2 = R_1 / R_2 = s_1 \gamma_2 / (s_2 \gamma_1)$$

Mit der Gesamtspannung $U = U_1 + U_2$ findet man schließlich die beiden Spannungen

$$U_1 = \frac{s_1 \gamma_2}{s_1 \gamma_2 + s_2 \gamma_1} U \quad \text{und} \quad U_2 = \frac{s_2 \gamma_1}{s_1 \gamma_2 + s_1 \gamma_1} U \qquad (1.72)$$

Unterscheiden sich z.B. die elektrischen Leitfähigkeiten um eine Größenordnung, z.B. $\gamma_2 = 10\,\gamma_1$, und wird vereinfachend einmal $s_1 = s_2$ gesetzt, so ergibt sich aus G1.(1.72) die Spannung $U_1 = 0{,}91 U$. Bei Gleichspannung kann also bei geschichteten Dielektrika mit unterschiedlichen elektrischen Leitfähigkeiten die an der Gesamtanordnung anliegende Spannung fast ausschließlich an einer der Isolierschichten auftreten.

Die hier für Plattenelektroden angestellten Überlegungen lassen sich natürlich in gleicher Weise auch auf Zylinder- und Kugelelektroden übertragen.

1.10 Numerische Feldberechnung

Die stürmische Entwicklung auf dem Gebiet der digitalen Rechentechnik hat generell für die Anwendung numerischer Berechnungsverfahren immer größere Möglichkeiten eröffnet. Was vor Jahren z.T. noch Großrechnern vorbehalten war, kann heute bereits von Personal Computern geleistet werden. Numerische Verfahren haben deshalb ständig an Bedeutung gewonnen und die Anwender dazu angeregt, neue Berechnungsverfahren zu entwickeln oder bestehende zu verbessern. In der Hochspannungstechnik wird dabei das Ziel verfolgt, Elektrodenanordnungen mit weitgehend beliebiger Formgebung zu berechnen. Im folgenden sollen das Differenzenverfahren, das Ersatzladungsverfahren und die Methode der Finiten Elemente im Prinzip erläutert und ihre Anwendung mit einfachen Beispielen vorgeführt werden. Wer sich eingehender mit der numerischen Feldberechnung befassen will, wird auf die Literatur verwiesen [3], [19], [25], [38], [52].

1.10.1 Differenzenverfahren

Der Einfachheit halber soll hier von einem ebenen Feldbild (zweidimensionales Feld) ausgegangen werden, das durch die beiden kartesischen Koordinaten x und y eindeutig erfaßt werden kann. Ist das Feld außerdem raumladungsfrei, so kann nach Gl. (1.48) das elektrische Potential für jeden Netzpunkt durch die Laplacesche Potentialgleichung

$$\frac{\partial^2 \varphi}{\partial x^2} + \frac{\partial^2 \varphi}{\partial y^2} = 0 \tag{1.73}$$

beschrieben werden.

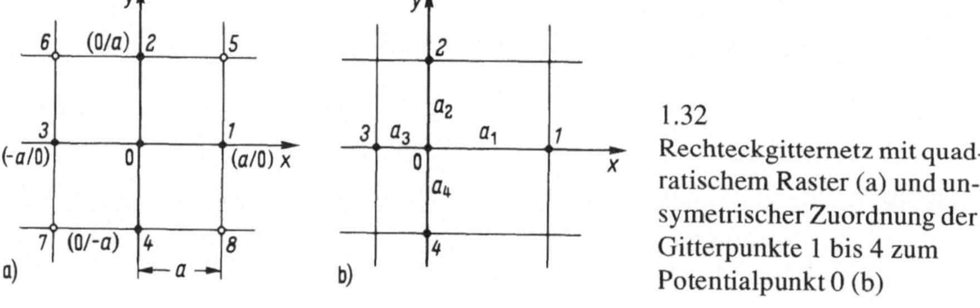

1.32
Rechteckgitternetz mit quadratischem Raster (a) und unsymetrischer Zuordnung der Gitterpunkte 1 bis 4 zum Potentialpunkt 0 (b)

Beim Differenzenverfahren wird der zu untersuchende Feldbereich nach Bild 1.32 meist mit einem Rechteckgitternetz überzogen und das Potential jedes Gitterpunktes aus den Potentialen der umgebenden Gitterpunkte berechnet. Ist φ_0 das Potential im Punkt (x_0, y_0), so läßt sich mit der Taylorreihe für einen benachbarten Punkt (x, y) das Potential

$$\begin{aligned}\varphi = \varphi_0 &+ \frac{1}{1!}\left[(x - x_0)\frac{\partial \varphi}{\partial x}(x_0, y_0) + (y - y_0)\frac{\partial \varphi}{\partial y}(x_0, y_0)\right] \\ &+ \frac{1}{2!}\left[(x - x_0)^2\frac{\partial^2 \varphi}{\partial x^2}(x_0, y_0) + 2(x - x_0)(y - y_0)\frac{\partial^2 \varphi}{\partial x\, \partial y}(x_0, y_0)\right. \\ &\left.+ (y - y_0)^2\frac{\partial^2 \varphi}{\partial y^2}(x_0, y_0)\right] + \frac{1}{3!}\left[(x - x_0)^3\frac{\partial^3 \varphi}{\partial x^3}(x_0, y_0) + \ldots\right. \\ &\left.+ (y - y_0)^3\frac{\partial^3 \varphi}{\partial y^3}(x_0, y_0)\right] + \ldots \end{aligned} \tag{1.74}$$

angeben.

Legt man bei einem quadratischen Raster nach Bild 1.32a den Punkt mit dem Potential φ_o in den Koordinatenursprung, dann ist $x_0 = y_0 = 0$, und für die Punkte 1, 2, 3 und 4 sind die Koordinatendifferenzen $(x_1 - x_0) = (y_2 - y_0) = a$ und $(x_3 - x_0) = (y_4 - y_0) = -a$. Wird nun Gl (1.74) auf die vier benachbarten Punkte 1, 2, 3 und 4 angewendet, wobei ausschließlich Glieder bis zur 2. Ordnung berücksichtigt werden sollen, so ergeben sich die vier Potentiale

$$\varphi_1 = \varphi_0 + a\frac{\partial \varphi}{\partial x}(0) + \frac{a^2}{2}\frac{\partial^2 \varphi}{\partial x^2}(0)$$

$$\varphi_2 = \varphi_0 + a\frac{\partial \varphi}{\partial y}(0) + \frac{a^2}{2}\frac{\partial^2 \varphi}{\partial y^2}(0)$$

$$\varphi_3 = \varphi_0 - a\frac{\partial \varphi}{\partial x}(0) + \frac{a^2}{2}\frac{\partial^2 \varphi}{\partial x^2}(0)$$

$$\varphi_4 = \varphi_0 - a\frac{\partial \varphi}{\partial y}(0) + \frac{a^2}{2}\frac{\partial^2 \varphi}{\partial y^2}(0)$$

deren Summe

$$\varphi_1 + \varphi_2 + \varphi_3 + \varphi_4 = 4\varphi_0 + a^2\left[\frac{\partial^2 \varphi}{\partial x^2}(0) + \frac{\partial^2 \varphi}{\partial y^2}(0)\right]$$

beträgt, in der wiederum der Klammerausdruck der Laplaceschen Potentialgleichung (1.72) entspricht und daher Null ist. Somit ergibt sich das Potential im Punkt (x_0, y_0) aus der V i e r p u n k t g l e i c h u n g

$$\varphi_0 = (\varphi_1 + \varphi_2 + \varphi_3 + \varphi_4) / 4 = \left(\sum_{i=1}^{4} \varphi_i \right) / 4 \tag{1.75}$$

die in den meisten Fällen ausreicht. Wird dagegen die Taylorreihe nach Gl. (1.74) erst nach den Gliedern 6. Ordnung abgebrochen, so erhält man die Achtpunktgleichung

$$\varphi_0 = \frac{1}{5} \sum_{i=1}^{4} \varphi_i + \frac{1}{20} \sum_{i=5}^{8} \varphi_i \tag{1.76}$$

die auch die Gitterpunkte 5 bis 8 nach Bild 1.32 a in die Berechnung einbezieht.

Eine größere Genauigkeit der Rechenergebnisse wird jedoch in erster Linie durch Verkleinerung der Maschenweite des Gitternetzes erzielt, wodurch andererseits die Anzahl der Gitterpunkte und somit auch der Rechenaufwand vergrößert wird. Mit Gl. (1.76) kann nachträglich kontrolliert werden, ob die Maschenweite bei Anwendung der Vierpunktformel klein genug gewählt wurde.

In Randgebieten läßt sich das quadratische Raster nur in Sonderfällen, wie z. B. in Bild 1.33, beibehalten, weil hier die Orte einiger Gitterpunkte durch die Form der Elektroden vorgegeben sind. Bei einem unsymmetrischen Raster nach Bild 1.32 b gilt für das Potential

$$\varphi_0 = \frac{\dfrac{\varphi_1}{a_1(a_1+a_2)} + \dfrac{\varphi_2}{a_2(a_1+a_2)} + \dfrac{\varphi_3}{a_3(a_3+a_4)} + \dfrac{\varphi_4}{a_4(a_3+a_4)}}{(1/a_1 a_2) + (1/a_3 a_4)} \tag{1.77}$$

aus dem sich für $a_1 = a_2 = a_3 = a_4 = a$ wieder Gl. (1.75) ergibt.

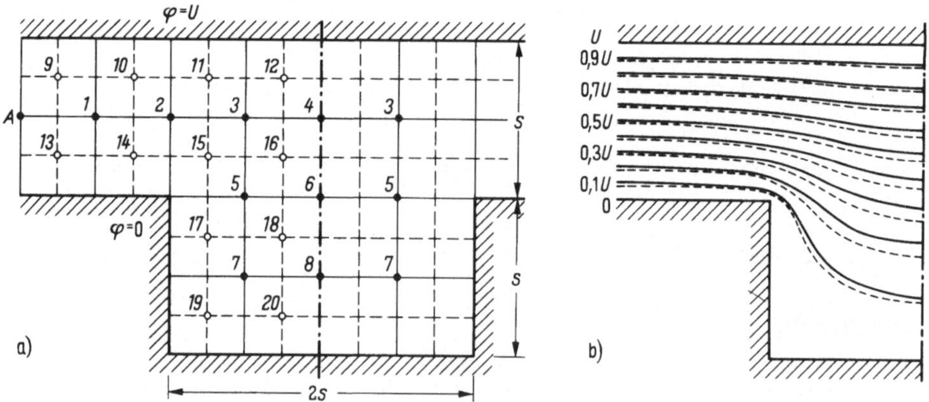

1.33 Parallele Plattenelektroden mit eingefräster Nut
a) Rechteckgitter mit Maschenweite s/2
b) Äquipotentiallinien aus digitaler Berechnung (———) und auf leitfähigem Papier mit der Äquipotentiallinien-Meßbrücke ermittelt (– – – –)

Hat das Raster n Gitterpunkte, läßt sich ein lineares Gleichungssystem für n unbekannte Potentiale angeben, dessen Lösung insbesondere bei großer Anzahl der Gitterpunkte zweckmäßig durch I t e r a t i o n gefunden wird. Bei der Anwendung des G a u ß - A l g o r i t h m u s ist zu bedenken, daß die Koeffizientenmatrix dann nur sehr spärlich besetzt ist und im Rechner wertvoller Speicherplatz mit Nullen belegt wird. Hier ist die Anwendung besonderer Verfahren zur Behandlung dünn besetzter Matrizen sinnvoll.

Beispiel 1.13. Die Elektrodenanordnung nach Bild 1.33 a besteht aus zwei planparallelen Platten, in deren untere eine Nut mit der Tiefe des Elektrodenabstands s und der Breite 2 s eingefräst ist. Über die Anordnung ist ein quadratisches Gitternetz mit der Maschenweite s / 2 gelegt, so daß sich 8 Gitterpunkte mit zunächst unbekannten Potentialen ergeben. Für den Gitterpunkt A wird angenommen, daß hier das Feld schon homogen ist und daher das Potential $\varphi_A = U/2$ vorliegt. Links und rechts von der strichpunktiert eingezeichneten Symmetrielinie ergibt sich eine spiegelbildliche Potentialverteilung, was durch die gleiche Bezeichnung der Gitterpunkte signalisiert wird. Mit Gl. (1.75) lassen sich nun 8 Gleichungen für die Potentiale

$$\varphi_1 = (\varphi_2 + 1{,}5\,U)/4 \qquad \varphi_5 = (\varphi_3 + \varphi_6 + \varphi_7)/4$$
$$\varphi_2 = (\varphi_1 + \varphi_3 + U)/4 \qquad \varphi_6 = (2\,\varphi_5 + \varphi_4 + \varphi_8)/4$$
$$\varphi_3 = (\varphi_2 + \varphi_4 + \varphi_5 + U)/4 \qquad \varphi_7 = (\varphi_5 + \varphi_8)/4$$
$$\varphi_4 = (2\,\varphi_3 + \varphi_6 + U)/4 \qquad \varphi_8 = (2\,\varphi_7 + \varphi_6)/4$$

aufstellen. Beim ersten Iterationsschritt werden alle in den Klammerausdrücken stehenden Potentiale φ_1 bis φ_8 Null gesetzt. Die sich so ergebenden Potentiale φ_1 bis φ_8 werden wiederum in die Klammerausdrücke eingeführt, wodurch sich weiter angenäherte Potentiale ergeben. Dieser Vorgang wird so lange wiederholt, bis sich schließlich unveränderte Potentialwerte einstellen. Im vorliegenden Fall wird dies nach dem 16. Iterationsschritt mit den Potentialen

$$\varphi_1 = 0{,}5069\,U, \quad \varphi_2 = 0{,}5274\,U, \quad \varphi_3 = 0{,}6028\,U, \quad \varphi_4 = 0{,}6304\,U$$
$$\varphi_5 = 0{,}2534\,U, \quad \varphi_6 = 0{,}3159\,U, \quad \varphi_7 = 0{,}0950\,U, \quad \varphi_8 = 0{,}1265\,U$$

erreicht.

Nachdem diese Potentiale, deren Wahrheitsgehalt von der Richtigkeit der Randbedingungen (z. B. φ_A = 0,5 U) und der Maschenweite abhängt, bekannt sind, kann das Raster nochmals unterteilt werden, wie dies in Bild 1.33 a gestrichelt angedeutet ist. Die Potentiale der sich hierbei ergebenden Gitterpunkte 9 bis 20 lassen sich wiederum mit Gl. (1.75) berechnen, wobei die bekannten Potentialpunkte nunmehr diagonal angeordnet sind. Man erkennt leicht, daß sich so die Anzahl der berechenbaren Potentialpunkte beliebig vergrößern läßt, bis schließlich das Potentialfeld die angestrebte Auswertung gestattet. In Bild 1.33 b sind die so berechneten Äquipotentiallinien dargestellt. Zum Vergleich sind die mit der Äquipotentiallinien-Meßbrücke (s. Abschn. 1.11) auf leitfähigem Papier ermittelten gestrichelt eingetragen. Die Abweichungen sind vornehmlich auf das bei der Berechnung verwendete zu grobe Raster wie auch auf die mangelnde Genauigkeit der Äquipotentiallinien-Messung zurückzuführen.

1.10.2 Ersatzladungsverfahren

Dieses Berechnungsverfahren eignet sich für zweidimensionale und besonders für rotationssymmetrische Elektrodenanordnungen [52]. Je nach Form der Elektroden werden eine Anzahl von der Größe her zunächst unbekannte Punkt-, Linien-, oder Ringladungen innerhalb der Elektroden verteilt. Dann werden die Beträge der Ladungen so ermittelt, daß die Konturen der Elektroden die vorgegebenen Potentiale aufweisen. Nachfolgend wird dies Verfahren für beliebig geformte rotationssymmetrische Elektroden, die gegenüber einer Ebene angeordnet sind, abgeleitet, wobei als Ersatzladungen zunächst Punktladungen verwendet werden.

Befindet sich nach Bild 1.34 die Ladung Q_j im Abstand d_j über der Ebene mit dem Potential $\varphi_1 = 0$, so ergibt sich nach dem Verfahren der gespiegelten Ladung (s. Abschn. 1.5.5) mit Gl. (1.38) für den Punkt i mit den Koordinaten r_i und z_i das durch die Ladung Q_j bedingte P o t e n t i a l

$$\varphi_{ij} = \frac{Q_j}{\varepsilon \cdot 4\pi}\left(\frac{1}{\rho_1} - \frac{1}{\rho_2}\right)$$

$$= \frac{Q_j}{\varepsilon \cdot 4\pi}\left(\frac{1}{\sqrt{r_i^2 + (d_j - z_i)^2}} - \frac{1}{\sqrt{r_i^2 + (d_j + z_i)^2}}\right) = Q_j\, p_{ij} \qquad (1.78)$$

mit dem L a d u n g s k o e f f i z i e n t e n

$$p_{ij} = \frac{1}{\varepsilon \cdot 4\pi}\left(\frac{1}{\sqrt{r_i^2 + (d_j - z_i)^2}} - \frac{1}{\sqrt{r_i^2 + (d_j + z_i)^2}}\right) \qquad (1.79)$$

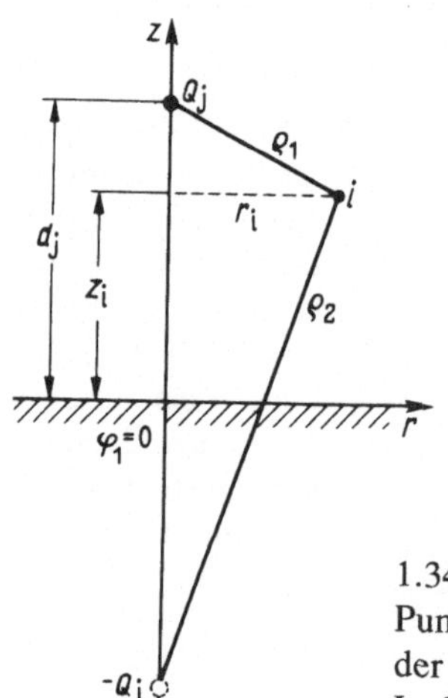

1.34
Punktladung Q_j mit gegenüber der Bezugsebene gespiegelter Ladung $-Q_j$

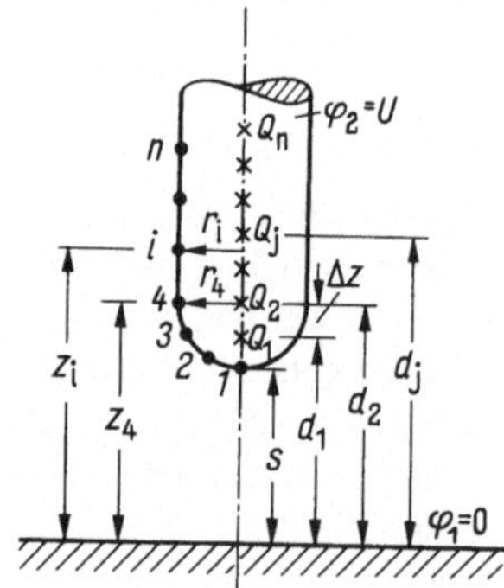

1.35 Rotationssymmetrische Elektrodenanordnung mit n punktförmigen Ersatzladungen und Konturpunkten

Werden nach Bild 1.35 nun n Ladungen Q_1, Q_2, bis Q_n in z. B. gleichen Abständen Δz übereinander angeordnet, so ist das P o t e n t i a l im Punkt i

$$\varphi_i = Q_1\, p_{i1} + Q_2\, p_{i2} + \ldots + Q_n\, p_{in} = \sum_{j=1}^{n} Q_j\, p_{ij} \tag{1.80}$$

Legt man weiter auf der Oberfläche der Elektroden K o n t u r p u n k t e fest, so müssen diese alle das Potential $\varphi_2 = U$ aufweisen. Wendet man also Gl. (1.80) auf alle Konturpunkte an, ergibt sich das lineare Gleichungssystem

$$\begin{bmatrix} p_{11} & p_{12} & p_{13} & \cdots & p_{1n} \\ p_{21} & p_{22} & p_{23} & \cdots & p_{2n} \\ \vdots & \vdots & \vdots & & \vdots \\ p_{n1} & p_{n2} & p_{n3} & \cdots & p_{nn} \end{bmatrix} \cdot \begin{bmatrix} Q_1 \\ Q_2 \\ \vdots \\ Q_n \end{bmatrix} = \begin{bmatrix} U \\ U \\ \vdots \\ U \end{bmatrix} \tag{1.81}$$

dessen Lösungen die Beträge der Ersatzladungen Q_1 bis Q_n liefern. Sind diese Ladungen bekannt, kann mit Gl. (1.80) das Potential jedes Feldpunkts berechnet werden. Die Berechnung fällt umso genauer aus, je mehr Ladungen und Konturpunkte vorgesehen werden, wodurch allerdings der Rechenaufwand steigt. Es wird also immer zwischen Rechenaufwand und gewünschtem Grad der Ergebnisgenauigkeit abzuwägen sein. Im Beispiel 1.14 wird aber gezeigt, daß schon mit sehr geringem Aufwand brauchbare Ergebnisse erzielt werden können.

Über die Potentialgleichung (1 .80) lassen sich die e l e k t r i s c h e n Feldstärken in z-Richtung $E_z = -\partial\varphi / \partial z$ und in r-Richtung $E_r = -\partial\varphi / \partial r$ und somit auch der Feldstärkevektor $\vec{E}$ für jede Stelle des Feldes in einfacher Weise ermitteln, wobei ein negativer Betrag ausweist, daß diese Vektorkomponente der positiven Richtung der Koordinate entgegengerichtet ist.

Von besonderem Interesse ist die Feldstärke längs der Rotationsachse, zumal hier an der Elektrodenkuppe der Höchstwert auftritt. Für diesen Fall ist $r_i = 0$ und somit nach Gl. (1.80) das P o t e n t i a l

$$\varphi = \sum_{j=1}^{n} \frac{Q_j}{\varepsilon\, 4\pi} \left[\frac{1}{|d_j - z|} - \frac{1}{|d_j + z|} \right]$$

und der Betrag der e l e k t r i s c h e n F e l d s t ä r k e

$$E_z = \left| -\frac{\partial\varphi}{\partial z} \right| = \left| -\sum_{j=1}^{n} \frac{Q_j}{\varepsilon\, 4\pi} \left[\frac{1}{(d_j - z)^2} + \frac{1}{(d_j + z)^2} \right] \right| . \tag{1.82}$$

Mit der Schlagweite s ergibt sich der H ö c h s t w e r t d e r F e l d s t ä r k e, wenn z = s gesetzt wird.

Beispiel 1.14. Eine Kugelelektrode in Luft hat nach Bild 1.36 den Radius $r_k = 2{,}0$ cm im Abstand s = 4,0 cm von der Ebene mit dem Potential $\varphi = 0$. Das Potential der Kugel beträgt $\varphi_k = U = 100$ V. Es sind die Höchstfeldstärke und der Ausnutzungsfaktor nach Abschn. 1.12.1 zu berechnen.

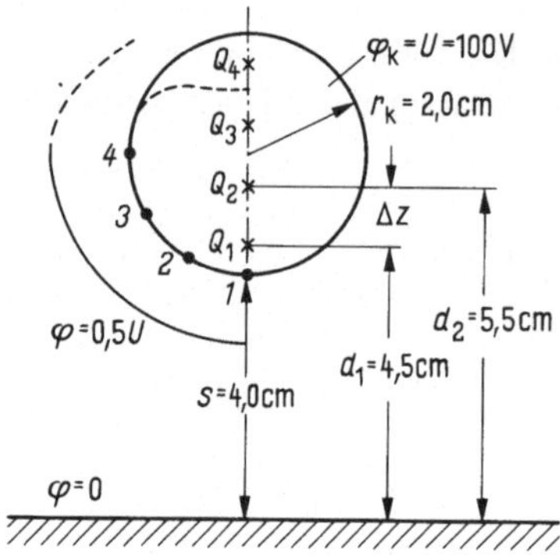

1.36
Kugelelektrode von 4 cm Durchmesser mit je vier Ersatzladungen und Konturpunkten im Abstand s = 4 cm über der Ebene mit dem Bezugspotential $\varphi = 0$

In der Kugel sind auf der Rotationsachse 4 punktförmige Ersatzladungen Q_1 bis Q_4 im gleichen Abstand $\Delta z = 1{,}0$ cm übereinander angeordnet. Wegen der geringen Anzahl der Ladungen werden die 4 Konturpunkte ausschließlich auf die untere Hälfte der Kugel verteilt, damit in diesem wichtigen Bereich die Elektrodenform gut erfaßt ist. Für die Konturpunkte gelten die Koordinaten $r_1 = 0$, $z_1 = 4{,}0$ cm; $r_2 = 0{,}9682$ cm, $z_2 = 4{,}25$ cm; $r_3 = 1{,}7321$ cm, $z_3 = 5{,}0$ cm; $r_4 = 2{,}0$ cm, $z_4 = 6{,}0$ cm. Die Abstände der Punktladungen von der Ebene betragen $d_1 = 4{,}5$ cm, $d_2 = 5{,}5$ cm, $d_3 = 6{,}5$ cm und $d_4 = 7{,}5$ cm. Mit diesen Werten ist z. B. der Ladungskoeffizient

$$
\begin{aligned}
p_{42} &= \frac{1}{\varepsilon_0\ \varepsilon_r\ 4\pi}\left(\frac{1}{\sqrt{r_4^2+(d_2-z_4)^2}}-\frac{1}{\sqrt{r_4^2+(d_2+z_4)^2}}\right)\\
&= \frac{1}{8{,}854\,(\mathrm{pF/m})\cdot 4\pi}\left(\frac{1}{\sqrt{(2{,}0\ \mathrm{cm})^2+(5{,}5\ \mathrm{cm}-6{,}0\ \mathrm{cm})^2}}\right.\\
&\quad\left.-\frac{1}{\sqrt{(2{,}0\ \mathrm{cm})^2+(5{,}5\ \mathrm{cm}-6{,}0\ \mathrm{cm})^2}}\right) = 0{,}359\ \mathrm{TV/(As)}
\end{aligned}
$$

Mit den Ladungskoeffizienten in TV / (As), den Ladungen in pAs und den Spannungen in V erhält man nach Gl. (1.81) das Gleichungssystem der Zahlenwerte[1])

$$
\begin{bmatrix}
1{,}6981 & 0{,}5046 & 0{,}2739 & 0{,}1786\\
0{,}7967 & 0{,}4767 & 0{,}2837 & 0{,}1888\\
0{,}4055 & 0{,}4141 & 0{,}3150 & 0{,}2243\\
0{,}2754 & 0{,}3590 & 0{,}3650 & 0{,}2937
\end{bmatrix}
\cdot
\begin{bmatrix}\{Q_1\}\\ \{Q_2\}\\ \{Q_3\}\\ \{Q_4\}\end{bmatrix}
=
\begin{bmatrix}100{,}0\\ 100{,}0\\ 100{,}0\\ 100{,}0\end{bmatrix}
$$

[1]) Die Klammern {Q} deuten an, daß es sich hier um Zahlenwerte der Ladungen Q handelt.

aus dem sich schon mit einem Taschenrechner die Ersatzladungen $Q_1 = -0{,}492$ pAs, $Q_2 = 69{,}157$ pAs, $Q_3 = 387{,}829$ pAs und $Q_4 = -225{,}559$ pAs berechnen lassen.

Mit diesen Ersatzladungen kann man mit Gl. (1.78) für jeden Punkt (r_i, z_i) das Potential ermitteln. Hierbei zeigt sich, daß im vorliegenden Fall die Konturen für $\varphi = U$ oberhalb $z = 6$ cm wegen der geringen Anzahl der Konturpunkte von der Kugelform abweichen, was in Bild 1.36 gestrichelt dargestellt ist. Auch die 50%-Äquipotentiallinie ist nur im Bereich zwischen Kugel und Ebene richtig. Da jedoch dieser Bereich recht gut erfaßt ist, entsprechen der mit Gl. (1.82) berechnete Höchstwert der Feldstärke

$$\begin{aligned} E_{max} &= \left| - \sum_{j=1}^{4} Q_j \left[(d_j - s)^{-2} + (d_j + s)^{-2} \right] / (\varepsilon \cdot 4\pi) \right| \\ &= |- \{- 0{,}492 \text{ pAs} [(4{,}5 \text{ cm} - 4{,}0 \text{ cm})^{-2} + (4{,}5 \text{ cm} + 4{,}0 \text{ cm})^{-2}] \\ &\quad + 69{,}157 \text{ pAs} [(5{,}5 \text{ cm} - 4{,}0 \text{ cm})^{-2} + (5{,}5 \text{ cm} + 4{,}0 \text{ cm})^{-2}] \\ &\quad + 387{,}829 \text{ pAs} [(6{,}5 \text{ cm} - 4{,}0 \text{ cm})^{-2} + (6{,}5 \text{ cm} + 4{,}0 \text{ cm})^{-2}] \\ &\quad - 225{,}559 \text{ pAs} [(7{,}5 \text{ cm} - 4{,}0 \text{ cm})^{-2} + (7{,}5 \text{ cm} + 4{,}0 \text{ cm})^{-2}]\} \\ &\quad /[8{,}854 \text{ (pF/m)} \, 4\pi]| = 67{,}39 \text{ V/cm} \end{aligned}$$

sowie auch nach Abschn. 1.12.1 der Ausnutzungsfaktor

$$\eta = U/(E_{max}\, s) = 100{,}0 \text{ V}/[67{,}39 \text{ (V/cm)} \cdot 4{,}0 \text{ cm}] = 0{,}371$$

nahezu exakt den theoretischen Werten.

In den Bildern 1.35 und 1.36 sind die punktförmigen Ersatzladungen auf einer Linie übereinander angeordnet. Je nach der Form der zu untersuchenden Elektrodenanordnung kann es aber zweckmäßig oder gar zwingend sein, die Ersatz-

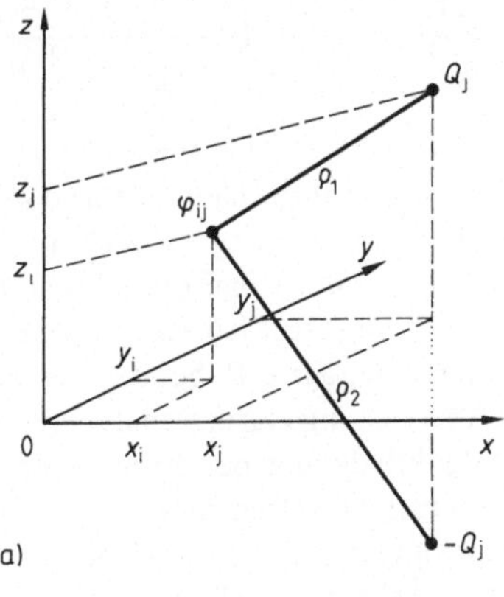

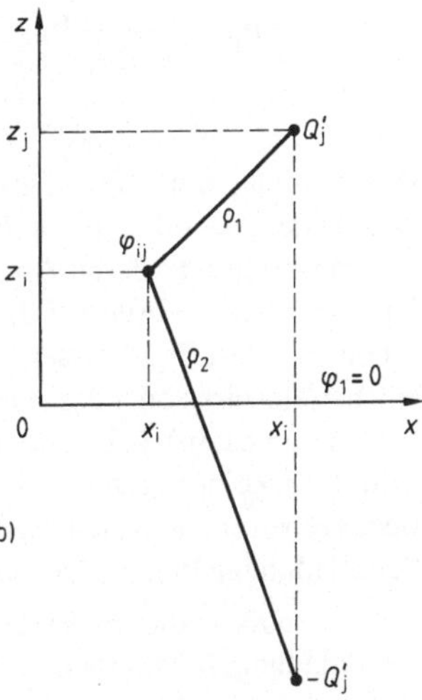

1.37 Punktladung Q_j (a) und bezogene Linienladung Q'_j (b) im kartesischen Koordinatensystem mit Ladungsspiegelung

ladungen innerhalb der Elektrode räumlich zu verteilen. Mit den Koordinaten x, y und z ergibt sich aus Bild 1.37 a nach Gl.(1.38) der Potentialkoeffizient für Punktladungen

$$p_{ij} = \frac{1}{\varepsilon \cdot 4\pi}\left[\frac{1}{\sqrt{(x_j - x_i)^2 + (y_j - y_i)^2 + (z_j - z_i)^2}} - \frac{1}{\sqrt{(x_j - x_i)^2 + (y_j - y_i)^2 + (z_j + z_i)^2}}\right] \tag{1.83}$$

Wird in Anlehnung an Bild 1. 34 für $x_j = 0$, $x_i = r$, $y_i = y_j = 0$ und $z_j = d_j$ gesetzt, erhält man wieder den Ausdruck nach Gl. (1.79) .

Zur Berechnung zweidimensionaler Felder, z. B. für die Elektrodenanordnung Zylinder-Ebene, eignen sich Linienladungen. Für eine Linienladung Q_j mit den Koordinaten x_j und z_j nach Bild 1. 37 b die in y-Richtung parallel zur x-y-Ebene mit dem Bezugspotential $\varphi_1 = 0$ angeordnet ist, gilt nach Gl. (1.31) im Punkt (x_i / z_i) für das Potential

$$\varphi_{ij} = \frac{Q_j}{\varepsilon\, 2\pi\, \ell} \ln \frac{\rho_2}{\rho_1} = \frac{Q'_j}{\varepsilon\, 2\pi} \ln \frac{\rho_2}{\rho_1} = p_{ij}\, Q'_j \tag{1.84}$$

wenn die bezogene Ladung $Q'_j = Q_j / \ell$ eingeführt wird. Drückt man die Radien ρ_1 und ρ_2 durch die Koordinaten x_i, z_i, x_j und z_j aus, ergibt sich der Potentialkoeffizient für Linienladungen

$$p_{ij} = \frac{1}{\varepsilon \cdot 2\pi} \ln \sqrt{\frac{(x_j - x_i)^2 + (z_j + z_i)^2}{(x_j - x_i)^2 + (z_j - z_i)^2}} = \frac{1}{\varepsilon \cdot 4\pi} \ln \frac{(x_j - x_i)^2 + (z_j + z_i)^2}{(x_j - x_i)^2 + (z_j - z_i)^2} \tag{1.85}$$

Die Qualität der numerischen Berechnung nach diesem Verfahren hängt nicht so sehr von der Anzahl der gewählten Ersatzladungen ab, sondern vielmehr von der geschickten Auswahl der Ladungsarten und deren Anordnung. Die in Bild 1.36 auf der Rotationsachse aufgereihten Punktladungen führen bei dieser Elektrodenkonfiguration selbst bei einer geringen Anzahl schon zu guten Ergebnissen. Für n = 10 Ersatzladungen beträgt z. B. bei der Berechnung der Höchstfeldstärke oder des Ausnutzungsfaktors die Abweichung von den analytisch ermittelten Werten nur ca. 0,1%. Dagegen stellt die Kette von Punktladungen bei der Stabelektrode nach Bild 1.35 keinen guten Ansatz dar. Wesentlich günstiger wären hier einige parallel zur Bezugsebene im Kugelende des Stabes angeordnete Ringladungen oder auch räumlich verteilte Punktladungen kombiniert mit Linienladungen in der Achse des Zylinderteils.

Auf die aufwendigere Berechnung der Potentialkoeffizienten für Ringladungen und für Linienladungen senkrecht zur Bezugsebene soll hier verzichtet werden. Es wird auf die einschlägige Fachliteratur [52] verwiesen.

1.10.3 Methode der Finiten Elemente.

Ähnlich wie beim Differenzenverfahren nach Abschn. 1.10.1 wird auch bei der Methode der Finiten Elemente (MFE) das zu untersuchende Feld mit einem Gitternetz überzogen, wobei allerdings die Maschenweite nicht einheitlich ist sondern örtlich unterschiedlich festgelegt werden kann. In der Regel werden nach Bild 1.38 dreieckförmige Netzmaschen gewählt. In besonders interessierenden Feldbereichen, also dort, wo hohe Feldstärken zu erwarten sind, kann man durch die Wahl kleinerer Dreiecke die Berechnungsgenauigkeit erhöhen, wogegen andererseits in feldschwachen Gebieten größere Dreiecke sinnvoll sind. Da die Potentiale in den Knotenpunkten dieses Rasters zu bestimmen sind, wird man mit Rücksicht auf den Rechenaufwand immer bestrebt sein, die Anzahl der Dreiecke so niedrig wie möglich zu halten.

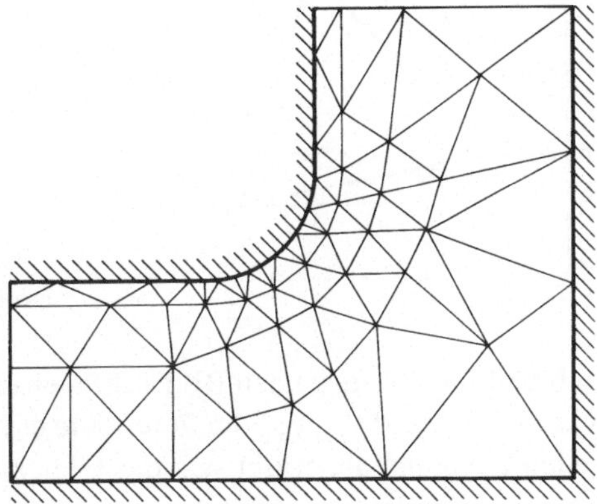

1.38
Gitternetzwerk zur Berechnung eines elektrischen Feldes mit Hilfe der Finite-Elemente-Methode

Das hier beschriebene numerische Berechnungsverfahren geht von der Erkenntnis aus, daß sich ein elektrostatisches Feld stets mit einem minimal kleinen Energieinhalt ausbildet.

Jedes der Dreiecke im Gitternetz repräsentiert ein Volumen V_Δ. Bei einem zweidimensionalen Feld ist mit der Dreiecksfläche A_Δ und der Länge ℓ das Volumen $V_\Delta = A_\Delta\, \ell$; bei einer rotationssymmetrischen Anordnung $V_\Delta = A_\Delta\, 2\,\pi\, r$ mit dem von der Rotationsachse aus gerechnetem Radius r des Dreiecksmittelpunkts.

Mit $\varepsilon = \varepsilon_0\, \varepsilon_r$ ist nach Gl. (1.49) die in einem Dreiecksvolumen gespeicherte *elektrische Energie*

$$W_\Delta = \frac{\varepsilon}{2} \int_V E^2\, dV$$

Wird z. B. von einem *zweidimensionalen Feld* mit den kartesischen Koordinaten x und y ausgegangen, ergibt sich für die auf die Länge *bezogene Energie*

$$\frac{W_\Delta}{\ell} = W'_\Delta = \frac{\varepsilon}{2} \int_A E^2 \, dA = \frac{\varepsilon}{2} \int_A \left[\left(\frac{\delta \varphi}{\delta x} \right)^2 + \left(\frac{\delta \varphi}{\delta y} \right)^2 \right] dA \tag{1.86}$$

Die Potentialverteilung innerhalb eines jeden Dreiecks muß durch eine Potentialgleichung $\varphi = f(x, y)$ angenähert werden, wobei sich als einfachste Form die lineare Gleichung

$$\varphi = a_0 + a_1 x + a_2 y \tag{1.87}$$

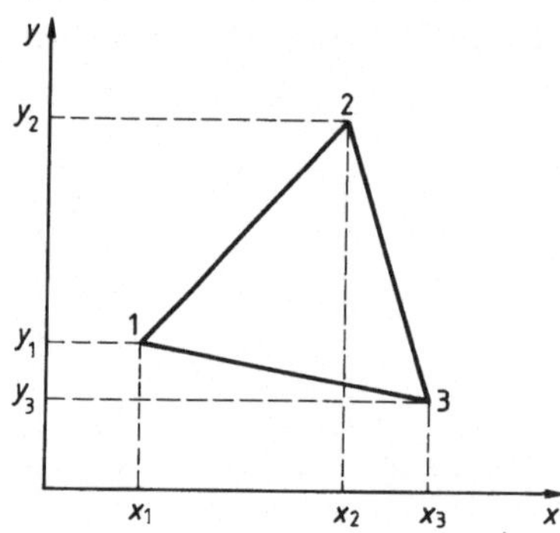

1.39
Dreieckförmiges Finites Element

anbietet. Im Dreieck nach Bild 1.39 weisen die Eckpunkte mit den Koordinaten (x_1, y_1), (x_2, y_2) und (x_3, y_3) die Potentiale φ_1, φ_2 und φ_3 auf. Wendet man Gl. (1.87) auf jeden Eckpunkt an, ergibt sich das Gleichungssystem

$$\begin{aligned} \varphi_1 &= a_0 + a_1 x_1 + a_2 y_1 \\ \varphi_2 &= a_0 + a_1 x_2 + a_2 y_2 \\ \varphi_3 &= a_0 + a_1 x_3 + a_2 y_3 \end{aligned} \tag{1.88}$$

aus dem die Koeffizienten a_0, a_1 und a_2 bestimmt werden können. Mit $\delta \varphi / \delta x = a_1$ und $\delta \varphi / \delta y = a_2$ ist nach Gl.(1.4) der Betrag der Feldstärke $E = \sqrt{a_1^2 + a_2^2}$ innerhalb eines jeden Dreiecks konstant. Aus dieser Überlegung wird klar, daß man in Bereichen mit großen Feldstärkegradienten die Dreiecksflächen klein halten muß. Nach Gl. (1.86) gilt für die auf die Länge bezogene Energie im Dreieck i

$$W'_{\Delta i} = \frac{\varepsilon}{2} (a_{1i}^2 + a_{2i}^2) \, A_{\Delta i} \tag{1.89}$$

Die Summe der bezogenen Energien aller n Dreiecke ergibt die bezogene Energie des gesamten Feldes

$$W' = \sum_{i=1}^{n} W'_\Delta = \frac{\varepsilon}{2} \sum_{i=1}^{n} [(a_{1i}^2 + a_{2i}^2) \, A_{\Delta i}] = f(\varphi_1, \varphi_2, \varphi_3 \ldots\ldots \varphi_m) \tag{1.90}$$

die wiederum eine Funktion aller unbekannten Potentiale φ_1 bis φ_m ist. Da die Energie des Feldes minimal klein werden soll, wird Gl.(1.90) partiell nach φ_1 bis φ_m differenziert, wobei alle Differentialquotienten $\delta W' / \delta \varphi_1 = 0$ gesetzt werden. Hierbei ergeben sich m Gleichungen mit den unbekannten Potentialen, die dann in herkömmlicher Weise (Gaußalgorithmus, Iteration) gelöst werden.

Beispiel 1.15. In dem zweidimensionalen Feld einer Ecke nach Bild 1.40 a sollen die Potentiale in den Punkten 1 und 2 mit der Methode der Finiten Elemente berechnet werden. Wegen der Symmetrie genügt die Betrachtung einer Feldhälfte, wobei vereinfachend angenommen wird, daß im Koordinatenpunkt x = y = 1 cm das Potential U / 2 vorliegt. Da hier lediglich der Berechnungsablauf demonstriert werden soll, sind die eingezeichneten Dreiecke des Gitternetzes zur Vereinfachung alle gleich groß gewählt. Die Dreiecksfläche beträgt einheitlich $A_\Delta = 0{,}5\ \text{cm}^2$.

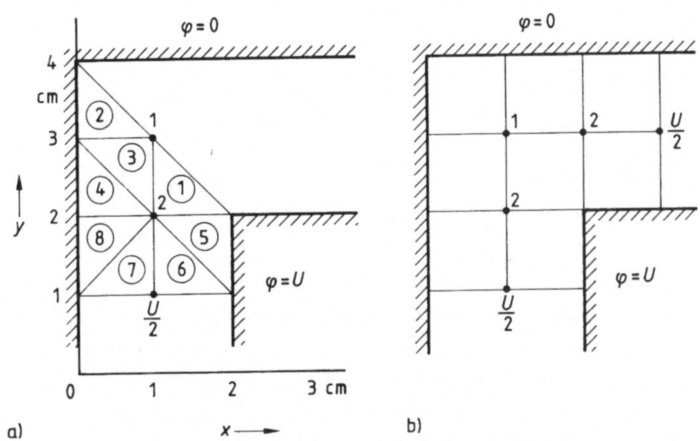

1.40 Netzwerke zur Berechnung der Potentiale φ_1 und φ_2 mit der Methode der Finiten Elemente (a) und mit dem Differenzverfahren (b)

Für das Dreieck 1 ergeben sich mit dem Elektrodenpotential U = 1 V entsprechend Gl. (1.88) die drei Potentialgleichungen

$$\varphi_1 = a_{01} + a_{11} \cdot 1\,\text{cm} + a_{21} \cdot 3\,\text{cm}$$
$$\varphi_2 = a_{01} + a_{11} \cdot 1\,\text{cm} + a_{21} \cdot 2\,\text{cm}$$
$$1\,\text{V} = a_{01} + a_{11} \cdot 2\,\text{cm} + a_{21} \cdot 2\,\text{cm}$$

wobei der zweite Index bei den Koeffizienten a_0, a_1 und a_2 das betreffende Dreieck 1 kennzeichnet. Hieraus findet man $a_{11} = (-\varphi_2 + 1\,\text{V}) / \text{cm}$ und $a_{21} = (\varphi_1 - \varphi_2) / \text{cm}$ und mit Gl. (1.89) die bezogene Energie des Dreiecks 1

$$W'_{\Delta_1} = 0{,}25\,\text{cm}^2 \cdot \varepsilon\,[\varphi_1^2 + 2\,\varphi_2^2 - 2\,\varphi_2 - 2\,\varphi_1\,\varphi_2 + 1\,\text{V}^2] / \text{cm}^2$$

Für das Dreieck 2 findet man entsprechend $a_{12} = \varphi_1 / \text{cm}^2$ und $a_{22} = 0$ und hiermit die bezogene Energie $W'_{\Delta_2} = 0{,}25 \cdot \varepsilon\, \varphi_1^2$. Für die restlichen Dreiecke 3 bis 8 berechnet man in gleicher Weise

$$W'_{\Delta 3} = 0{,}25 \cdot \varepsilon\, [2\, \varphi_1^2 - 2\, \varphi_1\, \varphi_2 + \varphi_2^2]$$

$$W'_{\Delta 4} = 0{,}25 \cdot \varepsilon\, \varphi_2^2$$

$$W'_{\Delta 5} = 0{,}25 \cdot \varepsilon\, [1\,\mathrm{V}^2 - 2\,\mathrm{V} \cdot \varphi_2 + \varphi_2^2]$$

$$W'_{\Delta 6} = 0{,}25 \cdot \varepsilon\, [\varphi_2^2 - 1\,\mathrm{V} \cdot \varphi_2 + 0{,}5\,\mathrm{V}^2]$$

$$W'_{\Delta 7} = 0{,}25 \cdot \varepsilon\, [\varphi_2^2 - 1\,\mathrm{V} \cdot \varphi_2 + 0{,}5\,\mathrm{V}^2]$$

$$W'_{\Delta 8} = 0{,}25 \cdot \varepsilon\, \varphi_2^2$$

Hieraus ergibt sich die Summe

$$\sum W'_{\Delta i} = W' = 0{,}25 \cdot \varepsilon\, [4\, \varphi_1^2 - 6\,\mathrm{V} \cdot \varphi_2 + 8\, \varphi_2^2 - 4\, \varphi_1\, \varphi_2 + 3\,\mathrm{V}^2]$$

die nun partiell differenziert werden muß. Mit

$$\frac{\delta W'}{\delta \varphi_1} = 8\, \varphi_1 - 4\, \varphi_2 = 0 \quad \text{und} \quad \frac{\delta W'}{\delta \varphi_2} = -7\,\mathrm{V} + 18\, \varphi_2 - 4\, \varphi_1 = 0$$

erhält man die beiden Gleichungen

$$\begin{aligned} 2\, \varphi_1 - \quad \varphi_2 &= 0 \\ -4\, \varphi_1 + 16\, \varphi_2 &= 6\,\mathrm{V} \end{aligned}$$

mit den Lösungen $\varphi_1 = 0{,}2143$ V und $\varphi_2 = 0{,}4286$ V

Dies Ergebnis soll mit dem Differenzenverfahren nach Bild 1.40b überprüft werden. Nach Gl. (1.75) findet man für die beiden Potentiale $\varphi_1 = 2\, \varphi_2 / 4$ und $\varphi_2 = (\varphi_1 + 1\,\mathrm{V} + 0{,}5\,\mathrm{V}) / 4$, woraus sich die beiden Lösungen $\varphi_1 = 0{,}2143$ V und $\varphi_2 = 0{,}4286$ V berechnen lassen, die mit jenen nach der MFE übereinstimmen. Wird in Bild 1.40 b die Maschenweite halbiert, ergeben sich 12 Gitterpunkte mit unbekannten Potentialen. Die Berechnung ist dann ungleich aufwendiger. Hier sollen lediglich die Ergebnisse für $\varphi_1 = 0{,}207$ V und $\varphi_2 = 0{,}405$ V zum Vergleich angegeben werden.

1.11 Grafische Methoden zur Feldbestimmung

Aus der zeichnerischen Darstellung eines elektrischen Feldbildes lassen sich, wenn die gezeichneten Äquipotential- und Verschiebungslinien entsprechend gewählt sind, Potentialverteilung, örtlich auftretende Feldstärken und Kapazität der Elektrodenanordnung angenähert ermitteln. Dies ist besonders bei Elektrodenanordnungen vorteilhaft, die rein rechnerisch nicht oder nur schwer zu erfassen sind.

Jedes elektrische Feld hat eine räumliche Ausdehnung. Ein in der Ebene gezeichnetes Feldbild kann deshalb immer nur ein Schnittbild sein. Die Schnittebene muß so gelegt werden, daß die Feldlinien in ihr verlaufen und sie an keiner Stelle durchsetzen. Die umfassende Darstellung eines Feldes durch ein einziges Feldbild bleibt daher auf zylindrische und rotationssymmetrische Elektrodenanordnungen beschränkt.

Bei zylindrischen Elektrodenanordnungen, etwa koaxialen Zylindern, tritt parallel zur Längsachse kein Potentialgefälle auf, so daß die Lage aller Feldstärkevektoren durch zwei Koordinaten erklärt ist. In solchen Fällen spricht man auch von zweidimensionalen elektrischen Feldern. Sie sind jeweils durch ein senkrecht zur Längsachse gelegtes Schnittbild eindeutig beschrieben (Bild 1.9).

1.11.1 Kapazitätsermittlung

In Bild 1.41 ist das Feldbild eines zu einer Ebene parallel verlaufenden Zylinders dargestellt. Die elektrischen Verschiebungslinien und die Äquipotentiallinien bilden Feldkästchen, die angenähert als Rechtecke mit den mittleren Kantenlängen a und b angesehen werden können. Jedes Kästchen repräsentiert mit der Länge der Elektrodenanordnung ℓ ein Feldvolumen, dessen Querschnitt ℓ b von einem elektrostatischen Teilfluß $\Delta\Psi$ durchsetzt wird. Der dielektrische Leitwert ist gleich der Teilkapazität

$$\Delta C = \varepsilon \ell b / a \tag{1.91}$$

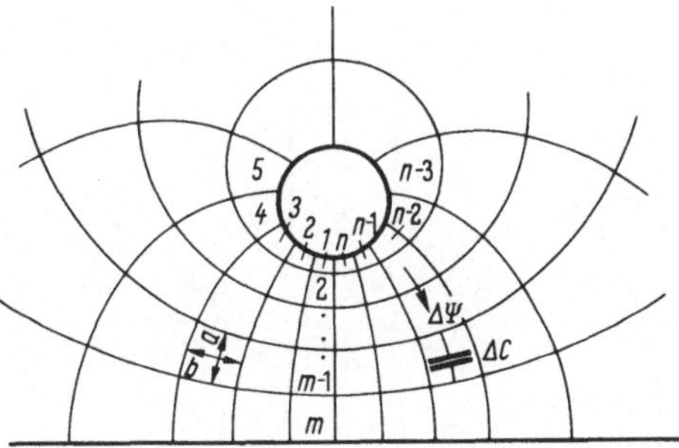

1.41
Zur grafischen Kapazitätsermittlung der Elektrodenanordnung Zylinder-Ebene

Zeichnet man das Feldbild so, daß das Verhältnis b / a für alle sich ergebenden Kästchen gleich ist (was bei einiger Übung am leichtesten zu erreichen ist, wenn man etwa quadratische Kästchen mit b / a = 1 anstrebt), so sind auch alle Teilkapazitäten ΔC gleich groß. Beträgt die Anzahl der von zwei Verschiebungslinien eingeschlossenen Kästchen m und der von zwei Äquipotentiallinien eingeschlossenen n, so ergibt sich für die Kapazität der Elektrodenanordnung

$$C = \frac{n}{m} \varepsilon \ell \frac{b}{a} \tag{1.92}$$

Bei einer solchen Feldbildkonstruktion sind die Potentialdifferenzen $\Delta\varphi = U / m$ zwischen jeweils zwei benachbarten Äquipotentialflächen gleich groß, so daß das Feldbild eine näherungsweise Aussage über die Potentialverteilung und die örtlich vorliegenden Feldstärken ermöglicht.

Die Feldbildermittlung kann durch Ausmessen der Äquipotentiallinien mit einer Meßbrücke erleichtert werden, wobei die Elektrodenanordnung im elektrolytischen Trog nachgebildet oder bei einem anderen Verfahren mit Silberleitlack auf dünnes leitendes Graphitpapier aufgetragen wird. Hierbei wird genutzt, daß ein elektrisches Strömungsfeld und ein elektrostatisches Feld bei gleicher Elektrodenanordnung das gleiche Feldbild ergeben.

Bei einer r o t a t i o n s s y m m e t r i s c h e n E l e k t r o d e n a n o r d n u n g, für die in Bild 1.42 die Anordnung eines Stabes gegen eine Ebene gewählt ist, ergeben sich die T e i l k a p a z i t ä t e n

$$\Delta C = \varepsilon \cdot 2\pi rb / a \qquad (1.93)$$

aus den dielektrischen Leitwerten der gestrichelt angedeuteten Ringe mit der Höhe a und der Grundfläche 2 π r b, wenn r der Abstand des Kästchenmittelpunkts von der Rotationsachse ist. Gleiche Teilkapazitäten sind in diesem Fall dann gegeben, wenn für alle Kästchen das Verhältnis rb / a gleich ist, was ungleich schwieriger zu erreichen ist, als das Zeichnen von quadratischen Kästchen bei zweidimensionalen Feldern. Sind auch hier wieder m und n die Anzahl der jeweils von zwei Verschiebungs- bzw. Äquipotentiallinien eingeschlossenen Kästchen, so ist die G e s a m t k a p a z i t ä t

$$C = \frac{n}{m} \varepsilon \cdot 2\pi \frac{r\,b}{a} \qquad (1.94)$$

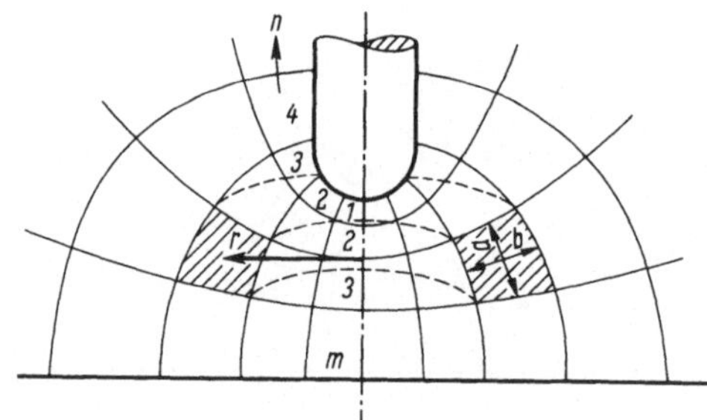

1.42
Rotationssymmetrisches Feldbild eines zur Ebene senkrecht stehenden Stabes

Zur groben Abschätzung der Kapazität genügt es mitunter, das Feldbild entsprechend Bild 1.41 sinnvoll zu skizzieren oder zweidimensional auszumessen und anschließend über Gl.(1.93) auszuwerten. Wenn z.B. die Feldkästchen im Verhältnis b / a = 1 gewählt werden, ergibt sich die Kapazität zwischen jeweils zwei Äquipotentialflächen $\Delta C_k = \varepsilon \cdot 2\pi \sum_{i=1}^{n} r_i$ aus der Summe der Abstände r aller hiervon eingeschlossenen Feldkästchen. Sind alle Teilkapazitäten ΔC_k auf diese Weise ermittelt worden, findet man die Gesamtkapazität C über die Reihenschaltung $1 / C = \sum_{k=1}^{m} (1 / C_k)$.

Ä q u i p o t e n t i a l l i n i e n rotationssymmetrischer Elektrodenanordnungen kann man ebenfalls im elektrolytischen Trog, z.B. im K e i l b a d nach Bild 1.43, ausmessen, wobei lediglich ein keilförmiger Teil des elektrischen Feldes nachgebildet wird. Der Wasserrand R am Boden des schräggestellten Troges bildet die Rotationsachse der untersuchten Elektrodenanordnung.

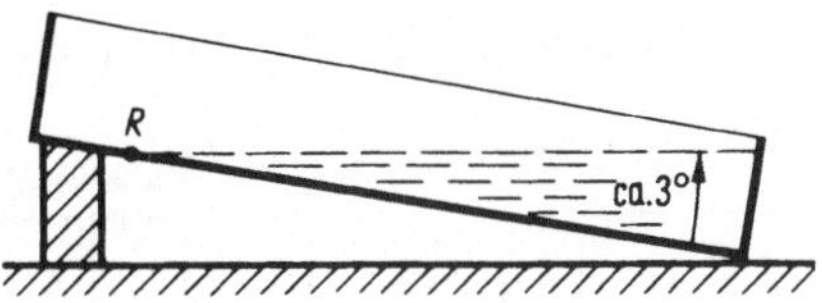

1.43
Keilbad zum Ausmessen rotationssymmetrischer Felder mit Wasserrand R als Rotationsachse

Wird eine zweidimensionale Elektrodenanordnung, z. B. nach Bild 1.41 auf leitfähigem Graphitpapier mit Silberleitlack abgebildet, so kann die Kapazität auch durch eine Widerstandsmessung ermittelt werden, da die auf die Länge bezogene Kapazität

$$C' = K_p / R \tag{1.95}$$

dem gemessenen Widerstand R zwischen den aufgezeichneten Elektroden umgekehrt proportional ist. Lediglich die Papierkonstante K_p muß durch eine Vergleichsmessung festgestellt werden. Hierzu bildet man am einfachsten auf dem Graphitpapier das Feld zweier paralleler Schienen nach Bild 1.44 mit dem Schienenabstand a und der Schienenbreite b nach. Diese Anordnung mit dem meßbaren Widerstand R_p hat die berechenbare bezogene Kapazität $C'_P = K_P / R_P = \varepsilon_0 \; \varepsilon_r \; b / a$, woraus sich die Papierkonstante

$$K_P = R_P \; \varepsilon_0 \; \varepsilon_r \; b / a \tag{1.96}$$

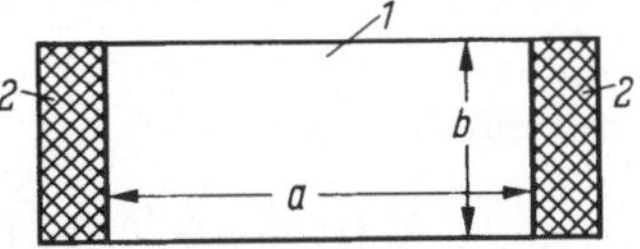

1.44
Probestreifen zur Ermittlung der Papierkonstanten K_p mit Graphitpapier 1 und Leitlackelektroden 2

berechnen läßt. Dieses Verfahren ist im Prinzip auch auf rotationssymmetrische Anordnungen übertragbar, wobei entweder das Keilbad nach Bild 1.43 durch keilförmig gestufte Papierschichten nachgebildet wird oder die Koordinatentransformation nach Abschn. 1.11.2 Anwendung findet. Die Papierkonstante wird hier ebenfalls über berechenbare Elektrodenanordnungen ermittelt.

1.11.2 Koordinatentransformation

Bei den in Bild 1.45 dargestellten koaxialen Zylinderelektroden greifen zwei Dielektrika mit unterschiedlichen Dielektrizitätszahlen ineinander, wobei die Trennfläche zur Vergrößerung des Kriechweges gekrümmt ist. Um die Feldverhältnisse im

Bereich der Trennfläche studieren zu können, muß die Längsachse der Zylinderanordnung in der Bildebene liegen. Es handelt sich also nicht mehr um ein zweidimensionales Feld. Eine einfache Feldbilddarstellung durch skizzieren quadratischer Kästchen nach Abschn. 1.11.1 oder das Ausmessen der Äquipotentiallinien auf Graphitpapier ist hier nicht mehr anwendbar.

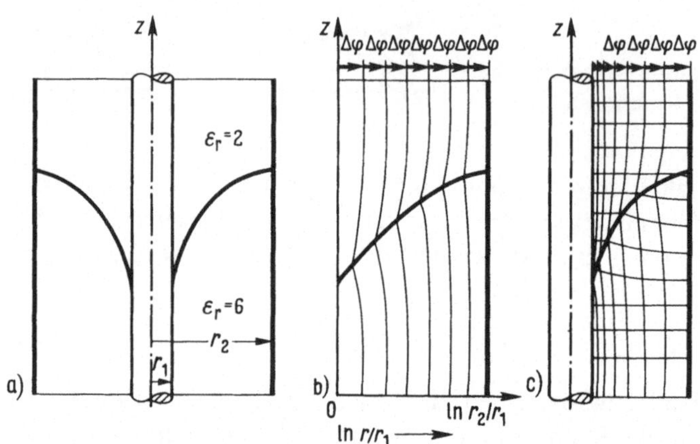

1.45 Zylinderelektroden mit gefügten Dielektrika (a), transformierten Abmessungen mit Äquipotentiallinien (b) und zurücktransformiertem Feldbild

Bei koaxialen Zylindern gilt nach Gl. (1.20) für die elektrische Feldstärke $E = E_1\, r_1 / r$ und somit die Potentialverteilung nach Gl. (1.3)

$$\varphi_1 - \varphi = \int_{r_1}^{r} E\, dr = E_1\, r_1 \ln (r / r_1)$$

und mit $\varphi_1 = 0$

$$\varphi = - E_1\, r_1 \ln (r / r_1) \tag{1.97}$$

Das Potential ist nicht linear über dem Radius r verteilt, dagegen besteht aber Linearität zwischen dem Potential φ und dem Logarithmus $\ln (r/r_1)$. Werden also alle Elektrodenabmessungen in Richtung der Koordinate r durch das logarithmierte Verhältnis $\ln (r/r_1)$ dargestellt, so kann die so transformierte Elektrodenanordnung wie ein zweidimensionales Feld nach Abschn. 1.11.1 behandelt werden. Die für dieses Bild ermittelten bzw. im elektrolytischen Trog oder auf Graphitpapier ausgemessenen Äquipotentiallinien (Bild 1.45 b) müssen dann wieder mit den Elektrodenabmessungen zurücktransformiert werden. Man erhält dann das wirkliche, in Bild 1.45 c gezeigte Feldbild, bei dem jeweils zwei benachbarte Äquipotentiallinien die gleiche Potentialdifferenz $\Delta \varphi$ einschließen.

Dieses Verfahren der Koordinatentransformation kann vorteilhaft bei allen Elektrodenanordnungen angewendet werden, die einer koaxialen Zylinderanordnung ähnlich sind. Voraussetzung ist, daß die elektrischen Verschiebungslinien vorwiegend radial zur Rotationsachse verlaufen.

1.12 Ausnutzungsfaktor

Bei inhomogenen Feldern, z. B. nach Bild 1.42, tritt bei der angelegten Spannung U an der Elektroden-Spitze die maximale elektrische Feldstärke E_{max} auf. Ist mit der Schlagweite s die mittlere Feldstärke

$$E_{mi} = U / s$$

so wird nach Schwaiger [46] der Ausnutzungsfaktor

$$\eta = E_{mi} / E_{max} \tag{1.98}$$

definiert, der auch Gütefaktor oder als Kehrwert Inhomogenitätsgrad genannt wird. Somit gilt für die Spannung

$$U = E_{mi}\, s = E_{max}\, s\, \eta \tag{1.99}$$

Für das homogene Feld ist der Ausnutzungsfaktor $\eta = 1$, bei inhomogenen Feldern dagegen $\eta < 1$.

Für einige rechnerisch erfaßbare Elektrodenanordnungen, wie z. B. Zylinder- und Kugelelektroden, läßt sich der Ausnutzungsfaktor genau ermitteln. Vielfach ist aber, so z. B. bei Spitze-Platte-Elektroden, eine exakte mathematische Erfassung nicht möglich. Hier müssen wieder die numerischen Berechnungsverfahren nach Abschn. 1.10 oder grafische Verfahren nach Abschn. 1.11 angewendet werden, wie dies nachstehend noch näher ausgeführt wird.

1.12.1 Kugel- und Zylinderfeld

Es sollen die Ausnutzungsfaktoren für konzentrische Kugeln und koaxiale Zylinder nach Bild 1.9 berechnet werden. In beiden Fällen ist mit den Radien r_1 und r_2 die mittlere Feldstärke $E_{mi} = U / (r_2 - r_1)$. Für Kugelelektroden gilt nach Gl. (1.27) für die an der Innenelektrode (Radius $r = r_1$) auftretende maximale elektrische Feldstärke

$$E_{max} = \frac{U}{r_1^2\,(1/r_1 - 1/r_2)} = \frac{U\, r_2}{r_1\,(r_2 - r_1)}$$

und somit für den Ausnutzungsfaktor

$$\eta = E_{mi} / E_{max} = r_1 / r_2 \tag{1.100}$$

T a f e l 1.46 Ausnutzungsfaktoren η mehrerer Zylinderelektroden-Anordnungen abhängig von den Geometriekennwerten p und q

	2r s 2r	2r s 2R					2r s	2r 2R	2R 2r s			
p	q = 1	q = 2	q = 3	q = 5	q = 10	q = 20	q = ∞	q = p	q = 3	q = 5	q = 10	q = 20
1	1	1	1	1	1	1	1	1	1	1	1	1
1,5	0,924	0,894	0,884	0,878	0,871	0,864	0,861	0,811	0,831	0,847	0,855	0,857
2	0,861	0,815	0,798	0,783	0,772	0,766	0,760	0,693	0,717	0,735	0,748	0,754
3	0,760	0,702	0,679	0,658	0,641	0,632	0,623	0,549	0,549	0,582	0,604	0,614
4	0,684	0,623	0,595	0,574	0,555	0,548	0,533	0,462	–	0,478	0,507	0,521
5	0,623	0,564	0,538	0,513	0,492	0,486	0,468	0,402		0,402	0,439	0,454
6	0,574	0,517	0,488	0,469	0,450	0,435	0,419	0,358		–	0,386	0,404
8	0,497	0,447	0,420	0,401	0,377	0,368	0,349	0,297			0,310	0,331
10	0,442	0,397	0,375	0,352	0,330	0,324	0,301	0,256			0,256	0,281
15	0,349	0,314	0,296	0,277	0,257	0,249	0,228	0,193			–	0,204
20	0,291	0,263	0,248	0,232	0,214	0,202	0,186	0,158				0,158
50	0,1574	–	–	–	–	–	0,0932	0,0798				–
100	0,094						0,0537	0,047				
300	0,038						0,0214	0,019				
500	0,025						0,0138	0,0125				
800	0,0168						0,0092	0,0084				
1000	0,0138						0,0076	0,0069				

Für koaxiale Zylinder ist nach Gl. (1.24) die maximale Feldstärke

$$E_{max} = \frac{U}{r_1 \ln (r_2 / r_1)}$$

Es ergibt sich hiermit der Ausnutzungsfaktor

$$\eta = \frac{E_{mi}}{E_{max}} = \frac{\ln (r_2 / r_1)}{(r_2 / r_1) - 1} \tag{1.101}$$

Die Ausnutzungsfaktoren für anaxiale Zylinder und exzentrische Kugeln können aus den Tafeln 1.46 und 1.47 entnommen werden. Mit der Schlagweite s, dem Radius r der stärker und dem Radius R der weniger stark gekrümmten Elektrode ergeben sich die Werte als Funktion der Geometriekennwerte

$$p = 1 + (s / r) \tag{1.102}$$

und $$q = R / r \tag{1.103}$$

Tafel 1.47 Ausnutzungsfaktoren η mehrerer Kugelelektroden-Anordnungen abhängig von den Geometriekennwerten p und q

	2r s 2r	2r s 2r	2r s	2r 2R
p	q = 1	q = 1	q = ∞	q = p
1,0	1	1	1	1
1,5	0,850	0,834	0,732	0,667
2	0,732	0,660	0,563	0,500
3	0,563	0,428	0,372	0,333
4	0,449	0,308	0,276	0,250
5	0,372	0,238	0,218	0,200
6	0,318	0,193	0,179	0,167
7	0,276	0,163	0,152	0,143
8	0,244	0,140	0,133	0,125
9	0,218	0,123	0,117	0,111
10	0,197	–	0,105	0,100
15	0,133		–	–

Bei Kugel- oder Zylinderelektroden gegenüber einer Ebene ist R = q = ∞. Ergeben sich in den Tafeln nicht aufgeführte Zwischenwerte für p, so kann entweder zwischen den bekannten Werten interpoliert oder, wenn größere Genauigkeit erforderlich ist, die entsprechende Kurve zweckmäßig im doppeltlogarithmischen Maßstab dargestellt werden.

Beispiel 1.16. Ein Hochspannungstransformator nach Bild 1.48 mit einer kugelig ausgebildeten Abschirmung des Durchmessers D = 50 cm soll bei dem Effektivwert der Wechselspannung U = 300 kV einen Deckenabstand s aufweisen, bei dem die elektrische Höchstfeldstärke E_{max} = 19 kV / cm nicht überschritten wird. Welcher Mindestabstand s ist erforderlich?

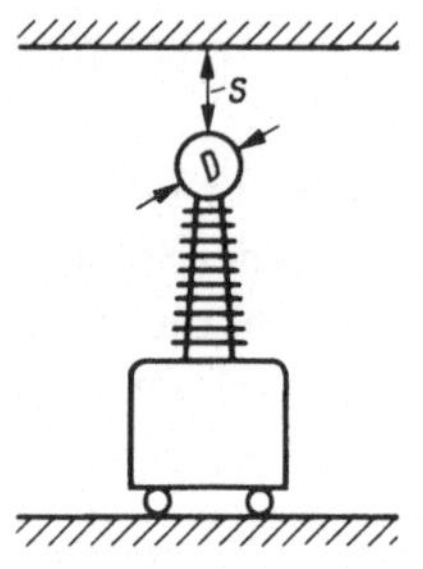

1.48 Transformator mit kugelig ausgebildeter Abschirmung

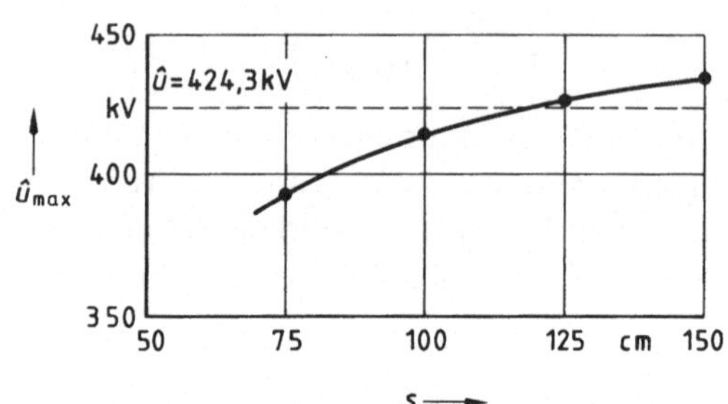

1.50 Spannungshöchstwert $\hat{u}_{max}$ abhängig von der Schlagweite s zur Ermittlung der Mindestschlagweite

Da hier die Schlagweite s gesucht wird, von der der Ausnutzungsfaktor η wiederum abhängt, wird sie zweckmäßig solange vorgegeben und verändert, bis der Höchstwert der Spannung

$$\hat{u}_{max} = E_{max}\, s\, \eta = 19\,(\mathrm{kV/cm})\, s\, \eta$$

mit dem Scheitelwert $\hat{u} = \sqrt{2} \cdot 300\,\mathrm{kV} = 424{,}3\,\mathrm{kV}$ der vorgegebenen Betriebsspannung übereinstimmt. Für $R = q = \infty$ und $r = D/2 = 25$ cm findet man mit Gl. (1.102) aus Tafel 1.47 die Werte von Tafel 1.49

Aus der grafischen Lösung nach Bild 1.50 ergibt sich der gesuchte Mindestabstand $s \approx 120$ cm.

T a f e l 1.49 Berechnung der Spannungen für Beispiel 1.16

s in cm	p	η	$\hat{u}_{max}$ in kV
75	4	0,276	393,3
100	5	0,218	414,2
125	6	0,179	425,1
150	7	0,152	433,2

Die Ausnutzungsfaktoren η dreidimensionaler Felder lassen sich i. allg. schwieriger ermitteln als jene zweidimensionaler Felder, wenn man einmal von den wenigen mathematisch leicht erfaßbaren Elektrodenanordnungen, z.B. koaxiale Kugeln, absieht. Meist ist hierfür ein größerer rechnerischer Aufwand erforderlich, oder es müssen numerische oder grafische Verfahren herangezogen werden (s. Abschn. 1.10 und 1.12.3).

Bei schwach inhomogenen dreidimensionalen Feldern ($\eta > 0{,}2$) kann man aber mit recht guter Näherung den Ausnutzungsfaktor

$$\eta \approx \eta_1 \, \eta_2 \tag{1.104}$$

aus dem Produkt der Ausnutzungsfaktoren η_1 und η_2 von zwei ebenen (zweidimensionalen) Feldbildern ermitteln, die sich in zwei senkrecht zueinander stehenden Schnittebenen abbilden [25].

Der in Bild 1.51 a im Abstand s vor einer ebenen Plattenelektrode angeordnete Toroid mit dem Profilradius r_1 und dem Ringaußenradius r_2 bildet in den Schnittebenen A und B nach Bild 1.51 b und c jeweils parallel zur Wand liegende Zylinderleiter mit den Radien r_1 und r_2 nach, wenn man die Schnittbilder als zweidimensionale Elektrodenanordnungen auffaßt. Hierfür sind die Ausnutzungsfaktoren η_1 und η_2 z.B. aus Tafel 1.46 zu entnehmen. Voraussetzung ist allerdings, daß in den beiden zweidimensionalen Feldbildern die jeweiligen Höchstfeldstärken an der gleichen Stelle der Elektrodenanordnung auftreten.

Die Gültigkeit von Gl. (1.104) läßt sich am einfachsten mit der Elektrodenanordnung Kugel-Ebene überprüfen, die in den beiden Schnittebenen zwei gleiche Feldbilder eines Zylinders parallel zur Ebene ergibt. Es ist dann für die Zylinder-Ebene-Anordnung $\eta_1 = \eta_2 = \eta_z$ und folglich nach Gl.(1.104) der Ausnutzungsfaktor für die Kugel-Ebene-Anordnung $\eta_k \approx \eta_z^2$, was anhand der Tafeln 1.46 und 1.47 leicht nachzuprüfen ist.

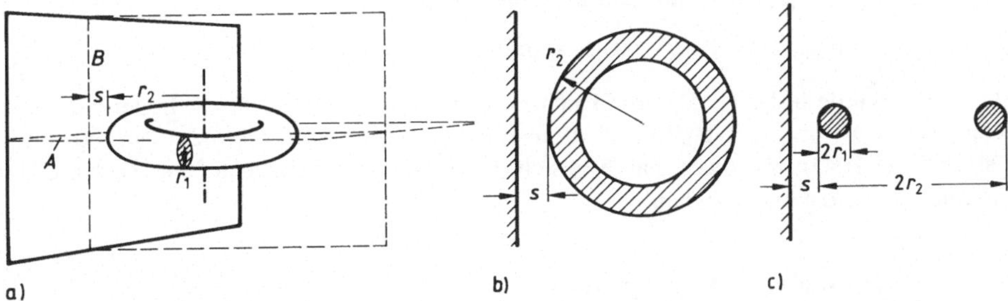

1.51 Anordnung Toroid-Ebene (a) mit den beiden Schnittbildern in Schnittebene A (b) und Schnittebene B (c)

Beispiel 1.17. Eine Kugelelektrode mit dem Radius $r_k = 2{,}5$ cm befindet sich im Abstand s = 5 cm von einer zylindrischen Elektrode mit dem Radius $r_z = 2{,}5$ cm. Welche Spannung darf höchstens angelegt werden, damit die Höchstfeldstärke $E_{max} = 20$ kV / cm nicht überschritten wird?

Wie in Bild 1.51 gezeigt, werden nun in die Anordnung nach Bild 1.52 a zwei Schnittebenen gelegt,und zwar die erste so, daß der Kugelmittelpunkt und die Rotationsachse des Zylinders auf ihr liegen. Zweidimensional betrachtet entspricht dieses Schnittbild der Anordnung Zylinder-Ebene nach Bild 1.52 b mit den Geometriekennwerten nach Gl. (1.102) und Gl. (1.103) $p = 1 + (s / r) = 1 + (5 \text{ cm} / 2{,}5 \text{ cm}) = 3$ und $q = R / r = \infty$. Aus Tafel 1.46 findet man hierfür den Ausnutzungsfaktor $\eta_1 = 0{,}623$.

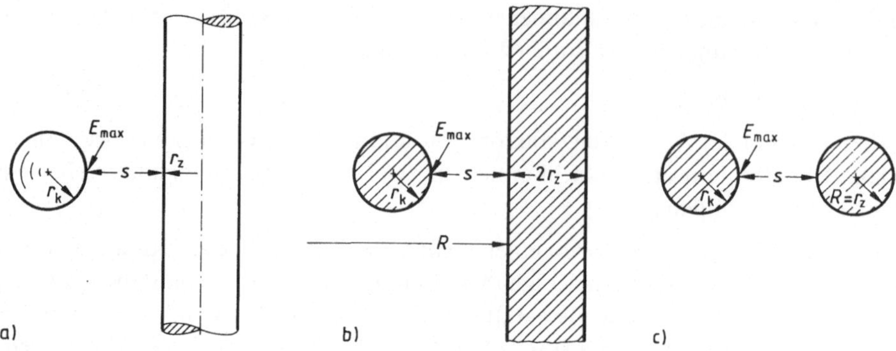

1.52 Anordnung Kugel-Zylinder (a) mit den beiden Schnittbildern (b) und (c)

Die zweite Schnittebene durchsetzt die erste rechtwinklig, so daß der Kugelmittelpunkt auf ihr liegt und die Rotationsachse des Zylinders sie senkrecht durchdringt. Dies ergibt das Schnittbild von zwei durchmessergleichen, parallelen Zylinderleitern. Mit den Geometriekennwerten $p = 1 + (s / r) = 1 + (5\ \text{cm} / 2{,}5\ \text{cm}) = 3$ und $q = R / r = r / r = 1$ entnimmt man Tafel 1.46 den Ausnutzungsfaktor $\eta_2 = 0{,}760$.

Hiermit ergibt sich nach Gl. (1.104) näherungsweise der Ausnutzungsfaktor der wirklichen Anordnung nach Bild 1.52 a

$$\eta \approx \eta_1\ \eta_2 = 0{,}623 \cdot 0{,}760 = 0{,}474$$

und somit nach Gl.(1.99) die höchste anzulegende Spannung

$$U = E_{max}\ s\ \eta = 20\ (\text{kV} / \text{cm}) \cdot 5\ \text{cm} \cdot 0{,}474 = 47{,}4\ \text{kV}$$

Bei $r_z < r_k$ würde in Bild 1.52 c die Höchstfeldstärke E_{max} am rechten Zylinder auftreten, wogegen der Ort für E_{max} nach Bild 1.52 b unverändert an der linken Elektrode liegt. Auf diesen Fall ist Gl. (1.104) nicht anwendbar, weil sich nun η_1 und η_2 nicht mehr auf ein und denselben Ort höchster Feldstärke beziehen!

1.12.2 Numerische Berechnung

Mit den numerischen Berechnungsverfahren nach Abschn. 1.10, insbesondere aber mit dem Ersatzladungsverfahren nach Abschn. 1.10.2 lassen sich auch die Ausnutzungsfaktoren von Elektrodenanordnungen ermitteln, die einer analytischen mathematischen Lösung nicht zugänglich sind.

Beim Differenzenverfahren kommt es darauf an, die Dichte der Gitterpunkte mit bekanntem Potential so zu steigern, daß hieraus die Höchstfeldstärke E_{max} und somit der Ausnutzungsfaktor

$$\eta = U / (E_{max}\ s)$$

berechnet werden kann. Wenn aber die Höchstfeldstärke $E_{max} = \Delta\varphi / \Delta s$ aus der Potentialdifferenz $\Delta\varphi$ und dem Abstand Δs zweier benachbarter Potentialpunkte gebildet wird, ergibt sich letztlich ein Näherungswert, dessen Genauigkeit nur durch eine Verkleinerung der Maschenweite und folglich durch großen Rechenaufwand gesteigert werden kann. Ist dagegen das Feld nach Bild 1.53 im Bereich der Elektrode mit dem Krümmungsradius r_1 etwa zylindrisch, so kann nach Gl. (1.24) mit dem Radius $r_2 = r_1 + \Delta s$ und der Spannung $U_{12} = \Delta \varphi$ die Höchstfeldstärke

$$E_{max} = \frac{\Delta \varphi}{r_1 \ln [1 + (\Delta s / r_1)]} \tag{1.105}$$

auch bei größerer Maschenweite noch recht genau berechnet werden.

Das Ersatzladungsverfahren gestattet die unmittelbare Berechnung der Höchstfeldstärke nach Gl. (1.82) und somit auch des Ausnutzungsfaktors, wie dies in Beispiel 1.14 gezeigt wird.

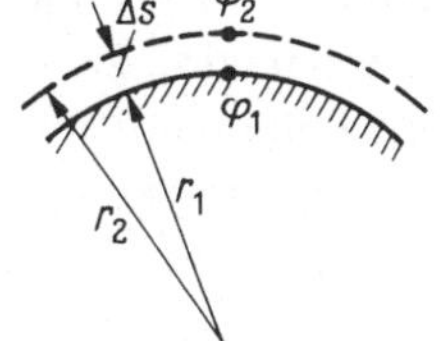

1.53
Zylinderfeld in Elektrodennähe

1.12.3 Grafisches Verfahren

Die Elektrodenanordnung wird mit Silberleitlack auf leitfähigem Graphitpapier nachgebildet, auf dem die Äquipotentiallinien mit einer Meßbrücke ausgemessen werden (Bild 1.54). So ermittelte Äquipotentiallinien gelten (s. Abschn. 1.11.1) ausschließlich für zweidimensionale Felder. Es ist aber möglich, die Ausnutzungsfaktoren rotationssymmetrischer Elektrodenanordnungen mit dem gleichen Verfahren zu bestimmen.

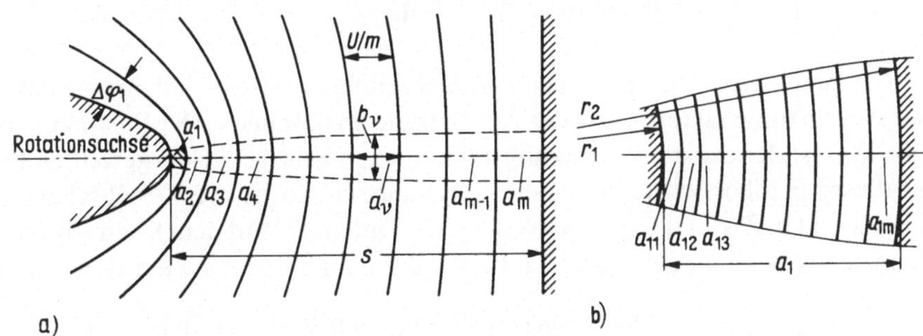

1.54 Zweidimensionale bzw. rotationssymmetrische Elektrodenanordnung
a) Schnittbild mit zweidimensional ausgemessenen Äquipotentiallinien
b) Vergrößerung des in a) schraffierten Feldteils

Zweidimensionales Feld. Bei der in Bild 1.54 dargestellten Elektrodenanordnung mit der anliegenden Spannung U sollen die Potentialdifferenzen $\Delta\varphi_1 = U / m$ zwischen jeweils zwei benachbarten Äquipotentiallinien gleich groß sein. In 1. Näherung ist dann mit der Teilstrecke a_1 die Höchstfeldstärke $E_{max} \approx \Delta \varphi_1 / a_1 = U / (m\, a_1)$. Wird dieser Ausdruck umgestellt und mit der Schlagweite s erweitert, ergibt sich nach Gl. (1.99) die Spannung

$$U \approx E_{max}\, s\,(m\, a_1 / s) = E_{max}\, s\, \eta_1 \tag{1.106}$$

mit dem Ausnutzungsfaktor erster Näherung

$$\eta_1 = m\, a_1 / s \tag{1.107}$$

Die Genauigkeit wird erhöht, wenn der in Bild 1.54 a schraffiert dargestellte und in Bild 1.54 b gesondert herausgestellte Feldteil der Länge a_1 in gleicher Weise ausgemessen wird. Zwischen jeweils zwei benachbarten Äquipotentiallinien besteht dann die Potentialdifferenz $\Delta \varphi_2 = \Delta \varphi_1 / m = U / m^2$. In 2. verbesserter Näherung ist mit der Teilstrecke a_{11} die Höchstfeldstärke $E_{max} \approx \Delta \varphi_2 / a_{11} = U / (a_{11}\, m^2)$. Nach Umstellung und Erweitern mit s und a_1 ergibt sich die Spannung

$$U \approx E_{max}\, s\,(m\, a_1 / s)\,(m\, a_{11} / a_1) = E_{max}\, s\, \eta_1\, \eta_2 \tag{1.108}$$

wobei erkennbar wird, daß der Ausnutzungsfaktor 2. Näherung $\eta_2 = m\, a_{11} / a_1$ im Grunde wieder der Ausnutzungsfaktor 1. Näherung nach Gl. (1.107) ist, lediglich angewendet auf die Teilstrecke a_1.

Wird in dieser Weise weiterverfahren, so ergibt sich schließlich der genaue Wert der Spannung

$$U = E_{max}\, s\, \eta_1\, \eta_2\, \eta_3 \ldots \eta_\infty = E_{max}\, s \prod_{v=1}^{\infty} \eta_v \tag{1.109}$$

mit dem Ausnutzungsfaktor

$$\eta = \prod_{v=1}^{\infty} \eta_v = \eta_1\, \eta_2\, \eta_3 \ldots \eta_\infty = \eta_1 \eta_R \tag{1.110}$$

Dieses langwierige Verfahren kann stark vereinfacht werden, indem man das Produkt der Ausnutzungsfaktoren von der 2. Näherung an abschätzt. Der Restfaktor $\eta_R = \eta_2\, \eta_3 \ldots \eta_\infty$ ist der exakte Ausnutzungsfaktor des in Bild 1.54 b dargestellten Feldteils. Ist dieser Feldbereich jedoch nahezu zylindrisch, so ist die Restabschätzung über koaxiale Zylinder nach Gl. (1.101) möglich. Mit dem Radius $r_2 = r_1 + a_1$ ist dann der Ausnutzungsfaktor der untersuchten Anordnung

$$\eta = \eta_1\, \eta_R = \frac{m\, a_1}{s} \cdot \frac{\ln(1 + a_1 / r_1)}{(a_1 / r_1)} = \frac{m\, r_1 \ln(1 + a_1 / r_1)}{s} \tag{1.111}$$

In diesem Fall bedarf es also ausschließlich der Ermittlung der Teilstrecke a_1, was mit geringem Aufwand möglich ist.

Rotationssymmetrisches Feld. Wird die in Bild 1.54 dargestellte Elektrodenanordnung als rotationssymmetrisch angesehen, so gelten die zweidimensional ermittelten Äquipotentiallinien im Grunde nicht. Ihre wirkliche Form stimmt jedoch mit den gemessenen Linien in unmittelbarer Umgebung der Rotationsachse überein. Allerdings unterscheiden sich nun die Potentialdifferenzen zwischen jeweils zwei benachbarten Äquipotentiallinien. Es muß also zunächst die Potentialdifferenz $\Delta\varphi_1$ der Teilstrecke a_1 ermittelt werden.

Die in Bild 1.54 a gestrichelt eingezeichnete Feldröhre ist so gezeichnet, daß sich quadratische Kästchen ergeben. In diesem Fall ist der Durchmesser $b_\nu = a_\nu$. Die Feldröhre mit der Kapazität C schließt den Teilfluß

$$\Psi = \Delta C_1 \, \Delta \varphi_1 = C\,U \tag{1.112}$$

mit der Teilkapazität $\Delta C_1 = \varepsilon \pi b_1^2 / (4 a_1) = \varepsilon \pi a_1 / 4$ ein.

Mit dem dielektrischen Widerstand der Feldröhre

$$\frac{1}{C} = \sum_{\nu=1}^{m} \frac{1}{\Delta C_\nu} = \frac{4}{\varepsilon \pi} \sum_{\nu=1}^{m} \frac{1}{a_\nu}$$

folgt aus Gl. (1.112) für die über der Teilstrecke a_1 liegende Potentialdifferenz

$$\Delta \varphi_1 = \frac{C\,U}{\Delta C_1} = \frac{U}{a_1^2 \sum\limits_{\nu=1}^{m} (1/a_\nu)}$$

und somit für die Höchstfeldstärke bei 1. Näherung

$$E_{max} \approx \frac{\Delta \varphi_1}{a_1} = \frac{U}{a_1^2 \sum\limits_{\nu=1}^{m} (1/a_\nu)} \tag{1.113}$$

Erweitert man Gl. (1.113) mit s / s, ergibt sich hieraus die Spannung

$$U \approx E_{max}\, s \frac{a_1^2}{s} \sum_{\nu=1}^{m} \frac{1}{a_\nu} = E_{max}\, s\, \eta_1$$

In gleicher Weise wie bei Gl. (1.110) gilt auch hier für den Ausnutzungsfaktor $\eta = \eta_1 \eta_R$, wobei nun zur Restabschätzung Bild 1.54 b als Kugelfeld betrachtet wird. Mit dem Radius $r_2 = r_1 + a_1$ ist nach Gl. (1.100) der Restfaktor $\eta_R = r_1 / r_2 = r_1 (r_1 + a_1)$. Hiermit gilt für den Ausnutzungsfaktor rotationssymmetrischer Elektrodenanordnungen

$$\eta = \eta_1 \, \eta_R = \frac{a_1^2 \sum\limits_{\nu=1}^{m} (1/a_\nu)}{s} \cdot \frac{r_1}{r_1 + a_1} = \frac{a_1^2 \sum\limits_{\nu=1}^{m} (1/a_\nu)}{s\,[1 + (a_1 / r_1)]} \tag{1.114}$$

Es genügt also, die rotationssymmetrische Elektrodenanordnung als zweidimensionales Feldbild darzustellen und lediglich die Teilstrecken a_1 bis a_m zu ermitteln.

2 Gasförmige Isolierstoffe

2.1 Bewegung von Ladungsträgern

Durchfällt aus der Ruhelage heraus ein Ladungsträger im Vakuum mit der Ruhemasse m_0 und der elektrischen Ladung Q eine Potentialdifferenz $\Delta\varphi$, so wird die vom Feld verrichtete Arbeit nach Gl. (1.2) in kinetische Energie

$$W_{kin} = m_0\, v^2 / 2 = Q\, \Delta\varphi \tag{2.1}$$

umgesetzt. Hieraus ergibt sich die nach Durchfliegen der Potentialdifferenz $\Delta\varphi$ erreichte Geschwindigkeit des Ladungsträgers

$$v = \sqrt{2\, Q\, \Delta\varphi / m_0} = f(\Delta\varphi) \tag{2.2}$$

Wegen der Annahme einer konstanten Ladungsträgermasse m_0 gilt Gl. (2.2) lediglich für Geschwindigkeiten v, die klein gegenüber der Lichtgeschwindigkeit $c = 300\,\mathrm{m}/\mu\mathrm{s}$ sind, wobei als obere Grenze $v = 0{,}2\,c$ angesehen wird. Sind größere Geschwindigkeiten zu erwarten, muß nach der Relativitätstheorie die Masse

$$m = m_0 / \sqrt{1-(v/c)^2} \tag{2.3}$$

berücksichtigt werden. Die kinetische Energie $W_{kin} = Q\,\Delta\varphi = mc^2 - m_0\, c^2$ ist dann die Differenz der Gesamtenergie mc^2 und der Ruheenergie $m_0\, c^2$. Hiermit findet man unter Berücksichtigung von Gl. (2.3) das allgemein gültige Geschwindigkeitsverhältnis

$$\frac{v}{c} = \sqrt{1 - 1 / \left(\frac{Q\,\Delta\varphi}{m_0\, c^2} + 1 \right)^2} \tag{2.4}$$

Beispiel 2.1. Welche Potentialdifferenz $\Delta\varphi$ müßte ein Elektron mit der Ruhemasse $m_0 = 9{,}1 \cdot 10^{-31}$ kg und der Ladung $|Q_e| = 1{,}6 \cdot 10^{-19}$ As im Vakuum durchfallen, um die Geschwindigkeit $v = 0{,}2\,c = 0{,}2 \cdot 300\,\mathrm{m}/\mu\mathrm{s} = 60\,\mathrm{m}/\mu\mathrm{s}$ zu erreichen?

Aus Gl. (2.2) ergibt sich die Potentialdifferenz

$$\Delta\varphi = m_0\, v^2 / (2|Q_e|) = 9{,}1 \cdot 10^{-31}\,\mathrm{kg} \cdot 0{,}36 \cdot 10^{16}\,(\mathrm{m}^2/\mathrm{s}^2) / (2 \cdot 1{,}6 \cdot 10^{-19}\,\mathrm{As})$$
$$= 1{,}025 \cdot 10^4\,\mathrm{Nm/As} = 1{,}025 \cdot 10^4\,\mathrm{Ws/As} = 10250\,\mathrm{V}$$

Solange das Elektron Potentialdifferenzen $\Delta\varphi \leq 10\,\mathrm{kV}$ durchfliegt, darf mit der einfachen Gl. (2.2) gerechnet werden.

2.2 Anregung, Ionisierung, Austrittsarbeit

Ein aus elektrisch neutralen Atomen bzw. Molekülen bestehendes Gas ist ein absoluter Nichtleiter. Elektrische Leitfähigkeit tritt erst auf, wenn durch äußere Einwirkung Elektronen aus den Atomen herausgelöst werden, so daß sie und die verbleibenden, positiv geladenen Restatome (Ionen) von den Feldkräften getrieben zu den Elektroden wandern können. Diese Aufspaltung eines Atoms oder Moleküls in positive und negative Ladungsträger nennt man Ionisierung.

Ein Atom, z. B. ein Wasserstoff-Atom nach Bild 2.1, stellt wegen der Trennung der Elektronen vom positiv geladenen Atomkern einen elektrischen Energiespeicher dar. Wird ihm weitere Energie zugeführt, so kann die Energieaufnahme als Vergrößerung der Ladungstrennung und somit als Vergrößerung des Bahnradius r_B nach Bild 2.1 gedeutet werden, wobei allerdings das Elektron immer nur ganz bestimmte Bahnradien einnehmen kann. Dieser als Anregung bezeichnete Energiezustand bleibt meistens nur 10 ns bis 100 ns erhalten; dann fällt das Atom in seinen energetischen Grundzustand zurück und gibt dabei die vorher aufgenommene Energie als elektromagnetische Strahlung (Foton) wieder ab. Für die Gasentladung sind die metastabilen Anregungszustände mit einer relativ langen mittleren Lebensdauer von etwa 10 ms besonders wichtig.

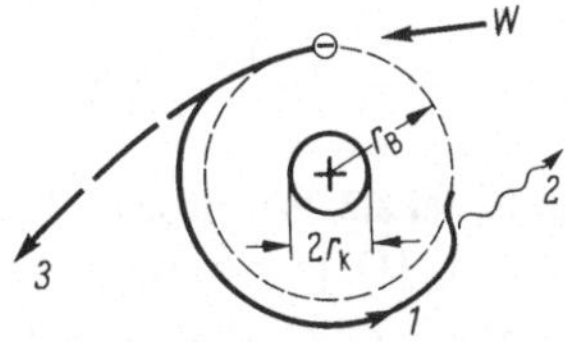

2.1
Wasserstoff-Atom (schematisch) mit vergrößerter Elektronenbahn 1 (Anregung), Foton 2 und Flugbahn des Elektrons bei Ionisierung 3. Pfeil W deutet Energiezufuhr an

Mit dem Planckschen Wirkungsquantum $h_w = 6{,}62 \cdot 10^{-34}$ Ws^2, der Lichtgeschwindigkeit $c = 300$ m / µs ist die Frequenz f bzw. die Wellenlänge λ der Strahlung abhängig von der abgegebenen Energie

$$W = h_w\, f = h_w\, c / \lambda \tag{2.5}$$

Ionisierung tritt ein, wenn die dem Atom zugeführte Energie so groß ist, daß das Elektron nach Bild 2.1 einem unendlich großen Bahnradius zustrebt. Betrachtet man das Elektron mit der Ladung Q_e im Kugelfeld der Kernladung, ist mit der Kraft $\vec{F}$ und der Feldstärke $\vec{E}$ die Ionisierungsenergie

$$W_i = \int_{r_B}^{\infty} \vec{F}\, d\vec{r} = Q_e \int_{r_B}^{\infty} \vec{E}\, d\vec{r} = Q_e\, U_i \tag{2.6}$$

wenn die zwischen dem Bahnradius r_B (Richtwert $r_B \approx 0{,}1$ nm) und dem Unendlichen liegende Potentialdifferenz als Ionisierungsspannung U_i bezeichnet wird. Die Ionisierungsenergie W_i wird i. allg. in Elektronenvolt (eV) angegeben. Die Elektronenladung $Q_e = -e$ ist gleich der negativen Protonenladung $e = 1{,}6 \cdot 10^{-19}$ As und somit ist $1\,\text{eV} = e \cdot 1\,\text{V} = 1{,}6 \cdot 10^{-19}\,\text{As} \cdot 1\,\text{V} = 1{,}6 \cdot 10^{-19}$ Ws.

Wird dem kugelig angenommenen Atomkern nach Bild 2.1 der Radius r_K zugeordnet und die an seiner Oberfläche auftretende Feldstärke mit E_K bezeichnet, gilt mit Gl. (1.28) im Kugelfeld der Kernladung für die Feldstärke $E = E_K\,(r_K / r)^2$ und somit nach Gl. (2.6) für die I o n i s i e r u n g s e n e r g i e

$$W_i = Q_e\,E_K\,r_K^2 \int_{r_B}^{\infty} \frac{dr}{r^2} = \frac{Q_e\,E_K\,r_K^2}{r_B} = \frac{Q_e^2}{\varepsilon_0 \cdot 4\,\pi\,r_B} \qquad (2.7)$$

wenn mit Gl. (1.9) für die elektrische Feldstärke $E_K = D_K / \varepsilon_0 = Q_e / (4\,\pi\,r_K^2\,\varepsilon_0)$ eingesetzt wird. In Tafel 2.2 sind die Ionisierungsenergien für einige Gase angegeben.

T a f e l 2.2 Ionisierungsenergien W_i einiger Gase und Austrittsarbeit W_a verschiedener Metalle [26], [41]

Gasart	H	H_2	O_2	N_2	Hg	SF_6	F
W_i in eV	13,5	15,9	12,5	15,8	10,4	19,3	18,6
Werkstoff	Cu	Al	Fe	Ag	Au	Cr	Cs
W_a in eV	4,0 bis 4,8	1,8 bis 3,9	4,0 bis 4,7	3,0 bis 4,7	4,3 bis 4,9	4,4	0,7 bis 1,9

Beispiel 2.2. Wie groß ist die Ionisierungsenergie, wenn sich ein Elektron nach Bild 2.1 mit der Ladung $|Q_e| = 1{,}6 \cdot 10^{-19}$ As auf dem Bahnradius $r_B = 0{,}1$ nm befindet?

Nach Gl. (2.7) erhält man die Ionisierungsenergie

$$W_i = \frac{Q_e^2}{\varepsilon_0 \cdot 4\,\pi\,r_B} = \frac{(1{,}6 \cdot 10^{-19}\ \text{As})^2}{8{,}854\,(\text{pF}/\text{m})\,4\,\pi \cdot 0{,}1\ \text{nm}} = 2{,}301 \cdot 10^{-18}\ \text{Ws}$$

$$= \frac{2{,}301 \cdot 10^{-18}\ \text{Ws}}{1{,}6 \cdot 10^{-19}\ \text{As}} = 14{,}38\ \text{eV}$$

Der Vergleich dieses nur modellhaft berechneten Wertes mit jenen aus Tafel 2.2 zeigt eine recht gute Übereinstimmung.

Ionisierung kann z. B. beim Zusammenstoß eines im elektrischen Feld beschleunigten Elektrons mit einem Atom (S t o ß i o n i s i e r u n g) auftreten, wobei das auftreffende Elektron seine Bewegungsenergie an das Atom abgibt. Bei den metastabilen Anregungszuständen ist im Gegensatz zu den sehr kurzlebigen Anregungszuständen die Wahrscheinlichkeit eines zweiten Zusammenstoßes und somit einer stufenweisen Ionisierung größer.

Ionisierung durch elektromagnetische Strahlung wird F o t o i o n i s i e r u n g genannt. Nach Gl. (2.5) und wegen der erforderlichen Ionisierungsenergien nach Tafel 2.2 sind hierfür Wellenlängen $\lambda < 100$ nm notwendig, so daß Tageslicht (400 bis 800 nm) praktisch wirkungslos bleibt. Die kosmische Höhenstrahlung und die Strahlung radioaktiver Stoffe der Erdrinde, in erster Linie die des zerfallenden Radiums, sorgen dafür, daß in atmosphärischer Luft zwischen 5 und 20 Ladungsträgerpaare / (cm^3 s) (Elektron – Ion) bereitgestellt werden. Unter Berücksichtigung der durch Rekombination oder durch Anlagerung begrenzten Lebensdauer der freien Elektronen kann ständig von rd. 500 Ionenpaaren je cm^3 ausgegangen werden [12], [26] [47]. Mit ihnen stehen somit die für die Stoßionisation erforderlichen Anfangselektronen zur Verfügung. In Schwefelhexafluorid SF_6 ist die Anlagerung wegen der starken Elektronegativität des Gases (s. Abschn.2.3.2) besonders groß und die Anzahl der Anfangselektronen deshalb wesentlich kleiner als in Luft.

Vorgänge der Stoß- und Fotoionisation, die sich bei großen Temperaturen aus der Energie der Thermobewegung ergeben, werden als Thermoionisation bezeichnet.

Die Energie, die aufgebracht werden muß, um ein Elektron aus einer Metalloberfläche herauszulösen, wird Austrittsarbeit genannt. Befindet sich nach Bild 2.3 ein solches Elektron mit der Ladung Q_e im Abstand x über der Oberfläche, so kann nach Abschn. 1.5.5 die gespiegelte Ladung $-Q_e$ im gleichen Abstand unter der Oberfläche angenommen werden, ohne das Feld zwischen dem Elektron und der Oberfläche zu verändern. Die gespiegelte Ladung kann als die positive Ladung des Restatoms angesehen werden.

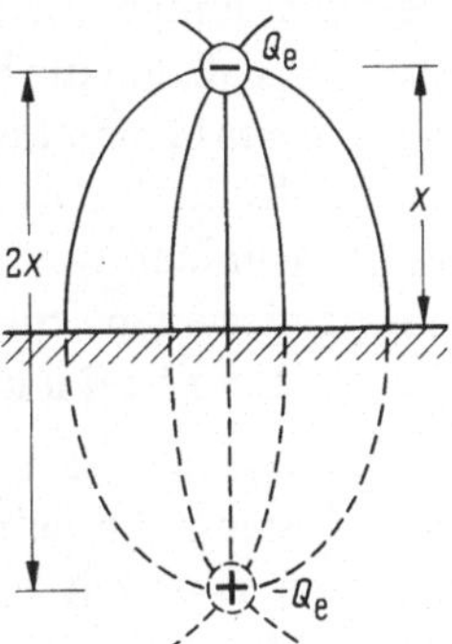

2.3
Elektron mit gespiegelter Ladung zur Berechnung der Austrittsarbeit

Wird das Elektron von seinem ursprünglichen Bahnradius r_B unendlich weit entfernt, wobei der Ladungsabstand $r = 2\,x$ anzusetzen ist, berechnet man analog zu Gl. (2.7) die Austrittsarbeit

$$W_a = Q_e\, E_K\, r_K^2 \int_{r_B}^{\infty} \frac{dx}{r^2} = Q_e\, E_K\, r_K^2 \int_{r_B}^{\infty} \frac{dx}{(2\,x)^2} = \frac{Q_e\, E_K r_K^2}{4\, r_B} = \frac{W_i}{4} \qquad (2.8)$$

die lediglich ein Viertel der Ionisierungsenergie nach Gl. (2.7) beträgt. In Tafel 2.2 sind die Austrittsarbeiten verschiedener Metalle angegeben.

2.3 Gasentladung

Die ständig geringfügige Ionisierung des Gases durch von außen zugeführte Strahlungsenergie bedingt eine – wenn auch geringe – elektrische Leitfähigkeit. Beim Anlegen der Spannung fließt deshalb ein kleiner elektrischer Strom, der nach Bild 2.4

zunächst mit der Spannung steigt, dann aber einem Sättigungswert zustrebt, weil die Anzahl der zeitlich erzeugten freien Ladungsträger letztlich konstant bleibt. Bei weiterer Spannungssteigerung nimmt die Stromstärke infolge merklich einsetzender Stoßionisierung wieder zu. Da der elektrische Strom in diesem Fall ausschließlich durch äußere Einflüsse ermöglicht und aufrechterhalten wird, spricht man hierbei von einer unselbständigen Gasentladung.

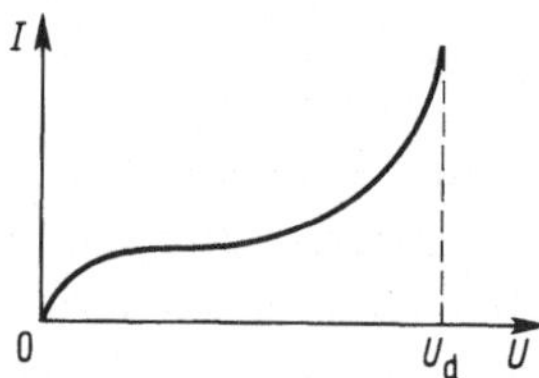

2.4
Strom I bei unselbständiger Gasentladung abhängig von der angelegten Spannung U. U_d Durchschlagspannung

Dagegen liegt eine selbständige Gasentladung vor, wenn bei einer bestimmten Spannung, der Zündspannung, als Folge der Ionisierungsvorgänge selbst immer wieder so viele neue Anfangselektronen (Folgeelektronen) erzeugt werden, daß nun die Entladung auch ohne Energiezufuhr von außen aufrechterhalten wird. Beim Generationsmechanismus nach Abschn. 2.3.4 ist dies z.B. gegeben, wenn die zur Kathode zurückflutenden positiven Ionen aus der Elektrodenoberfläche mindestens immer wieder so viele neue Anfangselektronen herausschlagen, wie der Vorgängerlawine zur Verfügung standen. Dieser Mechanismus wird auch Townsend Entladung genannt.

Im homogenen und schwach inhomogenen Feld leitet die selbständige Gasentladung den Zusammenbruch der Isolierfähigkeit der freien Gasstrecke – den elektrischen Durchschlag – ein (Durchschlagspannung U_d). Bei stark inhomogenen Feldern führt sie dagegen zum Einsatz einer Koronaentladung (Glimmen) dort, wo an den Elektroden die größten Feldstärken vorliegen. Die Zündspannung ist dann gleich der Koronaeinsetz- oder Anfangsspannung U_a.

2.3.1 Freie Weglänge

Ein durch die Feldkräfte bewegter Ladungsträger, z.B. ein Elektron mit der Ladung Q_e, stößt auf seinem Weg durch das Gas in unregelmäßigen Abständen mit Gasmolekülen zusammen.

Der Begriff ‚Zusammenstoß' verleitet leicht zu der Vorstellung, daß hierbei Materie aufeinanderprallt. Vielmehr handelt es sich dabei um den Energieaustausch über elektromagnetische Feldkräfte. Ein schnell fliegendes, energiereiches Elektron übt z.B. auf ein Elektron eines Gasmoleküls auch im Vorbeifliegen eine zeitlich begrenzte Kraft, also einen Impuls, aus und gibt so einen Teil seiner Energie an den anderen Ladungsträger ab. Hierbei ändert das energieabgebende Elektron ständig seine Richtung, so daß sich eine zick-zack-förmige Fortbewegung ergibt, deren Bahn mit zunehmender elektrischer Feldstärke immer gestreckter wird. Im folgenden wird jedoch vereinfachend unterstellt, daß bei jedem ionisierenden Zusammenstoß das Elektron seine gesamte kinetische Energie auf das Molekül überträgt.

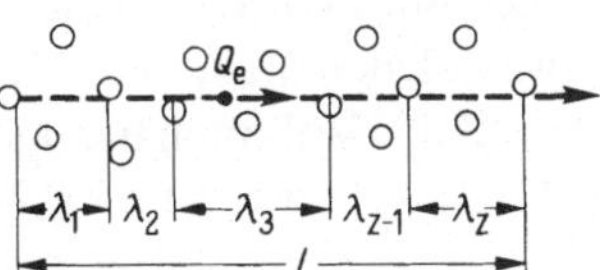

2.5
Gerichtete Bewegung des freien Elektrons mit der Ladung Q_e im Gas zur Erläuterung der freien Weglänge λ

Nach Bild 2.5 wird einmal vereinfachend unterstellt, daß sich das Elektron auf einer Geraden durch das Gas bewegt und in unregelmäßigen Abständen λ mit Gasmolekülen zusammenstößt. Bei den hier interessierenden Feldstärken soll die gerichtete Geschwindigkeit des Ladungsträgers so groß gegenüber der aus der Thermobewegung resultierenden Geschwindigkeit der Gasmoleküle sein, daß deren Bewegung vernachlässigt werden kann. Mit der auf die Länge bezogenen Anzahl der Zusammenstöße, der S t o ß z a h l $z_0 = z/\ell$, ist die m i t t l e r e f r e i e W e g l ä n g e

$$\lambda_m = \ell / z = 1 / z_0 \tag{2.9}$$

der Quotient aus dem zurückgelegten Weg ℓ und der Anzahl z der dabei erfolgten Zusammenstöße.

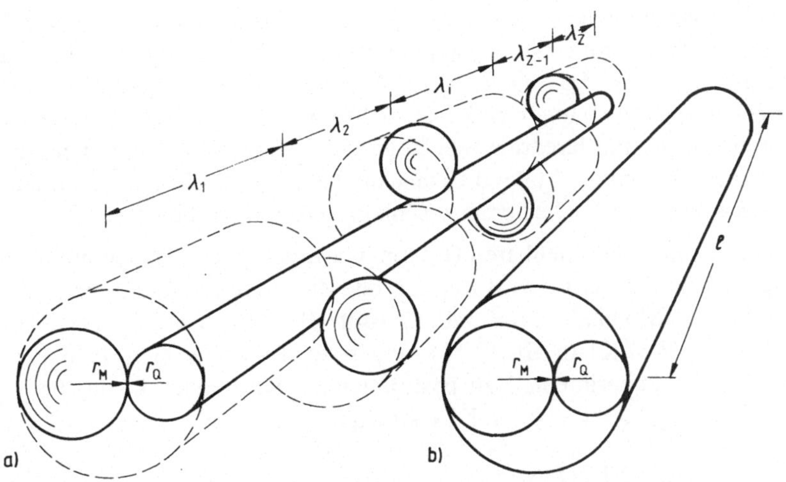

2.6 Gasvolumen zur Berechnung der mittleren freien Weglänge λ_m.
a) Gasvolumen aus Hüllzylindern
b) zylindrisches Gasvolumen

In Bild 2.6a ist die Bahn des bewegten Ladungsträgers als Zylinder mit dem Radius r_Q dargestellt, der an den Stoßstellen von Gasmolekülen mit den Radien $r_M \approx (1 \text{ bis } 2)$ nm tangiert wird. Bahnzylinder und Gasmolekül lassen sich jeweils von durchmessergleichen Hüllzylindern der Teillängen λ_i (i = 1 bis z) umfassen, die radial zueinander versetzt sind. Dreht man alle diese Hüllzylinder in gleiche Achslage, ergibt sich nach Bild 2.6 b das zylindrische Gasvolumen $V = \pi (r_M + r_Q)^2 \ell$. Durchfliegt ein Ladungsträger mit dem Radius r_Q die Strecke ℓ, muß er folglich mit allen im Volumen V vorhandenen Gasmolekülen $z = N V = N \pi (r_M + r_Q)^2 \ell$ zusammenstoßen, wenn N die auf das Volumen bezogene Anzahl der Moleküle ist. Hieraus folgt mit Gl. (2.9) für die m i t t l e r e f r e i e W e g l ä n g e

$$\lambda_m = 1/[\pi N (r_M + r_Q)^2] \tag{2.10}$$

Handelt es sich bei dem bewegten Ladungsträger um ein Elektron ($r_Q = r_e = 1{,}87 \cdot 10^{-13}$ cm), so ist der Ladungsträgerradius $r_Q \ll r_M$, und es gilt für die m i t t l e r e f r e i e W e g l ä n g e d e s E l e k t r o n s

$$\lambda_{me} = 1/(\pi N r_M^2) \tag{2.11}$$

Ist dagegen der Ladungsträger ein positiv geladenes Restatom (Ion), so ist mit dem Ladungsträgerradius $r_Q = r_M$ die m i t t l e r e f r e i e W e g l ä n g e d e s I o n s

$$\lambda_{mi} = 1/(4 \pi N r_M^2) \tag{2.12}$$

Aus dem Vergleich von Gl. (2.11) mit Gl. (2.12) folgt, daß die mittlere freie Weglänge des Ions $\lambda_{mi} = \lambda_{me} / 4$ ist.

Bei elektrischen Feldstärken, bei denen die Elektronen mit der Ladung Q_e zwischen jeweils zwei Zusammenstößen auf der mittleren freien Weglänge λ_{me} die kinetische Energie $W_{kin} = Q_e \Delta\varphi = Q_e E \lambda_{me} \geq W_i$ mit der Ionisierungsenergie W_i aufnehmen, können die positiven Ionen praktisch nicht zur Ionisation beitragen, weil deren nur ein Viertel so große mittlere freie Weglänge auch nur ein Viertel der Energie ergibt. Diese reicht nach Abschn. 2.2 aber u.U. aus, um beim Aufprall auf die Kathode Elektronen aus der Metalloberfläche herauszuschlagen (Austrittsarbeit).

Um den Einfluß der meßbaren Größen, Gasdruck p und Temperatur T, auf die freie Weglänge zu erfassen, wird die aus der Zustandsgleichung der Gase abgeleitete Anzahl der Moleküle $N = p/(kT)$ (mit B o l t z m a n n - K o n s t a n t e $k = 1{,}37 \cdot 10^{-23}$ Ws / K) in Gl. (2.11) eingesetzt. Es ergibt sich dann für die mit der zweckmäßig experimentell zu bestimmenden Konstante A′ für die m i t t l e r e f r e i e W e g l ä n g e d e s E l e k t r o n s

$$\lambda_{me} = kT/(\pi r_M^2 p) = T/(A'p) \tag{2.13}$$

Für L u f t bei atmosphärischer Normalbedingung mit $p_0 = 1{,}013$ bar $= 0{,}1013$ MPa und der Temperatur $T_0 = 293$ K ergibt sich aus Gl. (2.13) mit dem Molekülradius $r_M = 0{,}187$ nm die mittlere freie Weglänge des Elektrons $\lambda_{me} = 0{,}36$ µm. Trotz des recht einfachen Berechnungsmodells, liegt der theoretische Wert doch erstaunlich nahe an dem experimentell ermittelten mit $\lambda_{me} = 0{,}57$ µm. [47]. Nach Gl. (2.9) entspricht dies der Stoßzahl $z_0 = 1/\lambda_{me} = 1/(0{,}57\ \mu m) = 17544\ cm^{-1}$, die angibt, wie oft ein Elektron auf 1 cm mit Gasmolekülen zusammenstößt (s. Beispiel 2.3).

Je größer die mittlere freie Weglänge für einen Ladungsträger ist, umso größer ist bei der Feldstärke E seine mittlere Wanderungsgeschwindigkeit v_{mi} (Driftgeschwindigkeit). Nimmt man einmal vereinfachend an, ein Elektron würde bei konstanter Feldstärke E immer nach Durchfliegen der mittleren freien Weglänge λ_{me} mit Gasmolekülen zusammenstoßen und dabei jeweils seine kinetische Energie abgeben, so daß es immer wieder aus der Ruhelage heraus beschleunigt werden müßte, dann ergibt sich aus Gl.(2.2) mit $\Delta\varphi = E\,\lambda_{me}$ die Auftreffgeschwindigkeit (Höchstgeschwindigkeit) $v_{max} = \sqrt{2\,Q_e\,E\,\lambda_{me}\,/\,m_0}$. Da es sich um einen Bewegungsablauf mit konstanter Beschleunigung handelt, ist die mittlere Geschwindigkeit, also die Driftgeschwindigkeit

$$v_{mi} = \frac{v_{max}}{2} = \sqrt{\frac{Q_e\,\lambda_{me}}{2\,m_0}}\;\sqrt{E}$$

gleich der halben Höchstgeschwindigkeit und somit abhängig von $\sqrt{E}$. Üblicherweise wird das Verhältnis von Driftgeschwindigkeit v_{mi} und elektrischer Feldstärke E als Beweglichkeit

$$b = v_{mi}\,/\,E \qquad (2.14)$$

bezeichnet, wobei $v_{mi} = b\,E$ als linear abhängig von der Feldstärke E angenommen wird. Die Beweglichkeit b ist dann ebenfalls feldstärkeabhängig und wird in der Regel für Werte im Bereich der Durchschlagfeldstärken angegeben.

Bei atmosphärischen Normalbedingungen (p_0, T_0) betragen für Luft bei $E \approx 30\,kV/cm$ die Elektronenbeweglichkeit $b_e \approx 500\,cm^2/(Vs)$ und die Ionenbeweglichkeit $b_i \approx 1{,}5\,cm^2/(Vs)$ und für Schwefelhexafluorid SF_6 bei $E \approx 90\,kV/cm$ die Beweglichkeiten $b_e \approx 150\,cm^2/(Vs)$ und $b_i \approx 0{,}7\,cm^2/(Vs)$ [2],[12].

2.3.2 Ionisierungskoeffizient

Der Ionisierungskoeffizient α (auch 1. Townsendscher Ionisierungskoeffizient genannt) gibt die Anzahl der Ionisierungen an, die ein Elektron längs eines bestimmten Weges, z.B. 1 cm, bewirkt. Da aber die zwischen jeweils zwei Zusammenstößen zurückgelegten Wege sehr unterschiedlich sein können, wird bei einer bestimmten elektrischen Feldstärke E immer nur ein Teil der Zusammenstöße ionisieren. Bei den anderen ist die durchflogene Potentialdifferenz zu klein, um dem Elektron die kinetische Energie $mv^2/2 \geq W_i$ mit der Ionisierungsenergie W_i zu vermitteln.

Es muß deshalb zunächst geklärt werden, mit welcher Wahrscheinlichkeit ein Elektron bestimmte Weglängen zurücklegt. Hierzu bedient man sich nach Bild 2.7 eines einfachen Modells. Stößt ein einzelnes Elektron auf der Strecke ℓ, z. B. $\ell = 1\,cm$, $z_0 = 1/\lambda_{me}$ mal mit Gasmolekülen zusammen, so wird es dabei die gleichen unterschiedlichen Weglängen λ nacheinander durchfliegen, wie z_0 Elektronen, die nach Bild 2.7 von einer gemeinsamen Linie starten, bis zum jeweils ersten Zusammenstoß

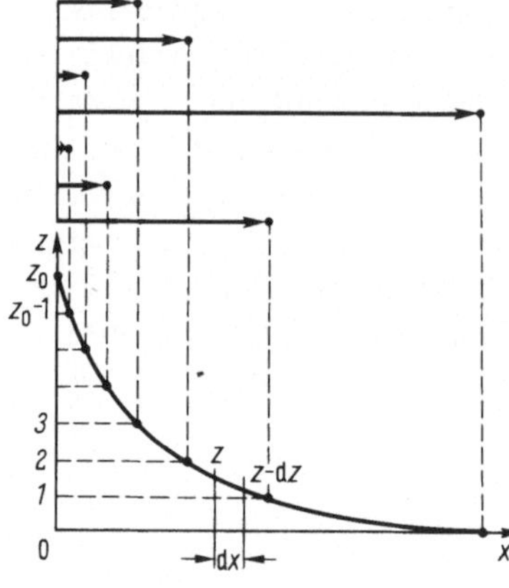

2.7
Anzahl z der aus der Gesamtzahl z_0 noch nicht mit Gasmolekülen zusammengestoßenen Elektronen abhängig vom Weg x

zurücklegen werden. Mit der Stoßzahl z_0 stößt ein Elektron längs der Strecke dx mit neutralen Molekülen (z_0 dx)-mal, z in die gleiche Strecke einfliegende Elektronen folglich (z z_0 dx)-mal zusammen. Die Anzahl der noch nicht zusammengestoßenen Elektronen vermindert sich nach Bild 2.7 dabei um $-\mathrm{d}z = z\, z_0\, \mathrm{d}x = (z / \lambda_{me})\, \mathrm{d}x$. Das negative Vorzeichen vor dz ist deshalb erforderlich, weil der Differentialquotient $\mathrm{d}z / \mathrm{d}x = -(z / \lambda_{me})$ negativ sein muß. Nach Trennung der Veränderlichen und der Integration

$$\int_{z_0}^{z} \frac{\mathrm{d}z}{z} = -\frac{1}{\lambda_{me}} \int_0^x \mathrm{d}x$$

folgt hieraus mit der Basis des natürlichen Logarithmus e = 2,718 das Verhältnis der noch nicht zusammengestoßenen Elektronen z zur Anzahl der gestarteten Elektronen z_0

$$z / z_0 = e^{-x/\lambda_{me}} \tag{2.15}$$

Stößt dagegen 1 Elektron, z. B. auf 1 cm, z_0-mal mit Molekülen nacheinander zusammen, gibt Gl. (2.15) also die Anzahl z der freien Weglängen aus der Gesamtzahl z_0 an, die gleich oder größer als die Strecke x sind. Der Aufprall des Elektrons wirkt ionisierend, wenn seine kinetische Energie $W_{kin} \geq Q_e\, E\, x_i = W_i$ ist, wobei $x_i = U_i / E$ diejenige Strecke ist, die vom Elektron mit der Ladung Q_e bei der Feldstärke E durchflogen werden muß, um die Ionisierungsenergie $W_i = Q_e\, U_i$ zu erreichen. Ereignen sich auf der festgelegten Strecke z_0 Zusammenstöße, so ist die Anzahl der *ionisierenden* Zusammenstöße, also der *Ionisierungskoeffizient*

$$\alpha = z_0\, e^{-x_i/\lambda_{me}} = \frac{1}{\lambda_{me}}\, e^{-x_i/\lambda_{me}} \tag{2.16}$$

Nach Gl. (2.13) kann in Gl. (2.16) der Kehrwert $1 / \lambda_{me} = A'p / T$ und $x_i\, A'p / T =$

$A'U_i\ p\,/\,(T\ E) = B'p\,/\,(T\ E)$ gesetzt werden, wenn man $A'U_i = B'$ zusammenfaßt. A' und B' sind hierbei experimentell zu bestimmende Konstanten des betreffenden Gases. Hiermit gilt dann für den Ionisierungskoeffizienten

$$\alpha = \frac{A'p}{T}\, e^{-B'p/(T\,E)} \tag{2.17}$$

Gasförmige Isoliermittel werden meist bei elektrischen Anlagen verwendet, bei denen die Betriebstemperaturen in der Nähe der Normaltemperatur $T_0 = 293$ K liegen. Dagegen kann der Betriebsdruck u. U. ein Vielfaches des Normaldrucks $p_0 = 1,013$ bar betragen. Aus diesem Grunde ist es zweckmäßig, die Temperatur T in die G a s - k o n s t a n t e n

$$A = A'/T \quad \text{und} \quad B = B'/T \tag{2.18}$$

einzubeziehen, so daß sich mit Gl. (2.17) und Gl. (2.18) der auf den Druck bezogene I o n i s i e r u n g s k o e f f i z i e n t

$$\alpha/p = A\, e^{-\frac{B}{E/p}} = f\,(E/p) \tag{2.19}$$

ergibt. In der Literatur [2], [12], [14], [47] findet man z.T. recht unterschiedliche Wertepaare für die Gaskonstanten A und B , die bei der Berechnung der Durchschlagspannung nach Gl.(2.29) aber alle etwa zum gleichen Ergebnis führen. In Tafel 2 . 8 sind für $T = T_0 = 293$ K die Konstanten A und B einiger Gase angegeben. Da in Gl.(2.29) diese Gaskonstanten enthalten sind, lassen sie sich in recht einfacher Weise aus zwei Durchschlagversuchen mit z.B. zwei unterschiedlichen Schlagweiten s bei gleichem Druck p ermitteln (s. Abschn. 2.4.1).

T a f e l 2.8 Konstanten A und B einiger Gase bei Normaltemperatur $T_0 = 293$K

Gasart	A in $(\text{bar mm})^{-1}$	B in kV / (bar mm)	gültig für E / p in kV / (bar mm)
Luft	645,0	19,0	3 bis 14
H_2	375,0	9,8	11 bis 30
N_2	945,0	25,6	11 bis 45
CO_2	1500,0	35,0	37 bis 75

In Bild 2.9 ist der Kurvenverlauf von Gl. (2.19) für Luft und Stickstoff N_2 dargestellt (Kurven 1 und 2). Mitunter ist es vorteilhaft, den exponentiellen Kurvenverlauf durch die Parabelfunktion

$$\alpha/p = a\,[E/p - (E/p)_0]^2 \tag{2.20}$$

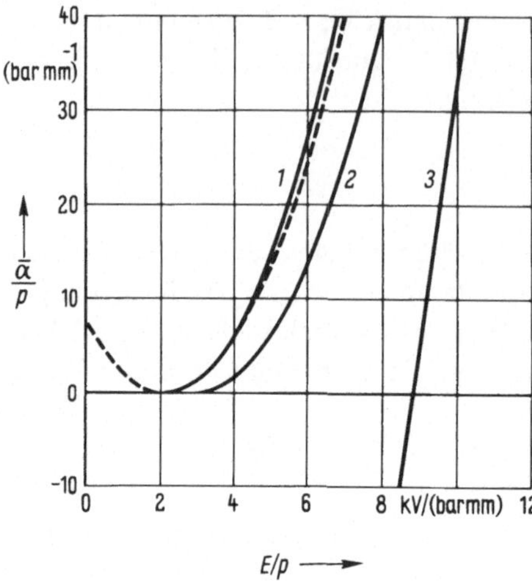

2.9
Wirksamer bezogener Ionisierungskoeffizient $\overline{\alpha}$ / p verschiedener Gase abhängig vom Verhältnis der Feldstärke E zum Druck p
1 Luft, 2 N_2, 3 SF_6, (– – – –) Näherung nach Gl. (2.20)

mit den Konstanten a und $(E / p)_0$ näherungsweise zu ersetzen, wodurch die echte Funktion nach G1.(2.19) in dem für den Gasdurchschlag interessierenden Bereich $E / p \geq (E / p)_0$ hinreichend genau nachgebildet wird (Bild 2.9). Für Luft bei $T_0 = 293$ K ist a = 1,65 bar mm / kV^2 und $(E / p)_0 = 2{,}13$ kV / (bar mm).

Gl.(2.19) und Gl.(2.20) setzen voraus, daß alle bei der Ionisierung freigesetzten Elektronen frei bleiben und sich an der weiteren Stoßionisation des Gases beteiligen. Es gehen also keine Elektronen durch Anlagerung an Gasmoleküle dem Ionisierungssprozeß verloren. Gase die keine Elektronenaffinität aufweisen, werden als elektropositiv bezeichnet. Es sind dies z.B. alle Edelgase, Wasserstoff N_2 und Stickstoff N_2. Demgegenüber können die Moleküle elektronegativer Gase, z. B. Sauerstoff O_2 insbesondere aber die Halogenverbindungen wie das technisch bedeutsame Schwergas Schwefelhexafluorid SF_6, Elektronen einfangen und träge negative Ionen bilden. Luft wird trotz der elektronegativen Eigenschaft des anteiligen Sauerstoffs noch den elektropositiven Gasen zugeordnet.

Jedes Atom ist bestrebt, die äußere Schale seiner Elektronenhülle auf acht Elektronen auf- oder abzurunden. Die Elektronenaffinität eines Stoffes ist deshalb umso größer, je mehr sich die Besetzung der äußeren Elektronenschale diesem Idealzustand nach oben hin nähert. Die Bindung an den positiven Atomkern ist außerdem umso intensiver, je näher die äußere Elektronenschale am Atomkern liegt. Folglich weisen im Periodensystem der Elemente insbesondere jene der 7. Gruppe und dort die mit den geringsten Ladungszahlen die größte Elektronenaffinität auf. Es sind dies Fluor F und Chlor Cl. Bei den Elementen der 6. Gruppe, hier findet man Sauerstoff O und Schwefel S, ist die Elektronenaffinität schon wesentlich geringer. Sie wird noch kleiner bei aus diesen Elementen gebildeten Molekülen, so daß z. B. SF_6 nur noch rd. die Hälfte der Elektronenaffinität von Fluor und O_2 rd. ein Drittel der Affinität vom einatomigen Sauerstoff O aufweist.

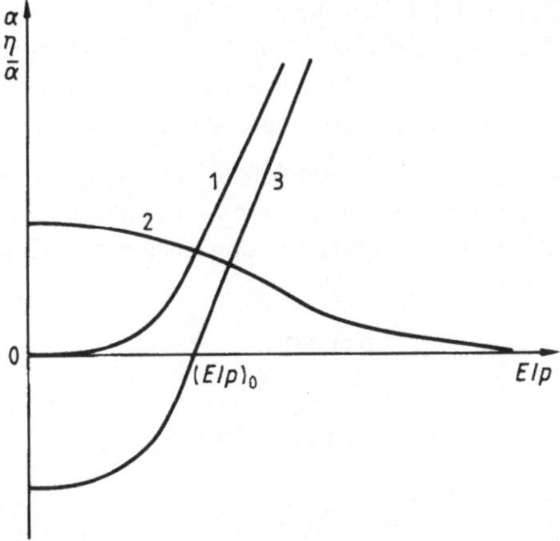

2.10
Ionisierungskoeffizient α (Kurve 1), Anlagerungskoeffizient η (Kurve 2) und wirksamer Ionisierungskoeffizient $\bar{\alpha}$ (Kurve 3)

Wegen der geringen Beweglichkeit der negativ geladenen Gasmoleküle und der damit verbundenen geringen kinetischen Energie gehen die angelagerten Elektronen dem weiteren Ionisierungsprozeß verloren. Dies wird durch den Anlagerungskoeffizienten η berücksichtigt, der nach Bild 2.10 mit zunehmendem Verhältnis E/p kleiner wird. Er gibt an, wieviel Elektronen auf einer bestimmten Länge, z. B. 1 cm, von neutralen Molekülen eingefangen werden und muß folglich vom Ionisierungskoeffizienten α abgezogen werden. Es ist dann der wirksame Ionisierungskoeffizient

$$\bar{\alpha} = \alpha - \eta = A\, p\, e^{-\frac{B}{E/p}} - \eta\,(E/p) \tag{2.21}$$

Durch die Verschiebung der Exponentialfunktion des Ionisierungskoeffizienten α zu negativen Werten hin, verbleibt nach Bild 2.10 (Kurve 3) im interessierenden Bereich ein nahezu geradlinig verlaufender Kurventeil. Der wirksame Ionisierungskoeffizient stark elektronegativer Gase kann deshalb durch die lineare Gleichung

$$\bar{\alpha}/p = (\alpha - \eta)/p = k_i\,[(E/p) - (E/p)_0] \tag{2.22}$$

dargestellt werden. In Tafel 2.11 sind Beiwerte k_i und $(E/p)_0$ für einige Gase angegeben. Bild 2.9 zeigt den Kurvenverlauf für SF_6 (Kurve 3).

Tafel 2.11 Beiwerte k_i und $(E/p)_0$ stark elektronegativer Gase bei $T_0 = 293$ K

Gasart	SF_6	$CBrClF_2$	$C_2Cl_3F_3$
k_i in kV^{-1}	27,70	13,94	17,10
$(E/p)_0$ in kV/(bar mm)	8,84	13,11	18,45

Beispiel 2.3. Die Durchschlagfeldstärke von Luft wird bei dem Druck p = 1,013 bar und der Temperatur ϑ = 20 °C für Plattenelektroden mit E_d = 30 kV / cm angenommen. Wie oft stößt ein Elektron auf 1 cm mit Molekülen zusammen, und wie groß ist der Ionisierungskoeffizient α, wenn die Ionisierungsenergie W_i = 12,5 eV beträgt?

Nach Gl. (2.9) ist die Anzahl der Zusammenstöße $z_0 = 1/\lambda_{me} = 1/(0{,}57\ \mu m) = 17544\ cm^{-1}$. Mit den Konstanten $A = 645\ (bar\ mm)^{-1}$ und $B = 19{,}0\ kV/(bar\ mm)$ nach Tafel 2.8 beträgt der Anteil der ionisierenden Zusammenstöße

$$\alpha = p\,A \exp\left(-\frac{B}{E/p}\right)$$

$$= 1{,}013\ bar \cdot 645\ (bar\ mm)^{-1} \exp\left(-\frac{1{,}013\ bar \cdot 19{,}0\ kV/(bar\ mm)}{3{,}0\ kV/mm}\right)$$

$$= 10{,}7\ cm^{-1}$$

Obgleich nur $10{,}7\ cm^{-1}/(17544\ cm^{-1}) = 0{,}061\%$ aller Zusammenstöße eines Elektrons ionisieren, wird ein Gasdurchschlag eintreten!

2.3.3 Elektronenlawine

Beträgt an der Stelle x in Bild 2.12 die Anzahl der freien Elektronen n, so wird durch Ionisierung längs des Weges dx mit dem Ionisierungskoeffizienten α ein Elektronenzuwachs $dn = n\,\alpha\,dx$ erreicht. Mit der Anzahl n_0 der von der Kathode (x = 0) gestarteten Anfangselektronen folgt durch die Integration

$$\int_{n_0}^{n} \frac{dn}{n} = \int_0^x \alpha\,dx$$

das Gesetz für die E l e k t r o n e n l a w i n e

$$\frac{n}{n_0} = \exp \int_0^x \alpha\,dx \qquad (2.23)$$

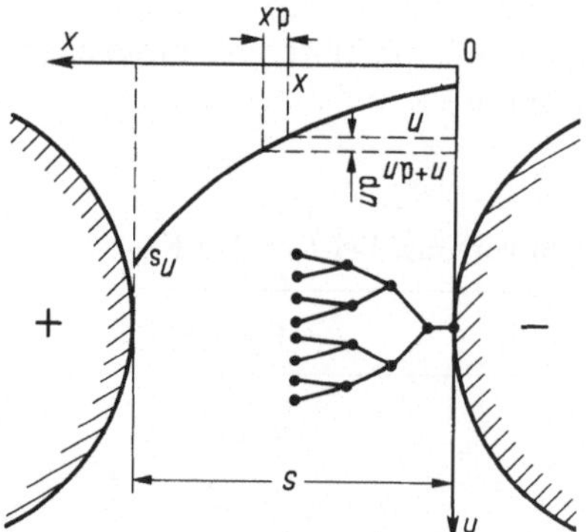

2.12 Elektronenlawine

Im homogenen Feld ist die elektrische Feldstärke E und somit nach Gl. (2.19) auch der Ionisierungskoeffizient α konstant, so daß die Anzahl der an der Anode ($x = s$) eintreffenden Elektronen

$$n_s = n_0 \, e^{\alpha s} \tag{2.24}$$

beträgt, wenn s der Elektrodenabstand (Schlagweite) ist.

Beispiel 2.4. Wie groß ist bei Plattenelektroden mit dem Plattenabstand $s = 1$ cm die an der Anode eintreffende Anzahl der Elektronen, wenn von der Kathode nur ein Elektron ($n_0 = 1$) ausgeht und nach Beispiel 2.3 der Ionisierungskoeffizient $\alpha = 10{,}7 \text{ cm}^{-1}$ beträgt?

Nach Gl. (2.24) ist die Anzahl der an der Anode eintreffenden Elektronen

$$n_s = n_0 \, e^{\alpha s} = 1{,}0 \cdot e^{10{,}7 \text{ cm}^{-1} \cdot 1{,}0 \text{ cm}} = 44356$$

obgleich jedes einzelne durch Ionisation entstandene Elektron nur 11 mal je cm ionisiert!

2.3.4 Rückwirkungskoeffizient

Die durch Stoßionisation entstandene Elektronenlawine hinterläßt positiv geladene Gasmoleküle (Ionen), die zur Kathode wandern. Da ihre mittlere freie Weglänge λ_{mi} etwa nur ein Viertel so groß ist wie die der Elektronen (s. Abschn. 2.3.1), haben die Ionen an der Stoßionisierung praktisch keinen Anteil. Sie sind jedoch in der Lage, neue Anfangselektronen (Folgeelektronen) aus der Metalloberfläche herauszuschlagen.

Um ein Elektron freizusetzen, mußte dem Gasmolekül die Ionisierungsenergie W_i zugeführt werden, die es als elektromagnetische Strahlung bei der Rekombination wieder abgibt. Die Neutralisierung des Ions an der Elektrodenoberfläche erfordert das Herauslösen eines Elektrons, wozu jedoch die Austrittsarbeit W_a aufgebracht werden muß. Somit verbleibt als abgestrahlte Energie die Differenz $\Delta W = W_i - W_a$. Außerdem besitzt das Ion noch die kinetische Energie W_{kin}, die von der mittleren freien Weglänge λ_{mi} und somit vom Gasdruck p wie auch von der Feldstärke E abhängt. Für die Freisetzung eines Sekundärelektrons steht also die Energiesumme $\Delta W + W_{kin} = W_i - W_a + W_{kin} \geq W_a$ zur Verfügung, die mindestens gleich der Austrittsarbeit W_a sein muß. Hieraus folgt die Bedingung für das Herauslösen von Sekundärelektronen aus der Elektrodenoberfläche

$$W_i + W_{kin} \geq 2 \, W_a \tag{2.25}$$

Mit dem Rückwirkungskoeffizienten γ (auch 2. Townsendscher Ionisierungskoeffizient genannt) bezeichnet man die Anzahl der Folgeelektronen, die von einem Ion aus der Elektrodenoberfläche herausgeschlagen werden. Die Elektronenausbeute hängt von verschiedenen Einflußgrößen – insbesondere vom Gasdruck p und der Schlagweite s – ab, und die Werte liegen im Bereich $\gamma = 10^{-2}$ bis 10^{-8}. Trotz dieser sehr großen Schwankungsbreite kann bei der Berechnung der Durchschlagspannung (s. Abschn. 2.4.1) der Ionisierungskoeffizient hinreichend genau als konstanter Wert eingesetzt werden.

Bei atmosphärischen Verhältnissen und Schlagweiten von einigen cm (Weitdurchschlagsbereich) kann für Luft mit $\gamma \approx 2 \cdot 10^{-6}$ und für SF_6 mit $\gamma \approx 10^{-7}$ gerechnet werden. Für den Nahdurchschlagsbereich (s. Abschn. 2.4.1) gelten die Werte nach Tafel 2.13 .

Tafel 2.13 Rückwirkungskoeffizient γ für verschiedene Gase und Kathodenwerkstoffe (Nahdurchschlagsbereich) [47]

	H_2	N_2	Luft
Aluminium	0,100	0,100	0,035
Kupfer	0,050	0,065	0,025
Eisen	0,060	0,060	0,020

Für Normaldruck p_0 = 1,013 bar und bei Feldstärken E im Bereich der Durchschlagfeldstärken Ed ist $W_{kin} \ll W_i$, so daß Gl.(2.25) angenähert die Form $W_i \geq 2\ W_a$ annimmt. Dies erklärt, daß der Ionisierungskoeffizient γ im allgemeinen nur wenig von der Feldstärke abhängt, deren Einfluß nur über die kinetische Energie möglich ist. Da nach Abschn. 2.2 die Ionisierungsenergie W_i etwa das Vierfache der Austrittsarbeit W_a ausmacht, ist die kinetische Energie für die Erzeugung von Sekundärelektronen nicht zwingend erforderlich.

2.4 Durchschlag im homogenen Feld

2.4.1 Generationsmechanismus

Eine von äußeren Einflüssen freie und somit selbständige Gasentladung liegt vor, wenn die Anzahl der durch die Ionen einer Lawine rückwirkend erzeugten Folgeelektronen mindestens genau so groß ist wie die der vorher vorhandenen. Ist sie kleiner, klingt die Lawinenbildung ab; ist sie dagegen größer, so werden die folgenden Elektronenlawinen immer intensiver, bis daraus schließlich im homogenen und schwach inhomogenen Feld der elektrische Durchschlag entsteht. Diesen Vorgang, bei dem der Durchschlag aus der Folge mehrerer Generationenen sich ständig verstärkender Elektronenlawinen entsteht, bezeichnet man als Generationsmechanismus. In stark inhomogenen Feldern ist dies der Beginn der Koronaentladung.

Mit der Anzahl der aus der Elektronenlawine sich ergebenden Ionen n_i und der Anzahl der an der Anode eintreffenden Elektronen n_s ist mit dem Rückwirkungskoeffizienten γ im Gleichgewichtszustand die Anzahl der Folgeelektronen $n_0 = \gamma\, n_i = \gamma\,(n_s - n_0)$. Hierbei wird angenommen, daß kein durch Stoßionisation frei gewordenes Elektron durch Rekombination oder Anlagerung an neutrale Gasmoleküle dem Prozeß verlorengeht. Mit dem Ionisierungskoeffizienten α und der Schlagweite s folgt aus Gl. (2.23) die Gleichgewichtsbedingung (auch Townsendsche Zündbedingung genannt)

$$\gamma \left(\exp\left(\int_0^s \alpha \, dx \right) - 1 \right) = 1 \tag{2.26}$$

oder

$$\int_0^s \alpha \, dx = \ln(1 + 1/\gamma) = K \tag{2.27}$$

Nach Gl. (2.27) ist der Einsatz der selbständigen Gasentladung allgemein dadurch gekennzeichnet, daß das Integral des Ionisierungskoeffizienten α über der Schlagweite s einen bestimmten kritischen Wert K erreicht. Hierbei ist es gleichgültig, durch welche Sekundärmechanismen rückwirkend Elektronen erzeugt werden.

Im homogenen Feld ist die elektrische Feldstärke E und somit auch der Ionisierungskoeffizient α überall gleich, so daß die Gleichgewichtsbedingung nach Gl. (2.27) die einfache Form $\alpha\, s = K$ annimmt. Bei elektropositiven Gasen ist die Durchschlagfeldstärke E_d dann erreicht, wenn der Ionisierungskoeffizient α nach Gl. (2.19) gerade die Gleichgewichtsbedingung erfüllt. Es ist dann

$$\alpha = K / s = A\, p\, e^{-\frac{B}{E_d/p}} \tag{2.28}$$

Hieraus findet man mit der Durchschlagspannung $U_d = E_d\, s$, der Schlagweite s, dem Gasdruck p sowie den Konstanten A und B nach Tafel 2.8 die für Normaltemperatur $T_0 = 293$ K geltende Durchschlagspannung im homogenen Feld

$$U_d = \frac{B\, p\, s}{\ln(A\, p\, s / K)} = f(p\, s) \tag{2.29}$$

Dieses nach seinem Entdecker benannte Paschen-Gesetz weist nach Bild 2.14 aus, daß die Durchschlagspannung ausschließlich vom Produkt p s abhängt. Mit $e = 2{,}718$ als Basis des natürlichen Logarithmus liegt bei $(p\, s)_{min} = e\, K / A$ das Minimum der Durchschlagspannung $U_{d\,min} = B\, e\, K / A = B\, (p\, s)_{min}$ vor . Bei Spannungen unterhalb $U_{d\,min}$, in Luft z. B. unter 300 V (s. Beispiel 2.5), ist kein Gasdurchschlag möglich. Durchschläge bei $(p\, s) > (p\, s)_{min}$ werden als Weitdurchschläge, bei $(p\, s) < (p\, s)_{min}$ als Nahdurchschläge bezeichnet.

Nach Abschn. 2.3.4 kann im Weitdurchschlagbereich für Luft mit dem Rückwirkungskoeffizienten $\gamma \approx 2 \cdot 10^{-6}$ und für SF_6 mit $\gamma \approx 10^{-7}$ gerechnet werden. Aus Gl. (2.27) ergeben sich hierfür die Werte für Luft $K \approx 13$ und für SF_6 $K \approx 16$. Ist der Rückwirkungskoeffizient nicht genau bekannt, kann in den meisten Fällen hinreichend genau mit $K = 15$ gerechnet werden. Im Nahdurchschlagbereich gelten mit den Rückwirkungskoeffizienten γ nach Tafel 2.13 die Werte $K = \ln(1 + 1/\gamma)$. Der Übergang vom Weit- zum Nahdurchschlagbereich ist natürlich fließend und darf nur als grobe Abgrenzung verstanden werden.

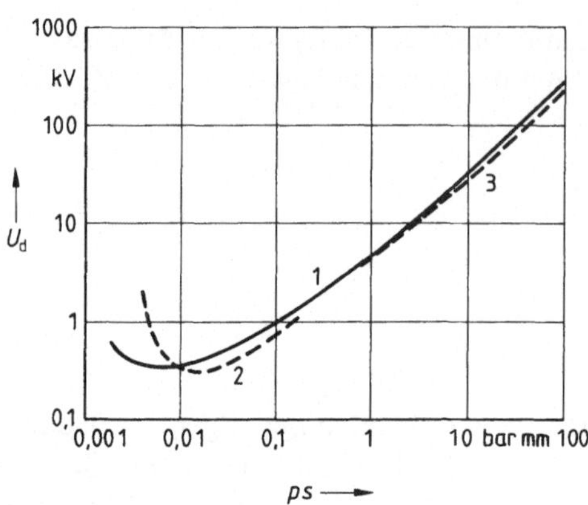

2.14
Durchschlagsspannung U_d von Luft (20 °C) im homogenen Feld abhängig vom Produkt aus Druck p und Schlagweite s
1 experimentell ermittelte P a s c h e n - Kurve [2]
2 berechnet mit $\gamma = 0{,}025$ nach Tafel 2.13
3 berechnet mit K = 13

Beispiel 2.5. Wie groß ist die Durchschlagspannung bei Plattenelektroden aus Kupfer (Rogowski-Profil) mit dem Plattenabstand s = 1,0 cm, dem Luftdruck p = 1,013 bar und der Temperatur ϑ = 20 °C, und welchen Wert hat die Durchschlagspannung im Minimum der Paschenkurve?

Mit den Konstanten aus Tafel 2.8 $A = 645{,}0\,(\text{bar mm})^{-1}$, $B = 19{,}0\,\text{kV}/(\text{bar mm})$ und K = 13 findet man mit Gl. (2.29) die Durchschlagspannung

$$U_d = \frac{B\,p\,s}{\ln(A\,p\,s/K)} = \frac{19{,}0\,(\text{kV}/\text{bar mm})\cdot 1{,}013\,\text{bar}\cdot 10{,}0\,\text{mm}}{\ln[645{,}0\,(\text{bar mm})^{-1}\cdot 1{,}013\,\text{bar}\cdot 10{,}0\,\text{mm}/13]}$$
$$= 30{,}94\,\text{kV} \approx 31\,\text{kV}$$

Für den Nahdurchschlag wird mit dem Rückwirkungskoeffizienten $\gamma = 0{,}025$ aus Tafel 2.13 und nach Gl. (2.27) mit $K = \ln(1 + 1/\gamma) = \ln(1 + 1/0{,}025) = 3{,}714$ gerechnet. Es ist dann

$$(p\,s)_{min} = e\,K/A = 2{,}718\cdot 3{,}714/[645{,}0\,(\text{bar mm})^{-1}] = 0{,}01565\,\text{bar mm}\,.$$

Dies entspricht bei p = 1,013 bar der technisch unbedeutenden Schlagweite s = 15,45 µm oder bei s = 1,0 cm dem Unterdruck p = 1,565 mbar!

Die zugehörige minimale Durchschlagspannung beträgt

$$U_{d\,min} = B\,(p\,s)_{min} = 19{,}0\,(\text{kV}/\text{bar mm})\cdot 0{,}01565\,\text{bar mm} = 297{,}4\,\text{V}$$

Wird anstelle von G1. (2.19) die Näherungsgleichung (2.20) in die Gleichgewichtsbedingung $\alpha\,s = K$ eingesetzt, so ist die Durchschlagfeldstärke erreicht, wenn für den Ionisierungskoeffizienten

$$\alpha = K/s = a\,p\,[(E_d/p) - (E/p)_0]^2 \tag{2.30}$$

erfüllt ist. Hieraus folgt für die D u r c h s c h l a g f e l d s t ä r k e

$$E_d = p\left(\frac{E}{p}\right)_0 + \frac{\sqrt{p\,K/a}}{\sqrt{s}} = C_1 + \frac{C_2}{\sqrt{s}} \tag{2.31}$$

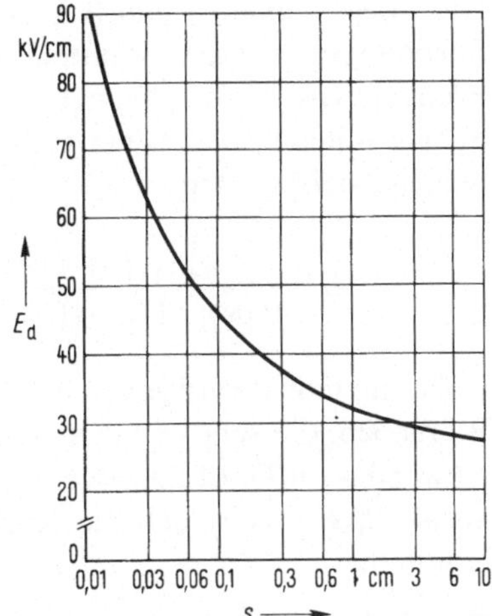

2.15
Elektrische Durchschlagfeldstärke E_d in Luft im homogenen Feld bei Normalbedingungen ($p_0 = 1{,}013$ bar, $\vartheta = 20$ °C) abhängig von der Schlagweite s

Für Schlagweiten s bis zu einigen cm, Druck $p = 1{,}013$ bar und Temperatur $\vartheta = 20$ °C kann für Luft mit den Konstanten $C_1 = 24{,}36\ \mathrm{kV/cm}$ und $C_2 = 6{,}72\ \mathrm{kV/cm^{1/2}}$ gerechnet werden. In Bild 2.15 ist diese Abhängigkeit dargestellt.

Mit $U_d = E_d s$ erhält man aus Gl. (2.31) mit den Koeffizienten b und c die Näherungsgleichung für die Durchschlagspannung

$$U_d = \left(\frac{E}{p}\right)_0 p\,s + \sqrt{\frac{K}{a}} \cdot \sqrt{p\,s} = b\,p\,s + c\,\sqrt{p\,s} = f\,(p\,s) \qquad (2.32)$$

Für p s = 0 findet man hieraus die Durchschlagspannung $U_d = 0$, was nach der Paschenkurve nicht zutrifft. Gl.(2.32) ist also ausschließlich für technisch bedeutsame Produkte p s anzuwenden. In Tafel 2.16 sind die Koeffizienten für einige Gase angegeben, die aus den Koeffizienten A und B nach Tafel 2.8 ermittelt wurden. Im doppelt logarithmischen Maßstab ergeben sich die Durchschlagspannungen $U_d = f\,(p\,s)$ in Bild 2.17 sowohl nach Gl. (2.29) wie auch nach Gl. (2.32) als Geraden.

Tafel 2.16 Konstanten b und c einiger Gase bei Normaltemperatur $T_0 = 293$ K

Gasart	b in kV / (bar mm))	c in kV / (bar mm)$^{1/2}$
Luft	1,85	3,87
H_2	1,01	2,42
N_2	2,44	4,85
CO_2	3,21	5,88
SF_6	8,80	0,27

Die Koeffizienten A und B nach Tafel 2.8 lassen sich in einfacher Weise aus zwei Spannungsmessungen ermitteln. Sind die Durchschlagspannungen U_{d1} und U_{d2} für die Produkte $(ps)_1$ und $(ps)_2$ bekannt, z. B. bei Verwendung von zwei verschiedenen Schlagweiten s_1 und s_2 bei gleichem Gasdruck p, so findet man aus Gl. (2.29) die beiden Koeffizienten

$$B = \frac{\ln[(ps)_1 / (ps)_2]}{[(ps)_1 / U_{d1}] - [(ps)_2 / U_{d2}]} \quad \text{und} \quad A = \frac{K}{(ps)_1} \exp\left[\frac{B\,(ps)_1}{U_{d1}}\right]$$

wobei sinnvoll K = 15 gewählt wird. Hierbei können sich allerdings Wertepaare A und B ergeben, die sehr von denen nach Tafel 2.8 abweichen können und dennoch bei Anwendung in Gl.(2.29) etwa zu gleichen Durchschlagspannungen führen. In gleicher Weise lassen sich auch die Koeffizienten b und c für Gl.(2.32) bzw. Tafel 2.16 ermitteln.

Bei stark elektronegativen Gasen ist die Durchschlagfeldstärke E_d erreicht, wenn der wirksame Ionisierungskoeffizient $\overline{\alpha}$ nach Gl. (2.22) gerade die Gleichgewichtsbedingung $\overline{\alpha}\ s = K$ erfüllt. Es ist dann

$$\overline{\alpha} = K / s = k_i\,[(E_d / p) - (E / p)_0]\,p \tag{2.33}$$

Hieraus findet man die Durchschlagfeldstärke

$$E_d = \left(\frac{E}{p}\right)_0 p + \frac{K}{k_i\,s} \tag{2.34}$$

und mit $U_d = E_d\,s$ die Durchschlagspannung

$$U_d = \left(\frac{E}{p}\right)_0 p\,s + \frac{K}{k_i} = f\,(p\,s) \tag{2.35}$$

Für Schwefelhexafluorid SF_6 darf hinreichend genau mit K = 14 gerechnet werden, so daß mit den Werten aus Tafel 2.11 $K / k_i = 14 / (27{,}7\ kV^{-1}) \approx 0{,}5\ kV$ gesetzt werden kann. Somit ist für SF_6 bei 20 °C die Durchschlagspannung

$$U_d = [8{,}84\ kV / (bar\ mm)]\ ps + 0{,}5\ kV \tag{2.36}$$

Diese lineare Funktion $U_d = f\,(p\,s)$ ergibt auch im doppelt logarithmischen Maßstab nach Bild 2.17 eine Gerade. Gl. (2.36) gilt für Produkte bis p s = 20 bar mm recht genau. Für größere Werte treten i. allg. Abweichungen zu kleineren Durchschlagspannungen auf. Prinzipiell trifft die Gesetzmäßigkeit der Paschenkurve nach Bild 2.14 auch für SF_6 zu. Auch hier tritt bei $(p\,s)_{min}$ = 350 Pa mm der Minimalwert der Durchschlagspannung U_{dmin} = 507 V auf [26]. Allerdings sind Abweichungen von der im Paschengesetz festgelegten Abhängigkeit $U_d = f\,(p\,s)$ bei SF_6 stärker zu beobachten als z. B. bei Luft. Insbesondere sind die Rauhigkeit der Elektrodenoberfläche, Konditionierungseffekte nach mehreren Durchschlägen und die Schlagweite entscheidende Einflußgrößen für die Gültigkeitsgrenzen des Paschengesetzes.

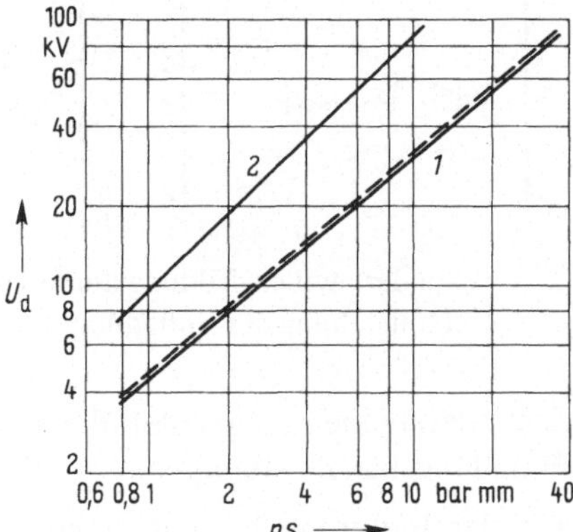

2.17
Durchschlagspannung von Luft (1) und SF_6 (2) abhängig vom Produkt aus Druck p und Schlagweite s (———) nach Gl. (2.32) bzw. (2.36), (– – – –) nach Gl. 2.29)

2.4.2 Streamermechanismus

Nach dem aus der Townsend-Theorie sich ergebenden Generationsmechanismus nach Abschn. 2.4.1 kann jedes freie Elektron von seiner jeweiligen Position aus eine Elektronenlawine in Gang setzen, so daß also mehrere Lawinen nebeneinander entstehen können. Hierbei bleibt die Frage unbeantwortet, wie letztlich der dünne Durchschlagkanal entsteht und wodurch es insbesondere bei großen Schlagweiten zu den verhältnismäßig kurzen Durchschlagverzugszeiten kommt (s.Abschn. 2.3.4), die sich mit der relativ geringen Driftgeschwindigkeit der positiv geladenen Gasmoleküle nicht erklären lassen. Es muß also noch ein anderer Entladungsmechanismus, der Streamermechanismus, wirksam werden.

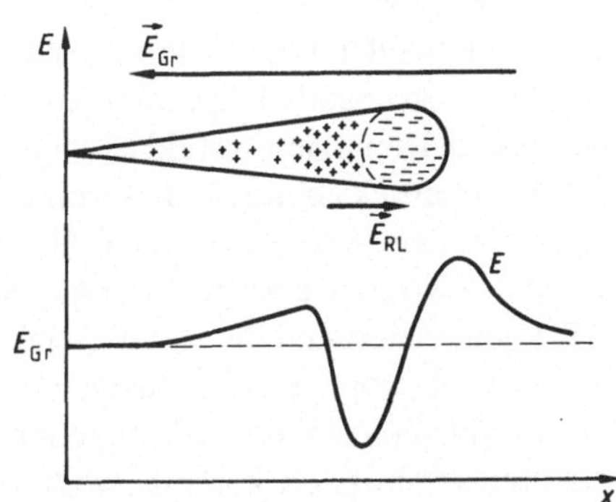

2.18
Elektrische Feldstärke E längs der Elektronenlawine mit Grundfeldstärke E_{Gr} und Raumladungsfeldstärke E_{RL}

Erreicht die Anzahl der Elektronen im Kopf der Lawine den kritischen Wert $n_{kr} \approx e^{18} \approx 10^8$, dann wird nach Bild 2.18 die Feldstärke vor dem Lawinenkopf so groß, daß als Folge von Anregungs- und Ionisierungsvorgängen von dort energiereiche elektromagnetische Strahlung ausgeht. Hierdurch werden nach Bild 2.19 vorgelagerte

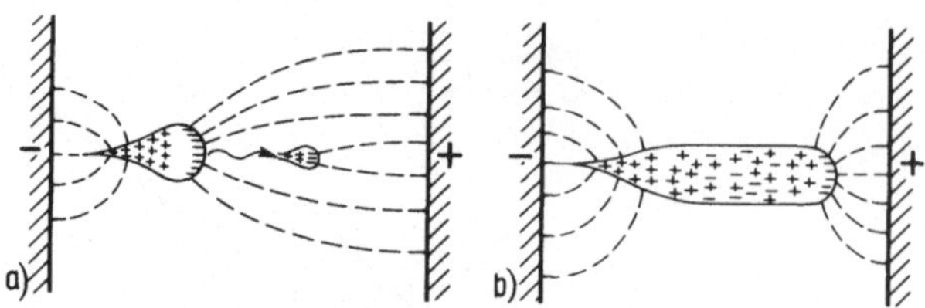

2.19 Sekundärlawinen-Bildung durch voreilendes Foton (a) und Entstehung des Entladungskanals (b)

Sekundärlawinen eingeleitet, die sich schließlich zu einem schnell vorwachsenden Entladungskanal vereinigen.

Mit der Elektronenbeweglichkeit $b_e \approx 500\ cm^2 / Vs$ (s.Abschn. 2.3.1) und der überschlägigen Durchschlagfeldstärke für Luft $E_d \approx 30\ kV/cm$ beträgt nach Gl. (2.14) die Driftgeschwindigkeit $v_{mi} = b_e E_d = [500\ (cm^2/Vs)] \cdot 30\ kV/cm = 15\ cm/\mu s$. Mit der Wegveränderlichen x und der Anzahl der Anfangselektronen $n_0 = 1$ (bei $x = 0$) ist die k r i t i s c h e E l e k t r o n e n v e r s t ä r k u n g

$$n_{kr} = n_0\, e^{(\alpha\, x_{kr})} \approx e^{18} \tag{2.37}$$

nach Gl.(2.24) also dann erreicht, wenn $(\alpha\, x_{kr}) = 18$ wird. Mit dem angenommenen Ionisierungskoeffizienten $\alpha = 12\ cm^{-1}$ ist dies jeweils nach der E n t w i c k l u n g s z e i t $t_{kr} = x_{kr} / v_{mi} = (\alpha\, x_{kr}) / (\alpha\, v_{mi}) = 18 / (12\ cm^{-1} \cdot 15\ cm/\mu s) = 0{,}1\ \mu s$ der Fall. Bei Schlagweiten $s > x_{kr}$ entsteht so eine schnell vorwachsende Kette aneinandergereihter Lawinen, deren in entgegengesetzter Richtung wandernden positiven und negativen Ladungsträger sich vermengen und einen schwachleitenden Vorentladungskanal, den S t r e a m e r, bilden (Kanalentladung). Die Entwicklungsgeschwindigkeit solcher Entladungskanäle hängt stark von der elektrischen Feldstärke ab und kann in Luft 10 cm / µs bis 100 cm / µs betragen.

Mit zunehmender Entwicklung der Lawine ensteht zwischen dem mit Elektronen gefüllten, also negativ geladenen Lawinenkopf und den positiven Ionen des Lawinenrumpfes ein Raumladungsfeld E_{RL}, das dem Grundfeld entgegengerichtet ist. Hierbei muß man berücksichtigen, daß sich der größte Teil der positiven Ionen wegen des exponentiellen Wachstums nach Gl. (2.24) unmittelbar hinter dem Lawinenkopf befindet. Zwischen beiden Ladungen wird deshalb nach Bild 2.18 das Grundfeld E_{Gr} z. T. kompensiert und die resultierende Feldstärke stark herabgesetzt. Nicht nur vor dem Lawinenkopf, sondern auch im hinteren Bereich des Lawinenrumpfes wird deshalb die Feldstärke stark angehoben, so daß es hier ebenfalls zur verstärkten Strahlungsemmission kommt, wodurch auch das Vorwachsen des Streamers zur Kathode hin bewirkt wird.

Da der mit Elektronen, positiven Ionen und Neutralteilchen gefüllte Streamer Umgebungstemperatur aufweist, spricht man auch von einer k a l t e n E n t l a d u n g. Der Spannungsgradient eines solchen relativ hochohmigen Entladungskanals beträgt etwa 4,5 kV / cm. Überbrückt der Streamer schließlich beide Elektroden, wird er in kurzer Zeit aufgeheizt und thermoionisiert. Es entsteht dann ein hochtemperierter, leitfähiger Plasmakanal, der L e a d e r genannt wird und einen Spannungsgradienten von etwa 1 kV / cm aufweist. Im homogenen Feld können mehrere Streamer nebeneinander bestehen, von denen sich allerdings nur einer schließlich zum Leader entwickeln kann.

Aus dem Kriterium für die Streamerentwicklung $(\alpha\, x_{kr}) \approx 18$ folgt, z. B. mit dem Ionisierungskoeffizienten $\alpha = 12\ \text{cm}^{-1}$, daß die Lawine die kritische Wegstrecke $x_{kr} \approx 18 / \alpha = 18 / (12\ \text{cm}^{-1}) = 1{,}5\ \text{cm}$ zurücklegt. Bei Normaldruck und Normaltemperatur ist in Luft mit Schlagweiten $s < 1$ cm vom Generationsmechanismus auszugehen. Der Durchschlag mit Schlagweiten von einigen cm erfolgt immer nach dem Streamermechanismus. Die Zündbedingung nach Gl.(2.27) ist für beide Mechanismen die gleiche.

Leader können aber bereits entstehen, bevor der Streamer die Gegenelektrode erreicht hat - vornehmlich bei großen Schlagweiten ($s > 1$ m) und großen Spannungssteilheiten, wie sie bei Stoßspannungen (s. Abschn. 5.3) auftreten können. Die s t a t i s c h e D u r c h s c h l a g s p a n n u n g, die z. B. mit langsam gesteigerter Gleichspannung ermittelt werden kann, wird hierbei so schnell und zunehmend überschritten, daß sich Elektronenlawinen, Streamer und Leader nahezu gleichzeitig entwickeln. In solchen Fällen wächst im Gefolge der Streamerentwicklung ein stielartiger Plasmakanal (Leader) mit gleichbleibender Vorwachsgeschwindigkeit von etwa $v = 100$ cm / µs von der Ausgangselektrode zur Gegenelektrode vor (d y n a m i s c h e r D u r c h - s c h l a g). Bei Spannungssteilheiten von einigen kV / µs kann es zu einem ruckartigen Vorwachsen des Leaders kommen (Ruckstufenmechanismus), weil der sprunghaft vorgetriebene Leaderstiel immer wieder einen weiteren Spannungsanstieg abwarten muß, bis erneut günstige Verhältnisse für seine Fortentwicklung vorliegen.

2.4.3 Entladeverzug

Die Entwicklung des Durchschlags bedarf natürlich einer gewissen Zeit, so daß bei sprunghaft angelegter Durchschlagspannung U_d der endgültige Zusammenbruch der Isolierstrecke erst nach der E n t l a d e v e r z u g s z e i t $t_v = t_s + t_a$ erfolgt, die sich aus der s t a t i s t i s c h e n S t r e u z e i t t_s und der A u f b a u z e i t t_a zusammensetzt.

Die S t r e u z e i t t_s berücksichtigt die Zufälligkeit, mit der Anfangselektronen zur Verfügung stehen und ist in Luft bei Schlagweiten $s > 1$ mm i. allg. sehr klein (etwa 10 bis 20 ns). Sie läßt sich z. B. durch UV-Bestrahlung der Kathode nahezu ganz ausschließen. In Schwefelhexafluorid SF_6 ist dagegen die Streuzeit wegen der starken Elektronegativität des Gases wesentlich größer und kann u. U. den Hauptteil der Verzugszeit t_v ausmachen.

Die A u f b a u z e i t t_a umfaßt die zeitliche Entwicklung von der ersten Elektronenlawine bis zum leitenden Durchschlagskanal und hängt von der Gestalt des Feldes, der

Schlagweite s, vom Gasdruck p sowie von der Höhe der Überspannung ab. Mit der Überspannung $\Delta U_{ü}$ wird die Spannung bezeichnet, die über die statische Durchschlagspannung hinausgeht. Die Aufbauzeit soll hier die Funkenaufbauzeit mit einschließen, die nach dem Überbrücken der Elektroden durch den Streamer für die Entwicklung des endgültigen Durchschlagskanals benötigt wird. Die Funkenaufbauzeit ist äußerst klein und für den Gesamtentladeverzug meist bedeutungslos. Die für das homogene Feld sich ergebenden sehr unterschiedlichen Aufbauzeiten nach Bild 2.20 lassen sich durch die verschiedenen Entladungsvorgänge erklären.

Wird bei kleinen Schlagweiten (etwa $s \leq 1$ cm) bei Normaldruck gerade die statische Durchschlagspannung ($\Delta U_{ü} = 0$) angelegt, so sind mehrere Generationen von Elektronenlawinen erforderlich (s. a. Beispiele 2.3 und 2.4) bis schließlich die Anzahl der Elektronen im Lawinenkopf $n_{kr} \approx e^{18}$ erreicht wird, bei der der Generationsmechanismus in den Streamermechanismus umschlägt und die Kanalentladung einleitet. In solchen Fällen ergibt sich die Aufbauzeit t_a hauptsächlich aus der Laufzeit der zur Kathode zurückflutenden positiven Ionen und kann Werte um 100 µs erreichen.

Mit wachsender Überspannung $\Delta U_{ü}$ verringert sich die Aufbauzeit t_a, weil sich mit zunehmender Feldstärke E die Ionisierungszahl α nach Gl.(2.19) exponentiell vergrößert, so daß immer weniger Elektronenlawinen bis zum Erreichen von $n_{kr} \approx e^{18}$ benötigt werden. Von einer bestimmten Überspannung an aufwärts wird die kritische Elektronenanzahl n_{kr} bereits von der ersten Lawine erreicht. Der Durchschlag erfolgt dann ausschließlich nach dem Streamermechanismus. Weil dann der zeitliche Einfluß der rückflutenden Ionen zur Erzeugung von Sekundärelektronen fortfällt, verringert sich die Aufbauzeit sprunghaft. Dieser sprunghafte Abfall der Aufbauzeit wird deshalb auch als *Ionensprung* bezeichnet. Nach Bild 2.20 ist hierbei von großer Bedeutung, ob die Durchschlagstrecke einer energiereichen Strahlung, z.B. von einer UV-Lampe oder einer benachbarten Funkenstrecke, ausgesetzt ist.

Bei großen Schlagweiten, z.B. $s \geq 2$ cm, kann nach G1.(2.14) auch bei statischer Durchschlagspannung in Luft die kritische Elektronenanzahl $n_{kr} \approx e^{18}$ schon von der ersten Lawine nach Durchlaufen der Strecke x_{kr} erreicht werden. Dies kann immer dann der Fall sein, wenn mit dem Ionisierungskoeffizienten α und mit $n_0 = 1$ die Schlagweite $s \geq x_{kr} = 18 / \alpha$ ist (s.a. Abschn. 2.4.2). Die Aufbauzeit t_a setzt sich hier mit der Driftgeschwindigkeit v_{mi} aus der Entwicklungszeit der Lawine $t_{kr} = x_{kr} / v_{mi}$ und der Zeit zusammen, mit der der nun vorwachsende Streamer die Reststrecke überwindet (s. Beispiel 2.6). Hierbei sind auch bei Schlagweiten von z.B. $s = 25$ cm Aufbauzeiten $t_a = 1$ µs möglich.

Übersteigt die angelegte Spannung die statische Durchschlagspannung, wird die Entwicklungszeit t_{kr} und somit die Aufbauzeit t_a verkleinert, weil sowohl der Ionisierungskoeffizient α nach Gl. (2.19) bzw. (2.22) als auch die Driftgeschwindigkeit v_{mi} nach G1.(2.14) vergrößert werden. Bei sehr hohen Überspannungen kann es auch unmittelbar zur Leaderentladung mit Vorwachsgeschwindigkeiten um 100 cm / µs kommen, so daß auch bei größeren Schlagweiten Aufbauzeiten $t_a = 0{,}1$ µs auftreten können.

Stark i n h o m o g e n e F e l d e r weisen im Vergleich zu homogenen Feldern größere Entladeverzugszeiten bis zu einigen ms auf.

Beispiel 2.6. Wie groß ist die Aufbauzeit t_a bei Plattenelektroden (Rogowski-Profil) mit dem Plattenabstand s = 2,0 cm, wenn sprunghaft eine Gleichspannung angelegt wird, die die Durchschlagspannung um 20% überschreitet? Das Isoliermittel ist Stickstoff mit dem Druck p = 0,665 bar und der Temperatur $T = T_0 = 395$ K.

Mit den Konstanten des Gases nach Tafel 2.8 $A = 945\ (\text{bar mm})^{-1}$ und B = 25,6 kV / (bar mm) sowie mit dem kritischen Wert K = 15 ist nach Gl. (2.29) die Durchschlagspannung $U_d = 50{,}58$ kV. Es ist dann die angelegte Spannung $U = 1{,}2\ U_d = 1{,}2 \cdot 50{,}58$ kV = 60, 7 kV. Mit der Schlagweite s = 2,0 cm beträgt die elektrische Feldstärke E = U / s = 30, 35 kV / cm und somit nach G1.(2.19) die Ionisierungszahl $\alpha = 23{,}0\ \text{cm}^{-1}$. Wird weiter nach Abschn. 2.3.1 die Elektronenbeweglichkeit mit $b = 500\ \text{cm}^2 / (\text{V s})$ angesetzt, erhält man die mittlere Wanderungsgeschwindigkeit der Elektronen

$$v_{mi} = b\,E = 500\,(\text{cm}^2 / \text{V s}) \cdot 30{,}35\ \text{kV / cm} = 15{,}18\ \text{cm} / \mu\text{s}$$

Es soll nun angenommen werden, daß ein Anfangselektron unmittelbar an der Oberfläche der negativen Elektrode bereitgestellt wird. Die kritische Anzahl der Elektronen im Lawinenkopf $n_{kr} = \exp(\alpha\, x_{kr}) \approx e^{18}$ wird erreicht nach der Zeit

$$t_{kr} = (\alpha\, x_{kr}) / (\alpha\, v_{mi}) = 18 / (23{,}0\ \text{cm}^{-1} \cdot 15{,}18\ \text{cm} / \mu\text{s}) = 0{,}0516\ \mu\text{s}$$

Hierbei ist die zurückgelegte Strecke

$$x_{kr} = t_{kr}\, v_{mi} = 0{,}0516\ \mu\text{s} \cdot 15{,}18\ \text{cm} / \mu\text{s} = 0{,}783\ \text{cm}$$

Die verbleibende Strecke $x_{str} = s - x_{kr} = 2{,}0\ \text{cm} - 0{,}783\ \text{cm} = 1{,}217$ cm soll mit der Streamer-Vorwachsgeschwindigkeit $v_{str} = 10$ cm / µs überbrückt werden. Hierfür wird folglich die Zeit

$$t_{Str} = x_{Str} / v_{Str} = 1{,}217\ \text{cm} / (10\ \text{cm} / \mu\text{s}) = 0{,}1217\ \mu\text{s}$$

benötigt. Somit beträgt dann die Aufbauzeit

$$t_a \approx t_{kr} + t_{Str} = 0{,}0516\ \mu\text{s} + 0{,}1217\ \mu\text{s} = 0{,}1733\ \mu\text{s} \approx 2 \cdot 10^{-7}\ \text{s}$$

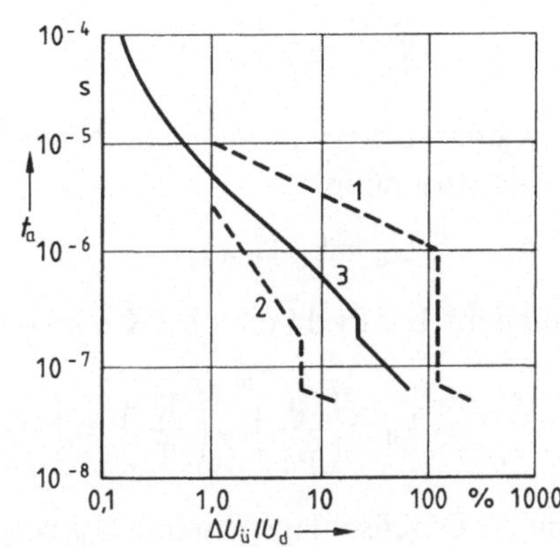

2.20
Aufbauzeit t_a abhängig vom Verhältnis der Überspannung $\Delta U_ü$ zur statischen Durchschlagspannung U_d
(– – – –) Luft, Schlagweite s = 10 mm, Druck p = 1,013 bar ohne (1) und mit (2) UV-Bestrahlung
(———) N2, s = 20 mm, p = 0,665 bar mit UV-Bestrahlung [14] (3)

Wenngleich diese Berechnung nur eine grobe Abschätzung darstellen kann, deckt sich die berechnete Aufbauzeit recht gut mit dem für 20% Überspannung in Bild 2.20 angegebenen Kurvenwert. Bei Verkleinerung der Überspannung wird schließlich ein Wert erreicht, bei dem die Streamerbildung erst mit der zweiten Elektronenlawine auftritt. Dies erklärt in Bild 2.20 den Sprung im Kurvenverlauf, der wegen der dann wirksam werdenden relativ großen Rücklaufzeit der positiven Ionen auch als Ionensprung bezeichnet wird.

2.4.4 Relative Gasdichte und Luftdichte-Korrekturfaktor

Die Dichte eines Gases $\rho \sim p / T$ ist dem Druck p direkt und der Temperatur T umgekehrt proportional. Wird die allgemeine Gasdichte ρ zur Bezugsdichte ρ_0 bei Normaltemperatur $T_0 = 293$ K und Normaldruck $p_0 = 1{,}013$ bar ins Verhältnis gesetzt, so gilt für die relative Gasdichte

$$\delta = \frac{\rho}{\rho_0} = \frac{p\,T_0}{p_0\,T} \tag{2.38}$$

die auch für die Durchschlagspannung U_d bedeutsam ist.

Das Paschen-Gesetz nach Gl. (2.29) gilt für beliebigen Druck p, aber konstante Temperatur T. Soll die Temperatur als zusätzliche Veränderliche eingeführt werden, sind unter Berücksichtigung von Gl. (2.18) die Konstanten $A = A' / T$ und $B = B' / T$ durch die neuen Konstanten A' und B' und die Temperatur T auszudrükken. Für das homogene elektrische Feld ergibt sich dann nach Gl. (2.29) die Durchschlagspannung

$$U_d = \frac{B'\,p\,s}{T \ln\left[A'\,p\,s / (TK)\right]} \tag{2.39}$$

Bei nur geringen Abweichungen vom Normaldruck p_0 und Normaltemperatur T_0 kann angenähert $\ln[A'\,p\,s/(TK)] \approx [\ln[A'\,p_0\,s/(T_0\,K)]$ gesetzt werden. Es entspricht dann das Verhältnis der Durchschlagspannung U_d nach Gl. (2.39) zur Durchschlagspannung U_{d0} bei Normalbedingungen

$$\frac{U_d}{U_{d0}} \approx \frac{p\,T_0}{p_0\,T} = \delta \tag{2.40}$$

etwa der relativen Gasdichte. Nach VDE 0432 wird deshalb die gemessene Durchschlagspannung

$$U_d = k_d\,U_{d0} \tag{2.41}$$

mit dem Luftdichte-Korrekturfaktor

$$k_d = \left(\frac{p}{p_0}\right)^m \cdot \left(\frac{T_0}{T}\right)^n = \left(\frac{p}{p_0}\right)^m \cdot \left(\frac{273\,\text{K} + \vartheta_0}{273\,\text{K} + \vartheta}\right)^n \tag{2.42}$$

auf die Durchschlagspannung U_{d0} bei Normalatmosphäre mit Druck $p_0 = 1{,}013$ bar und

Temperatur $T_0 = 293$ K bzw. $\vartheta_0 = 20$ °C umgerechnet. Gl. (2.41) gilt für homogene und schwach inhomogene Felder, bei denen die Luftfeuchte ohne Einfluß auf die Durchschlagspannung ist. Bei stark inhomogenen Feldern muß zusätzlich noch der Luftfeuchte-Korrekturfaktor k_h berücksichtigt werden (s. Abschn. 2.6.4).

Bei Funkenstrecken mit im wesentlichen homogenen Feld werden für alle Spannungsarten und Schlagweiten s die Exponenten m = n = 1 angenommen, so daß der Luftdichte-Korrekturfaktor $k_d = \delta$ ist.

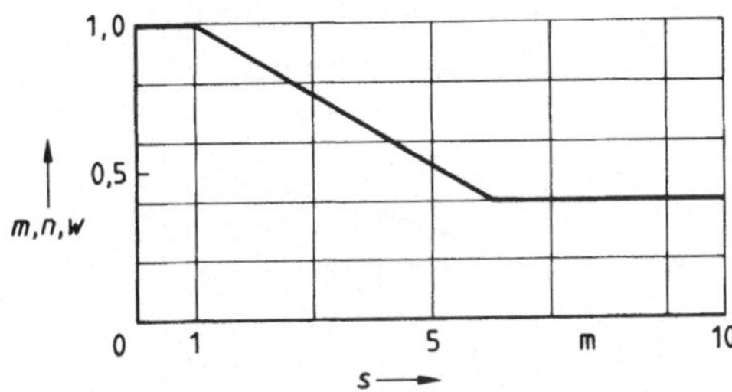

2.21
Exponenten m und n für den Luftdichte-Korrekturfaktor und w für den Feuchte-Korrekturfaktor anhängig von der Schlagweite s

Gl. (2.40) und Gl. (2.41) sind dann gleichwertig. Dies gilt auch für stark inhomogene Felder bei Gleich- und Blitzstoßspannung; bei Wechselspannung und Schaltstoßspannung dagegen ergeben sich die wertgleichen Exponenten m = n aus Bild 2.21, wobei für Schlagweiten $s \leq 1$ m auch hier mit m = n = 1 gerechnet wird. Wegen der bei der Aufstellung von Gl. (2.40) getroffenen Vereinfachung ist die Umrechnung mit der relativen Gasdichte δ etwa auf den Bereich $0{,}9 \leq \delta \leq 1{,}1$ beschränkt.

2.5 Technische Isoliergase

Unter den Isoliergasen nimmt die kostenfreie Luft die Sonderstellung ein (z. B. für Freileitungen, Sammelschienen). Daneben wird insbesondere als Druckgas der aus Luft leicht gewinnbare Stickstoff N_2 (z. B. bei Druckgaskabeln, Preßgaskondensatoren) verwendet. Elektrische Durchschlagfestigkeiten, die mit flüssigen oder festen Isolierstoffen vergleichbar sind, lassen sich bei diesen Gasen allerdings nur bei hohen Drücken (z. B. 10 bar) erreichen.

Die elektronegativen Gase, insbesondere die Halogenverbindungen, weisen im Vergleich zur Luft besonders hohe elektrische Festigkeiten auf. Hier hat vornehmlich das Schwefelhexafluorid SF_6 große technische Bedeutung erlangt. Gegenüber Luft weist es bei Normalbedingungen eine etwa zwei- bis dreifach höhere elektrische Festigkeit auf (s. Abschn. 2.4.1). SF_6 ist ein Schwergas mit einer rund fünfmal größeren Dichte als Luft; es ist chemisch sehr reaktionsträge, thermisch stabil und ungiftig. Diese Eigenschaften machen es als Isoliergas in gekapselten Schaltanlagen anstelle verdichteter Gase wie Luft oder Stickstoff besonders geeignet.

Aber auch als Löschmittel in Schaltgeräten zeigt es wegen seiner geringen Dissoziationsenergie (6,6 eV) und der hiermit verbundenen erhöhten Wärmeleitfähigkeit Vorteile. Allerdings wird SF_6 unter der Einwirkung des Lichtbogens zersetzt. Die hierbei auftretenden giftigen Zersetzungsprodukte können z. B. durch Aluminiumoxyd $Al_2 O_3$ leicht wieder gebunden werden.

Andere Halogenverbindungen weisen noch größere Durchschlagfestigkeiten auf, wie z. B. die Freone Bromchloridfluormethan $CBrClF_2$ und Trifluortrichlorethan $C_2Cl_3F_3$, bei denen nach Gl. (2.35) mit $(E/p)_0 = 131{,}1$ kV / (bar cm) bzw. $(E/p)_0 = 184{,}5$ kV / (bar cm) gerechnet werden darf (s.a. Tafel 2.11). Auch diese Gase sind chemisch und thermisch stabil, jedoch steigt ihre toxische Wirkung um so stärker, je mehr Fluor durch Chlor substituiert wird.

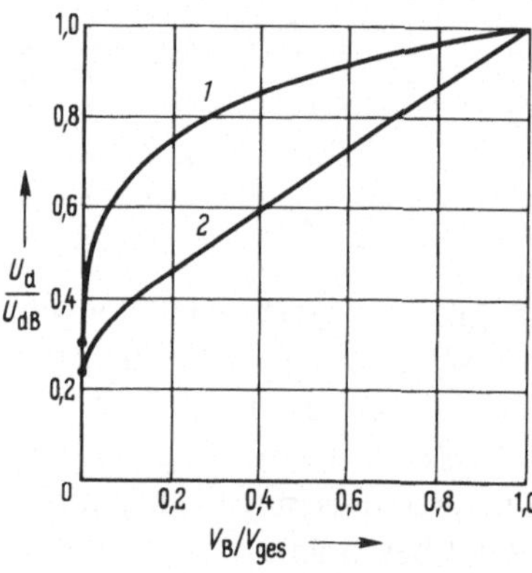

2.22
Verhältnis der Durchschlagspannung U_d des Gasgemisches zur Durchschlagspannung U_{dB} des beigemengten Schwergases abhängig vom Verhältnis des Volumenanteils V_B des beigemengten Gases zum Gesamtvolumen V_{ges}.
1 Gasgemisch N_2-SF_6,
2 Gasgemisch N_2-$CBrClF_2$

Da derartige Gase, vornehmlich das vielverwendete SF_6, recht teuer sind, wird auch der Einsatz von Gasgemischen, z. B. N_2-SF_6 oder N_2-Freon, in Betracht gezogen. Außerdem wird hierdurch die Verflüssigungstemperatur herabgesetzt, was für im Freien betriebene Anlagen von Bedeutung sein kann. Nach Bild 2.22 genügen relativ geringe Volumenanteile solcher stark elektronegativen Gase, um die Durchschlagfestigkeit des Mischgases im homogenen Feld gegenüber jener des reinen Stickstoffs beachtlich zu erhöhen

Bei inhomogenen elektrischen Feldern kann dagegen umgekehrt die Durchschlagwechselspannung wie auch die Durchschlagstoßspannung gegenüber reiner SF_6-Isolierung durch geringe Luftbeimengungen (z. B. 20%) bis um die Hälfte gesteigert werden.

2.6 Gasdurchschlag im inhomogenen Feld

Elektrodenanordnungen mit inhomogenen elektrischen Feldern gibt es in beliebiger Vielzahl. Ihre für den Gasdurchschlag charakteristischen Eigenschaften, wie die Abhängigkeit der Durchschlagspannung vom Krümmungsradius, das Auftreten von Vorentladungen mit Raumladungsbildung und der Polaritätseinfluß, lassen sich aber auch an einfachen Kugel- und Zylinderanordnungen studieren und auf ähnliche Anordnungen übertragen.

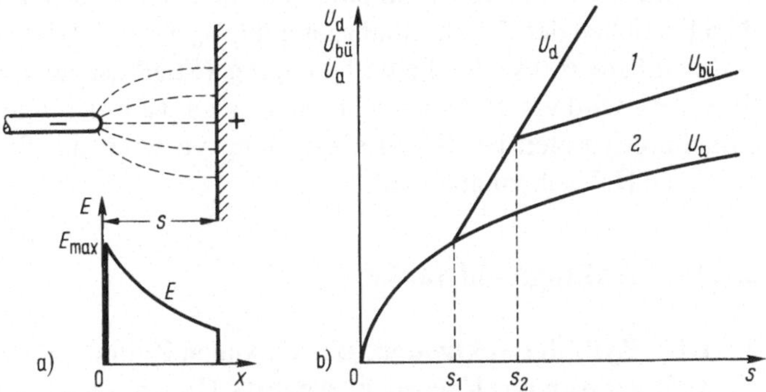

2.23 Spitze-Platte-Anordnung mit Feldstärkeverteilung (a) und Anfangspannung U_a, Büscheleinsetzspannung $U_{bü}$ und Durchschlagspannung U_d abhängig von der Schlagweite s (b). 1 Glimmen, 2 Stielbüschel

Anders als im homogenen Feld ist der Einsatz der selbständigen Gasentladung nach Gl. (2.27) nicht unbedingt gleichzusetzen mit dem Erreichen der Durchschlagspannung U_d. Bei der Spitze-Platte-Anordnung nach Bild 2.23 a, deren Stabende kugelig abgerundet sein soll, tritt die Höchstfeldstärke E_{max} an der Spitze auf. Erreicht sie einen bestimmten Wert, die Anfangsfeldstärke E_a, so kann es dort zu einer sichtbaren Vorentladung (auch Korona- oder Glimmentladung) kommen, ohne daß ein Durchschlag auftritt. Die zugehörige Spannung heißt Anfangsspannung U_a (auch Korona- oder Glimmeinsetzspannung). Der Ausnutzungsfaktor η nach Gl. (1.98) wird umso kleiner, d. h. die Inhomogenität des Feldes umso größer, je mehr die Schlagweite s anwächst. Andererseits kann bei kleinen Schlagweiten das Feld so schwach inhomogen sein, daß dann wieder die Durchschlaggesetze des homogenen Feldes gelten.

Allgemein gilt bei inhomogenen Feldern für die Anfangsspannung

$$U_a = E_a \, s \, \eta \tag{2.43}$$

In Bild 2.23 b ist das Durchschlagverhalten einer solchen Anordnung vereinfacht dargestellt. Bei Schlagweiten $s < s_1$ fällt die Durchschlagspannung $U_d = U_a$ mit der Anfangspannung zusammen. In solchen schwachinhomogenen Feldern mit Ausnutzungsfaktoren etwa im Bereich $0{,}2 < \eta < 1$ gelten die Durchschlagmechanismen wie im homogenen Feld, so daß sich die Durchschlagspannungen in ähnlicher Weise berechnen lassen. Bei koaxialen Zylindern entspricht der Ausnutzungsfaktor $\eta = 0{,}2$ etwa dem Radienverhältnis $r_2 / r_1 = 10$. Für Anordnungen mit

Ausnutzungsfaktoren $\eta > 0{,}8$ lassen sich die in Abschn. 2.4 für das homogene Feld abgeleiteten Gl. (2.29), (2.32) und (2.35) mit hinreichender Genauigkeit verwenden.

Bei *stark inhomogenen* Feldern ($s > s_1$) etwa mit Ausnutzungsfaktoren $\eta < 0{,}2$ tritt an der Spitze bei Spannungssteigerung zunächst eine geräuschlose, nur sehr schwach sichtbare Glimmentladung ein, aus der sich bei Schlagweiten $s > s_2$ vor dem Erreichen der Durchschlagspannung U_d eine plötzlich einsetzende, gut hörbare und sichtbare *Büschelentladung* (Stielbüschel) entwickelt. Die zugehörige Spannung wird als *Büscheleinsetzspannung* $U_{bü}$ bezeichnet. Büschelentladungen treten bei Wechselspannung vorwiegend, Stielbüschel immer in der positiven Halbschwingung auf.

2.6.1 Anfangsfeldstärke

2.6.1.1 Zylinderelektroden. Bei koaxialen Zylinderelektroden nach Bild 2.24 ist die Anfangsspannung U_a erreicht, wenn die Gleichgewichtsbedingung nach Gl. (2.27) erfüllt ist. Mit der Feldstärke $E = E_1\,(r_1 / r)$ nach Gl. (1.20) und dem Ionisierungskoeffizienten $\alpha = A\,p \exp(-B\,p / E)$ nach Gl. (2.19) gilt für das Integral

$$\int_{r=r_1}^{r_2} \alpha\,dr = \int_{r=r_1}^{r_2} A\,p\,e^{-\frac{B\,p}{E_1\,r_1}r}\,dr = \frac{A\,E_1\,r_1}{B}\left[e^{-\frac{B\,p}{E_1}} - e^{-\frac{B\,p}{E_1}\cdot\frac{r_2}{r_1}}\right] \tag{2.44}$$

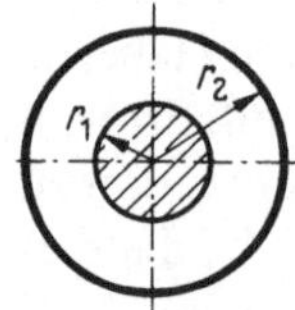

2.24
Koaxiale Zylinder

Nach Gl. (2.27) ist die Gleichgewichtsbedingung erfüllt, wenn Gl. (2.44) den kritischen Wert K annimmt. In diesem Fall erreicht die Randfeldstärke am Innenzylinder die Anfangsfeldstärke $E_a = E_1$, so daß Gl. (2.44) die Form

$$K = \frac{A\,E_a\,r_1}{B}\left[e^{-\frac{B\,p}{E_a}} - e^{-\frac{B\,p}{E_a}\cdot\frac{r_2}{r_1}}\right] \tag{2.45}$$

annimmt, mit der sich die Anfangsfeldstärke – wenngleich auch etwas umständlich – für beliebige Radienverhältnisse r_2 / r_1 berechnen läßt. Der Wert der Konstanten K wird hierbei entweder sinnvoll angenommen (z. B. für Luft $K = 13$) oder durch eine Durchschlagmessung für ein einziges Radienverhältnis r_2 / r_1 ermittelt. Nimmt allerdings das Radienverhältnis größere Werte (z. B. $r_2 / r_1 > 5$) an, kann der zweite Summand im Klammerausdruck der Gl. (2.45) vernachlässigt werden, so daß sich diese auf die Form

$$K = \frac{A\,E_a\,r_1}{B}\,e^{-\frac{B\,p}{E_a}} \tag{2.46}$$

vereinfacht. Wird weiter für den Radius r_1 allgemein der Krümmungsradius r_k eingeführt, folgt hieraus für den Zylinderradius

$$r_k = \frac{B\,K}{A\,p} \cdot \frac{e^{\frac{B}{(E_a/p)}}}{(E_a\,/\,p)} = \frac{B\,K}{A\,p} \cdot \frac{1}{f\,(E_a\,/\,p)} \tag{2.47}$$

Ersetzt man in Gl. (2.47) die Exponentialfunktion $f\,(E_a\,/\,p) = (E_a\,/\,p)\,\exp\,[-B\,/\,(E_a\,/\,p)] \approx m\,[(E_a\,/\,p) - n]^2$ näherungsweise durch eine Parabel mit den Konstanten m und n, so läßt sich aus Gl. (2.47) die Anfangsfeldstärke

$$E_a = n\,p\left(1 + \frac{\sqrt{B\,K\,/\,(A\,m\,n^2}}{\sqrt{p \cdot r_k}}\right) = n\,p\left(1 + \frac{a}{\sqrt{p \cdot r_k}}\right) \tag{2.48}$$

explizit ermitteln. Die Konstanten n und a sind Tafel 2.25 zu entnehmen.

Mit den Konstanten A und B nach Tafel 2.8 gilt Gl. (2.48) für Normaltemperatur $T = T_0$. Mit der relativen Gasdichte δ nach Gl. (2.38) und dem Normaldruck p_0 kann dann für den Druck $p = \delta\,p_0$ gesetzt werden. Faßt man schließlich alle bekannten Größen zu neuen Konstanten zusammen, ergibt sich abhängig vom Krümmungsradius r_k für atmosphärische Verhältnisse die Anfangsfeldstärke

$$E_a = \delta\,K_1\,(1 + K_2\,/\,\sqrt{\delta\,r_K}\,) \tag{2.49}$$

Für überschlägige Berechnungen sind die Konstanten K_1 und K_2 Tafel 2.25 zu entnehmen. In Bild 2.26 ist die Anfangsfeldstärke E_a über dem Krümmungsradius r_k dargestellt.

Tafel 2.25 Konstanten K_1 und K_2 sowie n und a einiger Gase für Zylinder- und Kugelelektroden

	K_1 in kV / cm	K_2 in $cm^{1/2}$ Zylinder	K_2 in $cm^{1/2}$ Kugel	n in kV / cm bar	a in $(cm\ bar)^{1/2}$ Zylinder	a in $(cm\ bar)^{1/2}$ Kugel
Luft	30,0	0,33	0,47	29,6	0,332	0,473
N_2	44,0	0,28	0,40	43,4	0,282	0,403
SF_6	90,5	0,12	0,17	89,0	0,121	0,175

2.6.1.2 Kugelelektroden. Mit der für Kugelelektroden mit radialsymmetrischem Feld nach Gl. (1.28) gültigen elektrischen Feldstärke $E = E_1\,(r_1\,/\,r)^2$ erhält man bei dem Ansatz nach Gl. (2.44) ein Integral, das sich nicht durch eine elementare Funktion

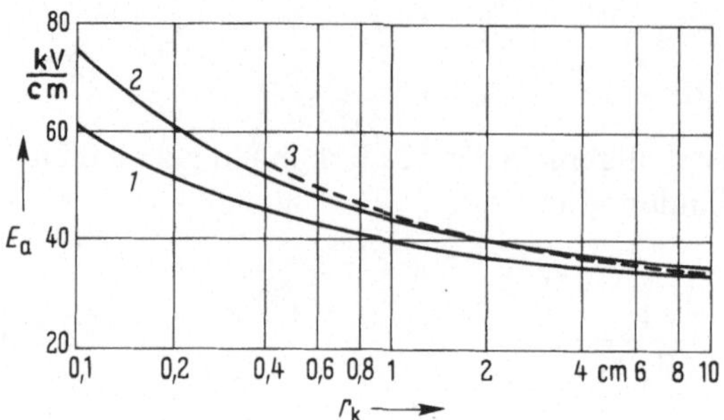

2.26
Anfangsfeldstärke E_a abhängig vom Krümmungsradius r_k
1 Zylinderelektroden nach Gl. (2.49)
2 Kugelelektroden nach Gl. (2.49)
3 Kugelelektroden nach Gl. (2.54)

ausdrücken läßt. Es wird deshalb nach Bild 2.27 die neue Veränderliche $x = r - r_1$ eingeführt. Für $x < r_1$ ergibt sich mit

$$\left(\frac{r}{r_1}\right)^2 = \left(1+\frac{x}{r_1}\right)^2 = 1+\frac{2\,x}{r_1}+\left(\frac{x}{r_1}\right)^2 \approx 1+\frac{2\,x}{r_1} \tag{2.50}$$

und für eine genügend weit entfernte Gegenelektrode ($r_2 \to \infty$) analog zu Gl. (2.44) das Integral

$$\int\limits_{x=0}^{\infty} \alpha\, dx = \int\limits_{x=0}^{\infty} A\, p\, e^{-\frac{B\,p}{E_1}\left(1+\frac{2\,x}{r_1}\right)} dx = \frac{A\,E_1\,r_1}{2\,B}\, e^{-\frac{B\,p}{E_1}} \tag{2.51}$$

Bei der Gleichgewichtsbedingung nach Gl. (2.27) nimmt Gl. (2.51) mit $E_1 = E_a$ den kritischen Wert

$$K = \frac{A\,E_a\,r_1}{2\,B}\, e^{-\frac{B\,p}{E_a}} \tag{2.52}$$

an, aus dem sich mit $r_1 = r_k$ der Krümmungsradius der Kugel

$$r_K = \frac{2\,B\,K}{A\,p} \cdot \frac{e^{\frac{B}{(E_a/p)}}}{(E_a\,/\,p)} \tag{2.53}$$

ergibt. Ein Vergleich von Gl. (2.47) und (2.53) weist aus, daß bei gleicher Anfangsfeldstärke E_a der Krümmungsradius r_k der Kugelelektrode doppelt so groß ist wie jener der Zylinderelektrode. Da aber die Funktionen $r_k = f\,(E_a)$ bis auf den Faktor 2 sonst völlig

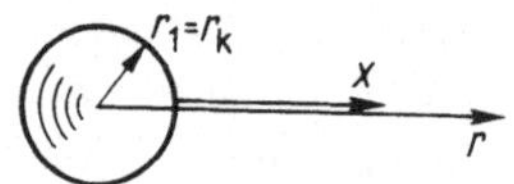

2.27
Kugelelektrode mit Radius r_1
und den Ortsveränderlichen Radius r und Weg x

übereinstimmen, muß Gl. (2.49) auch für Kugelelektroden gelten, wobei aber der für Kugeln gültige Zahlenwert K_2 nach Tafel 2.25 gleich dem mit dem Faktor $\sqrt{2}$ multiplizierten, für Zylinderelektroden angegebenen Wert ist.

Nach [52] wurde für Luft mit der relativen Gasdichte $\delta = 1$ für Krümmungsradien im Bereich $0{,}5\ \text{cm} \le r_k \le 25\ \text{cm}$ die Anfangsfeldstärke

$$E_a = 22{,}8 \frac{\text{kV}}{\text{cm}} (1 + 1/\sqrt[3]{r_k\ \text{cm}^{-1}}) \tag{2.54}$$

empirisch ermittelt, wobei weiter nachgewiesen wurde, daß die Anfangsfeldstärke unabhängig von der Schlagweite s ist. Bild 2.26 vergleicht die Kurvenverläufe nach Gl. (2.49) und Gl. (2.54).

2.6.2 Durchschlagspannung im schwach inhomogenen Feld

Mit Anfangsfeldstärke E_a, Schlagweite s und Ausnutzungsfaktor η gilt für die Durchschlagspannung

$$U_d = E_a\, s\, \eta \tag{2.55}$$

Die Anfangsfeldstärke E_a für Zylinderelektroden kann entweder mit Gl. (2.45) oder (2.49) und für Kugelelektroden mit Gl. (2.49) bzw. (2.54) berechnet werden. Für Anordnungen mit Ausnutzungsfaktoren $\eta \ge 0{,}8$ lassen sich wieder die in Abschn. 2.4 für das homogene Feld abgeleiteten Gl. (2.29), (2.32) und (2.35) mit hinreichender Genauigkeit verwenden.

Beispiel 2.7. Für koaxiale Zylinderelektroden mit dem Außenradius $r_2 = 100$ mm wurden für Luft mit dem Druck $p = p_0 = 1{,}013$ bar und der Temperatur $T = T_0 = 293$ K die Durchschlag-Gleichspannungen nach Tafel 2.28 gemessen.

Die Durchschlagspannungen sind zu berechnen und zum Vergleich mit den gemessenen Werten in Kurvenform darzustellen.

Tafel 2.28 Durchschlag-Gleichspannungen U_d für Beispiel 2.7

r_1 in mm	10	20	30	40	50	60	70	80
U_d in kV	96	122	128	126	116	100	80	60

Für den Radius $r_1 = 30$ mm ist die Schlagweite $s = r_2 - r_1 = 100\ \text{mm} - 30\ \text{mm} = 70$ mm. Nach Gl. (1.101) ergibt sich der Ausnutzungsfaktor

$$\eta = \frac{\ln(r_2/r_1)}{(r_2/r_1) - 1} = \frac{\ln(100\ \text{mm}/30\ \text{mm})}{(100\ \text{mm}/30\ \text{mm}) - 1} = 0{,}516$$

und nach Gl. (2.49) mit den Konstanten $K_1 = 30\ \text{kV/cm}$ und $K_2 = 0{,}33\ \text{cm}^{1/2}$ nach Tafel 2.25, der relativen Gasdichte $\delta = 1$ und dem Krümmungsradius $r_k = r_1 = 3{,}0$ cm die Anfangsfeldstärke

$$E_a = \delta K_1 (1 + K_2 / \sqrt{\delta r_K}) = 1 \cdot 30 \,(\mathrm{kV/cm})(1 + 0{,}33\,\mathrm{cm}^{1/2} / \sqrt{1 \cdot 3{,}0\,\mathrm{cm}})$$
$$= 35{,}72\,\mathrm{kV/cm}$$

Somit beträgt nach Gl. (2.55) die Durchschlagspannung

$$U_d = E_a\, s\, \eta = (35{,}72\,\mathrm{kV/cm})\, 7{,}0\,\mathrm{cm} \cdot 0{,}516 = 129{,}0\,\mathrm{kV}$$

Für den Radius $r_1 = 70$ mm und die Schlagweite $s = r_2 - r_1 = 100\,\mathrm{mm} - 70\,\mathrm{mm} = 30$ mm ist der Ausnutzungsfaktur $\eta = 0{,}8322 > 0{,}8$, so daß hier das Feld als nahezu homogen angenommen werden darf. Mit den Konstanten $A = 645\,(\mathrm{bar\,cm})^{-1}$ und $B = 19\,\mathrm{kV/(bar\,mm)}$ nach Tafel 2.8 und $K = 13{,}0$ erhält man nach Gl. (2.29) die Durchschlagspannung

$$U_d = \frac{B\, p\, s}{\ln(A\, p\, s / K)} = \frac{19\,(\mathrm{kV/bar\,mm})\, 1{,}013\,\mathrm{bar} \cdot 30\,\mathrm{mm}}{\ln[645\,(\mathrm{bar\,mm})^{-1}\, 1{,}013\,\mathrm{bar} \cdot 30\,\mathrm{mm} / 13{,}0]} = 78{,}90\,\mathrm{kV}$$

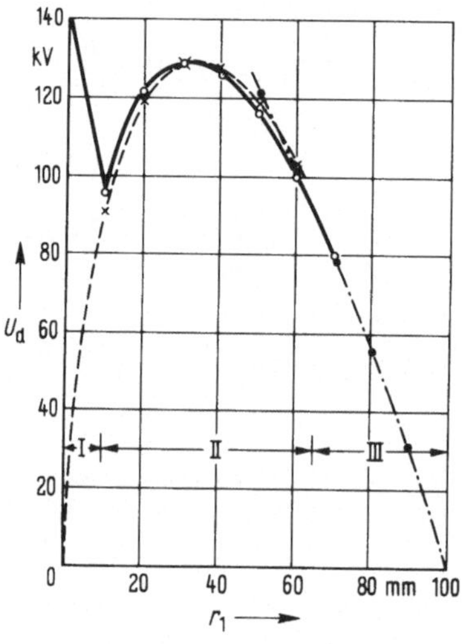

2.29
Durchschlagspannung U_d von koaxialen Zylinderelektroden mit dem Außenradius $r_2 = 100$ mm abhängig vom Innenradius r_1
(—∘—) Meßwerte, (– –x – –) berechnet nach Gl. (2.55), (—·—) berechnet nach Gl. (2.29)
Bereich I: stark inhomogenes Feld
Bereich II: schwach inhomogenes Feld
Bereich III: Gültigkeit des P a s c h e n - Gesetzes im schwach inhomogenen Feld

Die Durchschlagspannungen, die für die übrigen Radien r_1 in gleicher Weise berechnet wurden, sind in Bild 2.29 zusammen mit den Meßwerten dargestellt. Im Bereich I liegt ein stark inhomogenes Feld mit Ausnutzungsfaktoren $\eta < 0{,}2$ vor, für das die Durchschlagspannungen $U_d > U_a$ nicht berechenbar sind. Hier steigen die Durchschlagspannungen, wie in Bild 2.29 eingezeichnet, mit abnehmenden Radien r_1 sogar wieder an.

2.6.3 Stark inhomogene Felder

Bei Elektrodenanordnungen mit stark inhomogenen Feldern (etwa $\eta < 0{,}2$) kann die Durchschlagspannung U_d, z. B. in Luft, stark von der Spannungspolarität abhängen. Dies wird durch die an der stark gekrümmten Elektrode auftretenden Vorentladungen (Korona) und durch die hierdurch entstehenden p o s i t i v e n und n e g a t i v e n R a u m l a d u n g e n verursacht, die die ursprüngliche Feldstärkeverteilung zwischen den Elektroden in unterschiedlicher Weise verändern. Entscheidend ist deshalb auch, ob es sich bei dem Isoliermittel um ein elektronegatives oder elektropositives Gas handelt, wobei aber bereits kleine elektronegative Gasanteile, somit auch der Sauerstoff O_2 in Luft, ausreichen, um den Polaritätseffekt zu bewirken. In völlig reinen Edelgasen, aber auch in Wasserstoff H_2 können dagegen Durchschläge in stark inhomogenen Feldern ohne merkliche Vorentladungen erfolgen. Wie bei homogenen und schwach inhomogenen Feldern stimmen dann Anfangsspannung U_a und Durchschlagspannung U_d überein. Auch der Polaritätseinfluß kann entfallen oder sich sogar gegenüber dem bei elektronegativen Gasen umkehren.

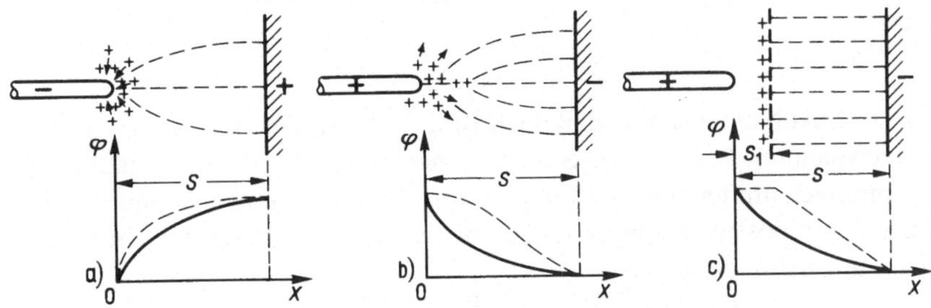

2.30 Spitze-Platte-Anordnung mit elektrischer Potentialverteilung bei negativer Spitze (a), positiver Spitze (b) und positiver Spitze mit dünnem Schirm (c) (———) ohne und (– – – –) mit Raumladung

Weist bei der Spitze-Platte-Anordnung nach Bild 2.30 a die Spitze ein negatives Potential (negative Spitze) gegenüber der Platte auf, dann entwickeln sich bei genügend hoher Spannung von der Kathode ausgehende Elektronenlawinen, die vor der Spitze eine positive Raumladung hinterlassen. Da die Feldstärke zur Anode hin stark abfällt, können die aus der Lawine stammenden Elektronen nicht weiter ionisieren. Infolge der verringerten Geschwindigkeit (s. Gl. (2.14)) lagern sich die Elektronen bei Elektronegativität des Gases an Moleküle an und bilden eine negative Raumladung, die auf den Bereich vor der Spitze feldschwächend wirkt. Diese Feldschwächung hält auch dann noch an, wenn die positive Raumladung wegen des kürzeren Weges bereits zur negativen Spitze abgewandert ist. Die Vorentladung erlischt und kann sich erst dann wieder neu entwickeln, wenn auch die negative Raumladung verschwunden und die ursprüngliche Potentialverteilung wieder hergestellt ist (s. a. Abschn. 2.6.5). Es kommt deshalb zu impulsartigen Entladungen (Trichel-Impulse).

Demgegenüber wirkt die positive Raumladungswolke bei positiver Spitze nach Bild 2.30 b wie eine vorgeschobene Elektrode, wodurch das Potentialgefälle und somit die Feldstärke zur Platte hin vergrößert wird. In diese Richtung wandern auch die positiven Ionen, wobei sich voreilende Entladungskanäle bilden, die den Durchschlag begünstigen.

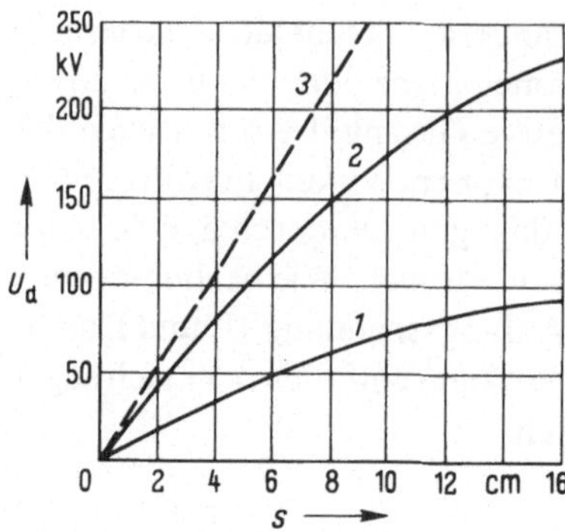

2.31
Statische Durchschlagspannung U_d einer Spitze-Platte-Anordnung in Luft abhängig von der Schlagweite s. Druck p = 1,013 bar, Öffnungwinkel der Kegelspitze 30°
1 positive Spitze, 2 negative Spitze,
3 homogenes Feld

Es ist deshalb einzusehen, daß nach Bild 2.31 bei gleicher Schlagweite s die Durchschlagspannung bei positiver Spitze kleiner (etwa 50%) als bei negativer Spitze ist. Bei Spannungen mit technischer Frequenz erfolgt der Durchschlag im Scheitel der Halbperiode mit positiver Spitze, so daß hier mit dem kleineren der beiden Durchschlagspannungen zu rechnen ist.

Durch einen nach Bild 2.30 c etwa im Abstand $s_1 = 0{,}1 \cdot s$ vor der Spitze aufgestellter dünner Schirm, z. B. aus fester Pappe, kann die Durchschlagspannung gegenüber dem Wert ohne Schirm jedoch nahezu verdoppelt werden. Die positiv geladenen Gasmoleküle lagern sich hierbei am Schirm an und bewirken somit zwischen Schirm und negativer Platte ein homogenes elektrisches Feld mit relativ geringer Feldstärke.

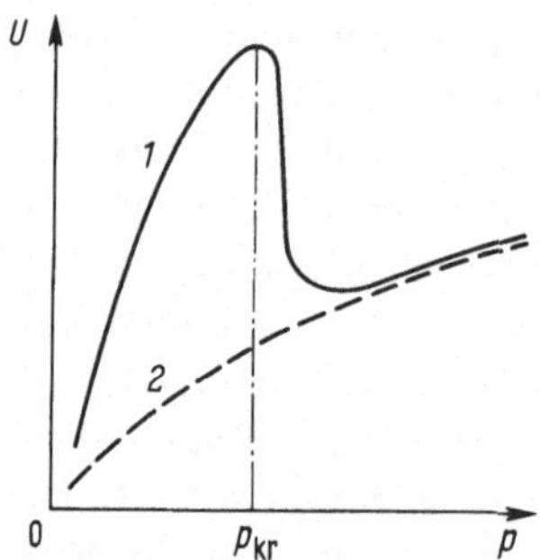

2.32
Durchschlag-Wechselspannung U_d (1) und Anfangsspannung U_a (2) einer Spitze-Platte-Anordnung abhängig vom Gasdruck p

Nach Bild 2.19 b und 2.26 tragen die Vorentladungen zu einer Erhöhung der Durchschlagspannung bei. Anders als im schwach inhomogenen Feld ist die Durchschlagspannung U_d größer als die Anfangsspannung U_a. Hierdurch ist auch die eigenartige Abhängigkeit der Durchschlagspannung U_d vom Gasdruck p nach Bild 2.32 zu erklären. Dieser Verlauf kann prinzipiell bei positiver wie negativer Spitze auftreten. Da aber, z. B. bei Wechselspannung, die kleinere Durchschlagspannung interessiert, kann sich die nachfolgende Erklärung auf die positive Spitze beschränken.

Bei kleinen Drücken entwickelt sich der Durchschlag aus einer stabilen Vorentladung. Dieser Druckbereich wird als koronastabilisierter Bereich bezeichnet. Der Durchschlag erfolgt hier nach dem Streamermechanismus. Freie Elektronen im Gebiet vor der Spitze initiieren auf die Kathode zulaufende Elektronenlawinen, die Ionen hinterlassen und somit eine positive Raumladungswolke bilden. Diese wirkt wie eine Vergrößerung des Elektrodenkopfes und führt zu einer Vergleichmäßigung des Feldes, die eine Voraussetzung für den Streamermechanismus ist. Die Aufrechterhaltung der Vorentladung erfordert ständigen Nachschub an Sekundärelektronen, die im wesentlichen durch Fotoionisation entstehen.

Mit steigendem Gasdruck p nimmt jedoch die Reichweite der Fotonen stark ab, und der wichtigste Mechanismus für die Erzeugung von Sekundärelektronen geht zurück, so daß auch die Voraussetzungen für Vorentladungen entfallen. Es ergeben sich nun Durchschlagsverhältnisse, wie sie im schwach inhomogenen Feld vorliegen. Der Durchschlagmechanismus wechselt u. U. nahezu sprunghaft von dem des stark inhomogenen Feldes ($U_d > U_a$) in jenen des schwach inhomogenen ($U_d = U_a$) über. Der Durchschlag erfolgt nun durch einen unmittelbar von der Spitze zur Gegenelektrode vorwachsenden, hochtemperierten Entladungskanal, also nach dem Leadermechanismus. Der kritische Druck, bei dem dieser Übergang einsetzt, beträgt für Luft etwa $p_{kr} = 12$ bar und für SF_6 etwa 1,5 bar. Durch Zumischung bestimmter Gase, z. B. 5% Sauerstoff O_2, kann der koronastabilisierte Bereich verbreitert und p_{kr} erhöht werden [22].

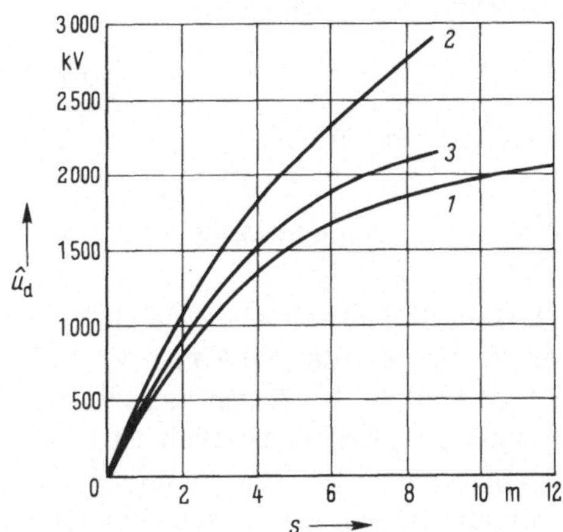

2.33
Scheitelwert der Durchschlag-Wechselspannung $\hat{u}_d$ abhängig von der Schlagweite s in Luft für Stab-Ebene (1), Stab-Stab (2) und Freileitungs-Isolatorenkette (3)

Mit zunehmender Schlagweite, insbesondere aber bei großen Schlagweiten, wie sie z. B. bei Hoch- und Höchstspannungsfreileitungen vorliegen, wächst die Durchschlagspannung nach Bild 2.33 nicht linear mit der Schlagweite s, so daß die mittlere Durchschlagfeldstärke

$$E_{dmi} = U_d / s \tag{2.56}$$

immer kleiner wird. Sie beträgt z. B. für eine Anordnung Stab-Ebene mit der Schlagweite s = 11 m nur noch $E_{dmi} = 1,8$ kV / cm (vgl. Ed ≈ 30 kV / cm im homogenen Feld!). Hierdurch ergibt sich z. B. bei Freileitungen eine wirtschaftliche Grenze für die Übertragungsspannung, die heute bei 2000 kV angenommen wird.

Bis zu Schlagweiten von etwa s = 2 m ist allerdings noch ein nahezu linearer Zusammenhang zwischen der Durchschlagspannung U_d und der Schlagweite s gegeben.

Für S t a b - S t a b - E l e k t r o d e n im Schlagweitenbereich 30 cm ≤ s ≤ 200 cm kann bei Wechselspannung und Gleichspannung näherungsweise mit der D u r c h - s c h l a g s p a n n u n g

$$U_d \approx 15\,\text{kV} + (5{,}1\,\text{kV}/\text{cm}) \cdot s$$

und bei B l i t z s t o ß s p a n n u n g 1,2 / 50 mit

$$U_d \approx C_1 + (5{,}7\,\text{kV}/\text{cm}) \cdot s$$

mit $C_1 = 60$ kV für p o s i t i v e und $C_1 = 120$ kV für n e g a t i v e P o l a r i t ä t der spannungführenden Elektrode gerechnet werden.

Für S t a b - P l a t t e - E l e k t r o d e n gilt bei Wechselspannung sowie bei Gleich- und Blitzstoßspannung mit p o s i t i v e r S t a b e l e k t r o d e etwa auch die oben für Stab-Stab-Elektroden angegebene Durchschlag-Wechselspannung, wobei hier bei Wechselspannung um etwa 10% verminderte Werte anzusetzen sind. Bei Gleich- und Blitzstoßspannung mit n e g a t i v e r S t a b e l e k t r o d e kann von der Durchschlagspannung

$$U_d \approx 5{,}6\,(\text{kV}/\text{cm}) \sqrt{(s + 130\,\text{cm})^2 - 21000\,\text{cm}^2}$$

ausgegangen werden.

2.6.4 Luftfeuchtigkeit

Der Einfluß der Luftfeuchte auf die Durchschlagspannung hängt ab von Spannungsart, Spannungspolarität und Art der Vorentladung. Bei homogenen und schwach inhomogenen Feldern, bei denen nach Bild 2.19 Anfangsspannung U_a und Durchschlagspannung U_d zusammenfallen, ist die Luftfeuchtigkeit praktisch ohne Einfluß. Treten demgegenüber bei stark inhomogenen Feldern vor dem Durchschlag intensive Vorentladungen, z. B. Büschelentladungen, an der p o s i t i v e n Elektrode auf, so wächst insbesondere oberhalb der N o r m f e u c h t e $f_{a0} = 11$ g / m^3 die Durchschlagspannung mit der a b s o l u t e n L u f t f e u c h t i g k e i t f_a. Gehen dagegen die Vorentladungen, wie z. B. bei einer Spitze-Platte-Anordnung mit negativer Spitze, von der n e g a t i v e n Elektrode aus, bleibt die Luftfeuchtigkeit praktisch wieder ohne Einfluß auf die Durchschlagspannung. Die r e l a t i v e L u f t - f e u c h t i g k e i t $f_r = f_a / f_{as}$, bei der die absolute Luftfeuchte f_a auf den von Druck p und Temperatur T abhängigen Sättigungswert f_{as} (z. B. $f_{as} = 17{,}3$ g / m^3 bei $T_0 = 293$

K und p_0 = 1,013 bar) bezogen wird, beeinflußt die Durchschlagspannung nicht, solange der Absolutwert f_a unverändert bleibt.

Mit dem Feuchte-Korrekturfaktor k_h und dem Luftdichte-Korrekturfaktor k_h (s. Abschn. 2.4.4) kann die für Normverhältnisse (p_0, T_0, f_{a0}) gültige Durchschlagspannung U_{d0} auf die für andere atmosphärische Verhältnisse zutreffende Durchschlagspannung

$$U_d = k_d \, U_{d0} / k_h \tag{2.57}$$

umgerechnet werden. Hierbei ergibt sich der Feuchte-Korrekturfaktor $k_h = k^w$ aus dem Korrekturfaktor k, der abhängig von der absoluten Luftfeuchte f_a Bild 2.36 zu entnehmen ist, und dem Exponenten w nach Bild 2.21. Für Elektroden mit homogenem und schwach inhomogenem Feld ist $w = 0$ und somit $k_h = 1$; der Einfluß der Luftfeuchte kann hier vernachlässigt werden. Im einzelnen siehe hierzu VDE 0432.

2.6.5 Äußere Teilentladung

Elektrische Vorentladungen werden auch als Teilentladungen (TE) bezeichnet, wobei innere und äußere Teilentladungen unterschieden werden. Äußere Teilentladungen treten an stark gekrümmten Oberflächen gasisolierter Elektroden auf. Demgegenüber liegen innere Teilentladungen immer dann vor, wenn Durchschläge in Hohlräumen (Gaseinschlüsse) von Feststoffisolierungen oder Flüssigkeiten einsetzen, also bei einer Schichtung von gasförmigen und festen bzw. flüssigen Isoliermitteln (s. Abschn. 3.2).

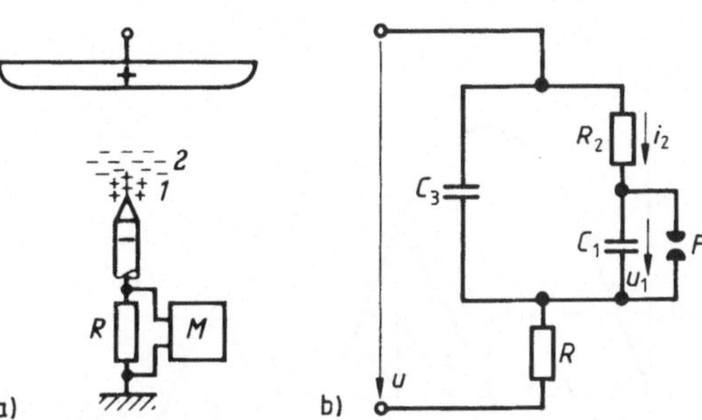

2.34
Äußere Teilentladung einer Spitze-Platte-Anordnung bei negativer Spitze mit positver (1) und negativer (2) Raumladung (a) und elektrischer Ersatzschaltung (b). R Meßwiderstand, M TE-Meßgerät

Teilentladungen sind meist nicht erwünscht, weil sie als äußere Teilentladungen Verluste bewirken (Koronaverluste), u. U. die drahtlose Nachrichtenübermittlung beeinträchtigen, in Isoliergasen chemische Reaktionen (z. B. Ozonbildung O_3 in Luft) verursachen oder als innere Teilentladungen zur funkenerosiven Zerstörung der Gesamtisolierung führen. Bei gasisolierten Elektroden wird deshalb durch geeignete Formgebung, z. B. durch Bündelleiter bei Höchstspannungsfreileitungen (s. Band IX), angestrebt, die Randfeldstärken entsprechend niedrig zu halten. Im Gegensatz hierzu hat die elektrische Sprühentladung bei Elektrofiltern zur Staubabscheidung praktische Bedeutung.

Wird an eine Spitze-Platte-Anordnung nach Bild 2.34 Wechselspannung angelegt, so setzen bei Spannungssteigerung zuerst in derjenigen Halbschwingung Teilentladungen ein, in der die Spitze ein negatives Potential gegenüber der Platte aufweist (negative Spitze). Diese Spannung wird als Einsetzspannung U_E bezeichnet und entspricht der Anfangsspannung U_a. Bei weiterem Spannungsanstieg ergeben sich auch bald Entladungen in der Halbschwingung mit positiver Spitze. In beiden Fällen handelt es sich um impulsartige Entladungen im Bereich der Spannungsscheitel (Bild 2.34b), wobei die Impulsdauer einige 10 ns, die Impulsladung einige 100 pC und die mit der Spannung zunehmende Impulshäufigkeit bis zu 10^5 s^{-1} betragen können. Grundsätzlich treten solche Entladungsimpulse auch bei Gleichspannung auf. Bei konstanter Temperatur sinken die Teilentladungsein- und Aussetzspannungen U_E und U_A mit steigender relativer Luftfeuchte.

Die Ersatzschaltung nach Bild 2.34 b kann die wirklichen Vorgänge bei der äußeren Teilentladung nur sehr unvollkommen nachbilden. Ähnlich wie bei der inneren Teilentladung nach Bild 3.8 kann man sich auch hier die zunächst noch raumladungsfreie Gasstrecke zwischen der Spitze und der Platte als Reihenschaltung der Kapazitäten C_1 und C_2 vorstellen. Nach Erreichen der Durchschlagspannung U_d wird die Kapazität C_1 durch eine Teilentladung leitend überbrückt, was durch die Funkenstrecke F angedeutet ist. Durch die dann in die verbleibende Gasstrecke einwandernden Ladungsträger wird dieser Feldbereich im geringen Maße elektrisch leitfähig, so daß nach Bild 2.34 b die Kapazität C_2 besser durch den ohmschen Widerstand R_2 ersetzt wird. Das durch C_1 und R_2 nicht erfaßte Feld wird durch die Parallelkapazität C_3 nachgebildet.

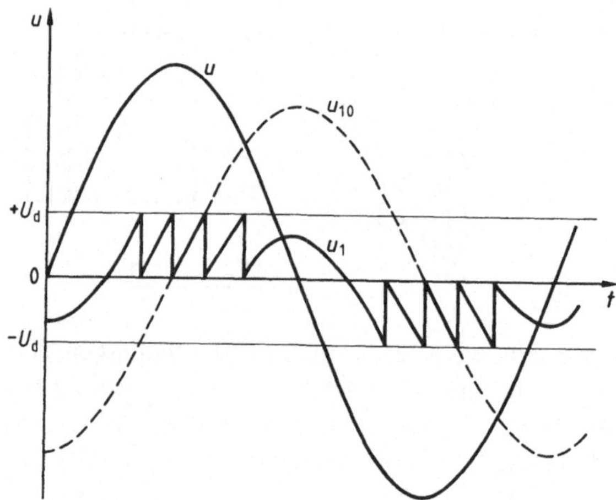

2.35 Verläufe von Prüfspannung u und Spanung u_1 an der Kapazität C_1 der Gas-Teilstrecke mit der Durchschlagspannung U_d
(– – – –) Spannung u_{10} an C_1 ohne Teilentladung

Da man i. allg. von $R_2 \gg 1 / (\omega C_1)$ ausgehen kann, wird der Strom $i_2 \approx u / R_2$ fast ausschließlich durch den Wirkwiderstand R_2 bestimmt. Nach Bild 2.35 eilt deshalb die Spannung u_{10}, die an der Kapazität C_1 ohne Teilentladung, also ohne Durchschlag an der Funkenstrecke F, auftreten würde, der Prüfspannung u um den Winkel 90° nach. Erreicht u_1 die Durchschlagspannung U_d, bricht die Spannung an der Kapazität C_1 auf den Wert Null zusammen, um dann abstandsgleich zu u_{10} wieder anzusteigen. Jeder Spannungszusammenbruch entspricht einem Teilentladungsimpuls. Sie treten nach Bild 2.35 im Bereich des Scheitels der Prüfspannung u auf und können über den Meßwiderstand R erfaßt werden. Bei den wirklich ablaufenden Vorgängen muß allerdings zwischen positiver und negativer Spitze unterschieden werden.

Vor der positiven Spitze entsteht nach Bild 2.30 b eine positive Raumladungswolke, durch die die Feldstärke vor der Spitze geschwächt und das Bilden von Elektronenlawinen solange verhindert wird, bis durch Abwandern der Raumladungen sich erneut Ausgangsverhältnisse einstellen. Durch diesen sich wiederholenden Vorgang ergeben sich die impulsartigen Entladungen.

Bei negativer Spitze wird nach Bild 2.30 a die elektrische Feldstärke im Bereich zwischen positiver Raumladungswolke und Platte so verringert, daß sich die zur Platte wandernden Elektronen aufgrund relativ geringer Geschwindigkeit an Moleküle der elektronegativen Gasbestandteile (z. B. O_2 in Luft) anlagern und so zwischen positiver Raumladungswolke und Platte zusätzlich eine negative Raumladung aufbauen (Bild 2.34 a), die auf die Spitze feldschwächend wirkt und ebenfalls die Ladungsträgerbildung zwischenzeitlich zum Stillstand bringt. Diese Entladungsimpulse werden nach ihrem Entdecker auch Trichel-Impulse genannt.

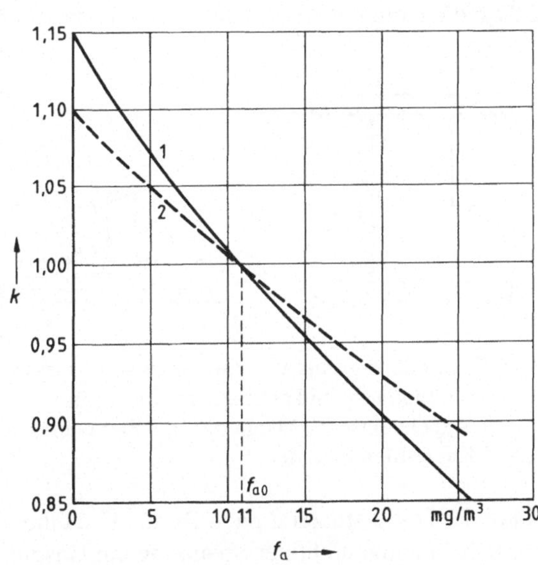

2.36
Korrekturfaktor k nach VDE 0432 abhängig von der absoluten Feuchte f_a für Wechselspannung (1) sowie für Gleich- und Stoßspannung (2)

Bei weiterer Spannungssteigerung entwickelt sich insbesondere bei positiver Spitze aus der Impulsentladung eine impulslose Dauerentladung (Dauerkorona), aus der sich mit anschließender Büschelentladung der Durchschlag entwikkelt. Bei negativer Spitze würde u. U. die Dauerkorona erst bei Spannungen einsetzen, die oberhalb der Durchschlagspannung der positiven Spitze liegen. Der Wechselspannungs-Durchschlag erfolgt immer in der Halbschwingung mit positiver Spitze; für Untersuchungen der äußeren Teilentladung ist dagegen die negative Spitze heranzuziehen.

Mit Meßanordnungen, die nach Bild 2.34 a an den im Entladekreis liegenden Widerstand R angeschlossen werden, lassen sich Teilentladungen feststellen und bewerten. Zur Ermittlung der Einsetzspannung U_E und der in der Regel geringfügig kleineren Aussetzspannung U_A genügt vielfach ein einfaches Oszilloskop (s. Abschn. 7.1.2). Der für Durchschlagspannungen gültige Luftdichte-Korrekturfaktor k_d nach Gl. (2.42) ist ebenfalls auf die Anfangs- bzw. Einsetzspannung anzuwenden [59]; dagegen kann die Feuchtekorrektur nach Abschn. 2.6.4 entfallen.

2.7 Gleitentladung und Überschlag

Gleitentladungen entstehen an der Grenze zweier Isoliermittel mit verschiedenen Aggregatzuständen, z. B. auf der Oberfläche von festen Isolatoren in Gas oder Flüssigkeiten. Hinsichtlich des Überschlagsverhaltens ist hierbei zwischen Elektrodenanordnungen, bei denen die Verschiebungslinien wie nach Bild 2.37 a vorwiegend parallel zur Isolierstoffoberfläche verlaufen, und solchen, bei denen sie nach Bild 2.37 b die Isolierstoffoberfläche etwa senkrecht durchsetzen.

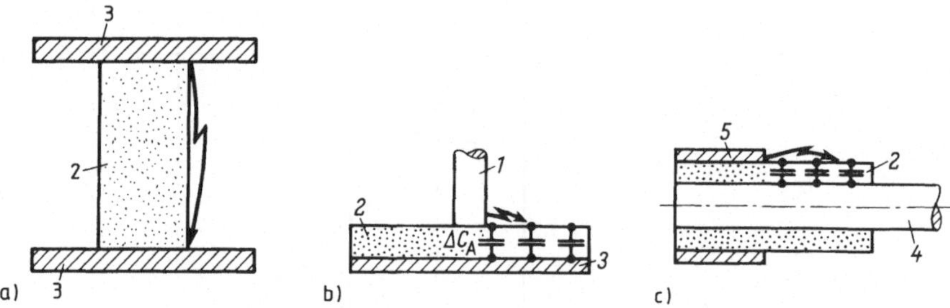

2.37 Elektrodenanordnungen mit Isolierstützer im homogenen Feld (a), Stab-Platte-Anordnung (b) und abgesetztes Kabel (c)
1 Stabelelektrode, 2 Isolierstoff, 3 Plattenelektrode, 4 Kabelader, 5 Kabel-Metallmantel

Hätte der Isolierstützer 2 nach Bild 2.37 a eine ideal glatte und saubere Oberfläche, fände bei genügend hoher Spannung ein Gasdurchschlag statt, und die Überschlagspannung wäre gleich der Durchschlagspannung des Gases. Da sich bei technischen Ausführungen eine gewisse Oberflächenrauhigkeit und -verschmutzung nicht vermeiden lassen, ist die Überschlagspannung meist erheblich kleiner als die Durchschlagspannung. In den vom Isolierstab und den Elektroden gebildeten Ecken treten nach den Gesetzen des geschichteten Dielektrikums (s. Abschn. 1.9.5) außerdem erhöhte Feldstärken auf, die den Einsatz von Vorentladungen bewirken und den Überschlag begünstigen.

In der in Bild 2.37 b dargestellten einfachen Prüfanordnung bildet jede Teilfläche ΔA der Isolierstoffoberfläche 2 mit der Plattenelektrode 3 einen Kondensator mit der Oberflächenkapazität ΔC_A. Als technisches Beispiel ist in Bild 2.37 c ein abgesetztes Kabel mit Metallmantel 5 angegeben. Beim Überschreiten einer bestimmten Spannung gehen von der Stabelektrode 1 bzw. dem Metallmantel 5 Vorentladungen aus, die die Oberflächenkapazitäten aufladen, wobei die Größe des Ladestroms von den Oberflächenwiderständen ΔR_A, den Oberflächenkapazitäten ΔC_A und somit von der Isolierstoffdicke s und der anliegenden Spannung U abhängt. Bei diesen Gleitentladungen bilden sich zunächst Stromfäden aus, deren Lebensdauer etwa 10 ns beträgt und die mit der erfolgten Aufladung enden, bis eine Spannungsänderung eine erneute Nach- oder Umladung bewirkt.

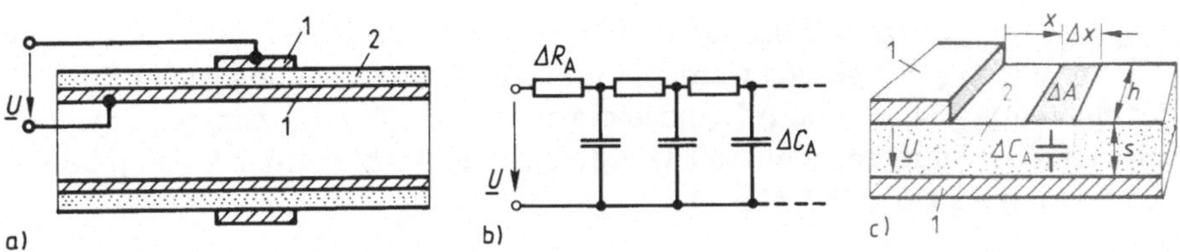

2.38 Rohrförmige Versuchsanordnung (a), elektrische Ersatzschaltung (b) und Modell (c) für die Berechnung der Gleitentladungs-Einsetzspannung
1 Elektrode, 2 Isolierstoff

Bild 2.38 a zeigt eine rohrförmige Versuchsanordnung, der die in Bild 2.38 b dargestellte elektrische Ersatzschaltung zugeordnet werden kann.. Für die Berechnung der Einsetzspannung für die Gleitentladung wird das Modell [6] nach Bild 2.38 c herangezogen, das die Abwicklung einer Rohrhälfte nach Bild 2.38 a darstellt. Mit dem spezifischen Oberflächenwiderstand ρ_0 und der Breite h des Isolierstoffstreifens gilt für die Teilfläche $\Delta A = \Delta x\, h$ der Oberflächenwiderstand $\Delta R_A = \rho_0 \Delta x / h$ und somit der auf die Länge b e z o g e n e O b e r f l ä c h e n w i d e r s t a n d

$$R'_A = \Delta R_A / \Delta x = \rho_0 / h \tag{2.58}$$

Der spezifische Oberflächenwiderstand ist der einer quadratischen Fläche, was man leicht einsieht, wenn man $\Delta x = h$ setzt. Weiter ist mit der Permittivität ε und der

Isolierstoffdicke s die Oberflächenkapazität $\Delta C_A = \varepsilon h \Delta x / s$. Hieraus folgt für die bezogene Oberflächenkapazität

$$C'_A = \Delta C_a / \Delta x = \varepsilon h / s \tag{2.59}$$

Die Ersatzschaltung nach Bild 2.38 b kann als Leitung verstanden werden, an der die komplexe Spannung $\underline{U} = \hat{u} \underline{/\omega t}$ anliegt, so daß (s. Bd. IX und Bd. XI) die Leitungsgleichung

$$d^2 \underline{U} / dx^2 - \gamma^2 \underline{U} = 0 \tag{2.60}$$

angewendet werden kann. Mit den Leitungsbelägen R'_A, L'_A, G'_A und C'_A ist hierbei der komplexe Ausbreitungskoeffizient

$$\underline{\gamma} = \sqrt{(R'_A + j\omega L'_A)(G'_A + j\omega C'_A)} = \alpha + j\beta \tag{2.61}$$

mit dem Dämpfungskoeffizienten α und dem Phasenkoeffizienten β.

Die Lösung von Gl. (2.60) liefert die Spannung

$$\underline{U}(x) = \underline{U}_1 e^{-\gamma x} + \underline{U}_2 e^{\gamma x} \tag{2.62}$$

an jeder Stelle x der Leitung, wobei x vom Leitungsanfang gerechnet wird.

Überträgt man Gl.(2.60) bis (2.62) auf das Berechnungsmodell nach Bild 2.38 c, dann kann $L'_A = 0$ und $G'_A = 0$ gesetzt werden, weil in der Ersatzschaltung nach Bild 2.38 b weder eine Längsinduktivität ΔL_A noch ein zur Kapazität ΔC_A parallel liegender Querleitwert ΔG_A vorgesehen sein soll. Hierdurch vereinfacht sich der komplexe Ausbreitungskoeffizient

$$\begin{aligned}\underline{\gamma} &= \sqrt{R'_A \cdot j\omega C'_A} = \sqrt{R'_A\, \omega C'_A}\; \underline{/45^\circ} = \sqrt{(R'_A\, \omega C'_A)/2}\;(1+j) \\ &= \alpha + j\beta\end{aligned} \tag{2.63}$$

mit

$$\alpha = \beta = \sqrt{R'_A\, \omega C'_A / 2} = \sqrt{\rho_0\, \omega\, \varepsilon / (2s)} \tag{2.64}$$

In Gl. (2.62) stellt der erste Summand die einfallende und der zweite Summand die vom Leitungsende rücklaufende Welle dar. Bei der Leitung nach Bild 2.38 b ist die Dämpfung jedoch so groß, daß die einlaufende Welle das Leitungsende gar nicht erreicht und folglich eine rücklaufende Welle nicht auftreten kann. Es ist dann nach Gl. (2.62) die Spannung der einlaufenden Welle $\underline{U}_1$ gleich der insgesamt anliegenden Spannung $\underline{U}$, also $\underline{U}_1 = \underline{U}$. Unter Berücksichtigung von Gl.(2.63) ergibt sich die Spannung an jeder beliebigen Stelle x

$$\begin{aligned}\underline{U}(x) &= \underline{U}\, e^{-\gamma x} = \hat{u}\, e^{j\omega t} \cdot e^{-\underline{\gamma} x} = \hat{u}\, e^{j\omega t - \alpha x - j\beta x} \\ &= \hat{u}\, e^{-\alpha x + j(\omega t - \beta x)} = \hat{u}\, e^{-\alpha x} \cdot e^{j(\omega t - \beta x)}\end{aligned} \tag{2.65}$$

Der Realteil von Gl. (2.65) ist der an jeder Stelle x des Berechnungsmodells nach Bild 2.38 c, auftretende *Augenblickswert der Spannung*

$$u(x,t) = \mathrm{Re}\,\underline{U}(x) = \hat{u}\, e^{-\alpha x} \cos(\omega t - \beta x) \qquad (2.66)$$

Die Ableitung der Spannung u (x, t) nach Gl. (2.66) liefert für die Stelle x den zeitlichen Wert der *Oberflächenfeldstärke*

$$E(x,t) = \frac{du(x,t)}{dx} = \hat{u}\, e^{-\alpha x}\, [\beta \sin(\omega t - \beta x) - \alpha \cos(\omega t - \beta x)]$$

deren größter Wert

$$E(t)_{max} = \hat{u}\, [\beta \sin \omega t - \alpha \cos \omega t] = \hat{u}\, \alpha\, [\sin \omega t - \cos \omega t] \qquad (2.67)$$

erwartungsgemäß bei $x = 0$, also an der Kante der spannungsführenden Elektrode nach Bild 2.38 c, auftritt. Wird $E(t)_{max}$ nach der Zeit t differenziert und der Differentialquotient Null gesetzt, findet man auch den Winkel $\omega\, t_{max} = 3\,\pi / 4$ für die größte bei $x = 0$ zeitlich auftretende Feldstärke

$$E_{max} = \hat{u}\, \alpha\, [(1/\sqrt{2}) + (1/\sqrt{2})] = \hat{u}\, \sqrt{\rho_0\, \omega \varepsilon_0\, \varepsilon_r / s} \qquad (2.68)$$

Erreicht der zeitliche Höchstwert der Feldstärke gerade die Durchschlagfeldstärke des umgebenden Gases, ist also $E_{max} = E_d$, dann entspricht der Scheitelwert $\hat{u}$ dem Scheitelwert der Einsetzspannung $\hat{u}_E$. Mit $\hat{u} = \hat{u}_E = \sqrt{2}\, U_E$ ergibt sich aus Gl. (2.68) der Effektivwert der *Einsetzspannung für die Gleitentladung*

$$U_E = \frac{E_d}{\sqrt{\rho_0\, \omega\, \varepsilon_0}} \sqrt{\frac{s}{\varepsilon_r}} = K_E \sqrt{\frac{s}{\varepsilon_r}} \qquad (2.69)$$

2.39
Schematische Darstellung von Stromfäden (2) und Gleitfunken (3) bei einer Prüfanordnung mit Stabelektrode (1)

Der spezifische Oberflächenwiderstand ρ_0 wie auch die Durchschlagfeldstärke E_d sind sehr unsichere Größen, so daß die Einsetzkonstante K_E besser empirisch bestimmt wird. Weiter ist auch die Formgebung der Elektrode von großem Einfluß auf die Einsetzspannung. Nach [4], [18] kann mit folgenden Werten gerechnet werden:

Metallrand in Luft	$K_E = 8\ \mathrm{kV / cm^{1/2}}$
Metallrand in SF_6	$K_E = 21\ \mathrm{kV / cm^{1/2}}$
Grafitrand in Luft	$K_E = 30\ \mathrm{kV / cm^{1/2}}$
Grafit- oder Metallrand in Öl	$K_E = 30\ \mathrm{kV / cm^{1/2}}$

Sobald im Entladungskanal Thermoionisation einsetzt, entwickelt sich aus einem Stromfaden ein G l e i t f u n k e n, so daß der Oberflächenwiderstand streckenweise zusammenbricht. Die sich hierbei in der Prüfeinrichtung nach Bild 2.37 b ergebenden Entladungsbilder werden auch als L i c h t e n b e r g - F i g u r e n bezeichnet. Gleitentladungen sind besonders ausgeprägt bei Stoß- und Wechselspannung, können aber in seltenen Fällen auch bei Gleichspannung auftreten.

Überbrückt der Gleitfunke die gesamte Isolierstoffoberfläche, kommt es zum Ü b e r s c h l a g zwischen den spannungführenden Elektroden. Die Ü b e r - s c h l a g s p a n n u n g $U_ü$ hängt von der Länge des Ü b e r s c h l a g w e g e s $s_ü$ (Kriechweglänge) und von der Oberflächenbeschaffenheit des Isolators ab. So können z. B. Schmutz- oder Salzablagerungen auf Freileitungsisolatoren in Verbindung mit Feuchtigkeit (Tau, Nebel) die Überschlagspannung stark absenken (s. a. Abschn. 7.2.4). Die m i t t l e r e Ü b e r s c h l a g f e l d s t ä r k e $E_ü = U_ü / s_ü$ ist wesentlich kleiner als die Durchschlagfeldstärken der beiden die Grenzfläche bildenden Isolierstoffe (z. B. 6 kV / cm bei Innenraum-Porzellanisolatoren in Luft).

Um bei großen Kriechweglängen möglichst kleine Bauhöhen der Isolatoren zu erhalten, werden diese mit weit ausladenden Schirmen versehen. Dort wo keine Verschmutzung zu erwarten ist, genügt i. allg. eine auf die Betriebsspannung bezogene Kriechweglänge $s'_ü = 2$ cm / kV. Bei starker Verschmutzung ist dieser Wert etwa zu verdoppeln.

3 Feste Isolierstoffe

3.1 Arten und Einsatzgebiete

Feste Isolierstoffe müssen überall dort verwendet werden, wo die Isolation zusätzliche mechanische Aufgaben zu erfüllen hat. Es sind anorganische Isolierstoffe (Porzellan, Glas, Glimmer) und organische (Kunststoff, Gummi, Papier) zu unterscheiden.

In Freiluftanlagen wird wegen der guten Witterungsbeständigkeit vorwiegend Porzellan oder Glas verwendet. Daneben gibt es für Sonderzwecke verschiedene Keramik-Massen, wie z. B. Steatit, bei dem Magnesiumsilikat als Grundstoff verwendet wird. Es zeichnet sich durch eine gegenüber Porzellan maßhaltigere Fertigung, bessere mechanische Eigenschaften und einen kleineren Verlustfaktor aus. Glimmer, das einzige Naturprodukt unter den Isolierstoffen, wird zur Nutenisolierung von Hochspannungsmaschinen eingesetzt oder mit Bindemitteln und Papier zu Isolierformteilen verarbeitet. Glimmer ist besonders unempfindlich gegen Einwirkungen durch elektrische Vorentladungen.

Die organischen Isolierstoffe sind dort von Vorteil, wo auf Biegsamkeit (Kabel, Leitungen), besonders dünne Isolation (Kondensatorpapier), nachträgliche Bearbeitbarkeit und spezielle elektrische oder mechanische Eigenschaften zu achten ist. Aus der breiten Skala der Kunststoffe sind die Plastomere Polyvinylchlorid (PVC) und Polyäthylen (PE) wie auch das vernetzte Polyäthylen (VPE) als Elastomer, z. B. in der Kabeltechnik, die bekanntesten. Gießharzformstoffe, z. B. Epoxidharz, werden flüssig verarbeitet und zur Vermeidung von Gaseinschlüssen meist unter Vakuum ausgehärtet. Kunststoffe dieser Art sind temperaturfest (Duroplaste). Sie werden insbesondere zur Herstellung von Isolierungen für Innenraum-Schaltanlagen sowie im Wandler- und Transformatorenbau benutzt. Papier wird zum Umwickeln elektrischer Leiter verwendet, wobei es entweder, wie bei Kabeln, anschließend getränkt oder, wie bei Transformatoren, unter Öl eingesetzt wird.

Vielfach verwendet werden auch Schichtpreßstoffe, wie Vulkanfiber, Preßspan, Hartgewebe und Hartpapier, das z. B. ein aus Papier und Kunstharz geschichteter Isolierstoff ist, der in Platten, Rohren oder Winkelprofilen hergestellt wird. Hartpapier zeichnet sich durch seine guten elektrischen Eigenschaften, mechanische Festigkeit, Bearbeitbarkeit und Ölbeständigkeit aus. Es wird bevorzugt im Hochspannungs-Apparatebau (Transformatoren, Schaltgeräte) verwendet.

Für Eigenschaften und Prüfung fester Isolierstoffe sind VDE 0303, 0311, 0312, 0,315, 0335 und 0446 zu beachten.

3.2 Durchschlag fester Isolierstoffe

Die Berechnung der Durchschlagspannung ist hier in der bei Gasen angewendeten Weise nicht möglich, weil es sich bei festen Isoliermitteln i. allg. um keine reinen Werkstoffe mit homogener Struktur handelt. Vielmehr wird das Durchschlaggeschehen durch Verunreinigungen und Fehlstellen, z. B. Hohlräume, bestimmt, die entweder fertigungsbedingt sind oder im Laufe der Betriebszeit auftreten können. Weitere Einflußgrößen sind durch das elektrische Feld bewirkte Erwärmungsvorgänge. Derart willkürliche Einflußgrößen lassen sich vielfach nur qualitativ bewerten, aber allein die Kenntnis der verschiedenartigen Vorgänge, die zum Durchschlag führen können, ist wichtig, um Hochspannungsanlagen und -geräte in geeigneter Weise ausführen und prüfen zu können.

Es lassen sich hauptsächlich vier Durchschlagmechanismen unterscheiden, die sich in ihrer Wirkung teilweise überlagern können. Beim Wärmedurchschlag tritt eine thermische Zerstörung des Werkstoffs ein, z. B. durch dielektrische Erwärmung, in deren Folge auch die elektrische Festigkeit zusammenbricht. Da Erwärmungsvorgänge Zeit erfordern, kann ein solcher Durchschlag nur bei dauerhaft anliegender Spannung eintreten. Demgegenüber kommt es zu einem rein elektrischen Durchschlag bei kurzzeitiger Überbeanspruchung der elektrischen Festigkeit des Werkstoffs, z. B. durch Stoßspannung. Überlagern sich beide Mechanismen, spricht man von einem wärmeelektrischen Durchschlag. Teilentladungen (TE) in Hohlräumen (Gaseinschlüssen) können bei Wechselspannung zur funkenerosiven Zerstörung des Isolierstoffs und so zum Aufbau eines Durchschlagkanals führen. Bei sehr dünnen, hochdurchschlagfesten Isolierfolien kann das Material durch die elektrostatischen Kräfte zerquetscht werden und so seine Isolierfähigkeit verlieren. Man nennt dies einen mechanischen Durchschlag.

3.2.1 Wärmedurchschlag

Wird an eine Elektrodenanordnung eine Spannung dauerhaft angelegt, z. B. Wechselspannung, so erwärmt sich der Isolierstoff entweder durch die nach Abschn. 1.9.2 auftretenden dielektrischen Verluste oder durch Stromwärmeverluste infolge örtlich verstärkter Eigenleitfähigkeit.

In jedem Fall wird hierdurch dem Isolator ständig die Verlustleistung P_z zugeführt, die den Werksdoff auf die Innentemperatur ϑ_i aufheizt. Wegen der Temperaturdifferenz $\Delta\,\vartheta = \vartheta_i - \vartheta_a$ fließt bei der Außentemperatur ϑ_a die Leistung P_a als Wärmestrom wieder nach außen ab. Voraussetzung für den Wärmedurchschlag ist allerdings, daß die zugeführte Leistung P_z nach Bild 3.1 mit der Temperaturdifferenz $\Delta\,\vartheta$ stärker als linear wächst. Demgegenüber nimmt die abgeführte Leistung P_a bei konstanter Wärmeleitfähigkeit λ linear mit der Temperaturdifferenz zu. Ist die abgeführte Leistung $P_a = P_z$, kann keine weitere Erwärmung mehr erfolgen, und der stabile Endwert der Temperaturdifferenz $\Delta\,\vartheta$ ist erreicht. In Bild 3.1 ist dieser Gleichgewichtszustand bei der angelegten Spannung U_1 im Punkt G gegeben.

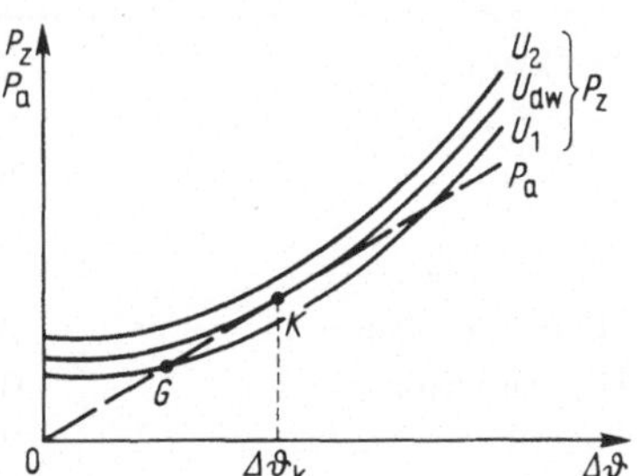

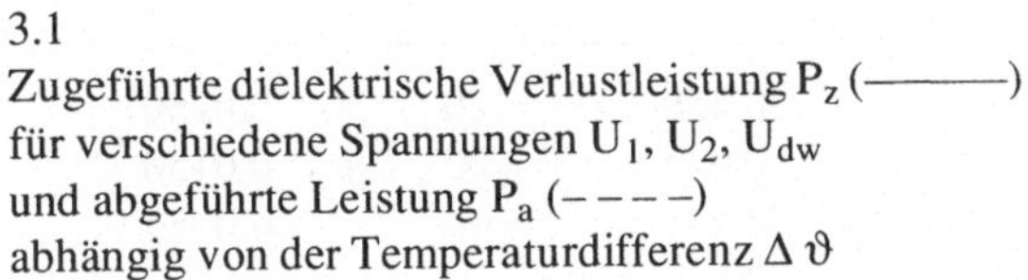

3.1
Zugeführte dielektrische Verlustleistung P_z (———)
für verschiedene Spannungen U_1, U_2, U_{dw}
und abgeführte Leistung P_a (– – – –)
abhängig von der Temperaturdifferenz $\Delta\,\vartheta$

Wird die Spannung auf den kritischen Wert, die K i p p - oder W ä r m e d u r c h - s c h l a g s p a n n u n g U_{dw}, erhöht, tangiert die Kurve der Leistung P_z die Leistungsgerade P_a im K i p p u n k t K. Hier liegt ein labiles Gleichgewicht vor. Bei weiterer Spannungserhöhung, z. B. auf die Spannung U_2, bleibt die zugeführte Leistung immer größer als die abgeführte. Die Innentemperatur ϑ_i wird dann bis zur thermischen Zerstörung des Isolierstoffs anwachsen, als deren Folge der Wärmedurchschlag auftritt. Die im Kippunkt K vorliegende K i p p t e m p e r a t u r d i f f e r e n z $\Delta\,\vartheta_k$ kann bei einer Innentemperatur ϑ_i auftreten, die weit unter der zulässigen Grenztemperatur des Werkstoffs liegt!

Die Temperaturabhängigkeit der dielektrischen Verlustzahl $\varepsilon_r'' = \varepsilon_r\,\tan\delta = \varepsilon_r\,d$ kann bei vielen Werkstoffen mit dem Temperaturbeiwert σ, der Bezugstemperatur ϑ_0 und der hierfür geltenden dielektrischen Verlustzahl $\varepsilon_{r0}'' = (\varepsilon_r\,\tan\delta)_0 = (\varepsilon_r\,d)_0$ durch eine Exponentialfunktion hinreichend genau beschrieben werden (Bild 3.2). Für die beliebige Temperatur ϑ gilt dann für die d i e l e k t r i s c h e V e r l u s t z a h l

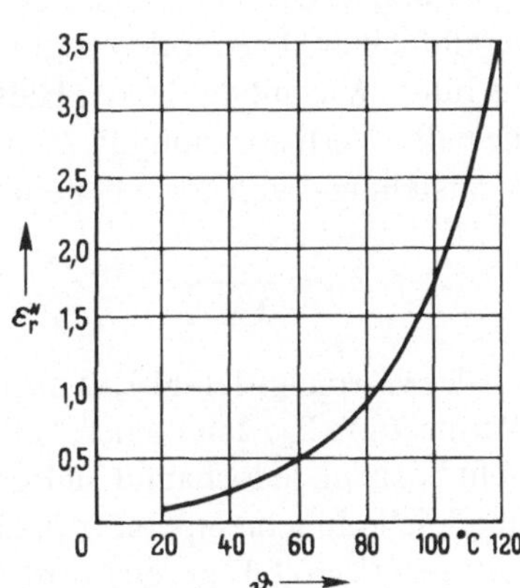

3.2
Dielektrische Verlustzahl $\varepsilon_r'' = \varepsilon_r\,\tan\delta$ von Porzellan
abhängig von der Temperatur ϑ

$$\varepsilon_r'' = \varepsilon_{r0}'' \, e^{\sigma(\vartheta - \vartheta_0)} \tag{3.1}$$

In Tafel 3.3 sind für einige Werkstoffe Werte angegeben, die allerdings nur der überschlägigen Berechnung dienen können, da jeder Isolierstoff in sehr unterschiedlichen Güteklassen vorkommen kann.

T a f e l 3.3 Dielektrische Materialeigenschaften einiger Isolierstoffe

Werkstoff	Wärmeleitfähigkeit λ in W / (m K)	Bezugsverlustzahl ε_{r0}''	Bezugstemperatur ϑ_0 in °C	Temperaturbeiwert σ in K^{-1}
Hartpapierplatten	0,30	0,250	20	0,0150
Hartpapierrohr	0,25	0,025	20	0,0150
Porzellan	0,8 bis 1,5	0,5	60	0,0334
Polyvenylchlorid	0,17	0,1	0	0,0462
Polyäthylen	0,3 bis 0,5	0,0005	0	≈ 0
Mineralöl (gute Qualität)	0,13 bis 0,16	0,001	50	0,044
Mineralöl (schlechte Qualität)	0,13 bis 0,16	0,03	50	0,044

3.2.1.1 Durchschlag infolge dielektrischer Erwärmung. Wird an planparallele Plattenelektroden nach Bild 3.4, deren Flächen A endlich, aber sehr groß angenommen werden, Wechselspannung angelegt, entsteht nach Gl. (1.54) im Feldbereich die dielektrische Verlustleistung P_d, die infolge der Temperaturdifferenz $\Delta\vartheta = \vartheta_i - \vartheta_a$ je zur Hälfte zur linken und zur rechten Platte mit der Außentemperatur ϑ_a abfließt. Da jedes Volumenelement dV eine solche Wärmequelle darstellt, wird der Wärmestrom zu den Platten hin immer größer, und es ergibt sich die auf der rechten Bildseite über der Wegveränderlichen x dargestellte Temperaturverteilung.

Die rechnerische Behandlung führt hierbei zu einer nichtlinearen Differentialgleichung 2. Ordnung, deren Lösung recht umständlich ist. Es soll deshalb hier ein vereinfachtes Denkmodell zugrunde gelegt werden, das letztlich zum gleichen Ergebnis führt. Wie auf der linken Hälfte von Bild 3.4 dargestellt, wird angenommen, daß die halbe Verlustleistung $P_d / 2$ insgesamt auf der im Abstand x_1 befindlichen Fläche A entsteht und von dort über einen Bruchteil des W ä r m e w i d e r s t a n d s

$$R_\vartheta = \frac{s}{2\,\lambda\,A} \tag{3.2}$$

mit der Wärmeleitfähigkeit λ abfließt. Der Reduktionsfaktor k berücksichtigt, daß der Wärmestrom $P_d / 2$ nur einen Teil der Strecke s / 2 durchfließt. Hierbei ist x_1 zunächst nicht bekannt, jedoch muß im Bereich $0 \le x \le s/2$ ein Wert x_1 existieren, bei dem sich die gleiche Innentemperatur ϑ_i einstellt, wie auf der rechten Bildhälfte. Dies ist der Fall, wenn k = 0,837 gesetzt wird. Es gilt dann für die T e m p e r a t u r d i f f e r e n z

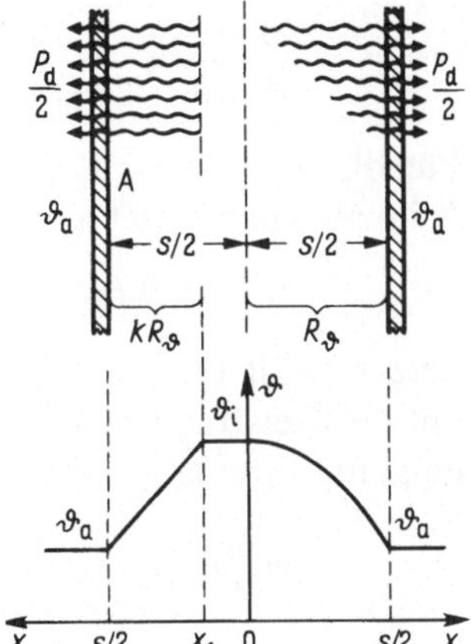

3.4
Planparallele Plattenelektroden mit dielektrischer Verlustleistung P_d und Temperaturverteilung über der Wegveränderlichen x bei wirklichen Verhältnissen (rechte Bildhälfte) und im Modellfall (linke Bildhälfte)

$$\Delta \vartheta = \vartheta_i - \vartheta_a = k\, R_\vartheta\, P_d / 2 \tag{3.3}$$

Wird nach Gl. (1.54) die Verlustleistung $P_d = E^2\, \omega\, \varepsilon_0\, \varepsilon_r''$ As eingeführt, ergibt sich aus Gl. (3.3) mit der elektrischen Feldstärke $E = U/s$ und unter Berücksichtigung von Gl. (3.1) die Temperaturdifferenz

$$\Delta \vartheta = \frac{k\, \omega\, \varepsilon_0\, \varepsilon_{r0}''\, U^2}{4\,\lambda}\, e^{\sigma(\vartheta - \vartheta_0)} = \frac{k\, \omega\, \varepsilon_0\, \varepsilon_{r0}''\, U^2}{4\,\lambda}\, e^{\sigma\, \Delta\vartheta/2}\, e^{\sigma(\vartheta_a - \vartheta_0)} \tag{3.4}$$

wenn als Mittelwert für die Temperatur $\vartheta = (\vartheta_i + \vartheta_a)/2 = \Delta\vartheta/2 + \vartheta_a$ und für $\vartheta - \vartheta_0 = [(\vartheta_i + \vartheta_a)/2] - \vartheta_0 = [\vartheta_i - \vartheta_a + 2\,(\vartheta_a - \vartheta_0)]/2 = (\Delta\vartheta/2) + \vartheta_a - \vartheta_0$ gesetzt wird. Aus Gl. (3.4) folgt für das Quadrat der Spannung

$$U^2 = \frac{4\,\lambda}{k\, \omega\, \varepsilon_0\, \varepsilon_{r0}''}\, e^{-\sigma(\vartheta_a - \vartheta_0)}\, \Delta\vartheta\, e^{-\sigma\,\Delta\vartheta/2} = f\,(\Delta\vartheta) \tag{3.5}$$

dessen Abhängigkeit von der Temperaturdifferenz $\Delta\vartheta$ in Bild 3.5 wiedergegeben ist. Die Kipptemperaturdifferenz $\Delta\vartheta_k$ liegt vor, wenn U^2 den Scheitelwert der Kurve erreicht. Gl. (3.5) hat den Differentialquotienten

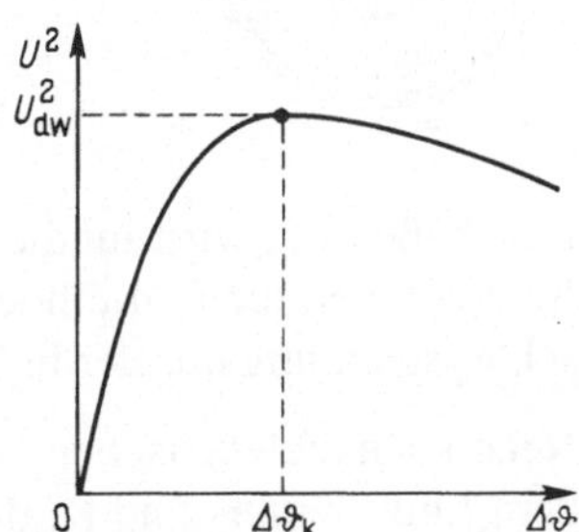

3.5
Quadrat der effektiven Wechselspannung U^2 abhängig von der Temperaturdifferenz $\Delta\vartheta$

$$\frac{d\,U^2}{d\,\Delta\,\vartheta} = \frac{4\,\lambda}{k\,\omega\,\varepsilon_0\,\varepsilon''_{r0}}\,e^{-\sigma(\vartheta_a-\vartheta_0)}\left(e^{-\sigma\Delta\vartheta/2} - \frac{\sigma\,\Delta\,\vartheta}{2}\,e^{-\sigma\Delta\vartheta/2}\right) \tag{3.6}$$

Für $dU^2 / (d\,\Delta\vartheta) = 0$ ergibt sich aus dem Klammerausdruck $(1 - \sigma\,\Delta\vartheta_k / 2)$ die Kipptemperaturdifferenz

$$\Delta\,\vartheta_k = 2 / \sigma \tag{3.7}$$

Setzt man Gl. (3.7) in Gl. (3.5) ein und faßt alle konstanten Größen zusammen, wobei mit der Kreisfrequenz ω die Frequenz $f = \omega / (2\,\pi)$ und der Reduktionsfaktor $k = 0{,}837$ eingeführt werden, erhält man die Wärmedurchschlagspannung

$$U_{dw} = 0{,}748\,\sqrt{\frac{\lambda}{\sigma\,f\,\varepsilon_0\,\varepsilon''_{r0}}}\;e^{-\sigma(\vartheta_a-\vartheta_0)/2} \tag{3.8}$$

Es ist besonders bemerkenswert, daß die Wärmedurchschlagspannung unabhängig von der Schichtdicke (Schlagweite s) des Isolierstoffs ist. Die Wärmedurchschlagfestigkeit kann deshalb nicht durch eine dickere Isolation, sondern ausschließlich durch Wahl eines anderen Werkstoffs verbessert werden.

Gl. (3.8) gilt auch für koaxiale Zylinderelektroden, wenn Innen- und Außenelektrode, z. B. durch gemeinsame Kühlung, die gleiche Außentemperatur ϑ_a aufweisen. Tritt die größte Temperatur ϑ_i, wie beim Einleiterkabel, am Innenleiter auf, erniedrigt sich die Wärmedurchschlagspannung gegenüber der nach Gl. (3.8) um die Hälfte. Eine weitere Erniedrigung ergibt sich, wenn im Innenleiter zusätzlich Stromwärmeverluste entstehen, die bei der Ableitung von Gl. (3.8) nicht berücksichtigt sind.

3.2.1.2 Einfluß von Stromwärmeverlusten. Bei den in Bild 3.6 dargestellten Zylinderelektroden wird angenommen, daß über der Schlagweite $s = r_2 - r_1$ die Wechselspannung U anliegt und im Innenleiter der Strom I fließt.

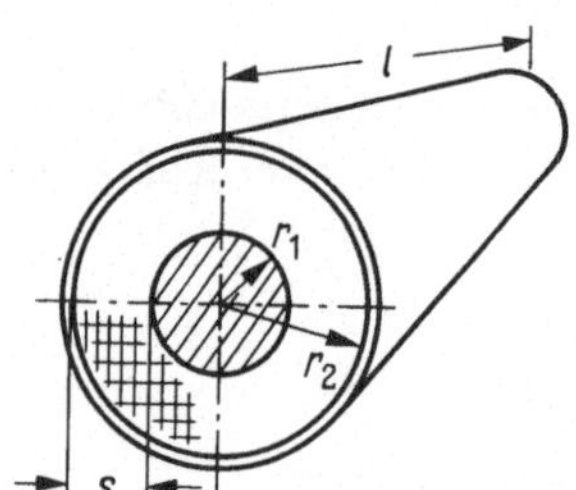

3.6
Zylinderelektroden mit Feststoffisolierung (Modell eines Einleiterkabels)

Das Außenrohr wird auf die Außentemperatur ϑ_a gekühlt; der Innenleiter weist mit der Innentemperatur ϑ_i die höchste Temperatur auf. Folglich gilt für die Wärmedurchschlagspannung nur der halbe Wert nach Gl. (3.8).

Neben den dielektrischen Verlusten P_d nach Gl. (1.54) müssen mit der Leiterlänge ℓ, dem Leiterwiderstand R, dem Leiterquerschnitt A_L und der elektrischen Leitfähigkeit γ zusätzlich die Stromwärmeverluste

$$P_{Str} = I^2 R = I^2 \ell / (\gamma A_L) \tag{3.9}$$

nach außen abgeführt werden. Analog zu Gl. (3.3) gilt dann mit dem Reduktionsfaktor k für die Temperaturdifferenz

$$\Delta \vartheta = \vartheta_i - \vartheta_a = (k P_d + P_{Str}) R_\vartheta \tag{3.10}$$

wobei nun mit dem Wärmewiderstand

$$R_\vartheta = \ln(r_2 / r_1) / (2 \pi \lambda \ell)$$

der Zylinderordnung gerechnet wird.

Führt man die Rechnung wie in Abschn. 3.2.1.1 durch, erhält man die Wärmedurchschlagspannung

$$U'_{dw} = 0{,}347 \sqrt{\frac{\lambda}{\sigma f \varepsilon_0 \varepsilon''_{r0}}}\, e^{-\sigma(\vartheta_a - \vartheta_0)/2} \cdot e^{-\frac{P'_{Str} \sigma \ln(r_2/r_1)}{8 \pi \lambda}} = U_{dw} f_m \tag{3.11}$$

Hierbei wird die durch die dielektrischen Verluste allein bewirkte Wärmedurchschlagspannung U_{dw} um den Minderungsfaktor

$$f_m = \frac{U'_{dw}}{U_{dw}} = e^{-\frac{P'_{Str} \sigma \ln(r_2/r_1)}{8 \pi \lambda}} \tag{3.12}$$

mit den längenbezogenen Stromwärmeverlusten $P'_{Str} = P_{Str} / \ell$, dem Temperaturbeiwert σ nach Gl. (3.1) und der Wärmeleitfähigkeit λ herabgesetzt.

Beispiel 3.1. Eine PVC-isolierte Elektrodenanordnung mit Kupferleiter nach Bild 3.6 (z. B. Einleiterkabel) hat bei dem Leiterquerschnitt $A_L = 300\ \text{mm}^2$ den Leiterradius $r_1 = 10$ mm und den Mantelinnenradius $r_2 = 15$ mm. Der Metallmantel soll die Außentemperatur $\vartheta_a = 30\ °\text{C}$ aufweisen. Bekannt sind weiter die Frequenz f = 50 Hz, die für 20 °C geltende elektrische Leitfähigkeit $\gamma_{20} = 56\ \text{Sm/mm}^2$ und der Temperaturbeiwert $\alpha_{20} = 4 \cdot 10^{-3}\ \text{K}^{-1}$ für die Wärmeabhängigkeit des Leiterwiderstands. Für den Isolierstoff gelten die Werte nach Tafel 3.3. Wie groß ist die Wärmedurchschlagspannung bei Leerlauf ($I \approx 0$) und bei dem Strom I = 600 A?

Im Leerlauf ($P'_{Str} = 0$) ist nach Gl. (3.11) die Wärmedurchschlagspannung

$$U_{dw} = 0{,}374 \sqrt{\frac{\lambda}{\sigma f \varepsilon_0 \varepsilon''_{r0}}}\, e^{-\sigma(\vartheta_a - \vartheta_0)/2}$$

$$= 0{,}374 \sqrt{\frac{0{,}17\ \text{W}/(\text{m K})}{0{,}0462\ \text{K}^{-1} \cdot 50\ \text{s}^{-1}\ (8{,}854\ \text{pF/m})\ 0{,}1}} \cdot e^{-0{,}0462\ \text{K}^{-1}\ (30-0)\ \text{K}/2}$$

$$= 53920\ \text{V} \approx 54\ \text{kV}$$

Die Berechnung der Stromwärmeverluste setzt die Kenntnis der Leitertemperatur ϑ_i voraus, die in diesem Fall mit $\vartheta_i = 70$ °C geschätzt wird. Mit der auf die Leitertemperatur umgerechneten Leitfähigkeit (s. Band I)

$$\gamma = \gamma_{20} / [1 + \alpha_{20} (\vartheta_i - 20\,°C)] = (56\ \text{Sm/mm}^2) / [1 + 4 \cdot 10^{-3}\ \text{K}^{-1} (70\,°C - 20\,°C)]$$
$$= 46{,}67\ \text{Sm/mm}^2$$

ergeben sich nach Gl. (3.9) die bezogenen Stromwärmeverluste

$$P'_{Str} = P_{Str} / \ell = I^2 / (A_L\ \gamma) = (600\ \text{A})^2 / (300\ \text{mm}^2 \cdot 46{,}67\ \text{Sm/mm}^2)$$
$$= 25{,}71\ \text{W/m}$$

Mit $\ln(r_2 / r_1) = \ln(15\ \text{mm} / 10\ \text{mm}) = 0{,}4055$ ist nach Gl. (3.12) der Minderungsfaktor

$$f_m = \exp\left[-\frac{P'_{Str}\ \sigma \ln(r_2 / r_1)}{8\pi\lambda}\right] = \exp\left[-\frac{(25{,}71\ \text{W/m}) \cdot 0{,}0462\ \text{K}^{-1} \cdot 0{,}4055}{8\pi \cdot 0{,}17\ \text{W/(m K)}}\right]$$
$$= 0{,}8934$$

Durch die Stromwärmeverluste wird die Wärmedurchschlagspannung auf rund 90% des bei Leerlauf auftretenden Wertes, also auf $U'_{dw} = U_{dw}\ f_m = 54\ \text{kV} \cdot 0{,}89 = 48\ \text{kV}$, abgesenkt.

3.2.1.3 Durchschlag durch leitfähigen Kanal. Bei Wärmedurchschlägen dieser Art wird davon ausgegangen, daß zwischen den Elektroden ein dünner, leitfähiger Kanal besteht, der sich durch den Ableitstrom I auf die Innentemperatur ϑ_i aufheizt und schließlich zur thermischen Zerstörung der Isolierstrecke führt. Nach Bild 3.7 wird hier vereinfachend ein zylindrischer Leitkanal mit dem Durchmesser D_k, der Länge s und dem Kanalquerschnitt $A_k = \pi\ D_k^2 / 4$ angenommen, der sich in dem Einbettungsmaterial mit der konstanten Außentemperatur ϑ_a befindet.

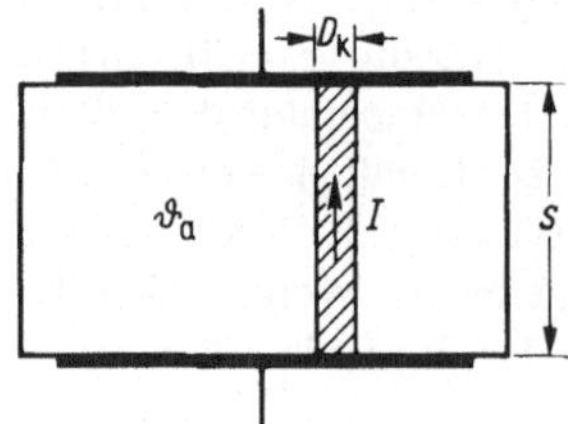

3.7
Plattenelektroden mit Feststoffisolierung und leitfähigem Kanal

Mit der Bezugstemperatur ϑ_0, der zugehörigen elektrischen Leitfähigkeit γ_0 und dem Temperaturbeiwert β soll näherungsweise die e l e k t r i s c h e L e i t f ä h i g k e i t

$$\gamma = \gamma_0\ e^{\beta(\vartheta_i - \vartheta_0)} = \gamma_0\ e^{\beta(\Delta\vartheta + \vartheta_a - \vartheta_0)} = \gamma_0\ e^{\beta(\vartheta_a - \vartheta_0)}\ e^{\beta\Delta\vartheta} \tag{3.13}$$

mit der Kanaltemperatur ϑ_i wie auch mit der Temperaturdifferenz $\Delta\vartheta = \vartheta_i - \vartheta_a$ exponentiell anwachsen. Bei der anliegenden Spannung U und dem Kanalwiderstand $R = s / (\gamma A_k)$ beträgt die z u g e f ü h r t e L e i s t u n g

$$P_z = \frac{U^2}{R} = \frac{U^2\,\gamma\,A_k}{s} = \frac{U^2\,\gamma_0\,\pi\,D_k^2}{4\,s}\,e^{\beta(\vartheta_a - \vartheta_0)}\,e^{\beta\Delta\vartheta} \tag{3.14}$$

Wegen der Temperaturdifferenz $\Delta\vartheta$ wird andererseits über die Kanaloberfläche $A_0 = \pi\,D_k\,s$ mit der Wärmeübergangszahl α_k die L e i s t u n g

$$P_a = \alpha_k\,A_0\,\Delta\,\vartheta = \alpha_k\,\pi\,D_k\,s\,\Delta\,\vartheta \tag{3.15}$$

in das Einbettungsmaterial a b g e f ü h r t.

Temperaturgleichgewicht besteht, wenn die zugeführte Leistung nach Gl. (3.14) gleich der abgeführten Leistung nach Gl. (3.15), also $P_z = P_a$ ist. Hieraus findet man für das Quadrat der angelegten S p a n n u n g

$$U^2 = \frac{4\,\alpha_k\,s^2}{\gamma_0\,D_k}\,e^{-\beta(\vartheta_a - \vartheta_0)} \cdot \Delta\,\vartheta\,e^{-\beta\Delta\vartheta} \tag{3.16}$$

Der Vergleich mit Gl. (3.5) zeigt, daß es sich hierbei um die gleiche Funktion $U^2 = f(\Delta\,\vartheta)$ handelt und folglich auch der in Bild 3.5 dargestellte Kurvenverlauf zutrifft, aus dem sich die W ä r m e d u r c h s c h l a g s p a n n u n g

$$U_{dw} = 1{,}213\,\sqrt{\frac{\alpha_k}{\gamma_0\,D_k\,\beta}}\;s\,e^{-\beta(\vartheta_a - \vartheta_0)/2} \tag{3.17}$$

als Scheitelwert aus der 1. Ableitung mit der K i p p t e m p e r a t u r d i f f e r e n z $\Delta\,\vartheta_k = \beta^{-1}$ ermitteln läßt. Nach [31], [56] kann erfahrungsgemäß das Verhältnis $m = D_k / s$ aus Kanaldurchmesser D_k und der Isolierstoffdicke s als konstante Größe angesetzt werden. Es ergibt sich dann für die W ä r m e d u r c h s c h l a g s p a n - n u n g

$$U_{dw} = 1{,}213\,\sqrt{\frac{\alpha_k}{\gamma_0\,m\,\beta}}\;\sqrt{s}\;e^{-\beta(\vartheta_a - \vartheta_0)/2} \tag{3.18}$$

Im Gegensatz zur Wärmedurchschlagspannung infolge dielektrischer Verluste nach Gl. (3.8) gilt Gl. (3.18) für G l e i c h - u n d W e c h s e l s p a n n u n g und die Durchschlagspannung wächst hier mit der Isolierstoffdicke s. In der Praxis wird sich aber kaum eine Fehlstelle in der Isolierung ergeben, die dem idealisierten Modell nach Bild 3.7 entspricht. Außerdem sind die Wärmeübergangszahl α_k, der Temperaturbeiwert β und das Verhältnis m recht unsichere Größen. Gl. (3.18) hat deshalb ausschließlich qualitative Bedeutung und kann bestenfalls Hinweise auf die Einflußgrößen vermitteln. Bei Versuchen mit künstlichen Fehlstellen hat sich allerdings gezeigt, daß die für eine Isolierstoffdicke gemessene Wärmedurchschlagspannung U_{dw} mit G1. (3.18) auf andere Dicken s umgerechnet werden kann.

3.2.2 Innere Teilentladung

Teildurchschläge in Hohlräumen fester Isolierstoffe führen nach Bild 3.8 a bei Wechselspannung zu einer funkenerosiven Zerstörung der Fehlstellenoberfläche, in deren Folge mit der Zeit Teildurchschlagkanäle zu den Elektroden vorwachsen und so den Volldurchschlag einleiten. Solche Hohlräume können bei Vergußmassen als Gasblasen oder bei Kabeln als Spalte zwischen den feldbegrenzenden Schichten und der Isolierung entstehen. Gasblasen weisen wegen der im Vergleich zum Feststoff geringeren Dielektrizitätszahl ε_r nach Abschn. 1.9.5 eine höhere elektrische Feldstärke als das umgebende Material auf. Vielfach ist auch der Dampfdruck in diesen Hohlräumen sehr niedrig, wodurch zusätzlich die Durchchlagfestigkeit nach Abschn. 2.4 herabgesetzt wird.

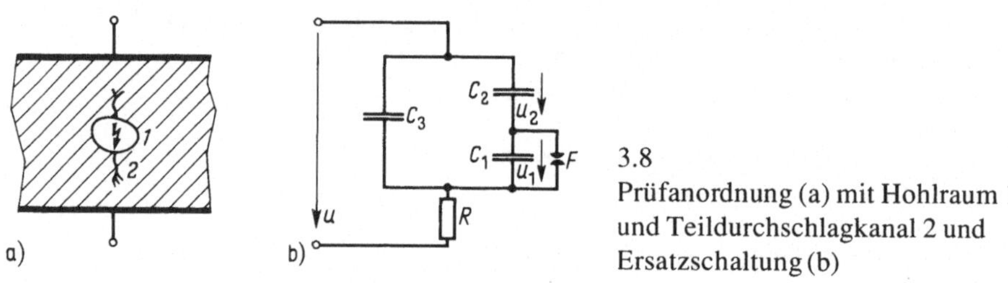

3.8
Prüfanordnung (a) mit Hohlraum 1 und Teildurchschlagkanal 2 und Ersatzschaltung (b)

In der in Bild 3.8 b angegebenen Ersatzschaltung bildet die Kapazität C_1 die Fehlstelle nach, die über die Funkenstrecke F mit der Spannung U_d durchschlägt. C_2 berücksichtigt die mit der Fehlstelle in Reihe liegende Kapazität und C_3 die restliche Parallelkapazität des Prüflings. Der äußere Widerstand R dient der Messung.

Liegt am Prüfling die zeitlich veränderliche Spannung u, so ergeben sich die Spannungen u_1 und u_2 durch die kapazitive Spannungsteilung. Erreicht hierbei die Spannung u_1 die Durchschlagspannung U_d, wird die Funkenstrecke F durchschlagen und die Kapazität C_1 entladen, wobei die Kapazität C_2 auf die momentane Gesamtspannung $u = u_{20}$ aufgeladen wird. Bei weiter ansteigender Spannung u baut sich dann an der Kapazität C_1 erneut die Spannung

$$u_1 = \frac{C_2}{C_1 + C_2} [u - u_{20}] \tag{3.19}$$

auf. In Bild 3.9 ist der Verlauf der Spannungen u und u_1 dargestellt. Nach jedem Durchschlag folgt nach Gl. (3.19) die Spannung u_1 abstandsgleich dem Verlauf der gestrichelt gezeichneten teilentladungsfreien Kurve für die Spannung u_{10}. Hierbei wird angenommen, daß die Kapazität C_1 bei jedem Durchschlag völlig entladen wird, was den wirklichen Verhältnissen allerdings nicht entspricht, bei denen immer eine Restspannung erhalten bleibt.

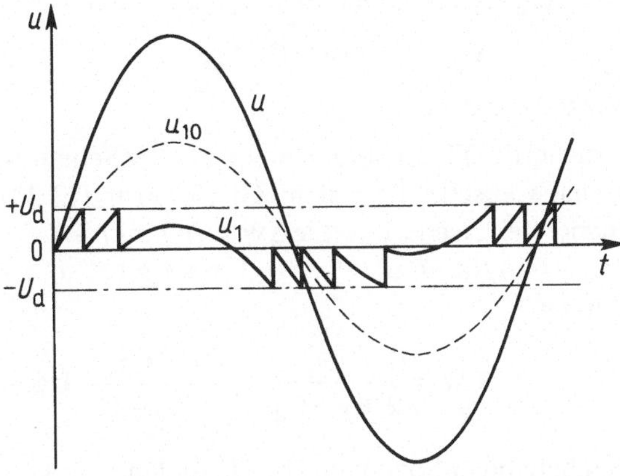

3.9
Verläufe der Prüfspannung u und der Spannung u_1 am Hohlraum mit der Durchschlagspannung U_d. (– – – –) Verlauf der Spannung u_{10} ohne Teilentladung

Die Teilentladungs-Einsetzspannung U_E ist erreicht, wenn an der Kapazität C_1 der Scheitelwert der Spannung $\hat{u}_{10} = U_d$ wird. In diesem Fall kommt es in Anlehnung an Bild 3.9 in einer Periode zu vier Teildurchschlägen. Ist $\hat{u}_{10} = 2\,U_d$, ergeben sich acht Durchschläge, so daß allgemein die Anzahl der Teilentladungen je Periode mit

$$n = 4\,\hat{u}_{10} / U_d = 4\,U / U_E \tag{3.20}$$

anzugeben ist. Hierbei kann das Spannungsverhältnis $\hat{u}_{10} / U_d$ auch durch die Effektivwerte von anliegender Gesamtspannung U und der TE-Einsetzspannung U_E ausgedrückt werden. Für $U < U_E$ ist $n = 0$.

Die Teildurchschlagshäufigkeit wächst also mit der Höhe der angelegten Spannung. Im Gegensatz zur äußeren Teilentladung nach Abschn. 2.6.5, bei denen die Entladungsimpulse in den Spannungsscheiteln auftreten, sind sie bei innerer Teilentladung um die Spannungsnulldurchgänge gruppiert.

Da eine Teilentladung im Bereich einiger Nanosekunden abläuft und in dieser Zeit wegen der unvermeidlichen Induktivität der Zuleitung eine Nachladung nicht erfolgen kann, bricht also die Spannung am Prüfling zunächst um die Differenz Δu zusammen. Liegt an der Ersatzschaltung nach Bild 3.8 b zum Zeitpunkt des Teildurchschlags gerade die Gesamtspannung u, so müssen unmittelbar vor und nach dem Durchschlag der Funkenstrecke F die L a d u n g e n

$$Q = u\left(\frac{C_1 C_2}{C_1 + C_2} + C_3\right) = (u - \Delta u)(C_2 + C_3) \tag{3.21}$$

der jeweiligen Gesamtkapazitäten gleich sein. Da an der Kapazität C_1 vor der Teilentladung die Durchschlagspannung $U_d = C_2\,u / (C_1 + C_2)$ liegt, kann die Gesamtspannung u in Gl. (3.21) durch die Durchschlagspannung U_d der Fehlstelle ausgedrückt werden. Es ergibt sich dann für die S p a n n u n g s a b s e n k u n g

$$\Delta u = \frac{C_2}{C_2 + C_3} U_d \approx \frac{C_2}{C_3} U_d \tag{3.22}$$

da i. allg. $C_3 \gg C_2$ ist. Es kann dann auch für die nachfließende Ladung

$$\Delta Q \approx C_3 \, \Delta u = C_2 \, U_d \tag{3.23}$$

gesetzt werden.

Tritt bei der TE-Einsetzspannung U_E im Scheitelwert $\hat{u}_E$ ein Teildurchschlag auf, dann ist nach Abschn. 1.8 und mit Gl. (3.19) und (3.23) die hierbei vom Prüfling aufgenommene elektrische Energie $\Delta W = \Delta Q \, \hat{u}_E / 2 = C_2 \, U_d \, \hat{u}_E / 2$. Mit $\hat{u}_{10} = U_d = C_2 \, \hat{u}_E / (C_1 + C_2)$ gilt somit für die Energie einer einzelnen Teilentladung

$$\Delta W = \frac{1}{2} \frac{C_2^2}{C_1 + C_2} \hat{u}_E^2 = \frac{C_2^2}{C_1 + C_2} U_E^2 \tag{3.24}$$

Bei beliebiger Spannung $U > U_E$ ist dann die Gesamtenergie in einer Periode

$$W = n \, \Delta W = 4 \frac{U}{U_E} \frac{C_2^2}{C_1 + C_2} U_E^2 = 4 \frac{C_2^2}{C_1 + C_2} U \, U_E \tag{3.25}$$

und mit der Frequenz f und der Periodendauer $T = 1/f$ die durch die Teilentladungen bedingte Wirkleistung

$$P_{TE} = \frac{W}{T} = W f = 4 f \frac{C_2^2}{C_1 + C_2} U \, U_E \tag{3.26}$$

Mit dem kapazitiven Blindstrom $I_C = U \, \omega \, C_{ges}$ erhält man die Blindleistung

$$Q = U \, I_C = U^2 \, \omega \, C_{ges} = U^2 \, 2 \pi f \left(\frac{C_1 \, C_2}{C_1 + C_2} + C_3 \right) \tag{3.27}$$

und somit den bei einer einzelnen Fehlstelle aus der Teilentladung resultierenden Verlustfaktor

$$\tan \delta_{TE} = P_{TE} / Q = \text{const} \frac{U_E}{U} \tag{3.28}$$

der nach Gl. (3.28) bei $U = U_E$ sprunghaft auftritt und mit wachsender Spannung U wieder kleiner wird. Für $U < U_E$ ist $\tan \delta_{TE} = 0$. Bei einer Vielzahl von Hohlräumen steigt der Verlustfaktor dagegen nicht sprunghaft sondern stetig an, weil mit steigender Spannung auch die Anzahl der betroffenen Fehlstellen zunimmt [2].

Das plötzliche Auftreten solcher Ladungsimpulse bei Spannungssteigerung weist aus, daß sich in der Isolation des Prüflings Hohlräume befinden müssen, in denen sich Teilentladungen ereignen. Gemessen werden die Teilentladung-Einsetzspannung U_E und bei anschließender Spannungsabsenkung die Teilentladung-Aussetzspannung U_A. Die Größe der nach Gl. (3.23) nachfließenden Ladungen kann u. U. Hinweise auf die mögliche Abmessung der Fehlstelle geben; eine Aussage über die Lebensdauer der geprüften Anordnung ist hieraus jedoch nicht abzuleiten.

Beispiel 3.2. In der Kunststoffplatte nach Bild 3.10 mit der Dielektrizitätszahl $\varepsilon_r = 3$ und der Dicke d = 5 mm befindet sich ein zylindrischer, mit Luft gefüllter Hohlraum der Tiefe s = 1 mm und dem Durchmesser D = 4 mm. Der Gasdruck beträgt p = 1,0 bar, die Temperatur $\vartheta = 20\,°C$. Wie groß sind die Teilentladung-Einsetzspannung und die Ladung eines Teilentladungsimpulses?

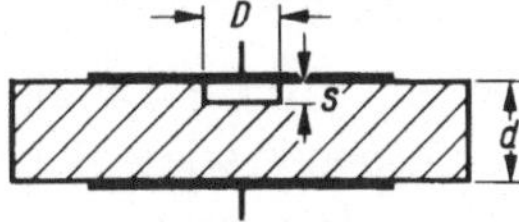

3.10
Prüfling mit zylindrischem Hohlraum

Nach Gl. (2.32) ist mit den Koeffizienten b = 1,85 kV / (bar mm) und c = 3,87 kV/(bar mm)$^{1/2}$ aus Tafel 2.16 die Durchschlagspannung des Hohlraums

$$U_d = b\,p\,s + c\sqrt{p\,s} = [1{,}85\ \text{kV}/(\text{bar mm})]\,1{,}0\ \text{bar}\cdot 1{,}0\ \text{mm} + [3{,}87\ \text{kV}/(\text{bar mm})^{1/2}]\,(1{,}0\ \text{bar}\cdot 1{,}0\ \text{mm})^{1/2} = 5{,}72\ \text{kV}$$

Für den Hohlraum erhält man die Kapazität

$$C_1 = \frac{\varepsilon_0\,\pi\,D^2}{4\,s} = \frac{(8{,}854\ \text{pF/m})\,\pi\,(4\ \text{mm})^2}{4\cdot 1{,}0\ \text{mm}} = 0{,}1113\ \text{pF}$$

und für den in Reihe liegenden Feststoff die Kapazität

$$C_2 = \frac{\varepsilon_0\,\varepsilon_r\,\pi\,D^2}{4\,(d-s)} = \frac{(8{,}854\ \text{pF/m})\cdot 3\,\pi\,(4\ \text{mm})^2}{4\,(5\ \text{mm}-1\ \text{mm})} = 0{,}0834\ \text{pF}$$

Die Einsetzspannung ist erreicht, wenn die am Hohlraum liegende Sinusspannung $u_1 = U_d$ wird. Aus Gl. (3.19) ergibt sich der Scheitelwert der Einsetzspannung

$$\hat{u}_E = (C_1 + C_2)\,U_d / C_2 = (0{,}1113\ \text{pF} + 0{,}0834\ \text{pF})\cdot 5{,}72\ \text{kV}/(0{,}0834\ \text{pF}) = 13{,}35\ \text{kV}$$

Somit beträgt die Teilentladung-Einsetzspannung $U_E = \hat{u}_E/\sqrt{2} = 13{,}35\ \text{kV}/\sqrt{2} = 9{,}44\ \text{kV} \approx 9{,}4\ \text{kV}$. Nach Gl. (3.23) ist die bei einem Teildurchschlag nachfließende Ladung

$$Q = C_2\,U_d = 0{,}0834\ \text{pF}\cdot 5{,}72\ \text{kV} = 477{,}1\ \text{pC} \approx 480\ \text{pC}$$

3.2.3 Elektrischer Durchschlag

Eine einheitliche Theorie für den rein elektrischen Durchschlag in festen Isolierstoffen kann es schon deshalb nicht geben, weil Festkörper die unterschiedlichsten chemischen Strukturen aufweisen können. Hier werden organische (Papier, Kunststoffe) und anorganische (Glas, Porzellan) Werkstoffe unterschieden, die in amorpher, kristalliner, hochpolymerer oder in einer hieraus gemischten Form vorliegen. Dennoch kann davon ausgegangen werden, daß der elektrische Durchschlag bei all diesen Stoffen durch einen Elektronenmechanismus entsteht, bei dem freibewegliche

Elektronen, durch Stoßionisation Elektronenlawinen bewirken, die den Durchschlag einleiten. Werden hierbei Elektronen, meist bei amorphen Stoffen, durch die elektrischen Feldkräfte in das Leitungsband gehoben, dann spricht man von innerer Feldemission. Bei stark inhomogenen Feldern können Elektronen durch äußere Feldemission unmittelbar aus der Elektrodenoberfläche in den Isolierstoff gelangen.

Ein elektrischer Durchschlag liegt i. allg. immer dann vor, wenn die Beanspruchungsdauer, wie z. B. bei Stoßspannung, so klein ist, daß sich ein Wärmedurchschlag oder ein Durchschlag infolge von Teilentladungen nicht entwickeln kann. Allgemein gilt mit der Durchschlagfeldstärke E_d, der Schlagweite s und dem Ausnutzungsfaktor η für die Durchschlagspannung

$$U_d = E_d \, s \, \eta \tag{3.29}$$

Die Durchschlagfeldstärke E_d ist allerdings keine Materialkonstante, die bei gleichem Werkstoff aber unterschiedlichen Isolieranordnungen allgemein gültig ist. Sie ist vielmehr eine Größe, mit der Werkstoffe verglichen werden können, die unter gleichen Bedingungen geprüft werden. E_d ist von vielen Einflußgrößen abhängig, so z. B. von der Prüfdauer, der Temperatur und dem Prüfvolumen. Deswegen können in Tafel 1.19 für die Durchschlagfeldstärken nur grobe Wertebereiche angegeben werden.

Betrachtet man einmal sehr vereinfacht einen Feststoff als ein sehr hoch komprimiertes Gas und überträgt die nach Abschn 2.3 im Gas ablaufenden Entladungsvorgänge auf das feste Material, so muß die materialeigene Durchschlagfestigkeit (Intrinsic-Festigkeit) sehr viel größer sein als die von Gasen. In der Tat beträgt sie einige MV/cm und ist hauptsächlich von der Temperatur abhängig. Nach Bild 3.11 ist die für dünne Polyäthylenfolien bei der Temperatur ϑ = 20 °C mit Gleichspannung ermittelte Durchschlagfeldstärke E_d = 8,1 MV/cm, die sich bei 100 °C bereits auf E_d = 3,1 MV/cm erniedrigt. Bei Epoxidharzformstoffen wurden mit Stoßspannung bei Schlagweiten s = 3 mm Durchschlagfeldstärken $E_d \approx 4$ MV / cm gemessen.

Da nach Bild 3.11 die Durchschlag-Gleichspannung U_d linear mit der Schlagweite s ansteigt, ist die Durchschlagfeldstärke $E_d = U_d / s$ offensichtlich unabhängig vom Prüfvolumen V. Mit zunehmendem Materialvolumen steigt allerdings die Wahr-

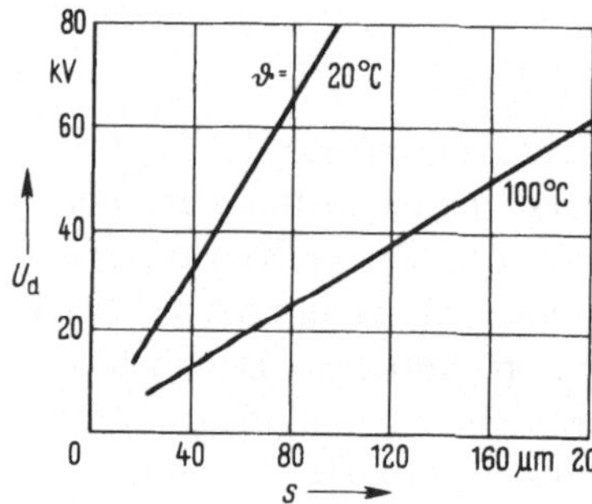

3.11
Durchschlag-Gleichspannung U_d von Polyäthylen (0,92 g / cm^3) abhängig von der Schlagweite s bei verschiedenen Temperaturen ϑ

scheinlichkeit, daß von den im Isolierstoff befindlichen Schwachstellen immer mehr in den Prüfbereich gelangen, wodurch die Durchschlagfestigkeit insbesondere bei W e c h s e l s p a n n u n g herabgesetzt wird. Diese auch als V o l u m e n e f f e k t bezeichnete Gesetzmäßigkeit zeigt Bild 3.12. Mit der Exponentialkonstanten k kann die Feldstärke

$$E_{d2} = E_{d1}\left(\frac{V_1}{V_2}\right)^{1/k} \tag{3.30}$$

für das Prüfvolumen V_2 aus der Feldstärke E_{d1} berechnet werden, die für das Prüfvolumen V_1 ermittelt wurde. Die Ableitung von Gl. (3.30) ist in Abschn. 5.2 ausgeführt (s. a. Beispiel 5.3). Für Polyäthylen (PE) wurden Exponentialkonstanten k = 7,5 (PE niederer Dichte) bis k = 25 (PE hoher Dichte) und für Epoxidharz k = 1,2 bis 2,6 ermittelt.

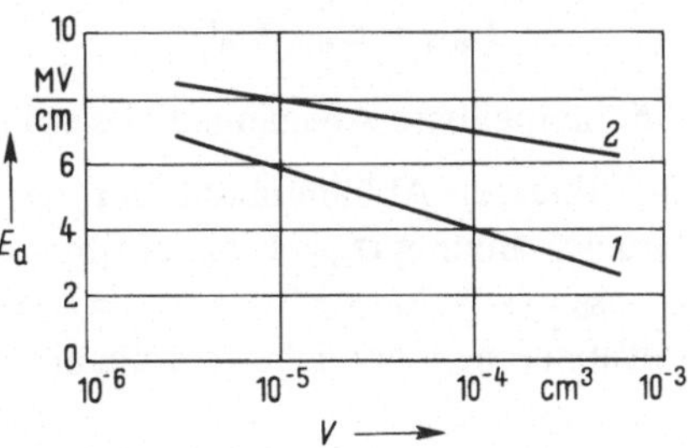

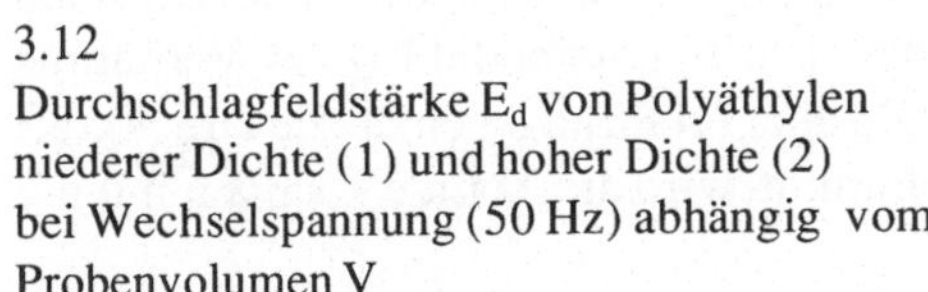
3.12
Durchschlagfeldstärke E_d von Polyäthylen niederer Dichte (1) und hoher Dichte (2) bei Wechselspannung (50 Hz) abhängig vom Probenvolumen V

Beispiel 3.3. Nach Bild 3.12 beträgt für Polyäthylen (Kurve 1) bei dem Probenvolumen $V_1 = 10^{-5}\,cm^3$ die Durchschlagfeldstärke $E_{d1} = 6\,MV/cm$. Mit welcher Durchschlagfestigkeit ist unter der Annahme, daß Gl. (3.30) uneingeschränkt gilt, bei dem Materialvolumen $V_2 = 100\,cm^3$ zu rechnen, wenn die Exponentialkonstante k = 7,5 beträgt?

Nach Gl. (3.30) ergibt sich die Durchschlagfeldstärke

$$E_{d2} = E_{d1}\left(\frac{V_1}{V_2}\right)^{1/k} = (6\,MV/cm)\left(\frac{10^{-5}\,cm^3}{100\,cm^3}\right) = 699{,}5\,kV/cm$$

Für dicke Proben, wie z. B. extrudierte Kabelisolierung aus Polyäthylen, wird nach Tafel 1.19 die Durchschlagfeldstärke E_d = (200 bis 600) kV / cm angeben!

3.2.4 Mechanischer Durchschlag

Hierbei wird der Isolierstoff nicht unmittelbar elektrisch durchschlagen, sondern infolge der elektrostatischen Kräfte zerquetscht, wodurch letztlich auch die Isolierfähigkeit zerstört wird. Diese Durchschlagart ist deshalb ausschließlich bei sehr dünnen Isolierfolien mit extrem hoher elektrischer Durchschlagfestigkeit zu erwarten.

Die Isolierfolie nach Bild 3.13 mit der Ausgangsdicke s_0 und den beidseitigen Elektrodenflächen A wird bei der anliegenden Spannung U nach Gl. (1.51) durch die

K r ä f t e

$$F = \frac{\varepsilon_0 \, \varepsilon_r}{2} \left(\frac{U}{s} \right)^2 A \tag{3.31}$$

um Δ s auf die Dicke s zusammengedrückt.

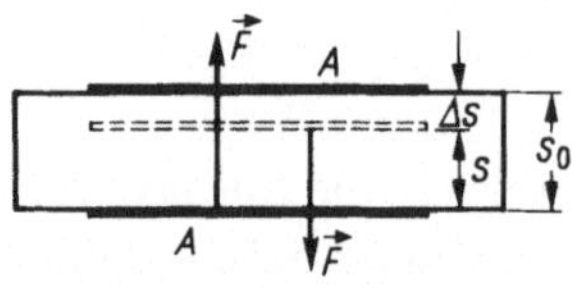

3.13
Unter der Wirkung der Feldkräfte F auf die Dicke s zusammengedrückte Isolierfolie mit der Ausgangsdicke s_0

Mit der mechanischen Durchschlagspannung U_{dM} wird die zugeordnete D u r c h - s c h l a g f e l d s t ä r k e

$$E_{dM} = U_{dM} \,/\, s_0 \tag{3.32}$$

auf die meßbare Ausgangsdicke s_0 bezogen.

Bei linearer Abhängigkeit der relativen Dehnung $\Delta s/s_0$ von der mechanischen Druckspannung $\sigma_D = F \,/\, A$ ergibt sich mit dem Elastizitätsmodul E_M das Verhältnis $\Delta s / s_0 = (s_0 - s) / s_0 = 1 - (s / s_0) = F / (A \, E_M)$. Da aber erfahrungsgemäß die Druckkraft mit abnehmender Dicke s stärker als linear zunimmt, wird die D r u c k s p a n n u n g

$$\sigma_D = \frac{F}{A} = E_M \log \frac{s_0}{s} = f\left(\frac{s_0}{s} \right) \tag{3.33}$$

besser durch eine logarithmische Funktion angenähert. Wird Gl. (3.31) in Gl. (3.33) eingeführt, erhält man für das Quadrat der e l e k t r i s c h e n F e l d s t ä r k e

$$E^2 = \left(\frac{U}{s_0} \right)^2 = - \frac{2 \, E_M}{\varepsilon_0 \, \varepsilon_r} \left(\frac{s}{s_0} \right)^2 \log \frac{s}{s_0} = f\left(\frac{s}{s_0} \right) \tag{3.34}$$

Die mechanische Durchschlagfeldstärke E_{dM} und somit die zugehörige mechanische Durchschlagspannung U_{dM} sind bei dem Verhältnis $(s \,/\, s_0)_m = e^{-1/2}$ erreicht, bei dem die Funktion f (s/s_0) nach Gl. (3.34) ihren Scheitelwert aufweist, was durch Differentiation der Gl. (3.34) nach $(s \,/\, s_0)$ und Nullsetzen des Differentialquotienten leicht nachzuprüfen ist. Hiermit ergibt sich aus Gl. (3.34) die m e c h a n i s c h e D u r c h s c h l a g f e l d s t ä r k e

$$E_{dM} = 0{,}4 \sqrt{E_M \,/\, (\varepsilon_0 \, \varepsilon_r)} \tag{3.35}$$

Dieser Gesetzmäßigkeit gehorchen z. B. die Werkstoffe Polyäthylen und Polyisobutylen.

Beispiel 3.4. Polyäthylen hat den Elastizitätsmodul $E_M = 12$ kN / cm^2 und die Dielektrizitätszahl $\varepsilon_r = 2{,}3$. Wie groß sind mechanische Durchschlagfeldstärke E_{dM} und mechanische Durchschlagspannung U_{dM} bei der Foliendicke $s_0 = 10$ µm?

Nach Gl. (3.35) betragen die mechanische Durchschlagfeldstärke

$$E_{dM} = 0,4 \sqrt{E_M / \varepsilon_0 \, \varepsilon_r} = 0,4 \sqrt{(12 \text{ kN} / \text{cm}^2) / [(8,854 \text{ pF} / \text{m}) \cdot 2,3]}$$
$$= 9,712 \text{ MV} / \text{cm}$$

und die mechanische Durchschlagspannung

$$U_{dM} = E_{dM} \, s_0 = (9,712 \text{ MV} / \text{cm}) \cdot 10 \,\mu\text{m} = 9,7 \text{ kV}$$

Bei dieser Spannung wäre der mechanische Durchschlag zu erwarten, sofern nicht bereits bei kleinerer Spannung ein elektrischer Durchschlag eintritt.

4 Flüssige Isolierstoffe

4.1 Arten und Einsatzgebiete

Neben der Isolierung spannungsführender Bauteile übernehmen flüssige Isoliermittel meist noch die Aufgabe eines Kühlmittels zur Ableitung der Stromwärme (z. B. Transformator) oder eines Löschmittels bei Schaltgeräten. Sie werden als Tränkmittel bei Kabeln und Kondensatoren eingesetzt, um Hohlräume auszufüllen und die Durchschlagfestigkeit der Feststoffisolierung (Papier, Kunststoff) zu verbessern. I. allg. werden deshalb eine niedrige Viskosität möglichst über den gesamten Temperaturbereich, gute dielektrische Eigenschaften, große Durchschlagfestigkeit und eine hohe Alterungsbeständigkeit gefordert.

Das wichtigste Isoliermittel ist das Mineralöl. Als Isolieröl wird es vorwiegend aus naphthenischen Rohölen gewonnen, die im Gegensatz zu den paraffinbasischen Rohölen kaum wachsartige Anteile enthalten, die bei niedrigen Temperaturen auskristallisieren und das Fließvermögen behindern. Sie weisen deshalb von Natur aus einen niedrigen Pourpoint auf (s. Tafel 4.2). Der Pourpoint ist die Temperatur, bei der eine Flüssigkeit gerade noch wahrnehmbar fließt, und liegt etwa 2 K bis 4 K über dem Stockpunkt. Hohe Durchschlagfestigkeit, gute Wärmeleitfähigkeit und chemische Beständigkeit machen Mineralöl als Isoliermittel besonders geeignet. Seine vergleichsweise niedrige Dielektrizitätszahl $\varepsilon_r = 2{,}2$ ist überall dort von Vorteil, wo bei geschichteten Dielektrika eine elektrische Entlastung der Feststoffisolierung wün-

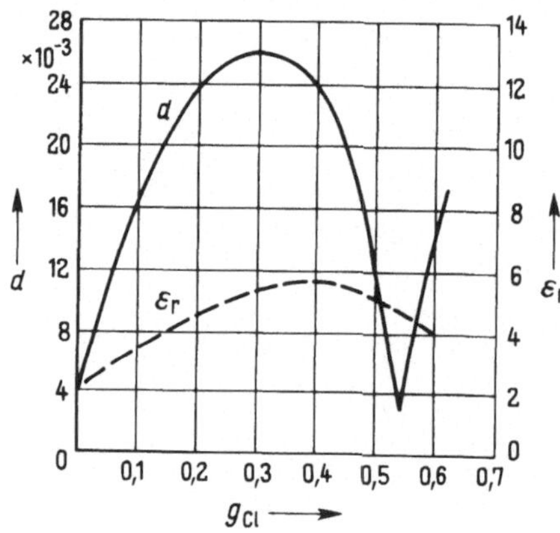

4.1
Verlustfaktor $d = \tan \delta$ und Dielektrizitätszahl ε_r von polychloriertem Biphenyl abhängig vom relativen Gewichtsanteil Chlor g_{Cl}

T a f e l 4.2 Physikalische Eigenschaften und Brandkenngrößen von Transformatoröl, Chlophen T82 und von Substitutflüssigkeiten für Transformatoraskarele

Eigenschaft	Einheit	Zum Vergleich:	Halogenfreie Substitute			Zum Vergleich:	Halogenhaltige Substitute		
		Normale Transf.-Öle	Hochtemperatur Kohlenwasserstofföle	Polydimethylsiloxane	Pentaerythritoltetraester	Polychlorbiphenyl + Trichlorbenzol (Chlophen T 82)	Tetrachlorethen	Tetrachlor benzyltuluol + Trichlorbenzol (Ugilec T)	Gemischaliphat. Halokohlenstoffe (Formel NF)
Dielektrizitätszahl bei 25 °C		2,2/2,4	2,4	2,7/2,9	3,2/3,3	5,5	2,4	5,1	2,4
Dichte bei 25 °C	g/ml	0,84/0,88	0,88	0,96/0,97	0,96/0,98	1,39	1,62	1,41	1,62/1,63
Ausdehnungskoeffizient	1/k	0,00083	0,00080	0,00104	0,00075	0,00070	0,00108	0,00075	0,00107
Pourpoint	°C	– 40/60	– 15/– 30	– 55/– 60	– 50	– 40	– 21/– 22	<–50	– 33/– 35
Kin. Viskosität bei 25 °C	mm^2/s	11/18	350	50	63/60	10	0,53	9	0,9
bei 100 °C	mm^2/s	1,5/2,5	16	16	7,6/5,6	1,3	0,32	1,3	
Dampfdruck bei 25 °C	mbar			10^{-4}	10^{-7}	1	24	<–1,3	50
bei 100 °C	mbar			10^{-3}		10	533/544	13,3	900
Siedepunkt bei 1 bar	°C	250/400		nicht meßbar	> 250	240	121	240	103/105
Wärmeleitfähigk. bei 25 °C	W/mK	0,132	0,130	0,151	0,155/0,165	0,100	0,16	0,109	0,083
Spez. Wärme bei 40 °C	J/gK	1,93	1,93	1,46/1,55	1,81	1,2	0,90	1,1	0,895
Relative Wärmeübergangszahl bezogen auf Öl		1	0,66	0,74	0,93	0,93	1,67	0,96	1,09
Flammpunkt	°C	130/160	210/285	>280	257	156	kein	140	kein
Brennpunkt	°C	150/175	310/320	360	310	[1])	kein	kein	kein
Selbstentzündungstemperatur	°C	330	540	405/430	405	660	keine		keine

[1]) bis tum Siedepunkt kein Brennpunkt

schenswert ist (z.B. Transformator). Bei Isolierölen guter Qualität ist die dielektrische Verlustzahl sehr klein (s. Bild 1.24 und Tafel 3.3), steigt jedoch exponentiell mit der Temperatur an. Kupfer, aber auch andere Metalle sind Katalysatoren bei der Ölalterung, weswegen blanke Leiter im Öl zu vermeiden sind. Nachteilig sind der relativ niedrige Brennpunkt von Mineralöl und die mögliche Bildung explosiver Gase (Methan, Propan).

Man hat deshalb schon sehr früh synthetische, nicht brennbare und unter der Sammelbezeichnung A s k a r e l e bekannte Isolierflüssigkeiten entwickelt. Es sind dies in der Regel Gemische aus P o l y c h l o r b i p h e n y l e n (PCB) und P o l y - c h l o r b e n z o l e n, die unter dem Handelsnamen C h l o p h e n bekannt sind. Die dielektrischen Eigenschaften hängen nach Bild 4.1 vom Grad der Chlorierung ab. Wegen der vergleichsweise großen Dielektrizitätszahl $\varepsilon_r = 4{,}3$ bis 6,4 werden Askarele seit vielen Jahrzehnten als flammenhemmende Isoliermittel bei Kondensatoren verwendet. Dort, wo Brennbarkeit unter keinen Umständen zulässig ist (Bergbau), werden Askarele als Transformatorflüssigkeit eingesetzt. Im Bereich üblicher Betriebstemperaturen nimmt ihre Verlustziffer im Gegensatz zu Öl mit steigender Temperatur ab (Bild 4.3), die Wärmekapazität und Wärmeleitfähigkeit dagegen zu. Die gegenüber Mineralöl um ca. 50% höhere Dichte trägt allerdings zu einer wesentlichen Steigerung des Isolationsgewichts bei.

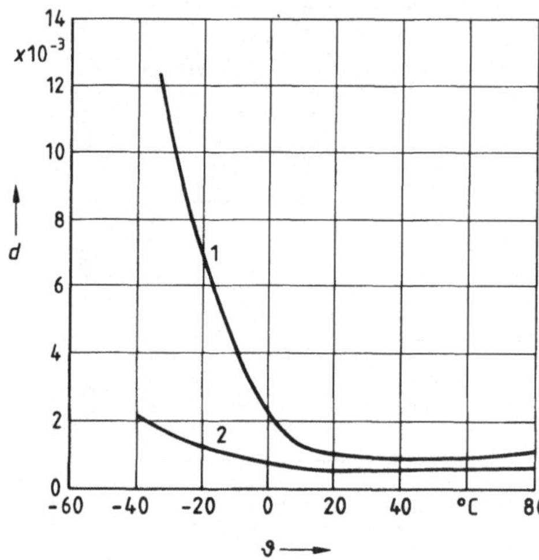

4.3
Verlustfaktor d = tan δ für Chlophen (1) und Substitut Baylectrol 4900 (2)

Den Vorzügen stehen aber schwerwiegende Nachteile gegenüber. Polychlorierte Biphenyle sind wegen ihrer Giftigkeit gesundheitsschädlich und im starken Maße umweltfeindlich. Da sie biologisch schwer oder gar nicht abbaubar sind, wird ihre wachsende Konzentration in der Umwelt als ökologische Gefahr angesehen. Bei Temperaturen über 800 °C, z. B. bei Bränden, kann sich als Pyrolyseprodukt das hochgiftige Tetrachlordibenzodioxin bilden, das als „Seveso-Gift" traurige Berühmtheit erlangt hat. In etlichen Ländern (Japan 1972, USA 1978) ist der Einsatz von PCB verboten. In der Bundesrepublik Deutschland wurde die Produktion 1983 eingestellt. Allerdings sind noch Zehntausende Chlophen-Kondensatoren und -Transformatoren im Einsatz, die erst mit der Zeit entsorgt werden können. Der alleinige Austausch der Isolierflüssigkeit hat sich als nicht aussichtsreich erwiesen. Askarele dürfen nur in eigens hierfür bestimmten Anlagen vernichtet und keinesfalls dem Erdreich oder Abwasser zugeleitet werden!

Nachdem man sich der Gefährlichkeit der Askarele bewußt geworden war, wurde und wird immer noch nach anderen Isolierflüssigkeiten mit dem Ziel gesucht, die chlorierten Biphenyle zu ersetzen. Hierbei unterscheidet man zwischen chlorfreien und chlorhaltigen Substituten, wobei die Forderung besteht, Brennpunkte über 300 °C zu erzielen. In Tafel 4.2 sind die Eigenschaften solcher Substitute im Vergleich zum Mineralöl und dem Transformatoraskarel Chlophen T82 angegeben.

Zu den chlorfreien Substituten gehört das HTK-Mineralöl (Hochtemperatur-Kohlenwasserstoff-Öl oder Paraffinöl), das aus paraffinbasischen, hochmolekularen Mineralölen gewonnen wird, wobei die frühsiedenden Anteile entfernt und Brennpunkte über 300 °C erzielt werden. Der Pourpoint liegt mit – 15°C relativ hoch. HTK-Öle wurden deshalb bisher nur in geringen Mengen verwendet.

Von größerer Bedeutung sind die Silikonflüssigkeiten (Polydimenthylsiloxane), deren Verlustfaktor wesentlich kleiner als der von Mineralöl ist. Sie sind nicht gesundheitsschädlich, chemisch stabil, auch bei hohen Betriebstemperaturen (bis 150 °C) alterungsbeständig und können mit zahlreichen festen Isolierstoffen in Verbindung stehen, ohne diese anzugreifen. Wegen des hohen Brennpunktes (360 °C) und aufgrund von Brandversuchen mit Transformatoren kann die Feuergefährlichkeit als gering bewertet werden. Bei der Verbrennung entsteht Siliziumdioxyd SiO_2, das an der Oberfläche schwimmt, so die Sauerstoffzufuhr behindert und die Selbstlöschung begünstigt. Vorteilhaft ist weiter der recht niedrige Pourpoint (– 55 °C). Da Silikonflüssigkeiten in tonhaltigen Böden abgebaut werden, sind sie insgesamt umweltfreundlich. Die bei größeren Schlagweiten ($s > 50$ mm) gegenüber Mineralöl geringere Durchschlagfestigkeit ist nachteilig; ebenso der höhere Ausdehnungskoeffizient und die Bildung gelatinöser Siloxane bei Teilentladungen. Die vergleichsweise niedrige Dielektrizitätszahl $\varepsilon_r = 2{,}7$ wirkt sich auf die Verwendung als Tränkmittel in Kondensatoren ungünstig aus.

Esterflüssigkeiten, vorwiegend auf der Basis von Carboxylatestern (Pentaerythritoltetraester), wurden bisher nur in unbedeutenden Mengen verwendet.

Als Ersatzimprägniermittel für Kondensatoren hat Benzylneocaprat (BNC) Bedeutung erlangt. Wenngleich die Dielektrizitätszahl $\varepsilon_r = 3{,}8$ nicht so groß ist wie bei Askarelen und außerdem wie bei allen halogenfreien und somit umweltfreundlichen Substituten die Brennbarkeit (Flammpunkt 155 °C, Brennpunkt 165 °C) in Kauf genommen werden muß, so weist BNC andererseits sehr gute elektrische Eigenschaften auf. Hierzu gehört auch die mit steigender Temperatur abnehmende Verlustziffer. Aus der Vielzahl der entwickelten Substitute sind weiter Dinonylphtalat (Baylectrol 4200) für Niederspannungskondensatoren und Ditolyleter (Baylectrol 4900) für Hochspannungskondensatoren zu nennen. Bild 4.3 zeigt die Abhängigkeit des Verlustfaktors d = tan δ von der Temperatur im Vergleich zu Chlophen.

Als chlorhaltiges Substitut in Transformatoren kommt der Einsatz von Tetrachloreten (TCE) in Betracht, das in großen Mengen (ca. 100.000 t/a) als chemisches Reinigungsmittel (PER) verwendet wird und deshalb als nicht so umweltfeindlich wie das PCB eingestuft wird. Seine Nichtbrennbarkeit zeichnet es gegenüber allen anderen Substituten aus. Nachteilig sind dagegen seine große Dichte, der hohe Pourpoint (– 22 °C), der große Ausdehnungskoeffizient und die durch den Chlorgehalt gegebene Toxizität.

4.2 Durchschlagfestigkeit

Die Durchschlagfestigkeit der Isolierflüssigkeiten hängt i. allg. sehr stark von den darin enthaltenen Verunreinigungen sowie vom Wasser- und Gasgehalt ab. Hinsichtlich der elektrischen Entladung verhalten sich Flüssigkeiten ähnlich wie Gase. Bei kurzzeitiger Spannungsbeanspruchung, z. B. bei Stoßspannung, erfolgt auch hier der Durchschlag nach einem Elektronenmechanismus. Ebenso können Glimm- und Büschelentladungen auftreten, durch die die Flüssigkeit unter Ruß- und Gasabscheidung zersetzt wird. Wie bei Gasen steigt die Durchschlagspannung mit dem Druck und mit größer werdender Schlagweite. Anders als bei gasförmigen und

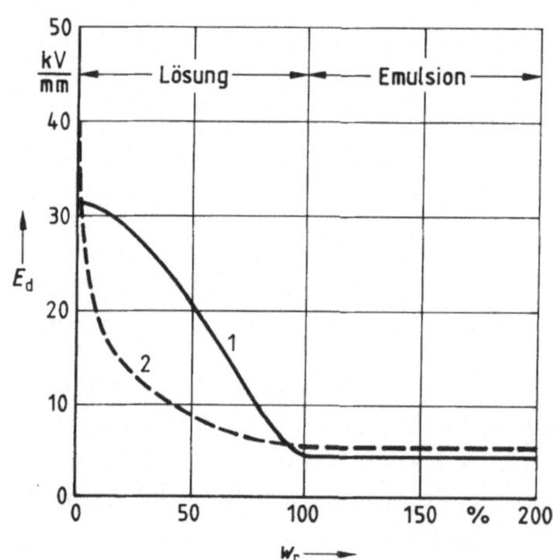

4.4
Durchschlagfeldstärke E_d (nach VDE 0303) abhängig vom relativen Wassergehalt w_r für Mineralöl (1) und Chlophen (2)

festen Isolierstoffen ist bei Flüssigkeiten kein eindeutiger Zusammenhang zwischen der Durchschlagspannung U_d und dem Ausnutzungsfaktor η nach Gl. (3.29) gegeben, weil die mit der elektrischen Feldstärke infolge der Ionenleitung zunehmende Flüssigkeitsströmung vor den Elektroden der Durchschlagsentwicklung entgegenwirkt.

Die Durchschlagfestigkeit von Isolierflüssigkeiten ist stark abhängig vom relativen Wassergehalt w_r, mit dem die wirklich in der Flüssigkeit vorhandene Wassermenge auf die Sättigungskonzentration bezogen wird. Sie sinkt nach Bild 4.4 bis $w_r = 100\ \%$ auf einen Mindestwert ab, der dann auch bei weiterer Wasseraufnahme nicht unterschritten wird [2]. Da mit steigender Temperatur auch die Wasseraufnahmefähigkeit bis zur Sättigung vergrößert wird, verringert sich folglich der relative Wassergehalt und somit die Durchschlagfeldstärke. Es ergibt sich hierdurch ein scheinbarer Temperatureinfluß.

Die Menge der in der Flüssigkeit gelösten Gase ist ohne Auswirkung auf die Durchschlagfeldstärke. Dies ändert sich allerdings, wenn sich in der Isolierflüssigkeit Hohlräume in Form von Gasbläschen bilden, in denen Teilentladungen auftreten und so die elektrische Festigkeit des Isoliermittels verringern. Für die Beurteilung einer Isolierflüssigkeit sind also auch die Spannungen von Bedeutung bei denen Teilentladungen ein- und aussetzen.

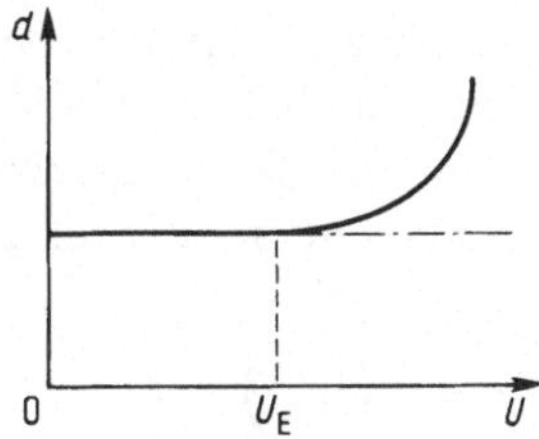

4.5
Verlustfaktor d = tan δ von der Spannung U mit Teilentladungs-Einsetzspannung U_E

Durch Teilentladungen können z. B. Ölmoleküle aufgespalten und Gasblasen gebildet werden, die wiederum Orte weiterer Vorentladungen werden, so daß der Prozeß chemischer Veränderungen für die Dauer der Spannungsbeanspruchung fortschreitet. In polychlorierten Biphenylen ist hierbei die Entstehung von Salzsäure (HCl) möglich, die Schäden an benachbarten Feststoffisolierungen verursachen kann. Nach Bild 4.5 ist der Einsatz innerer Teilentladungen daran erkennbar, daß die Kurve des Verlustfaktors $d = \tan \delta$ über der Prüfspannung U bei der Einsetzspannung U_E zu höheren Werten hinabknickt. Die Durchschlagfeldstärke E_d von Isolierflüssigkeiten wird in der Regel mit genormten Kalottenelektroden (VDE 0370) bei der Schlagweite s = 2,5 mm ermittelt. So gemessene Werte sind reine Vergleichszahlen, mit denen zwar unterschiedliche Qualitäten festgestellt werden können, die aber nicht auf andere Elektrodenanordnungen übertragbar sind (s. Abschn. 7.2.1).

Wegen der, z. B. auch im technisch reinen Transformatoröl, noch vorhandenen mehr oder weniger leitfähigen Fremdeinschlüsse steigt mit der Größe des Prüfvolumens die

Wahrscheinlichkeit, daß sich hierin Teilvolumina mit stark verminderten Durchschlagfestigkeiten befinden. Es tritt deshalb auch hier der Volumeneffekt nach Gl. (3.30) auf, nach dem die Durchschlagfeldstärke E_d mit wachsendem Prüfvolumen V abnimmt (Bild 4.6).

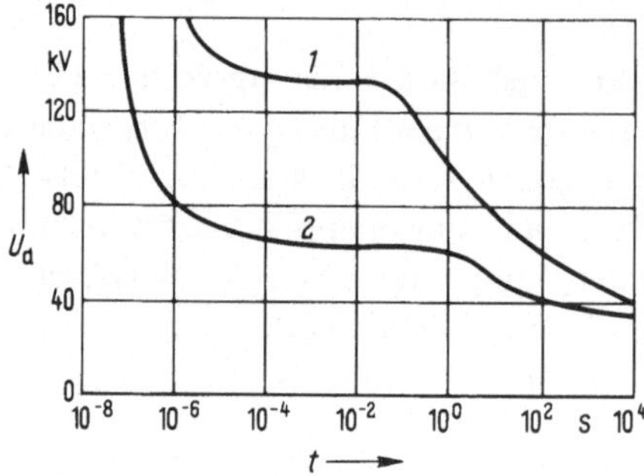

4.6
Durchschlagspannung U_d von Transformatoröl bei der Schlagweite s = 2,5 mm abhängig von der Beanspruchungsdauer t
1 geprüftes Ölvolumen V = 20 mm^3
2 geprüftes Ölvolumen V = 200 mm^3

Auch die Form des elektrischen Feldes beeinflußt die Durchschlagspannung, da die in der Flüssigkeit beweglichen Fremdkörper (z. B. Fasern) in Gebiete hoher elektrischer Feldstärke gezogen werden und dort Zonen mit stark verminderter Durchschlagfestigkeit bewirken oder gar den Durchschlag einleiten. Ein solcher Faserbrückendurchschlag entsteht nach Bild 4.7 durch einen sich so bildenden, die Elektroden überbrückenden Kanal aus leitfähigen Faserteilchen. Diese leitende Brücke wird durch Stromwärme aufgeheizt, und es entwickelt sich ein Wärmedurchschlag ähnlich wie bei Feststoffen nach Abschn. 3.2.1.3 bei vergleichsweise niedriger Spannung. Dem Faserbrückendurchschlag kann durch Isolierbarrieren entgegengewirkt werden, die nach Bild 4.7 c quer zur Feldrichtung angeordnet werden.

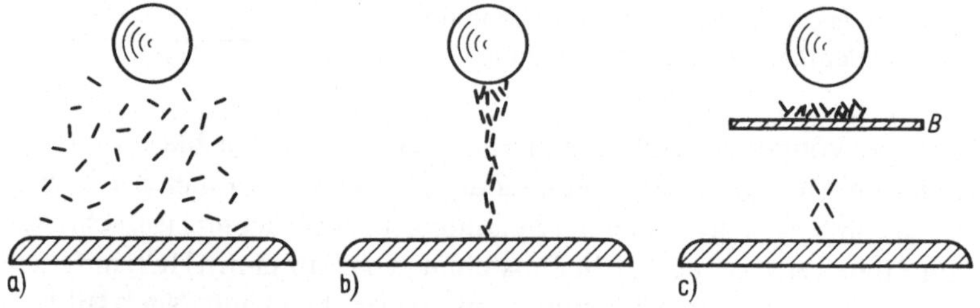

4.7 Faserbrückendurchschlag in Öl
a) Faserteilchen in feldfreier Flüssigkeit
b) Faserbrücke zwischen den Elektroden
c) Isolierbarriere B zur Verhinderung der Faserbrücke

Bei langer Beanspruchungsdauer kann es auch zu einem durch dielektrische Verluste verursachten Wärmedurchschlag nach Abschn. 3.2.1.1 oder zu einem Gasdurchschlag in einer die Elektroden überbrückenden Gasblase kommen. Dieser ist allerdings nur bei kleinen Schlagweiten (einige mm) zu erwarten. Er wird dadurch begünstigt, daß eine zunächst kugelige Gasblase durch die Feldkräfte eine längliche, gegebenenfalls die Elektroden verbindende Form annimmt. Bei sehr kurzzeitig anstehender Spannung (z. B. Stoßspannung) entsteht der Durchschlag ähnlich wie bei Gasen durch Stoßionisation mit entsprechend hohen Durchschlagfeldstärken E_d (s. Bild 4.8).

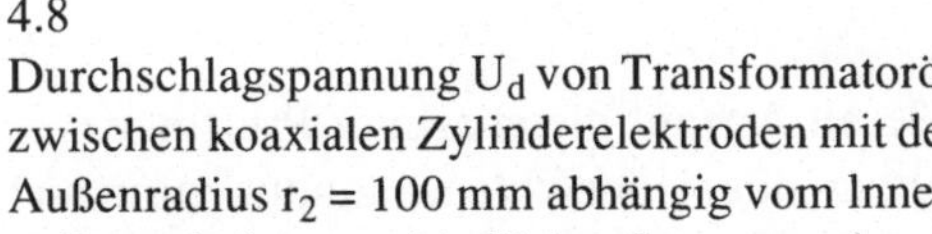

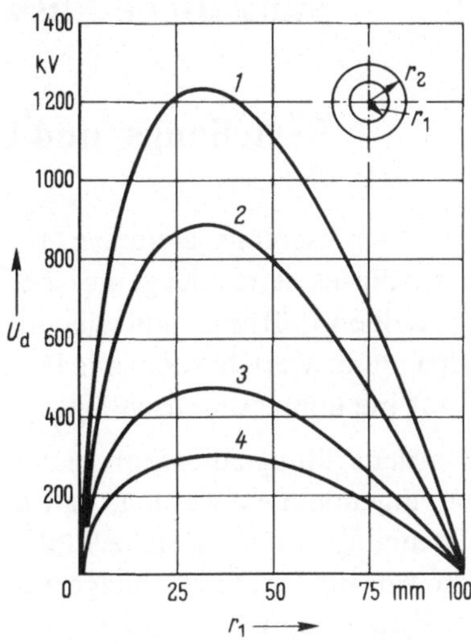

4.8
Durchschlagspannung U_d von Transformatoröl zwischen koaxialen Zylinderelektroden mit dem Außenradius r_2 = 100 mm abhängig vom Innenradius r_1 bei unterschiedlicher Spannungsbeanspruchung
1 Blitzstoßspannung 1,2 / 50 µs,
2 Schaltstoßspannung 200 / 5000 µs,
3 Sinusspannung 50 Hz bei stetiger Spannungssteigerung in 30 s bis zum Durchschlag (Effektivwert),
4 Sinusspannung 50 Hz bei Spannungssteigerung um 10 kV / min (Effektivwert)

5 Statistische Auswertung

5.1 Verteilungs- und Dichtefunktion

Die Durchschlagspannungen U_d einer größeren Anzahl gleichartiger Prüflinge wie auch die nacheinander gemessenen Durchschlag- oder Überschlagspannungen ein und desselben Prüflings unterliegen einer Streuung. Es existiert also kein einheitlicher Spannungswert, bei dem alle Proben gerade durchschlagen oder bei dem ein einzelner Prüfling immer durchschlägt.

Bei der Prüfung einer Stab-Platte-Funkenstrecke mit Stoßspannung soll beispielsweise angenommen werden, daß die Spannung stufenweise gesteigert und bei jeder Spannungsstufe n_0 gleiche Stöße auf den Prüfling gegeben werden. Ist hierbei n jeweils die Anzahl der Durchschläge aus der Gesamtanzahl der Spannungsstöße n_0, so ergibt sich die Verteilungsfunktion

$$F(U) = n / n_0 \tag{5.1}$$

deren Kurvenverlauf in Bild 5.1 a dargestellt ist.

Die Spannung U_{d0} gibt den Wert an, bei dem gerade noch kein Durchschlag auftritt. Sie ist eine für alle Isolationen wichtige Größe und wird als Stehspannung bezeichnet (s. a. Abschn. 8). Die Spannung, bei der gerade die Hälfte aller Spannungsstöße zum Durchschlag führen, ist die 50%-Durchschlagspannung U_{d50}, bei der eine Prüfanordnung mit der Wahrscheinlichkeit von 50% durchschlägt. U_{d50} wird häufig, insbesondere bei Stoßspannungen, als Orientierungswert für die Durch-

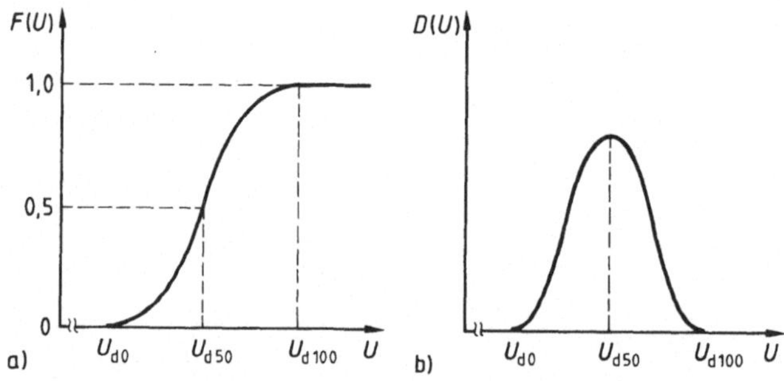

5.1 Verteilungsfunktion F (U) (a) und Dichtefunktion D (U) (b)

schlagspannung unter weiterer Angabe einer mittleren Schwankungsbreite, der Standardabweichung, angegeben. Wenn gerade alle Spannungsstöße zum Durchschlag führen, ist die gesicherte Durchschlagspannung U_{d100} erreicht. Sie ist z. B. wichtig für Ventilableiter, deren Funkenstrecken bei einer bestimmten Spannung mit Sicherheit ansprechen müssen. Die hier für die Stoßspannungsprüfung angestellten Überlegungen lassen sich in ähnlicher Weise auf andere Prüfungen übertragen.

Die Ableitung der Verteilungsfunktion ergibt die Dichtefunktion $D(U) = dF(U)/dU$, deren Verlauf in Bild 5.1 b wiedergegeben ist und die gewissermaßen den Zuwachs an Durchschlägen angibt, der bei $U = U_{d50}$ seinen Höchstwert erreicht. Sie ist gleichbedeutend mit der Verteilung der Durchschlagspannungen bei einer Vielzahl von Prüflingen. Bei allen Untersuchungen lassen sich die Meßwerte in Form der Verteilungs- oder Dichtefunktion darstellen. Bei der oben beschriebenen Stoßspannungsprüfung mit einem einzelnen Prüfling erhält man als Ergebnis unmittelbar die Verteilungsfunktion. Ermittelt man dagegen z. B. die Durchschlagspannungen vieler gleicher Materialproben, ist die Auswertung über die Dichtefunktion sinnvoll.

5.1.1 Gaußsche Normalverteilung

Die Dichtefunktion nach Bild 5.1 b kann durch die Normalverteilung nach Gauß

$$D(U) = \frac{1}{\sigma\sqrt{2\pi}}\, e^{-\frac{(U-\overline{U}_d)^2}{2\sigma^2}} \qquad (5.2)$$

nachgebildet werden (s. Bild 5.2). Bei n gemessenen Durchschlagspannungen ist hierbei der Mittelwert

$$\overline{U}_d = \frac{1}{n}\sum_{i=1}^{n} U_{di} \qquad (5.3)$$

und die Standardabweichung

$$\sigma = \sqrt{\frac{1}{n-1}\sum_{i=1}^{n}(U_{di}-\overline{U}_d)^2} \qquad (5.4)$$

die in Bild 5.2 eingezeichnet ist. Der Wert $\overline{U}_d - \sigma$ entspricht einer Durchschlagswahrscheinlichkeit von etwa 16%; $\overline{U}_d + \sigma$ von etwa 84%.

Im Gegensatz zu den wirklichen Verhältnissen, bei denen in der Tat die Wahrscheinlichkeiten 0% für U_{d0} und 100% für U_{d100} existieren, werden diese Werte bei der Normalverteilung nach Gl. (5.2) erst im Unendlichen erreicht. Es muß deshalb vereinbart werden, welche endlichen Wahrscheinlichkeiten nach Gl. (5.2) den Spannungen U_{d0} und U_{d100} hinreichend genau entsprechen. Als Orientierung kann gelten für

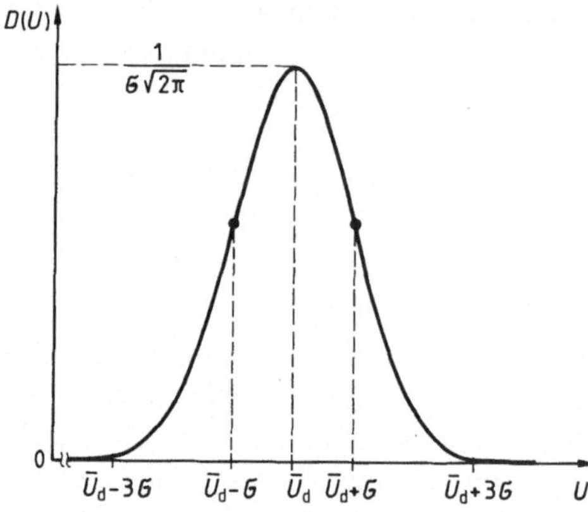

5.2
Normalverteilung nach Gauß mit Standardabweichung σ

die Stehspannung $U_{d0} \approx \overline{U}_d - 3\,\sigma$ mit der Durchschlagwahrscheinlichkeit von 0,14% und für die gesicherte Durchschlagspannung $U_{d100} \approx \overline{U}_d + 3\,\sigma$ mit 99,86%.

Aus der Normalverteilung nach Gl. (5.2) erhält man durch Integration die Verteilungsfunktion

$$F(U) = \int D(U)\,dU = \frac{1}{\sigma\sqrt{2\pi}} \int \exp\left[-\left(\frac{U - \overline{U}_d}{\sqrt{2}\,\sigma}\right)^2\right] dU \tag{5.5}$$

Zur besseren Darstellung wird hilfsweise gesetzt

$$(U - \overline{U}_d)/(\sqrt{2}\,\sigma) = z \tag{5.6}$$

so daß sich mit $U = \sqrt{2}\,\sigma\,z + \overline{U}_d$ und folglich mit $dU = \sqrt{2}\,\sigma\,dz$ das Integral nach Gl. (5.5) in der vereinfachten Form

$$F(U) = \frac{1}{\sqrt{\pi}} \int e^{-z^2}\,dz = \frac{1}{\sqrt{\pi}} \int \left(1 - \frac{z^2}{1!} + \frac{z^4}{2!} - \frac{z^6}{3!} + \frac{z^8}{4!} - \dots\right) dz$$

ergibt. Da das Integral in geschlossener Form nicht lösbar ist, muß die Exponentialfunktion durch eine Reihe ersetzt werden. Als Lösung ergibt sich

$$F(U) = \frac{1}{\sqrt{\pi}} \left(z - \frac{z^3}{3 \cdot 1!} + \frac{z^5}{5 \cdot 2!} - \frac{z^7}{7 \cdot 3!} + \frac{z^9}{9 \cdot 4!} - \dots\right) + C$$

Für z = 0, also nach Gl. (5.6) für $U = \overline{U}_d$, ist F (U) = 0,5. Hiermit findet man die Integrationskonstante C = 0,5. Es gilt dann schließlich für die Verteilungsfunktion

$$F(U) = 0{,}5 + \frac{1}{\sqrt{\pi}} \left(z - \frac{z^3}{3 \cdot 1!} + \frac{z^5}{5 \cdot 2!} - \frac{z^7}{7 \cdot 3!} + \frac{z^9}{9 \cdot 4!} - \dots\right) \tag{5.7}$$

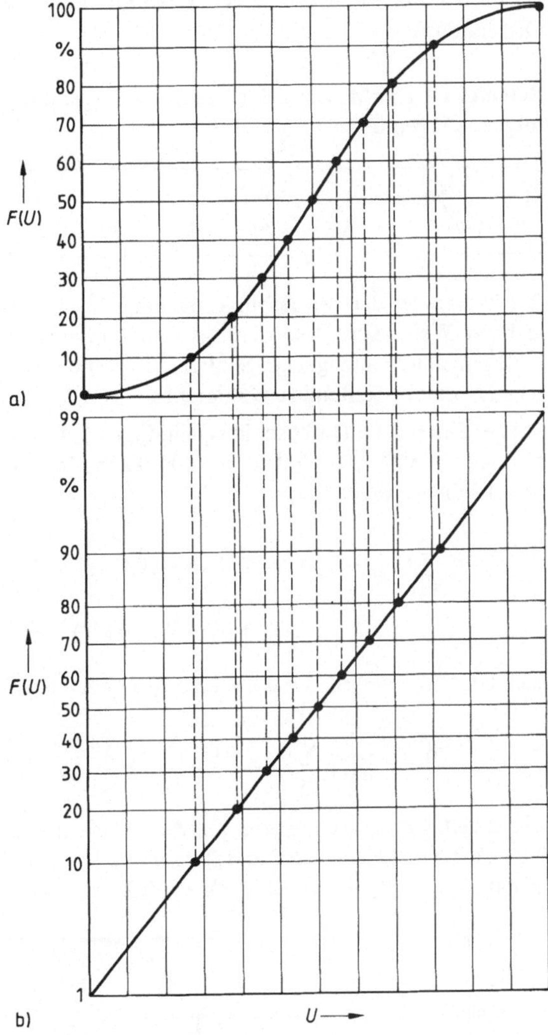

5.3
Verteilungsfunktion F (U)
bei linearer Ordinatenteilung (a)
und hieraus abgeleitetes
Wahrscheinlichkeitsnetz (b)
mit linearer Verteilungskurve

Die Reihe in Gl. (5.7) konvergiert für alle Werte $z < \infty$, jedoch muß darauf geachtet werden, daß sie abhängig von z erst nach unterschiedlichen Gliedern abgebrochen werden darf. Als grober Hinweis kann gelten: für $z = 0{,}1$ nach dem 2 . Glied, für $z = 1$ nach dem 7. und für $z = 2$ nach dem 15. Glied.

Für die Auswertung von Meßergebnissen über die Verteilungsfunktion kann ihre Darstellung auf Wahrscheinlichkeitspapier hilfreich sein, auf dem sie eine Gerade ergibt. Ein solches Wahrscheinlichkeitsraster kann man sich nach Bild 5.3 leicht selbst herstellen, indem man z. B. die Ordinatenlinien für 10% und 90% beliebig festlegt, die Abzissenwerte zuordnet und durch die beiden Punkte eine Gerade zieht. Da alle anderen Funktionswerte F (U) bekannt sind, ergeben sich hiermit auch die übrigen Ordinatenlinien.

Beispiel 5.1 Die Messung der Durchschlagspannung von n = 10 gleichen Prüflingen ergibt folgende Ergebnisse:

Messung-Nr.	1	2	3	4	5	6	7	8	9	10
Ud in kV	80	79	78	82	81	80	83	74	79	84

Der Mittelwert der Durchschlagspannung $\overline{U}_d$ und die Standardabweichung σ sind zu berechnen. Weiter sind Orientierungswerte für die Stehspannung und für die gesicherte Durchschlagspannung anzugeben. Schließlich ist die gemessene Verteilungskurve mit der Gaußschen Normalverteilung zu vergleichen.

Mit der Summe der Durchschlagspannungen $\sum U_d = 800{,}0\ \text{kV}$ findet man nach Gl. (5.3) den Mittelwert $\overline{U}_d = \sum U_d / n = 800{,}0\ \text{kV}/10 = 80\ \text{kV}$. Weiter ergibt sich mit der Summe der Abweichungsquadrate

$$\sum_{i=1}^{n}(U_{di} - \overline{U}_d)^2 = (80\ \text{kV} - 80\ \text{kV})^2 + (79\ \text{kV} - 80\ \text{kV})^2 + \ldots + (79\ \text{kV} - 80\ \text{kV})^2$$

$$+ (84\ \text{kV} - 80\ \text{kV})^2 = 72{,}0\ \text{kV}^2$$

nach Gl. (5.4) die Standardabweichung

$$\sigma = \sqrt{\frac{1}{n-1}\sum_{i=1}^{n}(U_{di} - \overline{U}_d)^2} = \sqrt{\frac{72{,}0\ \text{kV}^2}{10-1}} = 2{,}83\ \text{kV}$$

Als Stehspannung ergibt sich der Orientierungswert $U_{d0} \approx \overline{U}_d - 3\sigma = 80{,}0\ \text{kV} - 3 \cdot 2{,}83\ \text{kV} = 71{,}51\ \text{kV} \approx 71\ \text{kV}$ und als gesicherte Durchschlagspannung kann gelten $U_{d100} \approx \overline{U}_d + 3\sigma = 80{,}0\ \text{kV} + 3 \cdot 2{,}83\ \text{kV} = 88{,}5\ \text{kV} \approx 89\ \text{kV}$.

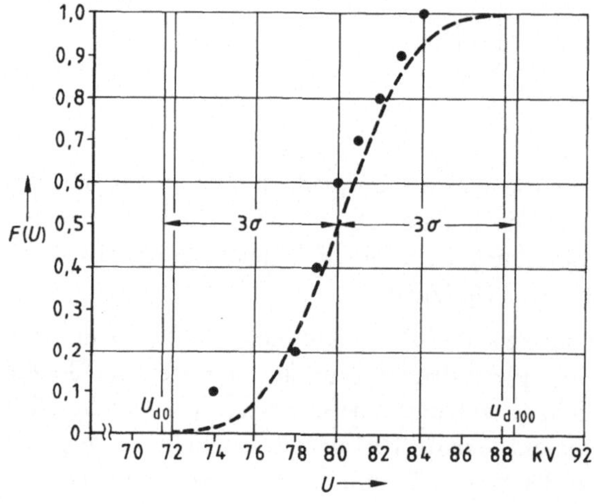

5.4
Durchschlagwahrscheinlichkeit F (U) abhängig von der Spannung U.
(—— · ——) Meßwerte
(– – – –) Nachbildung durch die Normalverteilung

In Bild 5.4 ist die Verteilungskurve dargestellt. Aufgetragen ist der prozentuale Anteil der Prüflinge bezogen auf die Gesamtanzahl n = 10, deren Durchschlagspannungen kleiner oder gleich der jeweiligen Ordinatenspannung sind. Die über Gl. (5.7) ermittelte Verteilungsfunktion ist zum Vergleich mit eingetragen.

5.1.2 Weibull-Verteilung

Besser als mit der Normalverteilung lassen sich bei Hochspannungsversuchen experimentell ermittelte Verteilungen mit der W e i b u l l - V e r t e i l u n g

$$F(U) = 1 - \exp\left[-\left(\frac{U - U_{d0}}{U_{d63} - U_{d0}}\right)^k\right] \tag{5.8}$$

nachbilden, weil mit den drei Parametern U_{d0}, U_{d63} und k eine gute Anpassung an die wirklichen Verhältnisse möglich ist. Hierbei ist U_{d0} die Spannung, bei der die Verteilungskurve den Funktionswert F (U) = 0 annimmt bzw. bei der kein Durchschlag mehr auftritt. Für $U = U_{d63}$ ergibt sich F (U) = 0,63. U_{d63} ist also die Spannung, bei der eine Durchschlagswahrscheinlichkeit von 63% besteht. Mit der Exponentialkonstanten k kann schließlich die Steilheit der Verteilungskurve verändert und somit dem wirklichen Kurvenverlauf angeglichen werden.

Für die Auswertung der Versuchsergebnisse ist es auch hier günstig, ein Wahrscheinlichkeitsraster zu wählen, in dem die Verteilungsfunktion nach Gl. (5.8) eine Gerade ergibt. Ein solches Raster kann man sich leicht selbst entwickeln. Zur Vereinfachung soll deshalb in Gl. (5.8) gesetzt werden

$$U - U_{d0} = t \quad \text{und} \quad U_{d63} - U_{d0} = b \tag{5.9}$$

Gl. (5.8) nimmt dann die Form

$$F(U) = F(t) = 1 - \exp\left[-\left(\frac{t}{b}\right)^k\right] \tag{5.10}$$

an, die sich weiter in

$$k \ln(t/b) = k \ln(t) - k \ln(b) = \ln[-\ln(1 - F(t))] \tag{5.11}$$

umwandeln läßt. Mit den Koordinaten

$$x = \ln(t) \quad \text{und} \quad y = \ln[-\ln(1 - F(t))] \tag{5.12}$$

ergibt sich dann die Geradengleichung

$$y = k\,x - k \ln(b) \tag{5.13}$$

die in Bild 5.5 dargestellt ist. Nach Gl. (5.13) ist für y = 0 der Abzissenwert auf der x-Achse unter Berücksichtigung von Gl. (5.12) x = ln (t) = ln (b). Folglich ist hier b = t. Nach Gl. (5.9) kann dies nur sein, wenn $U = U_{d63}$ ist, so daß also die x-Achse die 63%-

Linie darstellt. Die y-Werte aller anderen Ordinatenlinien findet man aus Gl. (5.12). Die Abzisseneinteilung ergibt sich ebenfalls aus Gl. (5.12). Bei $x = \ln(t) = 0$ ist $t = U - U_{do} = 1$. Die Steilheit der Kurve wird durch die Exponentialkonstante k bestimmt, die mit den Gl. (5.12) und (5.13) berechnet werden kann. Hierzu wird ein beliebiger Punkt auf der Geraden in Bild 5.5 ausgewählt und das Wertepaar t und F (t) in Gl. (5.13) eingesetzt. Der Maßstab für die logarithmische Einteilung der Abzisse kann frei gewählt werden.

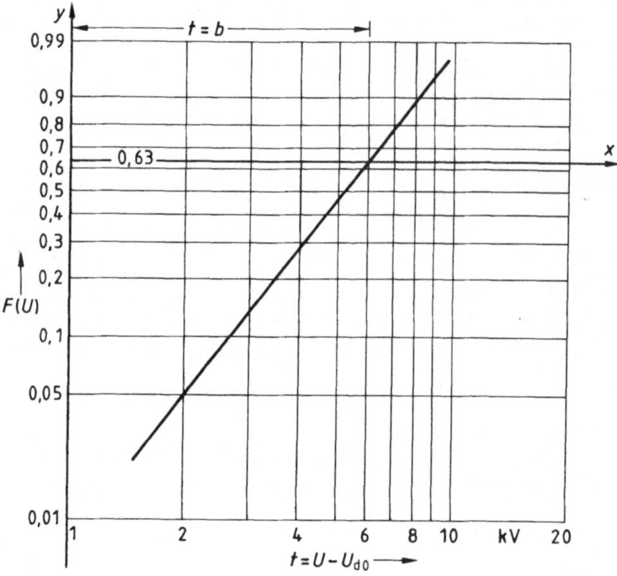

5.5 Wahrscheinlichkeitsraster für die Weibull-Verteilung mit linearer Verteilungskurve

5.2 Wachstumsgesetz

Werden mehrere Prüflinge mit jeweils der gleichen Verteilungsfunktion F (U) parallel betrieben, dann ergibt sich eine neue Verteilungsfunktion für die Gesamtanordnung, wobei die Durchschlagspannungen zu kleineren Werten hin verlagert werden. In der Praxis kann dies z. B. bei den Isolatoren von Sammelschienen und Freileitungen der Fall sein.

Die Wahrscheinlichkeit, mit der ein einzelner Isolator n i c h t d u r c h s c h l ä g t soll nach Bild 5.6 mit $W = 1 - F(U)$ bezeichnet werden. Bei mehreren parallelen Prüfanordnungen multiplizieren sich diese Wahrscheinlichkeiten, und es ergibt sich bei m Anordnungen die Gesamtwahrscheinlichkeit

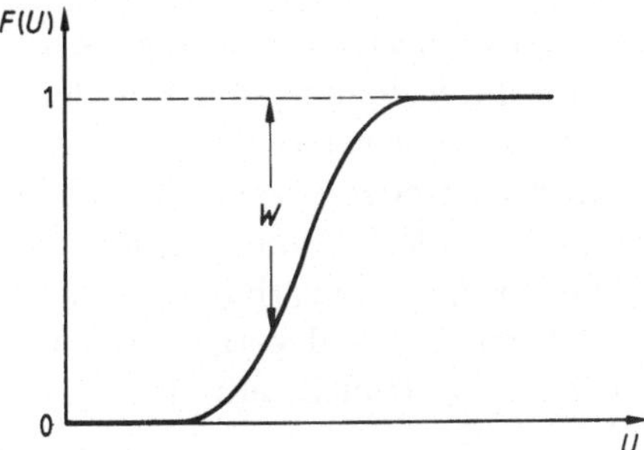

5.6
Verteilungsfunktion F (U) mit der Wahrscheinlichkeit W für den Nichtdurchschlag

$$W_m = W_1 \cdot W_2 \cdot W_3 \ldots W_m = [1 - F(U)]^m \tag{5.14}$$

Hierbei wird vereinfachend unterstellt, daß alle m Prüflinge die gleichen Verteilungsfunktionen F (U) aufweisen, so daß $W_1 = W_2 = W_3 = \ldots = W_m$ ist. Wird Gl. (5.14) in eine Reihe entwickelt und weiter von kleinen Werten F (U) im unteren Bereich der Kurve ausgegangen, dann ergibt sich für

$$[1 - F(U)]^m = 1 - \binom{m}{1} F(U) + \binom{m}{2} F(U)^2 - \binom{m}{3} F(U)^3 + \ldots \approx 1 - mF(U)$$

Nach Gl. (5.14) gilt dann für die Gesamtanordnung die Wahrscheinlichkeit des Nichtdurchschlags $W_m = 1 - m\,F(U)$ und somit die Verteilungsfunktion $F(U)_m = 1 - W_m = 1 - 1 + m\,F(U)$. Für m parallele, gleiche Prüflinge gilt dann die Durchschlagswahrscheinlichkeit

$$F(U)_m \approx m\,F(U) \tag{5.15}$$

Eine quantitative Angabe läßt sich aus der Weibull-Verteilung nach Gl. (5.8) ableiten; die Normalverteilung nach Gauß ist hierfür ungeeignet. Mit Gl. (5.8) ergibt sich aus Gl. (5.14) die Wahrscheinlichkeit, daß bei m parallelen, gleichen Prüflingen kein Durchschlag auftritt

$$W_m = [1 - F(U)]^m = \left(\exp\left(-\left[\frac{U - U_{d0}}{U_{d63} - U_{d0}}\right]^k\right)\right)^m$$

$$= \exp\left(-m\left[\frac{U - U_{d0}}{U_{d63} - U_{d0}}\right]^k\right) \tag{5.16}$$

Hieraus folgt für die Durchschlagswahrscheinlichkeit

$$F(U)_m = 1 - W_m = 1 - \exp\left(-m\left[\frac{U - U_{d0}}{U_{d63} - U_{d0}}\right]^k\right) \tag{5.17}$$

In Gl. (5.17) sind die Spannungen U_{d0}, U_{d63} und die Exponentialkonstante k Parameter, die für die Verteilungsfunktion des einzelnen Prüflings gelten. Da nach Gl. (5.17) gleiche Exponenten zu gleichen Funktionswerten $F(U)_m$ führen, leuchtet ein, daß mit größer werdender Anzahl m gleiche Werte F (U) bei immer kleineren Spannungen U erreicht werden. Damit sich die Verteilungsfunktion für m parallele Prüflinge zu kleineren Spannungen hin verschieben kann, muß U_{d0} von vornherein klein genug, am besten mit $U_{d0} = 0$ vorgegeben werden, weil bei Spannungen $U < U_{d0}$ endliche Funktionswerte nicht auftreten können.

Beispiel 5.2. Eine Spitze-Platte-Funkenstrecke wird mit Stoßspannung der Normstoßspannung 1,2 / 50 µs geprüft, wobei die Stoßspannung in 2-kV-Stufen erhöht wird. Auf jeder Spannungsstufe werden jeweils $n_0 = 20$ Stöße auf den Prüfling gegeben. Registriert wird die Anzahl n der Durchschläge. Hierbei findet man das nachstehende Ergebnis:

U in kV	93	95	97	99	101	103	105
n	0	1	5	10	15	18	20
n / n_0 in %	0	5	25	50	75	90	100

Die gemessene Funktion $F(U) = n / n_0$ ist in einem Diagramm darzustellen und durch die Weibull-Verteilung nachzubilden. Weiter ist die Verteilungsfunktion für m = 10 parallele, gleiche Funkenstrecken zu berechnen und ebenfalls im Diagramm abzubilden.

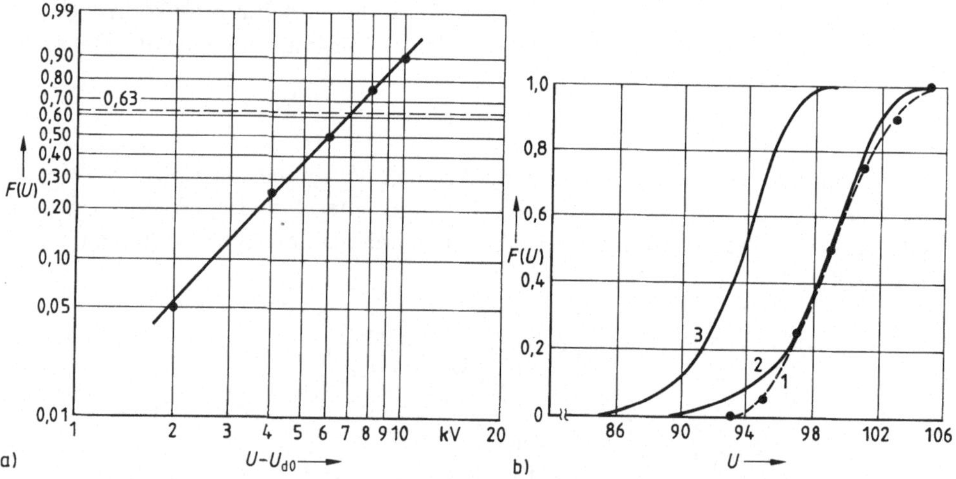

5.7 Verteilungskurve im Wahrscheinlichkeitsraster (a) und in linearen Koordinaten.
(— · —) Meßwerte
Weibull-Verteilung mit:

$U_{d0} = 93$ kV,	k = 2,226,	m = 1	(Kurve 1)
$U_{d0} = 0$ kV,	k = 40,9 ,	m = 1	(Kurve 2)
$U_{d0} = 0$ kV,	k = 40,9 ,	m = 10	(Kurve 3)

Für die erste Nachbildung der Verteilungsfunktion mit m = 1 wird U_{d0} = 93 kV gewählt, weil bei dieser Spannung keine Durchschläge registriert werden. Trägt man die Meßwerte nach Bild 5.7 a in das für die Weibull-Verteilung gültige Wahrscheinlichkeitsraster über der Spannungsdifferenz $t = U - U_{d0}$ ein, so läßt sich eine Gerade einzeichnen, die die 63%-Linie bei $U - U_{d0}$ = 7, 0 kV schneidet. Somit ist also $U_{d63} = U_{d0}$ + 7,0 kV = 93,0 kV + 7,0 kV = 100,0 kV.

Mit Gl. (5.12) und (5.13) kann nun die Exponentialkonstante k berechnet werden. Von der Geraden nach Bild 5.7 a ist z. B. abzulesen, daß bei $t = U - U_{d0}$ = 4,0 kV, also bei U = 97 kV, der Funktionswert F (U) = F (t) = 0,25 beträgt. Demnach ist mit

$$b = U_{d63} - U_{d0} = 100{,}0\,\text{kV} - 93\,\text{kV} = 7{,}0\,\text{kV}$$

die Exponentialkonstante

$$\begin{aligned} k &= y/[x - \ln(b)] = y/[\ln(t) - \ln(b)] \\ &= \ln[-\ln(1 - F(t))]/\ln(t/b) \\ &= \ln[-\ln(1 - 0{,}25)]/\ln(4{,}0\,\text{kV}/7{,}0\,\text{kV}) = 2{,}226 \end{aligned}$$

In Bild 5.7 b ist die mit diesen Werten über Gl. (5.17) für m = 1 nachgebildete Verteilungskurve gestrichelt eingetragen (Kurve 1), die sich sehr gut mit den Meßwerten deckt.

Um auf m = 10 parallele Funkenstrecken schließen zu können, muß eine neue Verteilungsfunktion mit U_{d0} = 0 entwickelt werden. Die Spannung U_{d63} = 100,0 kV bleibt weiter gültig. Mit $b = U_{d63} - U_{d0}$ = 100,0 kV und $t = U - U_{d0}$ = 97,0 kV für U = 97,0 kV und F (U) = 0,25 findet man in gleicher Weise wie oben k = 40,9. Die hiermit berechnete Verteilungsfunktion für m = 1 nach Gl. (5.17) ist als Kurve 2 in Bild 5.7 b dargestellt. Da einer der drei Parameter, nämlich U_{d0} = 0, nicht mehr den Meßwerten direkt angepaßt ist, treten im Gegensatz zur Kurve 1 im oberen und unteren Bereich Abweichungen auf.

Wendet man Gl. (5.17) mit den gleichen Werten U_{d63}, U_{d0} und k nun auf m = 10 parallele Prüflinge an, erhält man als Verteilungsfunktion die Kurve 3, die deutlich (ca. 5 kV) zu kleineren Spannungswerten hin verschoben ist.

Eine solche Verschiebung ist im Hochspannungslabor mit recht einfachen Mitteln nachzuvollziehen. Allerdings darf nicht erwartet werden, daß die mit m = 10 parallelen Funkenstrecken experimentell gefundene Verteilungskurve sich mit der nach Gl. (5.17) exakt deckt, da die einzelnen Prüflinge sicher nicht alle genau die gleiche Verteilungsfunktion F (U) aufweisen, wie dies bei der Ableitung von Gl. (5.17) angenommen wurde. Außerdem ist eine durch die räumliche Nähe bedingte gegenseitige Beeinflussung nicht auszuschließen.

Die Vergrößerung der Durchschlagswahrscheinlichkeit, also die Verringerung der Durchschlagspannung, mit wachsender Anzahl m der parallelen Prüflinge gemäß Gl. (5.17) gilt auch für Proben mit verschieden großen Isolierflächen bzw -volumen. Dies ist beispielsweise bei Kabeln unterschiedlicher Längen gegeben, wobei ein langes Kabel als das m-fache eines kurzen Kabelstücks aufzufassen ist. Da also die Durchschlagswahrscheinlichkeit F (U) mit dem Prüfvolumen wächst, wird diese in Gl. (3.30) angegebene Gesetzmäßigkeit auch als W a c h s t u m s g e s e t z oder als V o l u m e n e f f e k t (s. Abschn. 3.2.3) bezeichnet.

Das Wachstumsgesetz nach Gl. (3.30) läßt sich aus der Weibull-Verteilung entwikkeln. Hierzu wird von zwei Materialproben, z. B. solche nach Bild 8.5, ausgegangen, die die gleichen Werkstoffdicken s, aber unterschiedliche Flächen A_1 und A_2 und somit die beiden Prüfvolumen $V_1 = A_1\,s$ und $V_2 = A_2\,s$ aufweisen. Die Flächen $A_1 = m_1 A_0$ und $A_2 = m_2 A_0$ sollen hierbei ein Mehrfaches der beliebig festgelegten Bezugsfläche A_0, z. B. 1 cm^2, betragen, so daß $A_1 / A_2 = A_1 s / (A_2 s) = V_1 / V_2 = m_1 / m_2$ gilt.

Für die beiden angenommenen Proben können nach Gl. (5.17) die Durchschlagswahrscheinlichkeiten $F(U)_m$, z. B. $F(U)_m = 0{,}5$ für die 50%-Durchschlagspannung, nur dann gleich sein, wenn die Exponenten übereinstimmen. Um nicht die Stehspannung zwingend vorzuschreiben, wird $U_{d0} = 0$ gesetzt. Mit $U = U_d$ muß folglich die Bedingung

$$m_1\, U_{d1}^k = m_2\, U_{d2}^k \tag{5.18}$$

erfüllt sein. Mit $m_1 / m_2 = V_1 / V_2$ und $U_d = E_d\, s$ ergibt sich hieraus gemäß Gl. (3.30) das Verhältnis der Durchschlagspannungen bzw. der Durchschlagfeldstärken, also das Wachstumsgesetz

$$\frac{U_{d2}}{U_{d1}} = \frac{E_{d2}}{E_{d1}} = \left(\frac{m_1}{m_2}\right)^{1/k} = \left(\frac{V_1}{V_2}\right)^{1/k} \tag{5.19}$$

Beispiel 5.3. Bei Stoßspannungsprüfungen mit kunststoffisolierten Leitern wurden folgende 50%-Durchschlagspannungen ermittelt, und zwar für die Länge $\ell_1 = 0{,}1$ m: $U_{d50(1)} = 72$ kV und für $\ell_2 = 1{,}0$ m: $U_{d50(2)} = 65$ kV. Welche Durchschlagspannung $U_{d50(3)}$ ist für die Länge $\ell_3 = 100$ m zu erwarten?

Da für die noch größere Länge ℓ_3 eine Verschiebung der 50%Durchschlagspannung zu kleineren Werten hin erfolgt, wird vorsorglich die Spannung $U_{d0} = 0$ gesetzt . Mit dem Faktor $m_1 = 1$ für die Länge ℓ_1 und $m_2 = 10$ für $\ell_2 = 10\,\ell_1$ gilt nach Gl. (5.18)

$$m_1\, U_{d50(1)}^k = m_2\, U_{d50(2)}^k$$

Hieraus folgt für die Exponentialkonstante

$$k = \frac{\ln(m_2 / m_1)}{\ln(U_{d50(1)} / U_{d50(2)})} = \frac{\ln(10/1)}{\ln(72\text{ kV} / 65\text{ kV})} = 22{,}51$$

Aus Gl. (5.17) ergibt sich dann für die 50%-Durchschlagwahrscheinlichkeit $F(U)_m = 0{,}5$ der weitere Parameter

$$U_{d63} = \frac{U_{d50(1)}}{(-\ln[1 - F(U)_m] / m_1)^{1/k}} = \frac{72\text{ kV}}{(-\ln[1 - 0{,}5]/1)^{1/22{,}51}} = 73{,}18\text{ kV}$$

Für die Länge $\ell_3 = 1000\,\ell_1$, also mit $m_3 = 1000$, und mit $F(U)_m = 0{,}5$ findet man schließlich die gesuchte 50%-Durchschlagspannung

$$U_{d50(3)} = U_{d63}\,(-\ln[1 - F(U)_m] / m_3)^{1/k} = 73{,}18\text{ kV}\,(-\ln[1 - 0{,}5]/1000)^{1/22{,}51}$$
$$= 52{,}97\text{ kV} \approx 53\text{ kV}$$

6 Erzeugung hoher Spannungen

6.1 Hohe Wechselspannung

Hohe Wechselspannungen, wie sie in Laboratorien für Versuche und Prüfungen erforderlich sind, werden meist durch einphasige Hochspannungs-Transformatoren erzeugt, die im Vergleich zu betrieblichen Umspannern wesentlich kleinere Leistungen aufweisen (z. B. 500 kV, 1 MVA). Für einige Prüfzwecke eignen sich auch Reihenresonanzkreise insbesondere dann, wenn das zu prüfende Betriebsmittel eine vergleichsweise große Kapazität aufweist (Kabel, Kondensatoren).

6.1.1 Kenngrößen

Normalerweise wird die Wechselspannung u als periodische Schwingung mit dem linearen Mittelwert $\bar{u} = 0$ verstanden, deren Verlauf aber nicht unbedingt sinusförmig sein muß. Mit dem Augenblickswert der Spannung u, der Zeit t und der Periodendauer T gilt für den Effektivwert der Spannung

$$U = \sqrt{\frac{1}{T} \int_0^T u^2 \, dt} \qquad (6.1)$$

Für reine Sinusschwingungen ist der Scheitelwert $\hat{u} = \sqrt{2}\,U$. Da sich Oberschwingungen nicht ganz ausschließen lassen, darf bei Wechselspannungsprüfungen nach VDE 0432 der Scheitelfaktor $\hat{u}/U$ vom Wert $\sqrt{2}$ um ± 5% abweichen, wobei die Prüffrequenz $f = 1/T$ im Bereich von 40 Hz bis 62 Hz liegen muß.

6.1.2 Prüftransformatoren

Prüftransformatoren haben vielfach eine einseitig geerdete Hochspannungswicklung nach Bild 6.1 a und b. Man unterscheidet zwei Ausführungsformen: Bei der Kesselbauweise nach Bild 6.1 a befinden sich Eisenkern und Wicklungen unter Öl in einem Stahlkessel, aus dem die Hochspannung über eine Porzellandurchführung herausgeleitet wird. Bild 6.1 b zeigt die Isolierzylinderbauweise, bei der alle aktiven Bauteile in einem mit Öl gefüllten Isolierzylinder aus Hartpapier oder Epoxidharz untergebracht sind. Beide Bauarten sind bis zu sehr hohen Spannungen

(z. B. 1 MV) ausführbar, jedoch werden dann bei der Kesselbauweise die Durchführungen unverhältnismäßig groß, so daß für Spannungen über 400 kV meist Transformator-Einheiten in der raumsparenden Zylinderbauweise verwendet werden. Wegen der relativ großen Ölmenge und der hierdurch bewirkten schlechten Wärmeableitung sind Prüftransformatoren in Zylinderbauweise ohne Zusatzkühler allerdings nur für kleine Dauer-Nennströme (z. B. 0,5 A) geeignet.

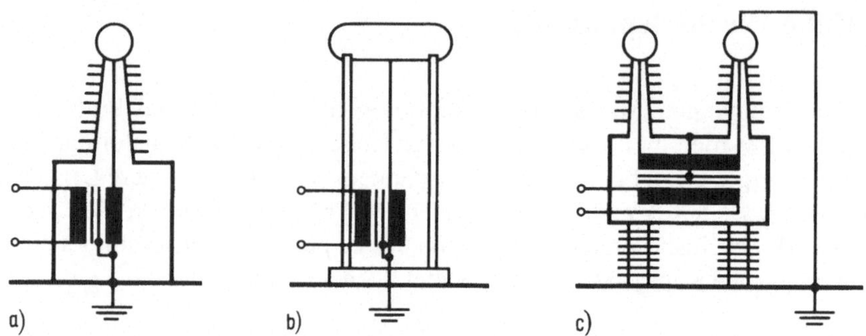

6.1 Ausführungsarten von Prüftransformatoren mit einseitig geerdeter Hochspannungswicklung in Kesselbauweise (a) und Isolierzylinderbauweise (b) sowie mit beidseitig isoliert herausgeführter Hochspannungswicklung (c)

Bei der in Bild 6.1 c gezeigten Schaltung ist die Mitte der Hochspannungswicklung mit dem Eisenkern und dem Gehäuse leitend verbunden, so daß deren Enden jeweils nur die halbe Hochspannung gegenüber dem Mittelpunkt aufweisen. Die beiden Durchführungen können deshalb entsprechend klein bemessen sein. Wird hierbei eine Seite der Hochspannungswicklung geerdet, muß das Transformatorgehäuse isoliert aufgestellt sein, da es gegen Erde die halbe Hochspannung führt. Wird dagegen die Mittenanzapfung der Hochspannungswicklung geerdet, entsteht eine zur Erde symmetrische Wechselspannung. Prüftransformatoren mit beidseitig isoliert herausgeführter Hochspannungswicklung können in Sonderfällen zur Erzeugung hoher Gleich- oder Stoßspannungen vorteilhaft sein (s. Abschn. 6.2.2).

Prüftransformatoren in einer Einheit werden für Spannungen bis 800 kV gebaut. Diese und höhere Spannungen erzeugt man wirtschaftlicher mit einer T r a n s f o r m a t o r k a s k a d e nach Bild 6.2. Hierbei sind die Hochspannungswicklungen mehrerer Transformator-Einheiten in Reihe geschaltet, wobei die jeweilige Erre-

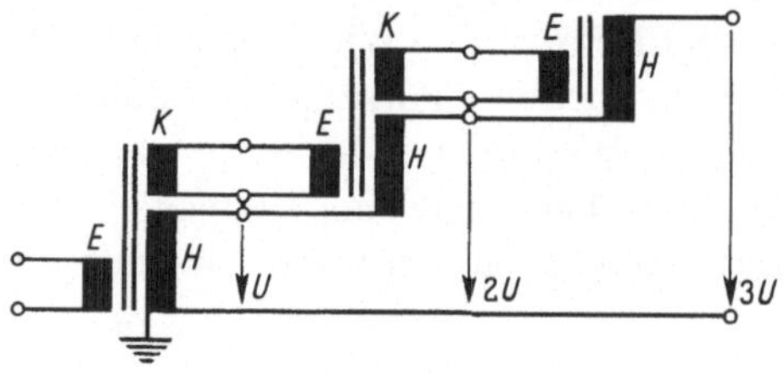

6.2
Dreistufige Wechselspannungskaskade

gerwicklung E der Folgestufe über eine Koppelspule K der vorgeschalteten Stufe gespeist wird. Geben bei der dreistufigen Kaskade nach Bild 6.2 die drei Hochspannungswicklungen H jeweils die gleiche Leistung ab, muß die 1. Stufe für die Gesamtleistung bemessen sein. Dagegen wird der letzten Stufe nur noch 1 / 3 der Gesamtleistung zugeführt. Die der ersten Einheit nachgeschalteten Transformatoren liegen auf einer von Stufe zu Stufe höheren Spannung gegen Erde und müssen entsprechend isoliert aufgestellt sein.

Der innere Widerstand des Prüftransformators soll möglichst klein sein, damit Entladungsvorgänge beim Prüfling nicht durch Spannungseinbrüche am Transformatorausgang beeinträchtigt werden. Bei Transformator-Einheiten liegen die relativen Nenn-Kurzschlußspannungen im Bereich u_{zN} = 1% bis 6%. Die Kurzschlußspannung einer Kaskade beträgt bei zwei Einheiten das 3,5- bis 4fache, bei drei Einheiten das 8- bis 9fache der Kurzschlußspannung einer Einheit.

Da also mit steigender Anzahl der Einheiten die Kurzschlußspannung stärker als linear zunimmt, kann man die Stufenanzahl einer Wechselspannungs-Kaskade nicht beliebig groß wählen. Kurzschlußspannungen von etwa 30% sollten nicht überschritten werden. Zur Prüfung von Übertragungsmitteln der Nennspannung U_N = 1100 kV (Japan) wurde der bisher wohl größte zweistufige Wechselspannungs-Prüftransformator für 2300 kV mit der Nennleistung S_N = 2,5 MVA gebaut. Die Kaskade besteht aus einem 900-kV-Basistransformator und einem 1400-kV-Kopftransformator.

Die Prüfobjekte weisen meist kapazitives Verhalten auf. Die Belastungskapazitäten C_b betragen bei Isolatoren einige pF, bei Durchführungen 0,1 nF bis 0,4 nF, bei Leistungstransformatoren 1 nF bis 8 nF und bei Kabeln je 10 m Länge etwa 1,5 nF bis 3 nF. Zur kapazitiven Belastung gehören auch die Eigenkapazität des Prüftransformators und die Streukapazität aller unter Spannung stehenden Abschirmungen und Verbindungsleitungen gegen Erde. Mit der Kreisfrequenz ω und der Spannung U ist die erforderliche L e i s t u n g d e s P r ü f t r a n s f o r m a t o r s

$$S = U^2 \omega C_b \tag{6.2}$$

Große Belastungskapazitäten C_b können zu einer Spannungserhöhung gegenüber der Leerlaufspannung führen.

Für den mit der Kapazität C_b belasteten Transformator nach Bild 6.3 a kann unter Vernachlässigung aller Wirkwiderstände die Ersatzschaltung nach Bild 6.3 b angegeben werden. Mit der Induktivität L_k und der Kreisfrequenz ω ist hierbei $X_k = \omega L_k$ die Kurzschlußreaktanz des Transformators. Die Spannung U_1' ist die auf die Hochspannungsseite bezogene Spannung U_1, die bei unbelastetem Umspanner gleich der Leerlaufspannung $U_{20} = U_1'$ entspricht.

Aus dem Zeigerdiagramm nach Bild 6.3 c ist abzulesen, daß durch die kapazitive Belastung die Spannung U_2 größer ist als die Leerlaufspannung U_{20}. Diese Spannungserhöhung ist allerdings keine spezielle Eigenschaft des Transformators, sondern tritt allgemein bei jeder Spannungsquelle mit induktivem Innenwiderstand auf. Auch

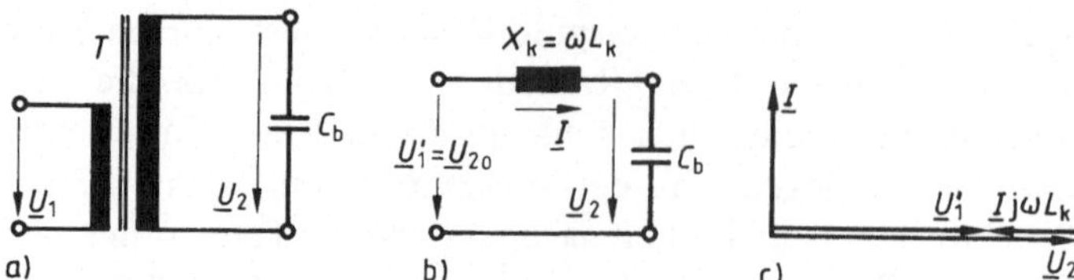

6.3 Transformator T mit Belastungskapazität C_b (a), Ersatzschaltung (b) und Zeigerdiagramm (c) zur Erläuterung der kapazitiven Spannungserhöhung

die als Ferranti-Effekt bekannte Spannungserhöhung am Ende einer leerlaufenden Freileitung (s. Bd. IX), ist in gleicher Weise zu erklären.

Nach Bild 6.3 b berechnet man mit dem Strom

$$\underline{I} = \frac{\underline{U}_{20}}{j(\omega L_k - 1/\omega C_b)} \tag{6.3}$$

die Oberspannung

$$\underline{U}_2 = \underline{U}_{20} - \underline{I}\, j\omega L_k = \underline{U}_{20} - \frac{\underline{U}_{20}\, \omega^2 L_k C_b}{\omega^2 L_k C_b - 1} = \frac{\underline{U}_{20}}{1 - \omega^2 L_k C_b} \tag{6.4}$$

Da der Nenner $(1 - \omega^2 L_k C_b) < 1$ ist, ergibt sich aus Gl. (6.4) eine gegenüber der Leerlaufspannung U_{20} größere Oberspannung U_2. Um aber die Spannungserhöhung auch quantitativ abschätzen zu können, soll angenommen werden, daß mit der an der Kapazität C_b liegenden Spannung $U_2 = U_N$ in Höhe der Nennspannung U_N gerade der Nennstrom

$$I_N = U_n\, \omega C_b \tag{6.5}$$

fließt. Als Kurzschlußspannung $U_k = I_N\, \omega L_k$ wird diejenige Spannung bezeichnet, die an den einseitig kurzgeschlossenen Transformator angelegt werden muß, damit der Nennstrom I_N fließt.

Die relative Kurzschlußspannung $u_z = U_k / U_N$ drückt die absolute Kurzschlußspannung U_k in Prozenten der Nennspannung U_N aus. Es ist also $u_z\, U_N = I_N\, \omega L_k$. Unter Berücksichtigung von Gl. (6.5) findet man für die relative Kurzschlußspannung $u_z = I_N\, \omega L_k / U_N = \omega^2 L_k C_b$, die in Gl. (6.4) eingesetzt die Oberspannung

$$\underline{U}_2 = \underline{U}_{20} / (1 - u_z) \tag{6.6}$$

abhängig von der relativen Kurzschlußspannung u_z liefert. Für den hier unterstellten Betriebszustand beträgt z. B.für einen Umspanner mit $u_z = 10\%$ die Spannungserhöhung ca. 11%

Die Wechselspannungs-Prüfanlage erfordert eine veränderliche Spannungsquelle. Hierfür eignen sich Stelltransformatoren mit kleiner Kurzschlußspannung, mit denen die Spannung des Primärnetzes (meist Niederspannung) von Null bis zum Höchstwert einstellbar ist. Umformergruppen, bei denen der Prüftransformator durch einen Synchrongenerator gespeist wird, erlauben eine vom Primärnetz unabhängige Spannungsregulierung.

6.1.3 Resonanzschaltungen

Für die Wechselspannungs-Prüfung von Betriebsmitteln mit großer Kapazität (z. B. Kabel, metallgekapselte Schaltanlagen), bei denen andererseits verhältnismäßig kleine Ableitströme zu erwarten sind, kann die Spannungserzeugung im Reihenresonanzkreis vorteilhaft sein. Nach Bild 6.4 a wird die Reihenschaltung aus Prüflingskapazität C und der verstellbaren Induktivität L an die Erregerspannung $\underline{U}$ gelegt. Der Widerstand R berücksichtigt die i. all. kleinen, aber unvermeidlichen Wirkwiderstände. Aus der Spannungssumme folgt mit der Kreisfrequenz ω und dem Strom $\underline{I}$ für die Erregerspannung

$$\underline{U} = \underline{I}\,R + \underline{I}\left(j\,\omega\,L + \frac{1}{j\,\omega\,C}\right) \tag{6.7}$$

Bei Resonanz ist $\omega L = 1/(\omega C)$ und somit der Klammerausdruck $j\,\omega\,L + 1/(j\,\omega\,C) = 0$. Das zugehörige Zeigerdiagramm ist in Bild 6.4 b angegeben.

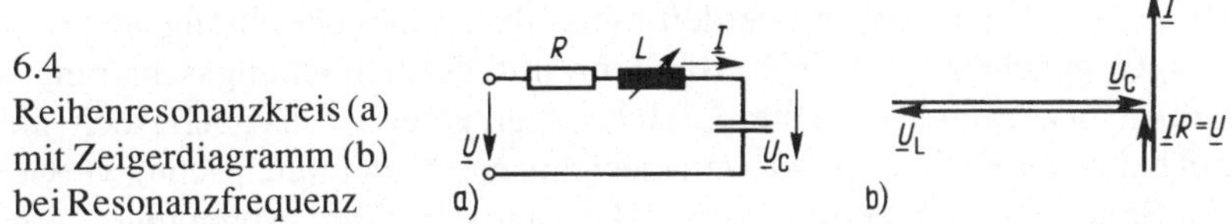

6.4
Reihenresonanzkreis (a) mit Zeigerdiagramm (b) bei Resonanzfrequenz

Nach Gl. (6.4) erhält man dann den Strom I = U / R und somit die am Prüfobjekt liegende Kondensatorspannung

$$U_C = I/(\omega\,C) = U/(R\,\omega\,C) \tag{6.8}$$

die im Verhältnis zur Erregerspannung immer größer wird, je kleiner der Widerstand R ist. Allerdings wächst hiermit auch der Strom I, so daß mit Rücksicht auf die Spannungsquelle ein zusätzlicher Wirkwiderstand erforderlich werden kann.

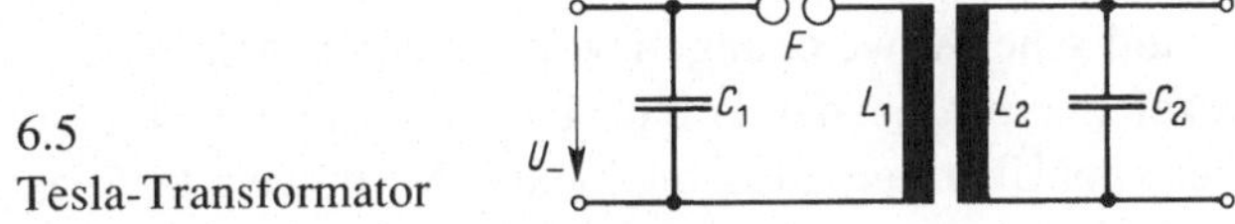

6.5
Tesla-Transformator

Eine besondere Art der Resonanzschaltung stellt der T e s l a - T r a n s f o r m a t o r nach Bild 6.5 dar, mit dem hochfrequente Prüfspannungen mit Frequenzen von etwa 10 kHz bis 100 kHz erzeugt werden können. Er besteht aus zwei magnetisch lose miteinander gekoppelten Schwingkreisen gleicher Resonanzfrequenz. Schlägt bei dem mit der Gleichspannung U_- gespeisten Schwingkreis 1 aus Induktivität L_1 und Kapazität C_1 die Funkenstrecke F durch, wird dieser zu einer durch den Widerstand des Funkenkanals gedämpften Schwingung angeregt. Hierdurch wird der nahezu ungedämpfte Schwingkreis 2 in Resonanz versetzt, die auch dann noch andauert, wenn die Schwingung im Kreis 1 bereits abgeklungen ist. Durch wiederholtes Zünden der Funkenstrecke entsteht so eine etwa konstante Prüfspannung gleicher Frequenz. Über unterschiedliche Windungszahlen in den i. allg. als Luftspulen ausgeführten Transformatorwicklungen wird die Spannung im Schwingkreis 2 herauftransformiert.

Tesla-Transformatoren können z. B. zur Prüfung von Antennen-Abspannisolatoren verwendet werden.

6.2 Hohe Gleichspannung

In Hochspannungs-Versuchsfeldern werden hohe Gleichspannungen i. allg. für grundlegende Untersuchungen, z. B. zum Studium des Einflusses der Spannungspolarität, und zur Prüfung von Hochspannungskabeln und Kondensatoren sowie von Betriebsmitteln der elektrischen Energieübertragung mit hochgespanntem Gleichstrom (HGÜ) benötigt. Technische Bedeutung haben sie auch bei Röntgengeräten, Elektrofiltern, Farbspritzanlagen und anderen mit hoher Gleichspannung betriebenen Anlagen.

Hohe Gleichspannungen werden meist durch Gleichrichtung hoher Wechselspannungen gegebenenfalls in Verbindung mit Vervielfachungsschaltungen gewonnen, wobei vorwiegend Halbleiter-Gleichrichter, gelegentlich auch Hochvakuum-Ventile mit beheizter Kathode und selten mechanische Nadelgleichrichter verwendet werden. Für Sonderzwecke werden auch elektrostatische Gleichspannungs-Generatoren eingesetzt.

6.2.1 Kenngrößen

Als P r ü f g l e i c h s p a n n u n g gilt mit dem Augenblickswert der Spannung u, der Zeit t und der Periodendauer T nach VDE 0432 der lineare Mittelwert

$$\bar{u} = U_- = \frac{1}{T}\int_0^T u\,dt \qquad (6.6)$$

Periodische Abweichungen vom linearen Mittelwert werden als Überlagerungen bezeichnet, wobei der Ü b e r l a g e r u n g s f a k t o r das Verhältnis des Scheitelwerts der Überlagerung zum linearen Mittelwert der Spannung angibt. Er darf 5% nicht überschreiten.

Die an eine Gleichspannungsquelle gestellten Anforderungen sind hauptsächlich durch Größe und Art des P r ü f s t r o m b e d a r f s bestimmt, der sowohl vom zu prüfenden Betriebsmittel als auch von den Prüfbedingungen abhängt.

6.2.2 Vervielfachungsschaltungen

Bild 6.9 a zeigt eine Spannungsverdoppler-Schaltung, mit der eine zum Erdbezugspotential symmetrische Gleichspannung $U_- = 2\,\hat{u}$ in zweifacher Höhe des Scheitelwerts $\hat{u}$ der Transformator-Wechselspannung U erzeugt werden kann. Die zugehörigen Potentialverläufe der Schaltungspunkte 1 bis 4 sind in Bild 6.9 b für verlustlose Kondensatoraufladung dargestellt. Werden statt des Punktes 3 die Punkte 4 bzw. 2 geerdet, ergibt sich eine positive bzw. negative Gleichspannung gegen Erde. Dies setzt allerdings voraus, daß nun ein Transformator mit beidseitig isoliert herausgeführter Hochspannungswicklung nach Bild 6.1 c zur Verfügung steht.

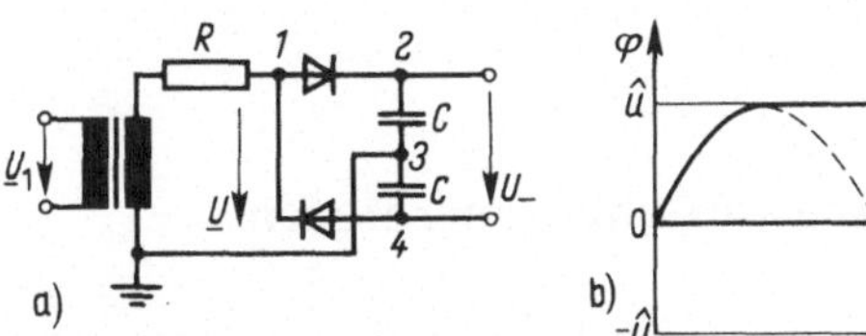

6.6
Gleichspannungsverdopplerschaltung (a) mit Potentialverläufen (b)

Bei Prüftransformatoren mit einseitig geerdeter Hochspannungswicklung ist die Verdopplerschaltung nach Bild 6.7 a (*Greinacher*-Schaltung) zu verwenden. Die zugehörigen Potentialverläufe der Schaltungspunkte 1 bis 4 weisen aus, daß die Gleichspannung $U_- = 2\,\hat{u}$ erst nach einer Vielzahl von Perioden erreicht wird. Durch Umkehr der Ventile kann die Spannungspolarität geändert werden.

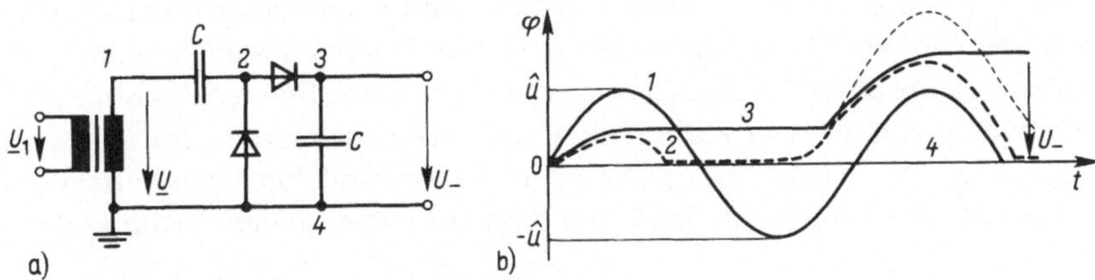

6.7 Gleichspannungs-Verdopplerschaltung nach *Greinacher* (a) mit Potentialverläufen (b)

Die Greinacher-Schaltung kann verwendet werden, um die Ladegleichspannung für Stoßspannungsgeneratoren (s. Abschn. 6.3.2) zu erzeugen. Ihr besonderer Vorzug ist, daß mit ihr mehrstufige Schaltungen mit (theoretisch) beliebiger *Spannungsvervielfachung* verwirklicht werden können. Mit der dreistufigen *Gleichspannungs-Kaskade* (Greinacher-Kaskade) nach Bild 6.8 lassen sich im Leerlauf Gleichspannungen vom 6fachen des Wechselspannungs-Scheitelwerts erzeugen, weil jede Stufe für sich eine Verdopplerschaltung darstellt. Die in die Kaskade eingetragenen Schaltungspunkte 1 bis 4 entsprechen jenen der Greinacher-Schaltung nach Bild 6.7 a. Gleichspannungskaskaden werden für Spannungen bis zu mehreren MV ausgeführt. Alle Vervielfachungsschaltungen können jedoch nur mit verhältnismäßig kleinen Strömen belastet werden. Bei hohen Prüfspannungen zwischen 1 MV und 2 MV werden i. allg. Gleichströme bis etwa 30 mA verlangt. Die Entwicklung der Energieübertragung mit hochgespanntem Gleichstrom erfordert jedoch Gleichspannungsgeneratoren, die Ströme von etwa 1 A liefern können.

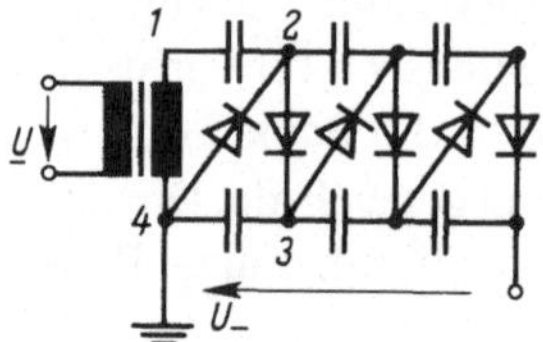

6.8
Dreistufige Gleichspannungskaskade (Greinacher-Kaskade)

6.2.3 Elektrostatische Generatoren

Grundsätzlich arbeiten alle elektrostatischen Generatoren nach dem gleichen Prinzip, elektrische Ladungen durch mechanische Hilfsmittel entgegen den Feldkräften zu bewegen und folglich auf ein höheres Potential zu bringen. Sie sind i. allg. dort von Vorteil, wo eine sehr hohe, überlagerungsfreie Gleichspannung bei verhältnismäßig kleiner Leistung (z. B. 1 kW) benötigt wird. Ein bevorzugtes Einsatzgebiet ist die kernphysikalische Experimentiertechnik.

Am bekanntesten ist der in Bild 6.9 schematisch dargestellte Bandgenerator nach Van de Graaff. Ein über zwei Rollen laufendes Band aus isolierendem Material wird kontinuierlich durch ein stark inhomogenes elektrisches Feld bewegt, wobei sich die durch Stoßionisation vor der positiven Spitzenelektrode entstehenden positiven Ladungsträger auf ihrem Weg zur Gegenelektrode am Transportband anlagern (vgl. hierzu Bild 2.30 c). Die auf der Isolierbandoberfläche haftenden Ladungsträger werden nach oben befördert und dort über einen Ladungsabnehmer der

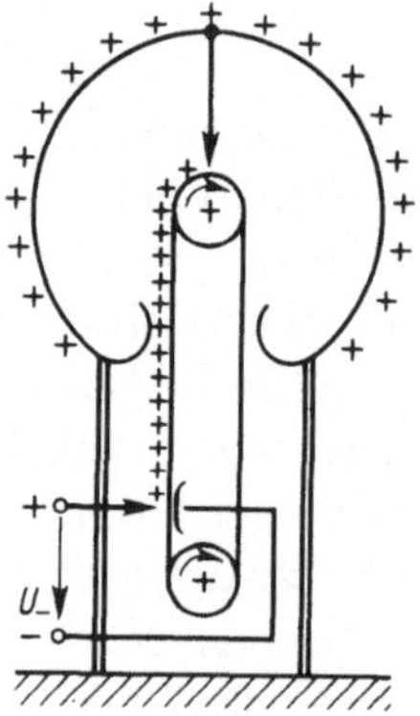

6.9
Bandgenerator nach Van de Graaff

Hochspannungselektrode zugeführt. Der über das Band gehende Ladungsträgertransport bestimmt somit den möglichen Belastungsstrom (z. B. 0,2 mA). Gleichspannungsgeneratoren dieser Art wurden für Spannungen bis 10 MV gebaut. Andere elektrostatische Generatoren, wie solche, die nach dem Prinzip der Kapazitätsänderung arbeiten, haben für die Hochspannungsversuchstechnik keine besondere Bedeutung erlangt.

6.3 Stoßspannungen

Unter einer Stoßspannung versteht man eine nur sehr kurzzeitig anstehende Hochspannung, wie sie in Netzen der elektrischen Energieversorgung entweder durch äußere atmosphärische Einflüsse (äußere Überspannung, Blitzstoßspannung) oder durch Schaltvorgänge (innere Überspannung, Schaltstoßspannung) gelegentlich auftritt. Da solche Stoßspannungen die Betriebsspannung weit überschreiten können, führen sie gegebenenfalls zu Durch- oder Überschlägen in bzw. an Betriebsmitteln und somit zu einer Beeinträchtigung der elektrischen Energieversorgung. Man ist deshalb bestrebt, solche Stoßspannungen in Hochspannungslaboratorien nachzubilden, um betriebssichere Anlagenteile entwickeln und prüfen zu können.

6.3.1 Kenngrößen

Blitz- und Schaltstoßspannungen unterscheiden sich in der Zeit, die bis zum Erreichen des ersten Scheitels vergeht. Stoßspannungen mit Zeiten bis zu einigen 10 μs werden i. allg. als Blitzstoßspannungen, solche mit längeren Zeiten als Schaltstoßspannungen bezeichnet (VDE 0432).

Die Blitzstoßspannung ist nach Bild 6.10 durch den Scheitelwert der Stoßspannung û, die Stirnzeit T_1 und die Rückenhalbwertzeit T_2 gekennzeichnet. Da sich bei einem oszillographisch aufgezeichneten Blitzstoßspannungsverlauf weder der Beginn noch der Scheitelpunkt eindeutig festlegen lassen,

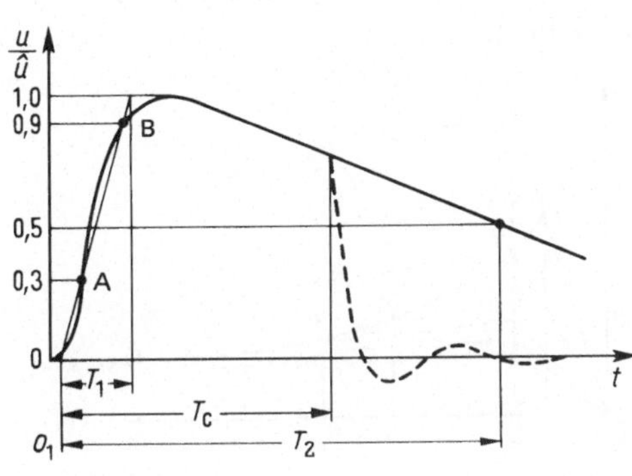

6.10
Verhältnis der Blitzstoßspannung u zum Scheitelwert û abhängig von der Zeit t mit Stirnzeit T_1, Rückenhalbwertzeit T_2 und Zeit bis zum Abschneiden T_c. Beginn der Stoßspannung 0_1 (nach VDE 0432)

wird als Stirnzeit T_1 die Zeit vereinbart, die sich aus den Schnittpunkten einer durch die Punkte A ($u = 0{,}3\,\hat{u}$) und B($u = 0{,}9\,\hat{u}$) gezogenen Geraden mit der Zeitachse (Stoßbeginn 0_1) und der durch den Scheitel gehenden Parallelen ergibt. Hierbei ist die Stirnzeit T_1 das 1,67fache der zwischen den Punkten A und B liegenden Zeitspanne.

Bricht die Stoßspannung vor ihrem Abklingen infolge eines Durch- oder Überschlags zusammen, ergibt sich eine abgeschnittene Stoßspannung (in Bild 6.10 gestrichelt), deren Abschneidezeitpunkt durch die Zeit bis zum Abschneiden T_c (time to cut) angegeben wird. Erfolgt das Abschneiden auf der Stirn der Stoßspannung, ergeben sich keilförmige Spannungsverläufe, auch Keilwellen oder Keilspannungen genannt. Künstlich abgeschnittene Stoßspannungen werden zur Prüfung von Geräten benutzt, in die im praktischen Betrieb abgeschnittene Stoßwellen einlaufen können (z. B. Transformator). Bevorzugt angewendet wird die volle Blitzstoßspannung mit der Stirnzeit $T_1 = 1{,}2$ µs (± 30%) und der Rückenhalbwertszeit $T_2 = 50$ µs (± 20%). Sie wird als Blitzstoßspannung 1,2 / 50 bezeichnet.

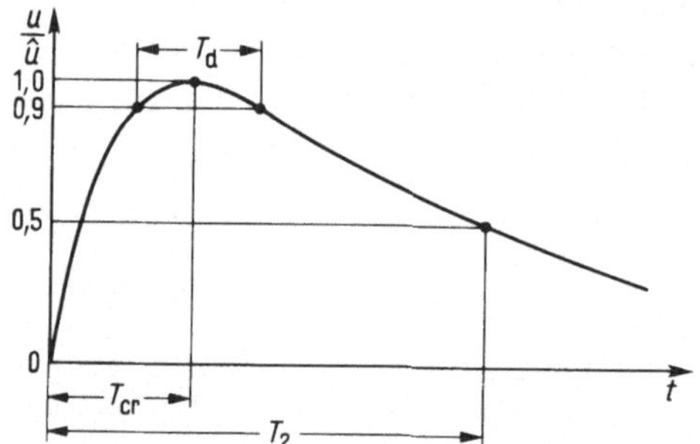

6.11
Verhältnis der Schaltstoßspannung u zum Scheitelwert û abhängig von der Zeit t mit Scheitelzeit T_{cr}, Rückenhalbwertzeit T_2 und Scheiteldauer T_d (nach VDE 0432)

Bei Schaltstoßspannungen wird nach Bild 6.11 mit der Scheitelzeit T_{cr} (time to crest) die Zeitspanne zwischen dem tatsächlichen Beginn und dem Erreichen des Scheitelwerts angegeben. Neben der Rückenhalbwertzeit T_2 ist auch die Scheiteldauer T_d eine Kenngröße, mit der die Zeitspanne bezeichnet wird, während der die Schaltstoßspannung 90% ihres Scheitelwerts übersteigt. Die bevorzugt angewendete Prüf-Schaltstoßspannung hat die Scheitelzeit $T_{cr} = 250$ µs (± 20%) und die Rückenhalbwertzeit $T_2 = 2500$ µs (±60%). Sie wird als Schaltstoßspannung 250 / 2500 bezeichnet.

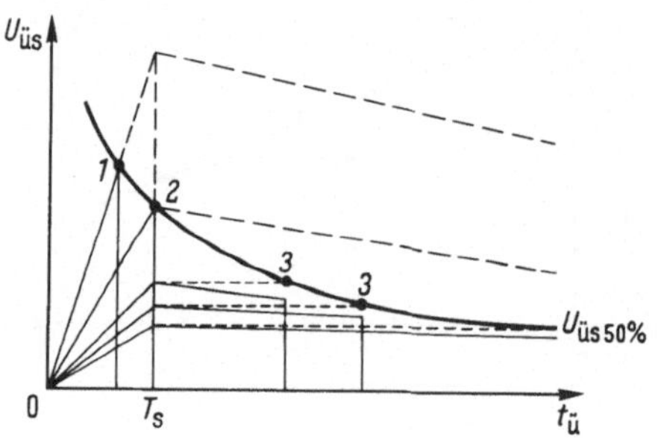

6.12
Stoßkennlinie

Für einen Prüfling, z. B. einen Isolator, läßt sich die Stoßkennlinie nach Bild 6.12 ermitteln. Sie gibt die Überschlagstoßspannung $u_{üs}$ in Abhängigkeit von der Überschlagszeit $t_ü$ an. Als Überschlagspannung wird hierbei die höchste auftretende Spannung angegeben, bei Rücken- oder Scheiteldurchschlägen also der Scheitelwert û. Diejenige Stoßspannung, bei der gerade die Hälfte aller Spannungsstöße zum Überschlag am Prüfling führt, wird 50%-Überschlagstoßspannung genannt. Bei elektrischen Durchschlägen arbeitet man sinngemäß mit der 50%-Durchschlagstoßspannung.

6.3.2 Erzeugung von Stoßspannungen

Bild 6.13 zeigt die beiden Grundschaltungen zur Erzeugung von Stoßspannungen. Die Stoßkapazität C_s liegt über dem hochohmigen Ladewiderstand R_ℓ an der Ladegleichspannung U_ℓ. Nach Zünden der Schaltfunkenstrecke F_s wird die Belastungskapazität C_b, gegebenenfalls die Eigenkapazität des Prüflings, über den Dämpfungswiderstand R_d aufgeladen und gleichzeitig über den Entladewiderstand R_e entladen. Die beiden Stoßkreise nach Bild 6.13 a und Bild 6.13 b unterscheiden sich allein durch die Anordnung der Widerstände R_d und R_e

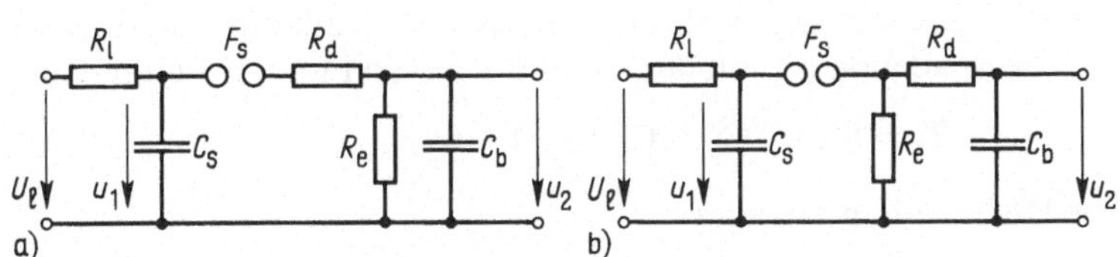

6.13 Grundschaltungen einstufiger Stoßspannungsgeneratoren

Der genaue zeitliche Verlauf der Spannung u_2 läßt sich z. B. für die Schaltung nach Bild 6.13 a aus der Differentialgleichung

$$C_s\, C_b\, R_e\, R_d\, \frac{d^2\, u_2}{dt^2} + (R_e\, C_b + R_e\, C_s + R_d\, C_s)\, \frac{du_2}{dt} + u_2 = 0 \tag{6.10}$$

ermitteln, deren Lösung mit den beiden Zeitkonstanten $T_m \gg T_n$ die Spannung

$$u_2 = \frac{U_\ell\, T_m\, T_n}{R_d\, C_b\, (T_m - T_n)}\, (e^{-t/T_m} - e^{-t/T_n}) \tag{6.11}$$

ergibt. Für die Dimensionierung von Stoßspannungsgeneratoren ist Gl. (6.11) allerdings zu unhandlich. Es werden deshalb nachstehend Näherungsgleichungen angegeben, die aus der exakten Lösung nach Gl. (6.11) entwickelt wurden. Zu ihrem besseren

Verständnis soll der Verlauf der Stoßspannung u_2 vereinfacht in zeitlich getrennte Auf- und Entladevorgänge unterteilt werden.

Hierbei wird angenommen, daß der Entladewiderstand R_e erst nach erfolgter Umladung zugeschaltet wird. Dann ergibt sich der in Bild 6.14 dargestellte zeitliche Verlauf der Aufladespannung u_{2a} an der Belastungskapazität C_b. Die Spannung u_1 am Stoßkondensator geht entsprechend zurück, bis nach genügend langer Zeit $u_1 = u_{2a\infty}$ ist. Wird nun der Entladewiderstand R_e zugeschaltet, so wird über ihn die Parallelschaltung von Stoß- und Belastungskapazität entladen. Die dabei am Entladewiderstand R_e anliegende Spannung u_{2e} fällt exponentiell ab. Aus der Überlagerung dieser beiden Vorgänge ergibt sich der wirkliche Verlauf der Stoßspannung u_2

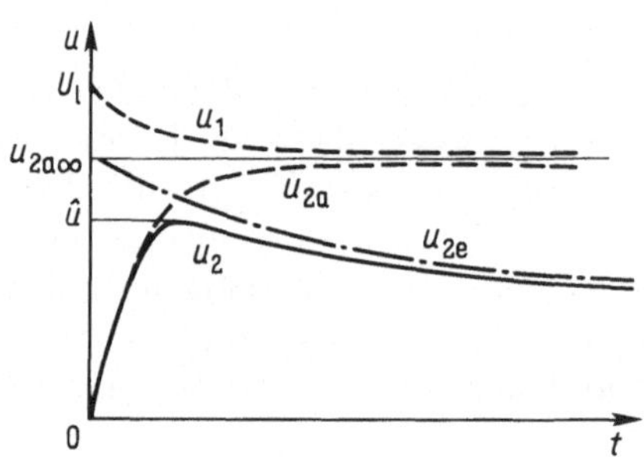

6.14
Stoßspannungsverlauf u_2 als Überlagerung von Aufladespannung u_{2a} und Entladespannung u_{2e}

Für die Aufladung der Belastungskapazität C_b gilt mit dem Entladewiderstand $R_e = \infty$ für die Spannung u_{2a} mit der A u f l a d e z e i t k o n s t a n t e n

$$T_a = R_d\, C_s\, C_b \,/\, (C_s + C_b) \tag{6.12}$$

die Differentialgleichung

$$T_a\,(du_{2a} / dt) + u_{2a} = U_\ell \,/\, (C_s + C_b) \tag{6.13}$$

und deren Lösung für die A u f l a d e s p a n n u n g

$$u_{2a} = \frac{C_s\, U_\ell}{C_s + C_b}\,(1 - e^{-t/T_a}) \tag{6.14}$$

die bei $t = \infty$ dem Spannungsendwert

$$u_{2a\infty} = U_\ell\, C_s \,/\, (C_s + C_b) \tag{6.15}$$

zustrebt. Wird nun ausgehend von diesem Spannungsendwert der Entladevorgang durch Zuschalten des Entladewiderstands R_e eingeleitet, so fällt mit dem vernachlässigbaren Dämpfungswiderstand $R_d \approx 0$ die E n t l a d e s p a n n u n g u_{2e} mit der E n t l a d e z e i t k o n s t a n t e n

$$T_e = R_e\,(C_s + C_b) \tag{6.16}$$

nach Bild 6.14 exponentiell ab. Gl. (6.15) läßt erkennen, daß zum Erreichen hoher

Endwerte $\hat{u}_{2a\infty}$ und daher hoher Stoßspannungs-Scheitelwerte $\hat{u}$ die Stoßkapazität $C_s \gg C_b$ sein muß. Allerdings kann mit Rücksicht auf die Rückenhalbwertzeit T_2 das Verhältnis C_s / C_b nicht beliebig groß gewählt werden. Zweckmäßig sollte die Stoßkapazität $C_s \approx 10\ C_b$ betragen, mindestens aber 1 nF.

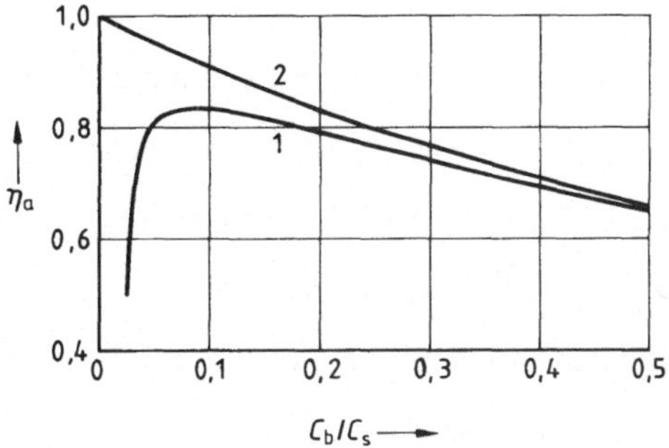

6.15
Ausnutzungsfaktor η_a der Stoßgeneratoren nach Bild 6.13 abhängig vom Kapazitätsverhältnis C_b / C_s für die Stoßspannung 1,2 / 50
Kurve 1: Schaltung a
Kurve 2: Schaltung b

Das Verhältnis von Scheitelwert der Stoßspannung $\hat{u}$ und Ladespannung U_ℓ nennt man den Ausnutzungsgrad

$$\eta_a = \hat{u} / U_\ell \tag{6.17}$$

der Anlage, der nach Bild 6.15 vom Kapazitätsverhältnis C_s / C_b abhängt. Hohe Scheitelwerte $\hat{u}$ setzen einen großen Spannungsendwert $u_{2a\infty}$ nach Gl. (6.15) voraus, so daß der Ausnutzungsgrad $\eta_a = \hat{u} / U_\ell \approx u_{2a\infty} / U_\ell = C_s / (C_s + C_b)$ sein muß. Für Stoßspannungen 1,2 / 50 und 1,2 / 200 sind die Schaltungen nach Bild 6.13 a und b nahezu gleichwertig, jedoch weist die Schaltung in Bild 6.13 b insbesondere bei großen Verhältnissen C_s / C_b, also bei kleinen Werten C_b / C_s, den besseren Ausnutzungsgrad η_a auf. Stoßspannungen mit kürzerer Rückenhalbwertzeit, z. B. 1,2 / 5, können nur durch die Schaltung nach Bild 6.13 b verwirklicht werden.

Die Stirnzeit T_1 der Stoßspannung wird nach Bild 6.14 hauptsächlich durch die Aufladezeitkonstante T_a nach Gl. (6.12), die Rückenhalbwertzeit T_2 dagegen durch die Entladezeitkonstante T_e nach Gl. (6.16) bestimmt. Mit den Zeitfaktoren k_1 und k_2, die nach Tafel 6.16 vom Verhältnis T_1 / T_2 abhängen, können deshalb die Stirnzeit $T_1 \approx k_1 T_a$ und die Rückenhalbwertzeit $T_2 \approx k_2 T_e$ durch die Auf- und Entladezeitkonstanten näherungsweise ausgedrückt werden, die für $R_e \gg R_d$ und $C_s \gg C_b$ etwa mit den Zeitkonstanten $T_m \approx T_a$ und $T_n \approx T_e$ in Gl. (6.11) übereinstimmen.

Zur hinreichend genauen Bemessung von Stoßspannungsgeneratoren reichen die Näherungsgleichungen (6.18) bis (6.23) aus. Mit der Stoßkapazität C_s, der Belastungskapazität C_b, dem Dämpfungswiderstand R_d und dem Entladewiderstand R_e gilt bei der Schaltung von Bild 6.13 a für die Stirnzeit

$$T_1 = k_1 \frac{R_d\, R_e\, C_s\, C_b}{(R_d + R_e)(C_s + C_b)} \tag{6.18}$$

die Rückenhalbwertzeit

$$T_2 = k_2\,(R_d + R_e)(C_s + C_b) \tag{6.19}$$

und den Ausnutzungsgrad

$$\eta_a = \frac{R_e\,C_s}{(R_d + R_e)(C_s + C_b)} \tag{6.20}$$

und bei der Schaltung nach Bild 6.13 b für die Stirnzeit

$$T_1 = k_1\,R_d\,C_s\,C_b\,/\,(C_s + C_b) \tag{6.21}$$

die Rückenhalbwertzeit

$$T_2 = k_2\,R_e\,(C_s + C_b) \tag{6.22}$$

und den Ausnutzungsgrad

$$\eta_a = C_s\,/\,(C_s + C_b) \tag{6.23}$$

mit den Zeitfaktoren k_1 und k_2 nach Tafel 6.16.

Tafel 6.16 Zeitfaktoren k_1 und k_2 für verschiedene Stoßspannungen

Stoßspannungen	1,2/5	1,2 / 50	1,2 / 200	250 / 2500
k_1	1,49	2,96	3,15	2,41
k_2	1,44	0,73	0,70	0,87

Bei vorgegebener Stoßspannung und bekannten Kapazitäten C_s und C_b können aus Gl. (6.18) und (6.19) bzw. Gl. (6.21) und (6.22) die zugehörigen Dämpfungs- und Entladewiderstände ermittelt werden. Für die Schaltung nach Bild 6.13 a hat der Dämpfungswiderstand

$$R_{d1/2} = \frac{T_2}{2\,k_2\,(C_s + C_b)} \pm \sqrt{\left[\frac{T_2}{2\,k_2\,(C_s + C_b)}\right]^2 - \frac{T_1\,T_2}{k_1\,k_2\,C_s C_b}} \tag{6.24}$$

das Wertepaar R_{d1} und R_{d2}, mit dem sich nach Gl. (6.19) ein in den Zahlenwerten gleiches Paar Entladewiderstände R_{e1} und R_{e2} ergibt. Bei $R_{d1} < R_{d2}$ ist z. B. im Hinblick auf einen hohen Ausnutzungsgrad η_a der kleinere Wert als Dämpfungswiderstand $R_d = R_{d1}$ und der größere als Entladewiderstand $R_e = R_{d2}$ vorzusehen.

Die in Bild 6.15 dargestellten Kurven für die Ausnutzungsgrade η_a ergeben sich für die Schaltung nach Bild 6.13 a aus Gl. (6.20) unter Berücksichtigung von Gl. (6.24) und für die Schaltung nach Bild 6.13 b unmittelbar aus Gl. (6.23).

Der Stoßkreis weist immer eine kleine, allein durch die Leitungsführung bedingte Induktivität L auf. Hochfrequente Schwingungen werden vermieden, wenn der

Dämpfungswiderstand

$$R_d \geq 2 \sqrt{L\,(C_s + C_b)\,/\,(C_s\, C_b)} \qquad (6.25)$$

gewählt wird. Aus Gl. (6.24) lassen sich weiter die Grenzwerte für mögliche Kapazitätsverhältnisse C_s / C_b ermitteln, wenn der Radikand Null gesetzt wird. Für die Stoßspannung 1,2 / 50 ergibt sich C_5 / $C_b \leq 40$; für die Stoßspannung 1,2 / 200 das Verhältnis $C_5 / C_b \leq 185$. Die Stoßspannung 1,2 / 5 läßt sich mit der Schaltung nach Bild 6.13 a nicht verwirklichen, was durch einen für alle Kapazitätsverhältnisse C_s / C_b negativen Radikanden ausgewiesen wird.

Wie aus Bild 6.14 ersichtlich, sind für bestimmte Stoßspannungsscheitelwerte û entsprechend höhere Ladespannungen U_ℓ erforderlich. Solche einfachen Stoßkreise werden für Ladespannungen bis 300 kV gebaut. Die in Bild 6.17 gezeigte Vielfachstoßschaltung nach Marx ermöglicht dagegen die Erzeugung von Stoßspannungen, die um ein Vielfaches höher als die Ladespannungen sind. Die zunächst parallel geschalteten Kapazitäten C_s werden hier nach dem Aufladen durch Zünden der Funkenstrecken F_1 bis F_4 in Reihe geschaltet, wobei sich die einzelnen Spannungen kurzzeitig addieren. Die.Schaltfunkenstrecke F_s spricht an und legt die Summenspannung über den Widerstand R_d an den Prüfling P, dessen Eigenkapazität C_p sich zur Belastungskapazität C_b addiert. Als Stoßkapazität im Sinne von Gl. (6.18) bis (6.23) gilt hier die Reihenschaltung der in Bild 6.17 dargestellten Kapazitäten C_s Ebenso muß die Summe aller mit R_d bezeichneten Widerstände als Dämpfungswiderstand aufgefaßt werden. Mit solchen Stoßspannungsgeneratoren können mit Ladespannungen von etwa 300 kV Stoßspannungen bis 10 MV erzeugt werden.

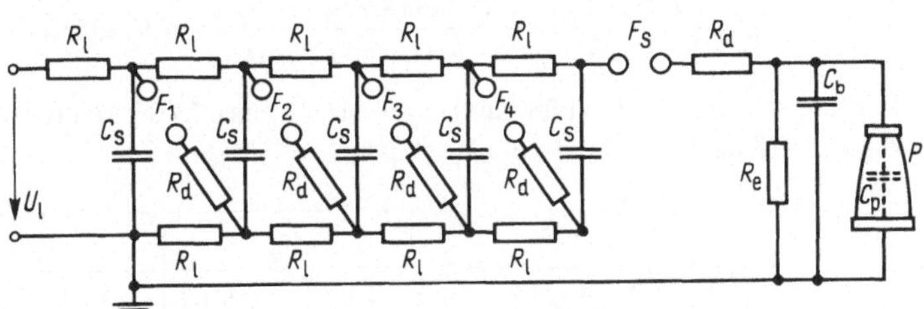

6.17 Fünfstufiger Stoßspannungsgenerator nach Marx

Der Ausnutzungsgrad ηa einer mehrstufigen Stoßanlage wird ebenfalls nach Gl. (6.17) berechnet, wobei nun die Ladespannung U_ℓ durch die Summenladespannung $n\,U_\ell$ zu ersetzen ist. Hierbei ist n die Anzahl der Stufen, z. B. n = 5 für den Stoßgenerator nach Bild 6.17.

Grundsätzlich sind die für die Blitzstoßspannungserzeugung angegebenen Schaltungen in Bild 6.13 und 6.17 auch zur Erzeugung von Schaltstoßspannungen geeignet. Außerdem kann man durch Anlegen eines Spannungsstoßes an die Niederspannungswicklung eines Prüftransformators oder des zu prüfenden Transformators in der Hochspannungswicklung die gewünschte Schaltstoßspannung induzieren. Bei einem anderen Verfahren wird der Spannungsstoß durch plötzliches Unterbrechen des Stroms in einer Drosselspule oder Transformatorwicklung hervorgerufen [18].

Beispiel 5.1. Eine SF_6-isolierte, koaxiale Rohrleitung mit den Radien $r_1 = 7$ cm, $r_2 = 15$ cm und der Länge $\ell = 5$ m soll mit der in Bild 6.18 dargestellten zweistufigen Stoßanlage geprüft werden, wobei die Rohrleitung als Belastungskapazität wirkt. Bekannt sind weiter die Kapazitäten $C_1 = C_2 = 10$ nF.

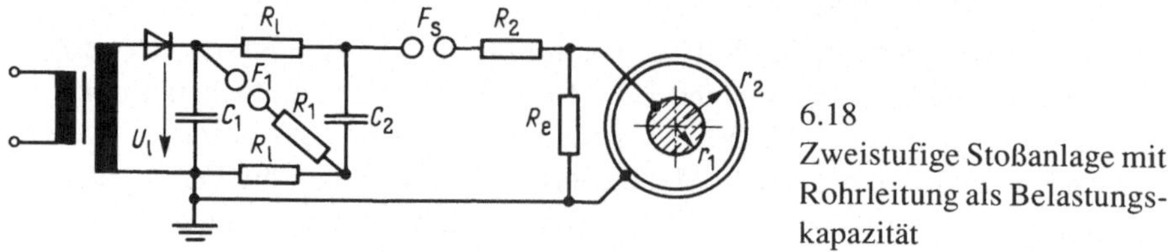

6.18 Zweistufige Stoßanlage mit Rohrleitung als Belastungskapazität

Für die Stoßspannung 1,2 / 50 sind der Dämpfungswiderstand R_d und der Entladewiderstand R_e zu ermitteln. Weiter ist anzugeben, für welche Wechselspannung der Transformator oberspannungsseitig mindestens ausgelegt sein muß, damit der Stoßspannungsscheitelwert $\hat{u} = 200$ kV erreicht wird.

Die beiden in Reihe liegenden Kapazitäten ergeben die Stoßkapazität $C_s = C_1 / 2 = 10\ \text{nF} / 2 = 5$ nF. Der Dämpfungswiderstand $R_d = R_1 + R_2$ setzt sich aus den beiden im Umladekreis liegenden Widerständen R_1 und R_2 zusammen.

Nach Gl. (1.25) ist die Belastungskapazität der Rohrleitung

$$C_b = \frac{2\pi\ell\varepsilon_0\varepsilon_r}{\ln(r_2/r_1)} = \frac{2\pi\cdot 5\ \text{m}\,(8{,}854\ \text{pF/m})\cdot 1}{\ln(15\ \text{cm}/7\ \text{cm})} = 0{,}365\ \text{nF}$$

Dämpfungs- und Entladewiderstand ergeben sich aus Gl. (6.14) mit den Zeitfaktoren $k_1 = 2{,}96$ und $k_2 = 0{,}73$ nach Tafel 6.16 als Wertepaar

$$R_{d1/2} = \frac{T_2}{2k_2(C_s + C_b)} \pm \sqrt{\left[\frac{T_2}{2k_2(C_s + C_b)}\right]^2 - \frac{T_1 T_2}{k_1 k_2 C_s C_b}}$$

$$= \frac{50\ \mu\text{s}}{2\cdot 0{,}73\,(5\ \text{nF} + 0{,}365\ \text{nF})}$$

$$\pm\sqrt{\left(\frac{50\ \mu\text{s}}{2\cdot 0{,}73\,(5\ \text{nF} + 0{,}365\ \text{nF})}\right)^2 - \frac{1{,}2\ \mu\text{s}\cdot 50\ \mu\text{s}}{2{,}96\cdot 0{,}73\cdot 5\ \text{nF}\cdot 0{,}365\ \text{nF}}}$$

Hieraus erhält man den kleineren Wert als D ä m p f u n g s w i d e r s t a n d $R_{d1} = R_d = R_1 + R_2 = 1330\ \Omega$ und den größeren als Entladewiderstand $R_{d2} = R_e = 11{,}44$ **kΩ.**
Es ist dann mit Gl. (6.10) der Ausnutzungsgrad

$$\eta_a = \frac{R_e C_s}{(R_e + R_d)/(C_s + C_b)} = \frac{11{,}44\ \text{k}\Omega\cdot 5\ \text{nF}}{(11{,}44\ \text{k}\Omega + 1{,}33\ \text{k}\Omega)(5\ \text{nF} + 0{,}365\ \text{nF})} = 0{,}835$$

Daher beträgt der Stoßspannungsscheitelwert $\hat{u} = n\, U_\ell\, \eta_a$, und man findet für $n = 2$ Stufen die erforderliche Ladespannung

$$U_\ell = \hat{u} / (n\, \eta_a) = 200\ \text{kV} / (2 \cdot 0{,}835) = 119{,}8\ \text{kV}$$

also den erforderlichen Effektivwert der Transformatoroberspannung $U = U_\ell / \sqrt{2} = 119{,}8\ \text{kV} / \sqrt{2} = 84{,}68\ \text{kV} \approx 85\ \text{kV}$.

7 Messung hoher Spannungen

Es gibt viele Verfahren zur Messung hoher Spannungen. Hier sollen nur solche Meßmethoden in den Grundzügen angesprochen werden, die in Hochspannungslaboratorien Bedeutung haben. Auf die Beschreibung von Meßsystemen der Hochspannungs-Energieübertragung, z. B. induktive Wandler, wird verzichtet; sie werden in Band IV behandelt. Ebenso wird die Kenntnis der anzuschließenden Meßgeräte, wie Strom- und Spannungsmesser der unterschiedlichen Bauarten, Oszilloskope u. dgl., vorausgesetzt. Verfeinerte Meßtechniken und Sonderverfahren finden sich in der weiterführenden Literatur [5], [29], [36], [45], [48].

7.1 Kugelfunkenstrecke

Die Meß-Kugelfunkenstrecke nach Bild 7.1 besteht aus zwei durchmessergleichen, vorzugsweise aus Kupfer gefertigten Kugeln, deren verstellbare Schlagweite $s \leq 0{,}5\ D$ den halben Kugeldurchmesser D nicht überschreiten sollte. Diese Forderung ist i. allg. immer dann erfüllt, wenn der Kugeldurchmesser mindestens so groß in mm gewählt wird, wie die zu messende Spannung in kV beträgt (z. B. $U = 100$ kV, $D \geq 100$ mm). Bei solchen Schlagweiten ist das zwischen den Kugeln bestehende elektrische Feld so schwach inhomogen, daß nach dem Paschen-Gesetz von Gl. (2.29) ein definierter Zusammenhang zwischen der Durchschlagspannung U_d in Luft und der Schlagweite s besteht.

7.1
Kugelfunkenstrecke mit Vorwiderstand R_v

In Tafel 7.2 sind für Normalbedingungen (Temperatur $\vartheta_0 = 20$ °C, Druck $p_0 = 1{,}013$ bar) die Durchschlagspannungen U_{d0} abhängig von der Schlagweite s für fünf Kugeldurchmesser D angegeben, wobei sich die Werte für positive Stoßspannung einerseits von denen für negative Stoßspannung, Wechselspannung sowie positive und negative Gleichspannung andererseits teilweise unterscheiden. Weitere Tabellen für andere Durchmesser bis D = 200 cm findet man in VDE 0433.

Weichen die atmosphärischen Verhältnisse von den Normalbedingungen ab, müssen die Tabellenwerte auf die dann vorliegende Gasdichte umgerechnet werden. Für

Tafel 7.2 Durchschlagspannung U_{d0} in kV einpolig geerdeter Kugelfunkenstrecken abhängig von der Schlagweite s und Kugeldurchmesser D bei 20 °C und 1,013 bar für Gleich- und Wechselspannung (≈) und Stoßspannung (⌒) unterschiedlicher Polarität (+, –)

Schlagweite s in cm	5 ≈ (+, –) ⌒ (–)	⌒ (+)	10 ≈ (+, –) ⌒ (–)	⌒ (+)	15 ≈ (+, –) ⌒ (–)	⌒ (+)	25 ≈ (+, –) ⌒ (–)	⌒ (+)	50 ≈ (+, –) ⌒ (–)	⌒ (+)
0,20	8,0									
0,25	9,6									
0,30	11,2	11,2								
0,40	14,3	14,3								
0,50	17,4	17,4	16,8	16,8	16,8	16,8				
0,60	20,4	20,4	19,9	19,9	19,9	19,9				
0,70	23,4	23,4	23,0	23,0	23,0	23,0				
0,80	26,3	26,3	26,0	26,0	26,0	26,0				
0,90	29,2	29,2	28,9	28,9	28,9	28,9				
1,0	32,0	32,0	31,7	31,7	31,7	31,7	31,7	31,7		
1,2	37,6	37,8	37,4	37,4	37,4	37,4	37,4	37,4		
1,4	42,9	43,3	42,9	42,9	42,9	42,9	42,9	42,9		
1,5	45,5	46,2	45,5	45,5	45,5	45,5	45,5	45,5		
1,6	48,1	49,0	48,1	48,1	48,1	48,1	48,1	48,1		
1,8	53,0	54,5	53,5	53,5	53,5	53,5	53,5	53,5		
2,0	57,5	59,5	59,0	59,0	59,0	59,0	59,0	59,0	59,0	59,0
2,2	61,5	64,0	64,5	64,5	64,5	64,5	64,5	64,5	64,5	64,5
2,4	65,5	69,0	69,5	70,0	70,0	70,0	70,0	70,0	70,0	70,0
2,6	(69,0)	(73,0)	74,5	75,5	75,5	75,5	75,5	75,5	75,5	75,5
2,8	(72,5)	(77,0)	79,5	80,5	80,5	80,5	81,0	81,0	81,0	81,0
3,0	(75,5)	(81,0)	84,0	85,5	85,5	85,5	86,0	86,0	86,0	86,0
3,5	(82,5)	(90,0)	95,0	97,5	98,0	98,5	99,0	99,0	99,0	99,0
4,0	(88,5)	(97,5)	105	109	110	111	112	112	112	112
4,5			115	120	122	124	125	125	125	125
5,0			123	130	133	136	137	138	138	138
5,5			(131)	(139)	143	147	149	151	151	151
6,0			(138)	(148)	152	158	161	163	164	164
6,5			(144)	(156)	161	168	173	175	177	177
7,0			(150)	(163)	169	178	184	187	189	189
7,5			(155)	(170)	177	187	195	199	202	202
8,0					(185)	(196)	206	211	214	214
9,0					(198)	(212)	226	233	239	239
10					(209)	(226)	244	254	263	263
11					(219)	(238)	261	273	286	287
12					(229)	(249)	275	291	309	311
13							(289)	(308)	331	334
14							(302)	(323)	353	357
15							(314)	(337)	373	380
16							(326)	(350)	392	402
17							(337)	(362)	411	422
18							(347)	(374)	429	442
19							(357)	(385)	445	461
20							(366)	(395)	460	480
22									489	510
24									515	540
26									(540)	(570)
28									(565)	(595)
30									(585)	(620)
32									(605)	(640)
34									(625)	(660)
36									(640)	(680)
38									(655)	(700)

Funkenstrecken mit im wesentlichen homogenen Feldern, zu denen i allg. auch Kugelfunkenstrecken zu rechnen sind, erfolgt nach VDE 0432 die Umrechnung nach Gl. (2.41) mit dem Luftdichte-Korrekturfaktor k_d nach Gl. (2.42). Bei zur Spannungsmessung verwendeten Kugelfunkenstrecken müssen dagegen nach VDE 0433 die in Tafel 7.2 angegebenen Durchschlagspannungen U_{do} mit dem von der relativen Gasdichte δ nach Gl. (2.40) abhängigen und in Tafel 7.3 angegebenen Korrekturfaktor k_0 auf die dann geltende Durchschlagspannung

$$U_d = k_0 \, U_{d0} \tag{7.1}$$

umgerechnet werden. Im Bereich $0{,}95 \le \delta \le 1{,}05$ und für Schlagweiten $s \le 1$ m ist $k_0 = \delta$.

T a f e l 7.3 Korrekturfaktor k_0 abhängig von der relativen Gasdichte δ nach VDE 0433

relative Gasdichte δ	0,85	0,90	0,95	1,00	1,05	1,10	1,15
Korrekturfaktor k_0	0,86	0,91	0,95	1,00	1,05	1,09	1,13

Zur Vermeidung eines zu starken Abbrands und zur Unterdrückung von elektrischen Schwingungen ist der in Bild 7.1 dargestellte Vorwiderstand R_v vorzusehen, der für Gleichspannung und Wechselspannungen bis 1 kHz im Bereich $10\,k\Omega \le R_v \le 1\,M\Omega$ liegen kann. Der Widerstandswert ist um so kleiner anzusetzen, je größer die Kapazität der Meß-Kugelfunkenstrecke ist, die zwischen 1 und 50 pF liegen kann [45]. Für die Ermittlung der Kapazität s. Abschn. 1.5.6. Bei Stoßspannungen sollte der Vorwiderstand möglichst klein sein. Zur Vermeidung von Entladeschwingungen reichen Widerstände $R_v \le 500\,\Omega$ i. allg. aus.

Meßkugelfunkenstrecken sind zur Ermittlung der Scheitelwerte von Wechselspannungen bis zu Frequenzen f = 100 kHz und Stoßspannungen sowie von Gleichspannungen geeignet. Die Meßunsicherheit beträgt bei Wechselspannung, sowie bei positiver und negativer Stoßspannung 3%. Bei positiver und negativer Gleichspannung ist sie mit 5% wegen des hier merklichen Einflusses von Staub und Fasern in der Luft höher anzusetzen.

Zur genaueren Messung hoher Gleichspannungen eignet sich die Stab-Stab-Funkenstrecke nach Bild 7.4 , deren Durchschlagspannung sich in weiten Grenzen linear mit der Schlagweite ändert [33] (s. a. Abschn. 2.6.3). Die Meßungenauigkeit beträgt hier ± 2%. Erschwerend ist allerdings, daß die Durchschlag-Gleichspannung relativ stark von der a b s o l u t e n L u f t f e u c h t e f_a abhängt, so daß anders als bei Kugelfunkenstrecken – eine entsprechende Feuchtekorrektur erforderlich ist. Mit der Schlagweite s, der relativen Gasdichte δ und der konstanten Spannung U_0 beträgt die D u r c h s c h l a g s p a n n u n g

$$U_d = \delta\,[U_0 + (5{,}1\,\text{kV}/\text{cm}) \cdot s]\,k_f \tag{7.2}$$

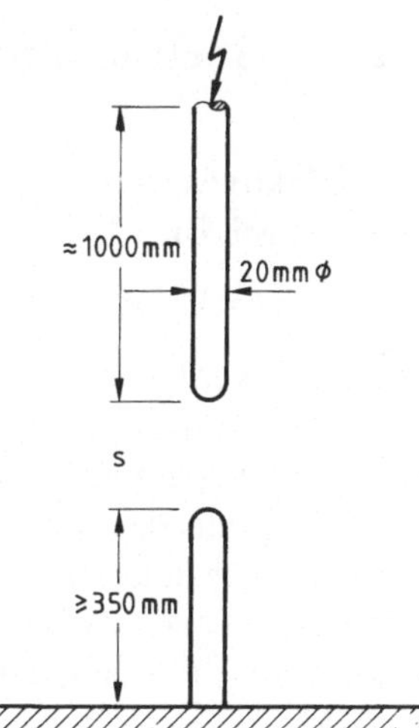

7.4
Stabfunkenstrecke zur Messung hoher Gleichspannungen

Hierbei gilt für den Luftfeuchte-Korrekturfaktor

$$k_f = \sqrt[4]{5{,}1 \cdot 10^{-2}\,(f_a + 8{,}65)} \qquad (7.3)$$

in den die absolute Luftfeuchte f_a in g / m^3 einzusetzen ist. Für Normluftfeuchte f_{ao} = 11 g / m^3 ist $k_f = 1$. Die Konstante U_0 hängt davon ab, welche Polarität die spannungführende Elektrode in Bild 7.4 aufweist. Bei positiver Polarität muß U_0 = 20,0 kV und bei negativer Polarität U_0 = 15 kV eingesetzt werden.

Beispiel 7.1. Zur Abschätzung der Frequenzabhängigkeit der Durchschlagspannung von Kugelfunkenstrecken wird nach Bild 7.5 angenommen, daß bei einem sinusförmigen Spannungsimpuls mit dem Scheitelwert zur Zeit t_1 die statische Durchschlagspannung $U_d = 0{,}95\,\hat{u}$ erreicht ist, der Durchschlag aber erst nach der Entladeverzugszeit t_v = 0,2 µs zur Zeit t_2 eintritt. Für welche Frequenz trifft dies zu?

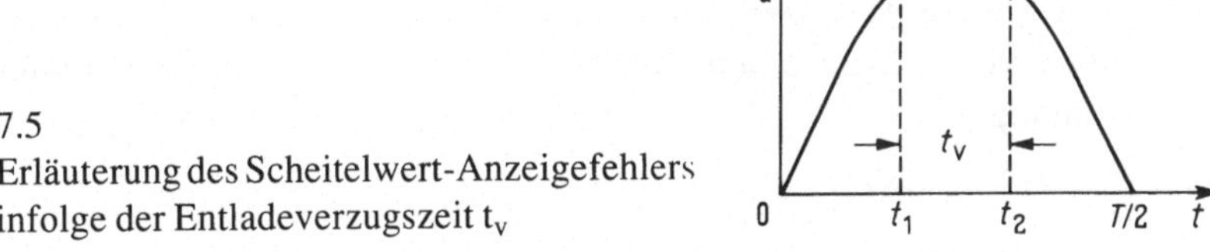

7.5
Erläuterung des Scheitelwert-Anzeigefehlers infolge der Entladeverzugszeit t_v

Bei einer mit Gleichspannung geeichten Funkenstrecke ist hier also der Meßwert 5% kleiner als der wirklich aufgetretene Scheitelwert. Mit der Periodendauer T und der Kreisfrequenz $\omega = 2\pi f = 2\pi / T$ beträgt der Winkel $\omega t_v = 2\pi f t_v = \pi / 5$, und es ergibt sich hieraus die Frequenz $f = 1 / (10\,t_v)$.

Kugelfunkenstrecken mit der Entladeverzugszeit t_v = 0,2 µs (s. Abschn. 2.4.3) zeigen hiernach also den Scheitelwert einer Spannung bis zur Frequenz f = 1 / (10 0,2 µs) = 500 kHz mit höchstens 5% Fehler an.

7.2 Hochohmige Widerstände

Die Effektivwerte hoher Wechselspannungen U und hoher Gleichspannungen U_- können nach Bild 7.6 über den Strom

$$I = U / R \tag{7.4}$$

gemessen werden, der bei Anlegen der Spannung U durch den Widerstand R fließt. Befindet sich hierbei der Strommesser außerhalb des abgegitterten Hochspannungsraums, sollte parallel zum Meßinstrument eine Schutzfunkenstrecke angeschlossen werden. Damit das Meßsystem keine merkliche Rückwirkung auf die Spannungsquelle ausübt, muß der Widerstand R so hochohmig sein, daß entsprechend kleine Ströme ($I < 1$ mA) fließen. Wegen des Energieverbrauchs ist dieses Meßverfahren für elektrostatische Spannungsquellen nicht geeignet.

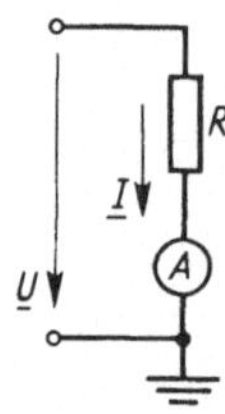

7.6
Spannungsmessung über den Strom I im hochohmigen Widerstand R

Die Stromwärme verändert den Widerstand R, wodurch sich spannungs- und zeitabhängige Meßungenauigkeiten ergeben. Diese Temperaturabhängigkeit wird bei ohmschen Spannungsteilern (s. Abschn. 7.4.1) vermieden.

7.3 Kapazitive Ladeströme

Anstelle des hochohmigen Widerstands R nach Abschn. 7.2 kann zur Messung der Effektivwerte von Wechselspannungen nach Bild 7.7 auch ein Kondensator mit der Kapazität C verwendet werden. Mit dem Ladestrom I und der Kreisfrequenz ergibt sich die Spannung

$$U = I / (\omega C) \tag{7.5}$$

Hier treten Meßfehler dann auf, wenn die Grundschwingung der Hochspannung von Oberschwingungen überlagert ist, weil der Leitwert ωC frequenzabhängig ist. In

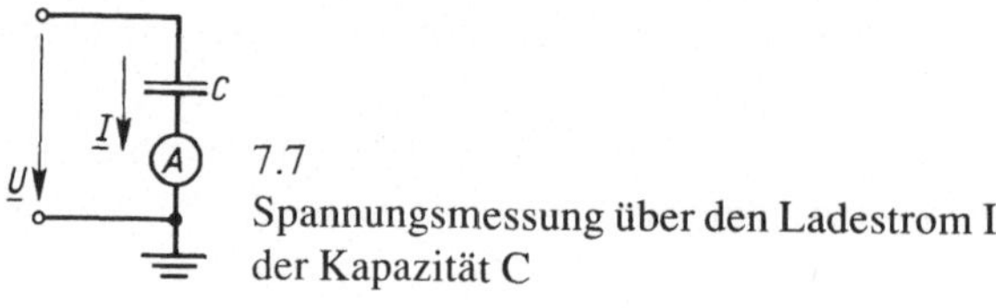

7.7
Spannungsmessung über den Ladestrom I der Kapazität C

solchen Fällen sind kapazitive Spannungsteiler (s. Abschn. 7.4.2) günstiger, bei denen die Spannungsteilung von der Frequenz unbeeinflußt bleibt.

Aus dem kapazitiven Ladestrom läßt sich auch mit dem anzeigenden Scheitelwertmesser nach Chubb und Fortescue unmittelbar der Scheitelwert einer Wechselspannung ermitteln. In der Schaltung nach Bild 7.8 a ist die Kapazität C über zwei parallel und gegeneinander geschaltete Gleichrichter an Erde angeschlossen. Der mit einem der Gleichrichter in Reihe liegende Strommesser mit Drehspulmeßwerk mißt den linearen Mittelwert (Gleichrichtwert)

$$\overline{|i|} = \frac{1}{T}\int_{t_1}^{t_2} i\,dt \tag{7.6}$$

der positiven Anteile des kapazitiven Ladestroms nach Bild 7.8 b. Mit der Frequenz f ist die Periodendauer $T = 1 / f$. Wird für die elementare Ladung $dQ = i\,dt = C\,du$ eingeführt, so ergibt sich für den Gleichrichtwert des Stromes

$$\overline{|i|} = f\,C \int_{-\hat{u}}^{+\hat{u}} du = f\,C \cdot 2\,\hat{u} \tag{7.7}$$

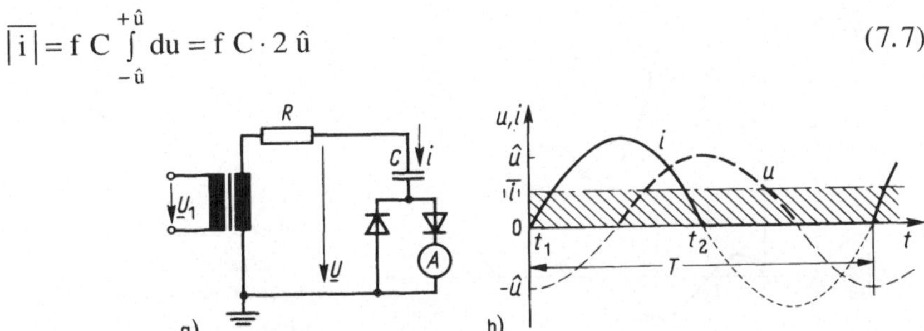

7.8 Schaltung (a) zur Hochspannungs-Scheitelwertmessung über den Kondensatorladestrom mit zugehörigen Strom- und Spannungsverläufen (b) (Verfahren nach Chubb und Fortescue)

Hieraus folgt für den Scheitelwert der Spannung

$$\hat{u} = \frac{\overline{|i|}}{2\,f\,C} \tag{7.8}$$

Der Scheitelwert einer Wechselspannung û kann also unmittelbar über den Gleichrichtwert $\overline{|i|}$ des Ladestroms gemessen werden. Gl. 7.8 ist nicht nur für sinusförmige Spannungen erfüllt. Voraussetzung ist lediglich, daß eine sich periodisch ändernde Spannung mit gleichen negativen und positiven Scheitelwerten û vorliegt, und daß der Spannungsverlauf keine Einsattelungen aufweist. Dieses Meßverfahren kann z. B. zur Eichung von Kugelfunkenstrecken herangezogen werden.

Beispiel 7.2. Wie groß ist bei der Wechselspannung $u = u_1\,[\sin \omega t + 0{,}3 \sin (3\,w\,t)]$ der wirkliche Scheitelwert, und welcher Wert ergibt sich nach dem Verfahren von Chubb und Fortescue, wenn Gl. (7.8) zugrundegelegt wird?

Aus der Differentiation der Spannung

$$du / d(\omega t) = u_1 [\cos \omega t + 3 \cdot 0{,}3 \cos(3 \omega t)]$$

findet man mit $du / d(\omega t) = 0$ den Winkel $(\omega t)_m = 46{,}6°$, bei dem der 1. Scheitelwert der Spannung

$$\hat{u} = u_1 [\sin 46{,}6° + 0{,}3 \sin(3 \cdot 46{,}6°)] = 0{,}9202\, u_1$$

vorliegt. Den Winkel für den Sattelpunkt $(\omega t)_{min} = 90°$ ersieht man aus Bild 6.8 mit der zugehörigen Spannung

$$u_{min} = u_1 [\sin 90° + 0{,}3 \sin(3 \cdot 90°)] = 0{,}70\, u_1$$

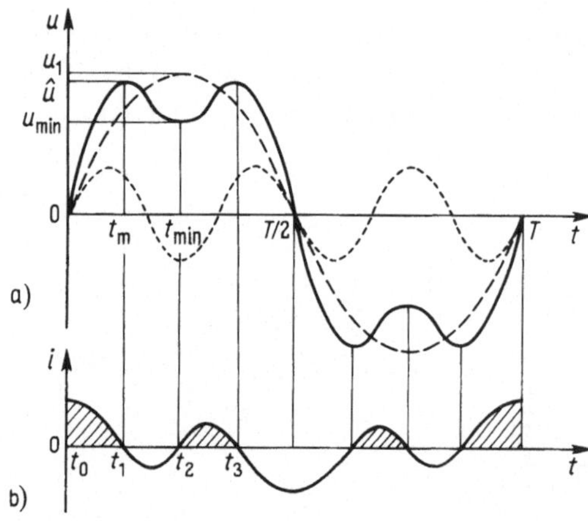

7.9
Sinusschwingung mit überlagerter 3. Oberschwingung zur Ermittlung des Meßfehlers beim direkt anzeigenden Scheitelwertmesser mit Spannungs- (a) und Stromverlauf (b)

In Bild 7.9 ist ebenfalls der kapazitive Strom dargestellt. Integriert man die schraffierten Flächen und berücksichtigt hierbei, daß jeweils zwei der Flächen gleich groß sind, erhält man mit Gl. (7.6) und Gl. (7.7) den Gleichrichtwert

$$\overline{|i|} = \frac{2}{T}\left[\int_{t_0}^{t_1} i\,dt + \int_{t_2}^{t_3} i\,dt\right] = 2fC\left[\int_{0}^{+\hat{u}} du + \int_{u_{min}}^{+\hat{u}} du\right]$$
$$= 2fC(2\hat{u} - u_{min}) = 2fC(2 \cdot 0{,}9202\, u_1 - 0{,}70\, u_1) = 2fC \cdot 1{,}1404\, u_1$$

Eingesetzt in Gl. (7.8) ergibt sich der gemessene Scheitelwert

$$\hat{u}_M = \frac{\overline{|i|}}{2fC} = \frac{2fC \cdot 1{,}1404\, u_1}{2fC} = 1{,}1404\, u_1$$

als eine Spannung, die rund 24% größer als die des wirklichen Scheitelwerts ist. Einsattelungen im Spannungsverlauf täuschen also einen höheren Scheitelwert vor.

7.4 Spannungsteiler

Wechselspannungen niederer Frequenz und Gleichspannungen lassen sich mit ohmschen oder kapazitiven Spannungsteilern ohne Schwierigkeit messen. Zu beachten ist hierbei, daß bei den meist leistungsschwachen Hochspannungsquellen das Meßsystem selbst nicht als merklicher Verbraucher wirksam wird.

Problematisch ist dagegen die oszillographische Aufzeichnung von Stoßspannungen. Hier kommt es nicht allein darauf an, den Spannungshöchstwert richtig zu messen, vielmehr wird auf die maßstabsgetreue Nachbildung des gesamten Spannungsverlaufs Wert gelegt. Dies ist bei steilen Spannungsflanken, also bei Stoßspannungen und hier insbesondere bei keilförmigen Stoßspannungen (Keilwellen, s. Abschn. 6.3.1), meist nicht ganz ohne Übertragungsfehler möglich.

Bei ohmschen und kapazitiven Spannungsteilern ist nicht zu vermeiden, daß Wirkwiderstände, Kapazitäten und durch die Leitungsführung bedingte Induktivitäten gemeinsam vorliegen und das Übertragungsverhalten bestimmen. Wird an einen Spannungsteiler nach Bild 7.10 die Spannung U_1 sprunghaft angelegt, erreicht die abgenommene Spannung u_2 ihren Endwert U_2 zeitlich verzögert, wobei sich nach Bild 7.10 b ein aperiodischer oder nach Bild 7.10 c ein schwingender Verlauf ausbilden kann. In beiden Fällen ist also eine Verfälschung des wahren Spannungsverlaufs gegeben. Mit der normierten Spannung $u_2 / U_2 = g\,(t)$ wird dieses Fehlverhalten des Teilers durch die A n t w o r t z e i t (response time)

$$T_r = \int_0^\infty [1 - g\,(t)]\,dt \qquad (7.9)$$

gekennzeichnet, die der in Bild 7.10 b schraffierten Fläche T_2 entspricht und nach Bild 7.10 c $T_r = T_1 - T_2 + T_3 - T_4 + \ldots$ beträgt. Stoßspannungsteiler sollen eine Antwortzeit $T_r \leq 200$ ns aufweisen. Allgemein werden eine kleine Zeitfläche T_1 und das Verhältnis $T_r / T_1 = 1$ angestrebt. Die Antwortzeit dient u. a. auch zur Abschätzung des Amplitudenfehlers bei Keilwellen [45].

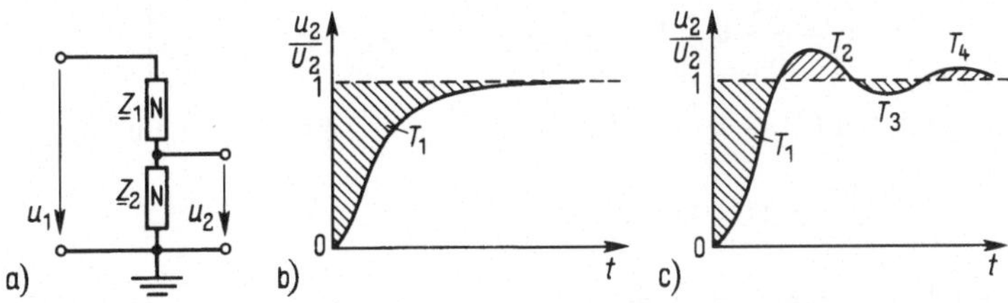

7.10 Spannungsteiler (a) mit aperiodischer (b) und schwingender Sprungantwort (c)

Allerdings muß beachtet werden, daß die Antwortzeit nur dann etwas über die Qualität des Teilers aussagt, wenn auch der zeitliche Verlauf des gemessenen Signals den gestellten Anforderungen entspricht. Eine kleine Antwortzeit T_r darf nicht immer mit hoher Meßgenauigkeit gleichgesetzt werden. Ein nach Bild 7.10 c schwach gedämpftes und folglich stark überschwingendes Meßsignal kann eine verhältnismäßig geringe Antwortzeit T_r aufweisen, wenn sich die über- und unterschwingenden Anteile weitgehend aufheben. Dennoch handelt es sich dann um eine äußerst fehlerhafte Wiedergabe des Eingangssignals.

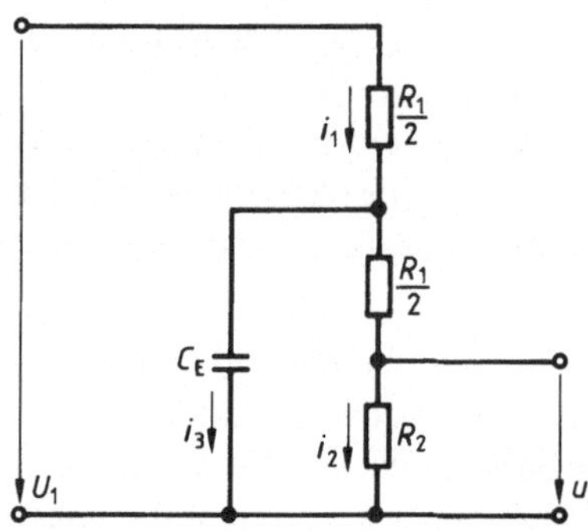

7.11
Ersatzschaltung eines ohmschen Spannungsteilers mit konzentrierter Erdkapazität C_E zur Berechnung der Sprungantwort

Beispiel 7.3. Bei dem ohmschen Spannungsteiler nach Bild 7.11 wird die Erdkapazität C_E konzentriert in der Mitte des Widerstands R_1 angenommen. Weiter darf $R_1 \gg R_2$ angesetzt werden, so daß für die Berechnung des Stromes i_2 nach dem Aufschalten der konstanten Spannung U_1 der Widerstand R_2 vernachlässigt werden darf. Die Sprungantwort $u_2 = i_2 R_2$ und die Antwortzeit T_r sind zu ermitteln.

Für den Strom i_2 ergibt sich mit der Zeitkonstanten $T = R_1 C_E / 4$ die Differentialgleichung

$$T(di_2 / dt) + i_2 = U_1 / R_1$$

mit der Lösung

$$i_2 = \frac{U_1}{R_1}\left[1-\exp\left(-\frac{t}{T}\right)\right] = \frac{u_2}{R_2}$$

Hieraus folgt für die Spannung

$$u_2 = \frac{R_2}{R_1} U_1 \left[1-\exp\left(-\frac{t}{T}\right)\right] = U_2\left[1-\exp\left(-\frac{t}{T}\right)\right]$$

und weiter mit $U_2 = U_1 R_2 / R_1$ die normierte Spannung

$$\frac{u_2}{U_2} = g(t) = 1-\exp\left(-\frac{t}{T}\right)$$

Mit Gl. (7.9) berechnet man die Antwortzeit

$$T_r = \int_0^\infty [1-g(t)]\,dt = \int_0^\infty \exp\left(-\frac{t}{T}\right) = -T\exp\left(-\frac{t}{T}\right)\Bigg|_0^\infty = T$$

Die Antwortzeit $T_r = T = R_1 C_E / 4$ ist also gleich der Zeitkonstanten T der Differentialgleichung. Man erkennt weiter, daß der Teilerwiderstand $R_T = R_1 + R_2 \approx R_1 = 4\,T_r / C_E$ bei einer bestimmten Erdkapazität C_E nicht beliebig große Werte aufweisen darf, wenn eine kleine Antwortzeit eingehalten werden soll.

7.4.1 Ohmsche Spannungsteiler

Unbelastete ohmsche Spannungsteiler haben das Übersetzungsverhältnis

$$ü = U_1 / U_2 = (R_1 + R_2) / R_2 \tag{7.10}$$

Dieses Übersetzungsverhältnis kann jedoch durch den Anschluß von Meßkabel und Meßgerät frequenzabhängig verfälscht werden. Meist sind die Wirkwiderstände der Meßgeräte (z.B. Oszilloscop, elektrostatische Spannungsmesser) so groß (MΩ), daß ihr Einfluß vernachlässigt werden darf. In Bild 7.12 a ist deshalb nur die Meßkapazität C_M als Belastung dargestellt, die sich aus den Kapazitäten von Meßkabel und Meßgerät zusammensetzt.

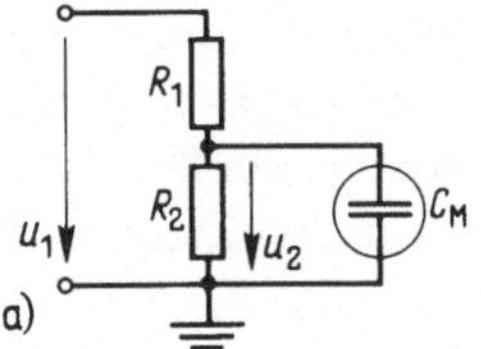

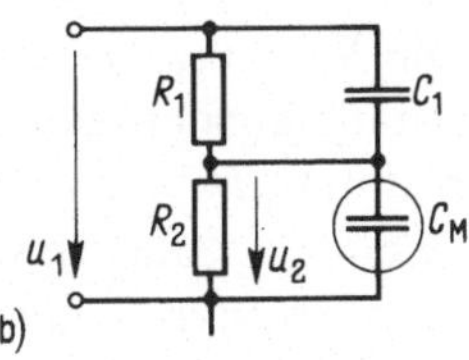

7.12 Ohmscher Spannungsteiler belastet mit Meßkapazität C_M (a) und zusätzlicher Kompensationskapazität C_1 (b) zur Verminderung der Frequenzabhängigkeit

Bei hochfrequenten Spannungen, also auch bei Stoßspannungen, kann der Einfluß der Meßkapazität C_M dadurch kompensiert werden, daß dem Widerstand R_1 die Kapazität C_1 zugeordnet wird. Die aus R_1 und C_1 bzw. R_2 und C_M gebildeten Impedanzen Z_1 und Z_2 nehmen mit der Frequenz in gleicher Weise ab, wenn

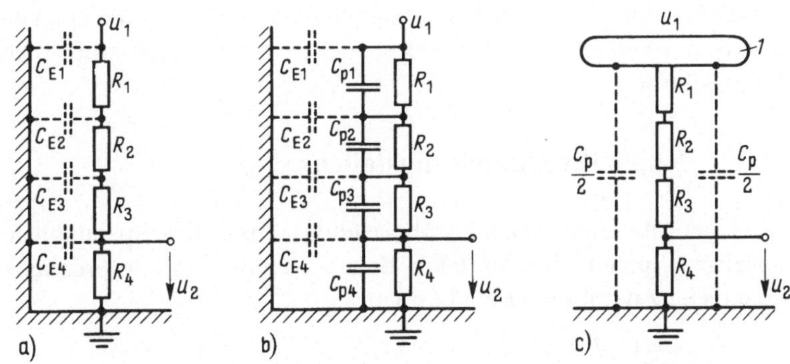

7.13 Ohmscher Spannungsteiler
a) mit verteilten Erdkapazitäten C_E
b) ohmsch-kapazitiv gemischter oder kompensierter Spannungsteiler mit Parallelkapazitäten C_p
c) gesteuerter ohmscher Spannungsteiler mit Steuerelektrode 1

$$C_1 R_1 = C_M R_2 \tag{7.11}$$

gewählt wird, so daß das Übersetzungsverhältnis nach Gl. (7.10) erhalten bleibt.

Ohmsche Spannungsteiler für sehr hohe Spannungen sind meist aus einer Kette von Widerständen aufgebaut und weisen entsprechend große Abmessungen auf. Mit der zu messenden Spannung U beträgt die Bauhöhe h_T = n U, wobei näherungsweise der Faktor n = 3 m / MV angenommen werden kann [30]. Durch die nach Bild 7.13 verteilten Erdkapazitäten C_E wird das Übersetzungsverhältnis des Teilers beeinflußt. Die Folge sind eine große Antwortzeit T_r und eine längs der Widerstandskette unlineare Potentialverteilung, so daß das Übersetzungsverhältnis nach Gl. (7.10) nicht mehr zutrifft. Der Einfluß der Erdkapazitäten ist dabei umso größer, je hochohmiger die Wirkwiderstände ausgeführt werden. Zum Erreichen einer kleinen Antwortzeit darf jedoch der Wirkwiderstand des Teilers bestimmte Werte, z.B. 10 kΩ, nicht überschreiten (s. a. Beispiel 7.3). Bei einer niederohmigen Ausführung kann es allerdings bei der Messung von Schaltstoßspannungen im Gegensatz zur Messung von Blitzstoßspannungen zu einer unzulässig großen Erwärmung kommen.

Die Wirkung der Erdkapazitäten kann durch die in Bild 7.13 b eingezeichneten Parallelkondensatoren mit den Kapazitäten C_p aufgehoben werden, wobei das Verhältnis $C_p / C_E \approx 3$ i. allg. ausreicht. Größere Parallelkapazitäten führen gegebenenfalls zu einer unzulässig starken Rückwirkung des Teilers auf die Spannungsquelle. Man spricht hier von einem *ohmsch-kapazitiv gemischten* oder von einem *kompensierten Spannungsteiler*. Allerdings muß durch die Zusatzkapazitäten in Verbindung mit der Induktivität des Meßsystems mit erhöhter Schwingungsfähigkeit gerechnet werden.

Bei dem *gesteuerten ohmschen Spannungsteiler* erreicht man diesen Kompensationseffekt dadurch, daß nach Bild 7.13 c der Teilerkopf als *Steuerelektrode* ausgebildet wird, die gegebenenfalls in Verbindung mit Zwischenelektroden in der Umgebung der Widerstandssäule ein nahezu homogenes elektrisches Feld erzeugt. Nachteilig sind die i. allg. recht großen Abmessungen der Steuerelektroden.

7.4.2 Kapazitive Spannungsteiler

Im Gegensatz zum kapazitiv belasteten ohmschen Spannungsteiler weist der kapazitive Spannungsteiler nach Bild 7.14 ein von der Frequenz unabhängiges *Übersetzungsverhältnis*

$$ü = U_1 / U_2 = (C_1 + C_2) / C_1 \tag{7.12}$$

auf. Die Kapazität C_2 kann hier gegebenenfalls die Kapazität des Meßgeräts selbst sein oder diese mit einschließen.

Auch bei kapazitiven Spannungsteilern kann das Übersetzungsverhältnis, wenngleich auch frequenzunabhängig, durch die verteilten Erdkapazitäten C_E (vgl. hierzu Bild

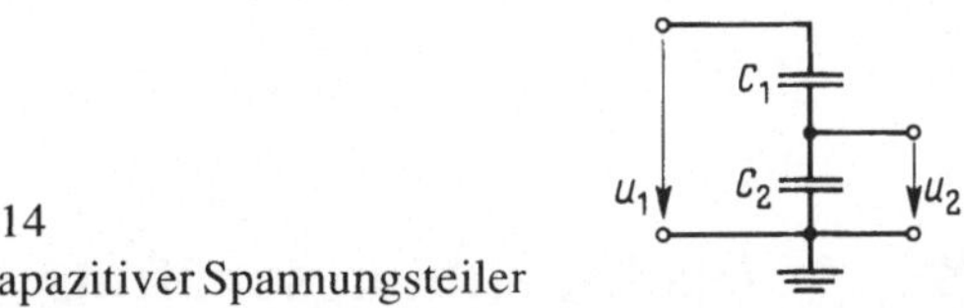

7.14
Kapazitiver Spannungsteiler

7.13 a) verändert werden, jedoch läßt sich dies durch eine entsprechende Eichkorrektur berücksichtigen. Nachteilig ist, daß dieses Meßsystem wegen der unvermeidlichen Leitungsinduktivität und der fehlenden Widerstände sehr schwingungsanfällig ist. Solche Schwingungen können beim gedämpften kapazitiven Spannungsteiler nach Bild 7.15 dadurch vermieden werden, daß in die Kette der Kapazitäten zusätzlich Wirkwiderstände eingefügt werden. Betrachtet man den Teiler als Leitung mit der bezogenen Induktivität L′, der bezogenen Erdkapazität C'_E und dem sich hieraus ergebenden Wellenwiderstand $Z_L = \sqrt{L'/C'_E}$ (s. Abschn. 9.2.1), wird eine ausreichende Schwingungsdämpfung erreicht, wenn der in die Teilerkette eingefügte Gesamtwiderstand $R \approx 4\,Z_L$ beträgt. Ein solcher gedämpfter Teiler wirkt bei niederen Frequenzen wie ein kapazitiver, bei sehr hohen Frequenzen wie ein ohmscher Spannungsteiler und ist deshalb für einen weiten Frequenzbereich einsetzbar.

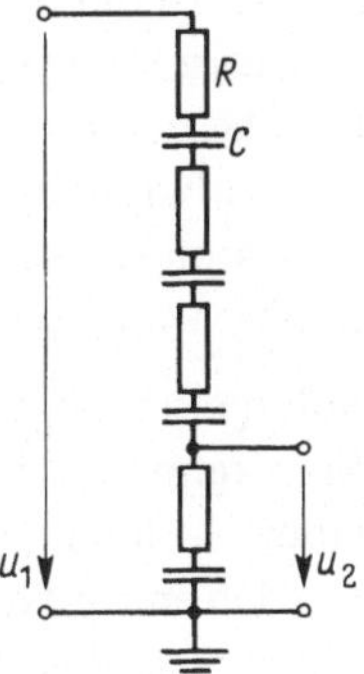

7.15
Gedämpfter kapazitiver Spannungsteiler

8 Hochspannungsprüfung

Es ist zwischen der elektrischen Prüfung von einzelnen Bauteilen, Geräten oder ganzen Anlagen, die unter dem Begriff Betriebsmittel zusammengefaßt werden, und der Prüfung von Isolierstoffen zu unterscheiden.

8.1 Prüfung von Betriebsmitteln

Kurz- oder Fertigungslängen von Kabeln, Isolatorenketten für Freileitungen, Transformatoren, aber auch ganze Kabel- und Schaltanlagen werden nach ihrer Fertigstellung mit Hochspannung geprüft, um mögliche Schwachstellen der Isolation vor Auslieferung oder Inbetriebnahme herauszufinden. Hierbei wird hauptsächlich untersucht, ob der Prüfling den Stoß- und Wechselspannungen standhält, die im Betrieb aufgrund von Erfahrungswerten ungünstigenfalls zu erwarten sind, oder ob bereits bei Betriebsspannung Teilentladungen auftreten, die als innere Teilentladungen, z. B. bei Kabeln und Transformatoren, die Isolation mit der Zeit zerstören können oder als äußere Teilentladungen, z. B. bei Freileitungsisolation, zu Funkstörungen führen und zusätzlich Übertragungsverluste verursachen.

Solche Prüfungen werden aus Kostengründen auf das erforderliche Maß beschränkt. Man kann z. B. jedes Hochspannungskabel oder jeden Transformator beim Hersteller einer Stückprüfung unterziehen. Isolatorenketten von Freileitungen dagegen werden erst auf der Baustelle aus den Isolatoren und Armaturen zusammengesetzt und mit Mast und Seil verbunden. Eine anschließende Hochspannungsprüfung wäre, wenn überhaupt, nur sehr aufwendig durchzuführen. Hier genügt eine Typprüfung eines oder mehrerer Exemplare des betreffenden Betriebsmittels.

8.1.1 Durchschlag und Überschlag

8.1.1.1 Isolationskoordination. Eine elektrische Anlage so zu bemessen, daß sie allen Überspannungen auf Dauer widersteht, ist schon aus wirtschaftlichen Erwägungen heraus nicht möglich. Es muß deshalb dafür gesorgt werden, daß unvermeidbare Durch- und Überschläge möglichst nur dort auftreten, wo anschließend das Isoliervermögen vollständig wiederhergestellt wird (selbstheilende Isolation) und der Weiterbetrieb der Versorgungsanlage ohne Verzögerung möglich ist – z. B. bei

Überschlägen an Freileitungsisolatoren. Demgegenüber muß ein Durchschlag der gasisolierten Schaltstrecke eines Trennschalters aus Sicherheitsgründen oder der inneren Isolation eines Transformators aus Kostengründen unbedingt verhindert werden.

Nach VDE 0111 sind deshalb den einzelnen Betriebsmitteln mit der Nenn-Steh-Wechselspannung U_{rW}, der Nenn-Steh-Blitzstoßspannung U_{rB} und der Nenn-Steh-Schaltstoßspannung U_{rS} bestimmte Isolationspegel zugeordnet. Steh-Spannung ist hierbei diejenige Spannung, der ein Prüfling als Stoßspannung eine bestimmte Anzahl von Spannungsstößen oder als Wechselspannung eine begrenzte Zeit gerade noch standhalten muß.

Die Isolationskoordination umfaßt die Auswahl der Isolationspegel der einzelnen Betriebsmittel unter Berücksichtigung der Spannungen, die in dem betreffenden Netz auftreten können. Es erfolgt also eine Abstufung mit dem Ziel, hochwertige Isolation von Durch- und Überschlägen freizuhalten. Hierbei werden die Eigenschaften der Überspannungs-Schutzeinrichtungen (z. B. Ventilableiter nach Abschn. 9.3.1) und die auftretenden Überspannungsbeanspruchungen so berücksichtigt, daß die Wahrscheinlichkeit eines Schadens an der Isolation eines Betriebsmittels auf ein wirtschaftlich und betriebsmäßig vertretbares Maß reduziert wird (VDE 0111).

Der Schutzpegel eines Überspannungsableiters, also die an seinem Einbauort durch ihn erzwungene Spannungsgrenze, ist hierbei so festgelegt, daß etwa das 0,7- bis 0,8fache der Nenn-Steh-Stoßspannung nicht überschritten wird (VDE 0675).

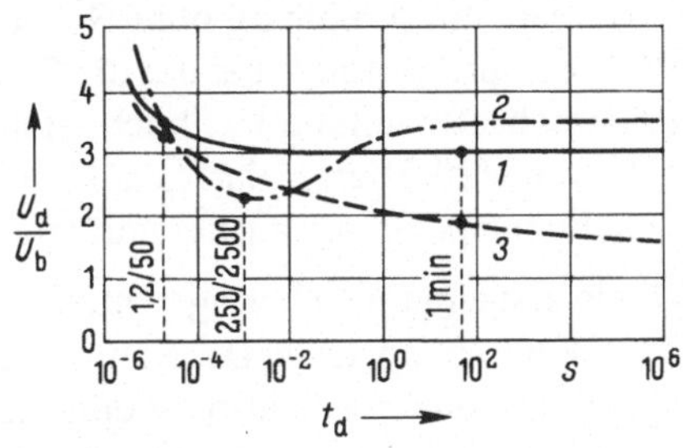

8.1
Auf die Betriebsspannung U_b bezogene Durchschlagspannung U_d abhängig von der Beanspruchungsdauer t_d für unterschiedliche Isolationsgruppen
1 Gasisolation mit homogenem Feld,
2 Gasisolation mit stark inhomogenem Feld,
3 Öl- und Feststoffisolierungen

Bild 8.1 zeigt die auf die Betriebspannung U_b bezogene Durchschlagspannung U_d abhängig von der Beanspruchungsdauer t_d für nach Form und Art unterschiedliche Isolationen. Hierbei lassen sich im wesentlichen drei Gruppen unterscheiden. Gasisolation mit homogenen und schwach inhomogenen elektrischen Feldern 1 sowie Öl- oder Feststoffisolierungen 3 weisen eine mit der Beanspruchungsdauer stetig abnehmende Durchschlagspannung auf. Für Isolationen dieser Art, z. B. Kabel oder Mittelspannungs-Sammelschienen, reichen deshalb Prüfungen mit Blitzstoßspannung (höchste Durchschlagspannung) und betriebsfrequenter Wechselspannung (niedrigste Durchschlagspannung) aus. Bei Gasisolationen mit stark inhomogenen Feldern 2 kann im Zeitbereich der Schaltstoßspannungen die Durchschlagspannung unter diejenige bei Wechselspannung sinken, so daß die Durchschlagfestigkeiten solcher Isolationen, z. B. Isolatorenketten von Freileitungen, mit Blitz- und Schaltstoßspannung ausreichend überprüft werden können.

Mit der höchsten Spannung für Betriebsmittel U_m, das ist der Effektivwert der höchsten Leiter-Leiter-Spannung, für die ein Betriebsmittel im Hinblick auf seine Isolation bemessen ist, unterscheidet VDE 0111 deshalb die drei Spannungsbereiche A ($1\ kV < U_m < 52\ kV$), B ($52\ kV \leq U_m < 300\ kV$) und C ($U_m \geq 300\ kV$). Für die Bereiche A und B sind Prüfungen mit Blitzstoßspannung und kurzzeitig anliegender Wechselspannung vorgesehen, wobei eventuelle Schaltüberspannungen durch die Kurzzeit-Wechselspannungsprüfung mit erfaßt werden. Als Nenn-Isolationspegel gelten hier die Nenn-Steh-Blitzstoßspannung und die Nenn-Steh-Wechselspannung.

Betriebsmittel, die dem Bereich C zuzuordnen sind, werden mit Schalt- und Blitzstoßspannung geprüft, wobei die Nenn-Steh-Schaltstoßspannung und die Nenn-Steh-Blitzstoßspannung die Nenn-Isolationspegel bilden.

Durch eine zusätzliche Langzeit-Wechselspannungsprüfung kann nachgewiesen werden, daß das Betriebsmittel im Hinblick auf Alterung oder Verschmutzung angemessen ausgelegt ist. Die Festlegung der Prüfspannungen, Prüfverfahren und Prüfbedingungen findet man für die verschiedenen Betriebsmittel in den betreffenden VDE-Vorschriften. Die Hochspannungsprüftechnik regelt VDE 0432.

8.1.1.2 Wechselspannungsprüfung. Die Kurzzeit-Wechselspannungsprüfung dient dem Nachweis, daß das betreffende Betriebsmittel einer zeitweiligen (transienten) Spannungserhöhung ohne Schaden standhält. In der Regel wird die 1-Minuten-Prüfung durchgeführt, bei der die Spannung von Null stetig auf die vorgeschriebene Prüfwechselspannung $U_{p\sim}$ hochgefahren, dort 1 min gehalten und wieder heruntergefahren wird. Hierbei darf kein Durchschlag eintreten. Zur Vermeidung zusätzlicher Schaltüberspannungen ist ein plötzliches Ausschalten der Spannung zu unterlassen.

Die Prüfspannungen betragen meist ein Mehrfaches der betriebsmäßig vorliegenden Spannung gegen Erde U_0. Sofern zu erwarten ist, daß ein Durchschlag erst nach längerer Spannungsbelastung eintreten könnte, wie dies z. B. infolge dielektrischer Erwärmung möglich ist (s. Abschn. 3.2.1), sind durch die VDE-Vorschriften längere Prüfzeiten vorgesehen. So werden z. B. Kabel je nach Bauart mit Prüfwechselspannungen $U_{p\sim} = 2{,}5\ U_0$ bis $3\ U_0$ und ganze Kabelanlagen mit $U_{p\sim} = 2\ U_0$ geprüft, wobei jede Kabelader 15 min bis 30 min an Spannung liegt.

Steht Wechselspannung nicht zur Verfügung, ist in einigen Fällen ersatzweise eine Prüfung mit Gleichspannung zulässig, wobei dann die Prüf-Gleichspannung $U_{p-} = (3 \text{ bis } 4) \cdot U_{p\sim}$ beträgt [VDE 298].

Bei der Prüfung der äußeren Isolation sind nach VDE 0432 die Prüfspannungen auf die atmosphärischen Bedingungen umzurechnen (s. a. Abschn. 2.4.4 und 2.6.4). Freiluftisolatoren werden Typprüfungen bei Norm-Beregnung (VDE 0432) oder mit künstlich aufgebrachter Fremdschicht (Verschmutzung, VDE 0448) unterzogen, um den wirklichen Betriebsverhältnissen Rechnung zu tragen.

Hinsichtlich der Erzeugung hoher Wechselspannungen und deren Kenngrößen s. Abschn. 6.1.

8.1.1.3 Stoßspannungsprüfung. Sie dient dem Nachweis, daß ein Betriebsmittel den Nenn-Steh-Stoßspannungen standhält, die seinen Isolationspegel bestimmen. Hierbei werden nach Abschn. 6.3.1 hauptsächlich die Blitzstoßspannung 1,2 / 50 und die Schaltstoßspannung 250 / 2500 verwendet.

Durch die 50%-Durchschlagprüfung (s. Abschn. 6.3.1) kann wegen der Vielzahl der Durchschläge insbesondere bei selbstheilender Isolation (Gasstrecken) mit großer Sicherheit nachgewiesen werden, daß die so statistisch ermittelte Stehspannung nicht kleiner als die geforderte Nenn-Steh-Stoßspannung ist (s. Abschn. 5.1). I. allg. gilt die Prüfung aber als bestanden, wenn bei drei Spannungsstößen mit der Nenn-Steh-Stoßspannung sowohl bei positiver als auch bei negativer Polarität kein Hinweis auf einen Fehler gefunden wird. VDE 0111 sieht weiter eine Prüfung mit Nenn-Steh-Stoßspannung mit 15 Stößen vor, die dann als erfolgreich gilt, wenn bei selbstheilender Isolation höchstens zwei Durchschläge auftreten und bei nicht selbstheilender Isolation kein Durchschlag auftritt.

Auch hierbei sind bei äußerer Isolation die Prüfspannungen nach VDE 0432 auf die bei der Prüfung vorliegenden atmosphärischen Verhältnisse umzurechnen (s. Abschn. 2.4.4 und 2.6.4). Hinsichtlich der Erzeugung von Stoßspannung und deren Kenngrößen s. Abschn. 6.3.

8.1.1.4 Gleichspannungsprüfung. Bauteile und Geräte für mit Gleichspannung betriebenen Anlagen, z. B. für die Hochspannungs-Gleichstrom-Übertragung (HGÜ), müssen mit Gleichspannung geprüft werden. Für Außenisolationen sind hierbei Langzeitprüfungen erforderlich, weil anders als bei Wechselspannungsanlagen das elektrische Gleichfeld die Ablagerung der in der Luft befindlichen flüssigen und festen Schwebeteilchen begünstigt.

Aber auch Betriebsmittel und Anlagen der Wechselstromübertragung können ersatzweise mit Gleichspannung geprüft werden, wobei je nach Vorschrift etwa eine Prüfgleichspannung vom drei- bis vierfachen Wert der Prüfwechselspannung verwendet wird. Zur Prüfung von Kabelanlagen wird nach VDE 0298 eine Prüfwechelspannung $U_{p\sim} = 1{,}2\ U_N$ verwendet, die 20% über der Nennspannung U_N liegt. Somit beträgt z.B. für $U_N = 10$ kV die Prüfwechselspannung $U_{p\sim} = 12$ kV und die ersatzweise zu verwendende Prüfgleichspannung $U_{p-} = (34$ bis $48)$ kV. Diese vergleichsweise hohe Prüfgleichspannung ist erforderlich, weil hier wesentliche, den Durchschlag begünstigende Einflüsse der Wechselspannungsprüfung entfallen, wie die dielektrische Erwärmung, die innere Teilentladung oder die Gleitentladung.

Prüflinge mit großer Kapazität, z. B. ganze Kabelanlagen, erfordern bei Wechselspannung wegen des großen Blindleistungsbedarfs leistungsstarke Prüfanlagen, die vor Ort nicht immer verfügbar sind. Demgegenüber braucht eine Gleichspannungsanlage außer dem Ladestrom lediglich die i. allg. kleinen Ableitverluste zu decken und kann deshalb leistungsschwach und gut transportierbar ausgeführt werden. Bei papierisolierten Kabeln hat sich die Gleichspannungsprüfung bewährt. Bei Altkabelanlagen mit PE- oder VPE-isolierten Kabeln muß dagegen bei der Gleichspannungsprüfung befürchtet werden, daß in der PE- oder VPE-Isolierung entstandene Wassereinschlüsse (water trees) durch die hohe Spannungsbeanspruchung in Entladungskanäle umgewandelt werden, wodurch die Lebensdauer verringert wird. In diesen Fällen sollte mit der kleinstmöglichen Spannung und Prüfdauer gearbeitet werden. Von Vorteil ist hier auch eine Prüfung mit sehr niederfrequenter Wechselspannung (VLF = very low frequency), die einer 50-HzPrüfung ähnlich ist, jedoch weniger Geräteaufwand erfordert.

8.1.2 Teilentladungsprüfung

Innere Teilentladungen (s. Abschn. 3.2.2) weisen daraufhin, daß sich in der Isolation des Prüflings Störstellen befinden, die die Lebensdauer des betreffenden Betriebsmittels beeinträchtigen können. Teilentladungsprüfungen (TE-Prüfung) werden deshalb z. B. an Transformatoren (VDE 0533) oder Kabeln nach den in VDE 0434 festgelegten Richtlinien mit der für das jeweilige Gerät vorgeschriebenen Prüfspannung durchgeführt.

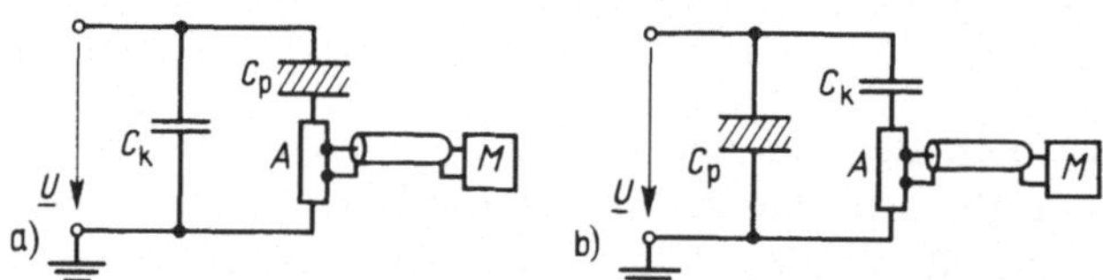

8.2 Meßschaltungen für die Teilentladungsprüfung mit Ankopplungsvierpol A in der Erdleitung der Prüflingskapazität C_p (a) und in Reihe mit dem Koppelkondensator C_k (b), M Meßgerät

Hierbei wird ein Ankopplungsvierpol A entweder nach Bild 8.2 a in die Erdleitung des Prüflings mit der Kapazität C_p oder nach Bild 8.2 b in Reihe mit dem Meß- oder Koppelkondensator C_k geschaltet. Im einfachsten Fall genügt ein ohmscher Widerstand (s. Bild 3.8). Zur möglichst empfindlichen Bestimmung der Teilentladungs-Einsetzspannung bzw. -Aussetzspannung wird ein Schwingkreis mit Resonanzanpassung an den Meßgeräteeingang empfohlen (VDE 0434), der große Ankopplungswiderstände ermöglicht.

Bei jeder Teilentladung bricht die Spannung am Prüfling nach Gl. (3.22) um den Betrag Δu zusammen, und es fließt deshalb aus der Spannungsquelle bzw. aus dem Koppelkondensator C_k nach Gl. (3.23) die Ladung ΔQ als sehr steil ansteigender (1 ns)

und entsprechend langsam abfallender Stromimpuls nach. Die hierdurch am Ankopplungsvierpol entstehende Spannung wird über eine abgeschirmte Leitung dem Meßgerät M zugeführt. Dies kann z. B. ein Oszilloskop oder ein speziell hierfür entwickeltes Teilentladungs-Meßgerät mit Breitbandverstärkung sein. Durch Filter unterschiedlicher Mittenfrequenz und Bandbreite werden Anteile des Hochfrequenzspektrums des Teilentladungsimpulses ausgewählt, wobei die Amplitude des Einschwingvorgangs annähernd der Ladung des Impulses proportional ist, so daß mit solchen Geräten unmittelbar die Impulsladung (in pC) gemessen werden kann.

Äußere Teilentladungen (Korona) treten z. B. an den Oberflächen von Hochspannungfreileitungs-Armaturen auf. Da hier hauptsächlich der Entstehungsort der elektrischen Entladung interessiert, der durch eine elektrische Messung ähnlich der nach Bild 8.2 nicht zu lokalisieren ist, wird auch die akustische, meist jedoch die optische Ortung angewendet. Hierbei wird der unter Spannung stehende Prüfling im abgedunkelten Raum mit dem Fernglas beobachtet und bei Spannungssteigerung die Glimmeinsetzspannung, bei anschließender Spannungsabsenkung die i. allg. kleinere Glimmaussetzspannung ermittelt. Die jeweilige, für Normbedingungen vorgeschriebene Prüfspannung, bei der kein Glimmen festgestellt werden darf, muß mit dem bei der Prüfung vorliegenden Luftdichte-Korrekturfaktor nach Abschn. 2.4.4 umgerechnet werden.

Das optische Erkennen des Ein- und Aussetzens von Teilentladungen durch das menschliche Auge unterliegt dem subjektiven Eindruck des jeweiligen Beobachters. Objektive Ergebnisse erfordern allerdings einen größeren meßtechnischen Aufwand, wie z. B. den Einsatz von Restlichtverstärkern oder Ultraschalldetektoren mit Laser-Zieleinrichtung [44].

Bei solchen Prüfungen spielt der Prüfaufbau eine entscheidende Rolle. Da bei Betriebsmitteln der Hoch- und Höchstspannungsübertragung schon aus Kostengründen nur eine einphasige Prüfung (Leiter gegen Erde) möglich ist, muß der Versuchsaufbau die veränderten geometrischen Verhältnisse und das Fehlen der benachbarten Phasen berücksichtigen.

Dies geschieht durch Ladungsspiegelung an einer parallel zur untersuchten Isolatorenkette im Abstand w angeordneten geerdeten, metallischen Wand [61]. Hierdurch wird nach Abschn 1.5.5 ein zweiter, im doppelten Wandabstand 2w befindlicher fiktiver Leiter nachgebildet, dessen Spannung gegen Erde gegenüber jener des Leiters der untersuchten Kette um 180° phasenverschoben ist. Die Scheitelwerte der beiden Spannungen zwischen den Leitern und zwischen Leiter und Erde fallen hierbei zeitlich zusammen. Hierdurch ergibt sich eine Maximalfeldstärke, die größer ist als beim Drehstrombetrieb mit um 120° phasenverschobenen Spannungen, bei dem die Spannungsmaxima der Teilspannungen gegen Erde und zwischen den Leitern zeitlich gegeneinander verschoben sind.

Ist d der Abstand der benachbarten Leiter im Drehstromsystem, so wird beim einphasigen Prüfbetrieb durch einen entsprechend vergrößerten Wandabstand w = 0,7 d erreicht, daß an den Oberflächen der Leiter und Armaturen die gleichen elektrischen Feldstärken auftreten, wie sie sich bei einem Drehstromsystem durch die benachbarte Phase ergeben würden. Bild 8.3 zeigt für den Fall einer Tragkette die tatsächliche Anordnung am Freileitungsmast und die nach VDE 0212 vorgeschriebene Prüfanordnung. Die eingezeichneten Abstände sind für die verschiedenen Spannungsebenen festgelegt und betragen z. B. für eine 380-kV-Tragkette e = h = 5 m, b = 2 m und $\ell \geq 5$ m.

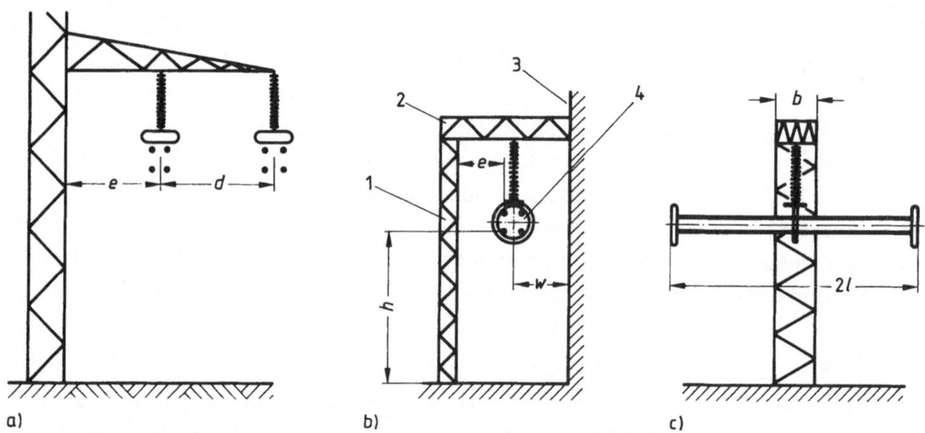

8.3 Tatsächliche Anordnung am Freileitungsmast (a) und einphasige Prüfeinrichtung (b) mit Seitenansicht (c)
1 Mastnachbildung 2 Traversennachbildung 3 metallische Wand (Spiegelebene) 4 Leiternachbildung

8.2 Prüfung von Isolierstoffen

Elektrische Prüfungen an Isolierstoffen werden mit dem Ziel durchgeführt, die Eigenschaften der verschiedenen Materialien unter der Wirkung elektrischer Felder zu ermitteln. Die hierbei gewonnenen Erkenntnisse ermöglichen die Auswahl der Werkstoffe für die jeweiligen Einsatzgebiete und geben Hinweise für die Bemessung der Isolation.

Grundsätzlich interessieren Durchschlagfestigkeit, dielektrische Eigenschaften und elektrischer Widerstand des betreffenden Werkstoffs. Kriechstrom (s. Abschn. 8.2.4), der durch eine leitende Fremdschicht über die Isolierstoffoberfläche fließt, kann die Isolation dauerhaft schädigen. Zur Festlegung ausreichender Kriechstrecken wird deshalb auch die Kriechstromfestigkeit überprüft. Einzelheiten auch von mechanischen Prüfungen, von Untersuchungen der Lichtbogenfestigkeit und der chemischen Beständigkeit sind in VDE 0303 und in den jeweiligen Einzelvorschriften für die verschiedenen Materialien festgelegt.

8.2.1 Durchschlagfestigkeit

Die Durchschlagfeldstärke E_d ist keine spezifische Stoffeigenschaft. Sie ist z. B. bei Gasen nach Gl. (2.29) und (2.40) abhängig von der Schlagweite s, dem Druck p und der Temperatur T. Feste und flüssige Isolierstoffe weisen i. allg. keine homogene Materialstruktur auf, so daß Fehlstellen (z. B. Hohlräume) oder sonstige Verunreinigungen in der Isolation Teilvolumina verminderter Durchschlagfestigkeit bewirken, durch die die elektrische Festigkeit des Werkstoffs insgesamt beeinträchtigt wird (s. Abschn. 3 und 4). Bei Mineralölen z. B. nimmt die elektrische Festigkeit mit zunehmendem Wassergehalt ab.

Auch hier sind mechanische Druck- und Zugspannungen, Temperatur, Beanspruchungsdauer, Alterung und insbesondere die Spannungsart (Gleich-, Wechsel- oder Stoßspannung) von Einfluß. Insofern ist die unter gleichen Bedingungen ermittelte Durchschlagfeldstärke eine die Materialien vergleichende Größe.

Für Gase (VDE 0373) und Flüssigkeiten (VDE 0370) wird sie mit Kugelkalotten-Elektroden nach Bild 8.4 bei der Schlagweite s = 2,5 mm und für Feststoffe z. B. mit der Elektrodenanordnung nach Bild 8.5 bei Materialdicken s ≤ 3 mm i. allg. mit Wechselspannung gemessen. Mit der Durchschlagspannung U_d gilt als Durchschlagfeldstärke $E_d = U_d / s$

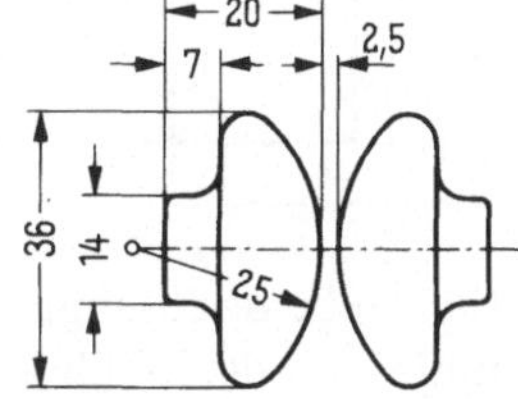

8.4
Kugelkalotten-Elektroden nach VDE 0303
(Maße in mm)

Befindet sich die Elektrodenanordnung nach Bild 8.5 in Luft, würde sich vor Erreichen der Durchschlagspannung ein Überschlag längs der Probenoberfläche entwickeln. Zur Vermeidung solcher Vorentladungen muß die Elektrodenanordnung in flüssige Isolierstoffe, z. B. Mineralöl, Rizinusöl, Silikonöl, Askarele, gegebenenfalls auch in Gießharz-Formstoffe (z. B. Epoxid-Harz) eingebettet werden. Durchschläge durch den Einbettungsstoff (z. B. Öl) werden verhindert, wenn mit der elektrischen Leitfähigkeit γ, der Kreisfrequenz ω, der Dielektrizitätszahl ε_r und der elektrischen Feldkonstanten ε_0 bei Gleichspannung $(\gamma\, E_d)_{Öl} > (\gamma\, E_d)_{Probe}$ und bei Wechselspannung $(\gamma E_d)_{Öl} > (\omega\, \varepsilon_0\, \varepsilon_r E_d)_{Probe}$ eingehalten wird.

Die jeweiligen Prüfvorschriften für die verschiedenen Isoliermittel, z. B. VDE 0303, 0311, 0312, 0315, 0318, 0335 und 0370, sind zu beachten.

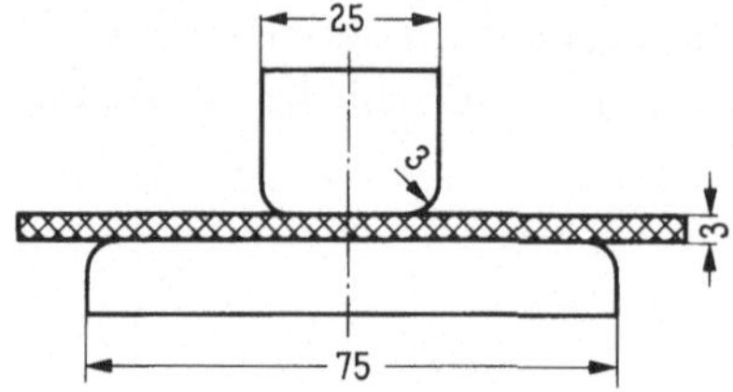

8.5
Elektrodenanordnung zur Messung der Durchschlagspannung fester Isolierstoffe bis 3 mm Dicke nach VDE 0303

8.2.2 Dielektrische Eigenschaften

Hier interessieren Dielektrizitätszahl ε_r, Verlustfaktor $d = \tan\delta$ mit dem Verlustwinkel δ und Verlustzahl ε_r'' nach Abschn. 1.9.2. Da der Verlustwinkel δ äußerst klein ist, kann die Dielektrizitätszahl $\varepsilon_r = C_x / C_0$ hinreichend genau aus der Kapazität C_0 eines Plattenkondensators nach Gl. (1.12) mit Luftisolierung (besser Vakuum) und der Kapazität C_x mit dem zu untersuchenden Isolierstoff bestimmt werden. Nach Bild 1.25 muß die elektrische Feldstärke genügend klein gehalten und die Prüfanordnung nach Bild 8.6 mit einer Ringelektrode versehen werden, die den Einfluß des Randfeldes bei der Messung ausschließt und im Meßbereich des Prüflings einen idealen Plattenkondensator gewährleistet. Die gleiche Prüfanordnung wird auch zur Messung der Eigenleitfähigkeit nach Abschn. 8.2.3 verwendet.

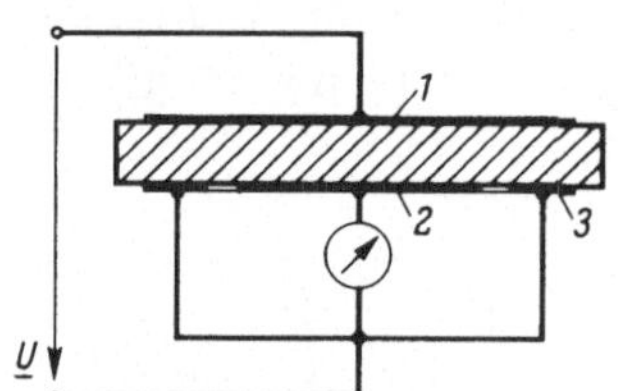

8.6
Prüfanordnung mit Plattenelektroden 1 und 2 und Ringelektrode 3

Als Meßeinrichtungen eignen sich Schwingkreisschaltungen mit Resonanzabstimmung oder Meßbrücken. Mit der Schering-Brücke nach Bild 8.7 können der Verlustfaktor $\tan\delta_x$, der Wirkwiderstand R_x und die Kapazität C_x des Prüflings unmittelbar gemessen werden. Die Schaltung enthält die bekannte Kapazität C_n eines verlustlosen Kondensators (meist Preßgaskondensator), die verstellbaren Meßwiderstände R_3 und R_4 und die einstellbare Vergleichskapazität C_4 der Meßbrücke.

Die Meßbrücke ist abgestimmt, wenn die Verhältnisse der Impedanzen

$$\frac{\underline{Z}_x}{\underline{Z}_3} = \frac{Z_x}{Z_3} \underline{/\varphi_x - \varphi_3} = \frac{\underline{Z}_n}{\underline{Z}_4} = \frac{Z_n}{Z_4} \underline{/\varphi_n - \varphi_4} \tag{8.1}$$

gleich sind. Somit müssen auch die Winkeldifferenzen $\varphi_x - \varphi_3 = \varphi_n - \varphi_4$ sein, woraus sich mit $\varphi_3 = 0$, $\varphi_n = \pi/2$ und $\varphi_x = (\pi/2) - \delta_x$ der Verlustwinkel der Prüflingsimpedanz $\delta_x = \varphi_4$ ergibt. Aus dem komplexen Leitwert $\underline{Y}_4 = (1/R_4) + j\omega C_4$ berechnet man dann den Verlustfaktor

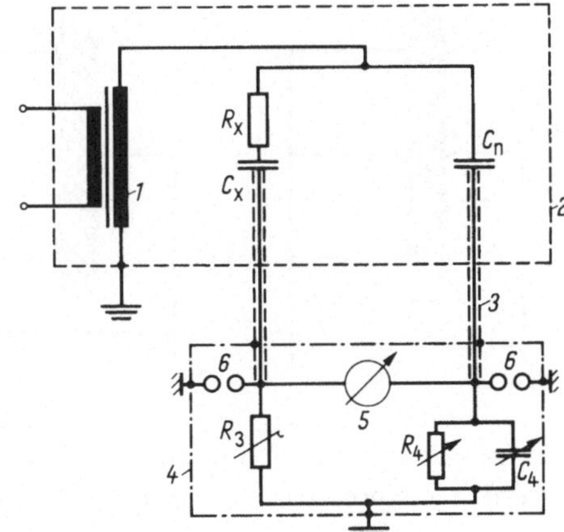

8.7
Schering-Brücke mit Prüftransformator 1, Hochspannungsschutzgitter 2, Abschirmung 3, Meßkoffer 4, Abgleichinstrument 5 und Schutzfunkenstrecke 6

$$d_x = \tan \delta_x = R_4\, \omega\, C_4$$

unmittelbar aus den an der Meßbrücke eingestellten Vergleichswerten.

Nach Gl. (8.1) ist mit $\underline{Z}_3 = R_3, \underline{Z}_4 = [(1/R_4) + j\,\omega\, C_4]^{-1}$ und $\underline{Z}_n = -j/(\omega\, C_n)$ die Impedanz des Prüflings

$$\underline{Z}_x = \frac{\underline{Z}_3\, \underline{Z}_n}{\underline{Z}_4} = R_x - j(1/\omega\, C_x) = \frac{R_3}{j\,\omega\, C_n}\left(\frac{1}{R_4} + j\,\omega\, C_4\right)$$

$$= \frac{C_4\, R_3}{C_n} - j\frac{R_3}{R_4\,\omega\, C_n} \tag{8.3}$$

aus der sich insbesondere die Kapazität des Prüflings

$$C_x = C_n\, R_4 / R_3 \tag{8.4}$$

mit der Meßbrücke ermitteln läßt.

8.2.3 Isolationswiderstand

Als Isolationswiderstand gilt jeder elektrische Widerstand eines Isolierstoffs zwischen zwei Elektroden, der sich aus dem Durchgangswiderstand R_D im Inneren des Werkstoffs und dem Oberflächenwiderstand R_0 zusammensetzt. Der Durchgangswiderstand kann bei Isolierstoffplatten mit der mit einer Ringelektrode versehenen Anordnung nach Bild 8.8 a gemessen werden, wobei vorzugsweise mit Gleichspannung im Bereich von 100 V bis 1 kV gearbeitet wird. Die gleiche Elektrodenanordnung kann nach Bild 8.8 b auch zur Messung des Oberflächenwiderstands verwendet werden, wobei der über den Ringspalt fließende Oberflächenstrom gemessen wird. Meist wird aber der Oberflächenwiderstand zwischen zwei 10 cm langen und im Abstand von 1 cm auf den Isolierstoff federnd

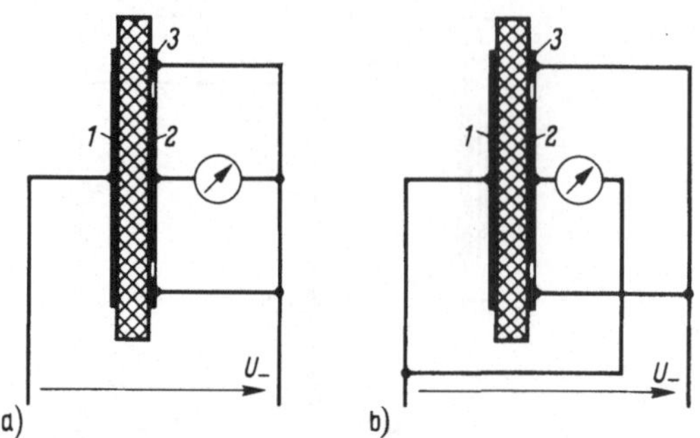

8.8
Prüfschaltungen zur Messung des Durchgangswiderstands R_D (a) und des Oberflächenwiderstands R_0 (b) zwischen Plattenelektroden 1 und 2 und Ringelektrode 3

aufgesetzte Schneiden gemessen. Für rohrförmige oder anders geformte Isolatoren werden entsprechend ausgebildete Prüfanordnungen verwendet (VDE 0303).

Der innere Widerstand wird üblicherweise durch den spezifischen Durchgangswiderstand ρ_D angegeben, der dem Widerstand eines Würfels mit 1 cm Kantenlänge entspricht und bei Isolierstoffen Werte $\rho_D > 10\ G\,\Omega$ m aufweist. Beim Oberflächenwiderstand wird meist von einem spezifischen Wert abgesehen, und es werden zwischen den aufgesetzten Elektroden Widerstände $R_0 > 10\ M\,\Omega$ erwartet. Der spezifische Oberflächenwiderstand ρ_0 ist der Oberflächenwiderstand eines beliebig großen Quadrats (s. Abschn. 2.7). Die Werte schwanken zwischen $10^6 - 10^{13}\ \Omega$ und sind stark abhängig von Temperatur, Druck und insbesondere von Verschmutzungen in Verbindung mit Feuchtigkeit.

8.2.4 Kriechstromfestigkeit

Kriechstrom ist ein Strom, der sich zwischen unter Spannung stehenden Elektroden in einer auf der Isolierstoffoberfläche liegenden leitfähigen Fremdschicht ausbildet (VDE 0303). Trockener und lose aufliegender Staub mindert die Isolation praktisch nicht. Hierzu ist zusätzlich Wasser erforderlich, das aus der Luftfeuchte meist durch Absorption oder Kapillarwirkung, seltener durch Betauung aufgenommen wird (s. a. Abschn. 2.7).

Der in der äußeren Fremdschicht fließende Kriechstrom kann örtlich und zeitlich wechselnde kleine Lichtbögen bilden, die die Isolierstoffoberfläche beschädigen und sichtbare Kriechspuren hinterlassen. Hierdurch können sich leitfähige Kanäle bilden, welche die Isolationsfähigkeit des Isoliermittels stark herabsetzen. Die Kriechstromfestigkeit ist die Widerstandsfähigkeit des Isolierstoffs gegen derartige Kriechwegbildung.

Geprüft wird nach VDE 0303 in einem Fall mit der in Bild 8.9 angegebenen Elektrodenanordnung. Zwischen die auf die Oberfläche aufgesetzten Elektroden aus Platin wird in Abständen von etwa 30 s eine vorgeschriebene leitfähige Prüflösung aufgetropft. Um die diesbezügliche Qualität eines Isoliermaterials angeben zu können, wird die Vergleichszahl der Kriechwegbildung (Comparativ

Tracking Index, CTI) ermittelt. Es ist dies der Zahlenwert der höchsten Spannung, bei der ein Werkstoff 50 Auftropfungen ohne Kriechwegbildung widersteht. Hierbei wird mit einer durch 25 teilbaren Spannung im Bereich von 100 V bis 600 V und mit Frequenzen von 48 Hz bis 60 Hz gearbeitet. Ein Ausfall durch Kriechwegbildung ist dann gegeben, wenn während der Messung ein Strom von $I \geq 0{,}5$ A über eine Zeit $t \geq$ 2 s fließt.

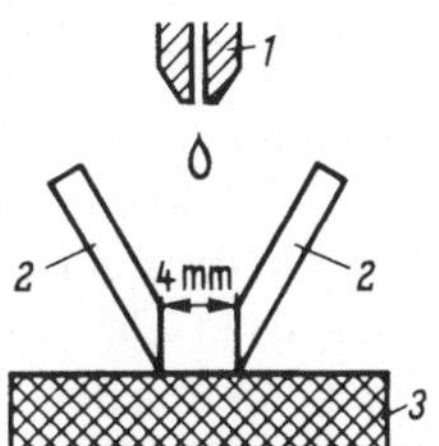

8.9
Prüfanordnung zur Ermittlung der Kriechstromfestigkeit mit Tropfgeber 1, Elektroden 2 und Prüfling 3

Tritt ein solcher Ausfall ein, muß der Versuch an einer anderen Stelle mit einer um 25 V verminderten Spannung wiederholt werden. Hält dagegen der Werkstoff 50 Auftropfungen ohne Ausfall stand, muß die Messung an anderer Stelle mit einer um 25 V erhöhten Spannung durchgeführt werden. Die Vergleichszahl (CTI) ist erreicht, wenn mit jeweils 50 Auftropfungen an 5 verschiedenen Stellen kein Ausfall mehr festgestellt wird.

Soll lediglich untersucht werden, ob ein Werkstoff einer bestimmten Spannung ohne Kriechwegbildung standhält, so werden 50 Auftropfungen an einer vorgegebenen Anzahl von Proben (i. allg. 5) mit einer ebenfalls vorgegebenen Spannung vorgenommen (Proof Tracking Index, PTI).

Je nach Material, Betriebsspannung und Einsatzbereich muß der kürzeste Weg auf der Oberfläche eines Isolators zwischen den Elektroden, also der K r i e c h w e g, genügend groß gewählt werden (s. a. Abschn. 2.7). Hier ist VDE 0110 zu beachten.

9 Überspannungen und Wanderwellen

In elektrischen Netzen können kurzzeitige Spannungen auftreten, die die Betriebsspannung weit überschreiten und gegebenenfalls zu Durch- oder Überschlägen führen. Alle zeitabhängigen Spannungen zwischen einem Leiter und Erde oder zwischen den Leitern, die über den Scheitelwert der Bezugsspannung hinausgehen, werden nach VDE 0111 als Überspannungen bezeichnet und bestimmen die Isolation einer elektrischen Hochspannungsanlage. Die Bezugsspannung ist hierbei die für die Betriebsmittel vorgesehene höchste Spannung einer Spannungsebene.

Nachfolgend wird nur kurz auf das Entstehen solcher Überspannungen z. B. durch atmosphärische Vorgänge oder durch Schalthandlungen eingegangen. Ausführlicher dagegen wird die Ausbreitung elektromagnetischer Wellen auf Leitungen (Wanderwellen) erläutert und die Wirkung von Überspannungsableitern beschrieben.

9.1 Entstehung von Überspannungen

9.1.1 Atmosphärische Überspannungen

Atmosphärische Überspannungen entstehen durch Blitzentladungen, wobei mehrere Arten der Einwirkung zu unterscheiden sind. Im wesentlichen sind hiervon Freiluftanlagen, z. B. Freileitungen sowie Schalt- und Umspannanlagen, betroffen. Solche durch äußere Einflüsse hervorgerufenen Überspannungen werden deshalb auch als äußere Überspannungen oder Blitzüberspannungen bezeichnet. Sie pflanzen sich über Leitungen fort und können deshalb Durch- oder Überschläge an weit vom Entstehungsort entfernten Isolationen verursachen.

Nach Bild 9.1 wird angenommen, daß sich ein elektrischer Leiter (z. B. ein Freileitungsseil) im elektrischen Feld zwischen einer Gewitterwolke und Erde befindet. Da der Leiter in einiger Entfernung, z. B. über den Sternpunkt eines Transformators, mit der Erde galvanisch verbunden sein soll, befindet sich auf ihm ein Teil der Gegenladung. Bricht das elektrische Feld durch eine vom Leiter entfernte Blitzentladung plötzlich zusammen, wird die auf dem Leiter bis dahin gebundene Ladung frei und breitet sich aus. Es entstehen zwei nach beiden Seiten fortlaufende Spannungswellen (Wanderwellen) mit meist sehr steiler Stirn und hohen Spannungsscheitelwerten.

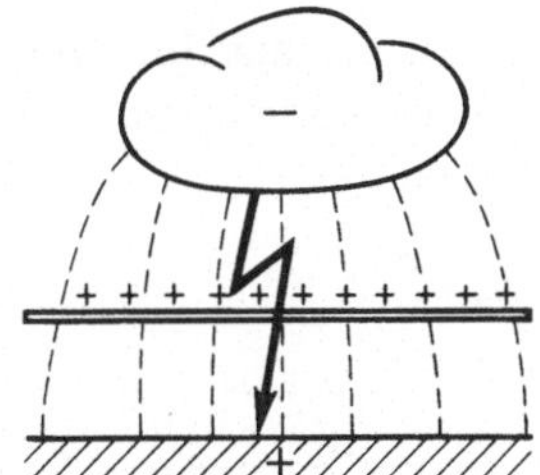

9.1
Leiter im elektrischen Feld zwischen Gewitterwolke und Erde

I. allg. wird zwischen negativen und positiven Blitzen unterschieden. Negative Blitze sind mit rd 90% aller Blitze am häufigsten und werden nach Bild 9.1 aus einer negativen Wolke gespeist, wobei von dieser ein Leader (s. Abschn. 2.42) zur Erde vorwächst. Nähert sich der Entladungskanal einem Bauwerk, z. B. einer Turmspitze oder einem Freileitungsmast, so wachsen ihm von dort wegen der hohen Feldstärken Fangentladungen entgegen, die sich mit ihm vereinigen und so den Einschlag in das Bauwerk bewirken. Dem ersten Teilblitz kann hierbei im noch ionisierten Kanal ein zweiter Blitz geringerer Stromstärke aber mit wesentlich kürzerer Stromanstiegszeit folgen (Folgeblitz). Bei negativen Blitzen wurden Stromscheitelwerte bis $\hat{i} = 100$ kA mit Stirnzeiten $T_1 = 5$ µs und bei Folgeblitzen $\hat{i} = 50$ kA mit $T_1 = 0{,}25$ µs gemessen.

Die selteneren positiven Blitze entwickeln sich zum größten Teil aus einem von der Erde ausgehenden, aufwärts gerichteten negativen Leader, dem in der Nähe der positiven Wolke ein positiver Leader entgegenwächst. Positive Blitze können sehr große Stromscheitelwerte bis $\hat{i} = 500$ kA bei ebenfalls großen Stirnzeiten um 50 µs aufweisen. Folgeblitze treten hierbei in der Regel nicht auf.

Blitzeinschläge in Leiterseile von Freileitungen führen immer zu extrem hohen Spannungen (s. Beispiel 9.3) und unausweichlich zu Überschlägen an den Isolatoren. Über die Spitzen der Freileitungsmaste werden deshalb Blitzschutzseile (Erdseile) verlegt (s. Band IX). Aber auch Einschläge in geerdete Bauteile, wie Freileitungsmaste, Erdseile, Blitzableiter u. dgl., können das Erdpotential an der Einschlagstelle gegenüber dem entfernten, geerdeten Transformatorsternpunkt so stark anheben, daß die geerdeten Anlagenteile ein wesentlich höheres elektrisches Potential als die spannungsführenden Leiter annehmen. Wird hierbei die Isolationsfestigkeit überschritten, kommt es zu rückwärtigen Überschlägen [55]. Entscheidend für diese Überspannungen ist der beim Durchgang von Blitzströmen wirksame Stoßerdungswiderstand.

9.1.2 Schaltüberspannungen

Schaltüberspannungen oder innere Überspannungen können sich durch plötzliche Änderung des Betriebszustands eines elektrischen Netzes ergeben, wie z. B. durch Zu- und Abschalten der Spannung, durch Abtrennen von Netzteilen oder Lastabwurf, aber auch durch Erd- oder Kurzschlüsse.

Die Ursachen für überschwingende Schaltvorgänge sind vielfältig und können an dieser Stelle nicht ausführlich behandelt werden. Es wird auf Band IX und [43], [49] verwiesen.

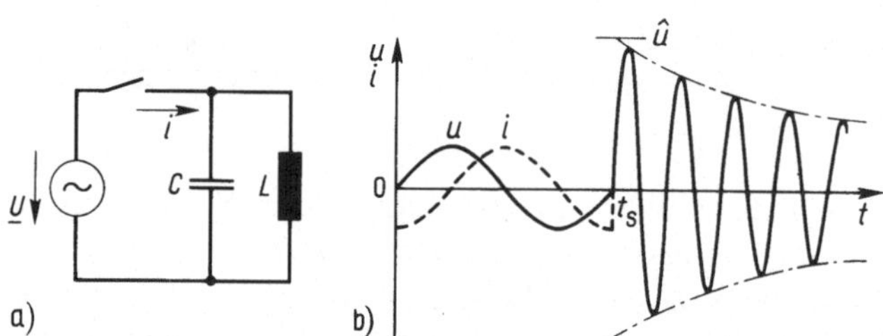

9.2 Ausschalten einer Drosselspule mit der Induktivität L und Ersatzkapazität C (a) und Verläufe von Strom i und Spannung u an der Wicklung vor und nach dem Ausschaltzeitpunkt t_s (b)

Als einfaches Beispiel zeigt Bild 9.2 das Ausschalten einer Drosselspule, z. B. der Wicklung eines leerlaufenden Transformators. Der Strom i wird hauptsächlich durch die Induktivität L bestimmt. Die Kapazität C, in der die Wicklungs- und Zuleitungskapazitäten zusammengefaßt sind, sei so klein, daß der kapazitive Stromanteil vernachlässigt werden kann. Wird der Strom i durch den Schalter S beim Scheitelwert $\hat{i}$ sprunghaft unterbrochen, fließt der Spulenstrom so lange weiter, bis die magnetische Energie der Spule $W_L = L\,\hat{i}^2 / 2$ als elektrische Energie $W_C = C\,\hat{u}^2 / 2$ in der Kapazität gespeichert ist; sie pendelt anschließend zwischen den beiden Energiespeichern hin und her.

Mit $W_L = W_C$ ergibt sich der Scheitelwert der Spannung

$$\hat{u} = \sqrt{L / C}\,\hat{i} \tag{9.1}$$

der bei großen Verhältnissen L / C weit über die Betriebsspannung hinausgehende Werte annehmen kann. Nach Bild 9.2 b klingt die Überspannung wegen der im Schwingkreis unvermeidlichen Wirkwiderstände mit der Zeit t ab.

In Beispiel 9.1 wird das Entstehen von Überspannungen am Ende einer leerlaufenden Leitung beschrieben. Zu Überschwingvorgängen ähnlicher Art kommt es z. B. durch Lastabwurf am Leitungsende von elektrisch langen Leitungen und bei intermittierenden Erdschlüssen, aber auch bei der Signalübertragung auf Meßleitungen.

Beispiel 9.1. Eine verlustlose, elektrisch lange Leitung wird nach Bild 9.3 a durch die jeweils am Leitungsanfang und -ende konzentrierten Kapazitäten C und die Induktivität L nachgebildet. Auf den Leitungsanfang wird die Gleichspannung U_- aufgeschaltet, wobei der Innen-

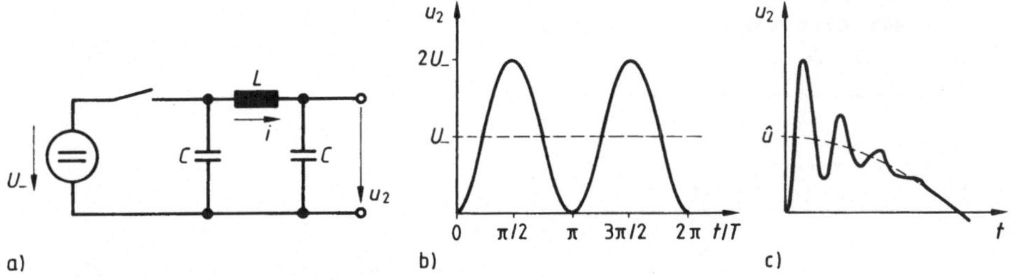

9.3 Nachbildung einer leerlaufenden Leitung bei Aufschaltung der Gleichspannung U_ (a), Spannungsverlauf am Leitungsende (b) und Spannung u_2 bei Aufschaltung einer cosinusförmigen Spannung

widerstand der Spannungsquelle mit $R_i = 0$ angenommen wird. Welche Spannung u_2 (t) stellt sich am Leitungsende ein?

Wegen des vernachlässigten Innenwiderstands der Spannungsquelle braucht die am Leitungsanfang konzentrierte Kapazität C nicht weiter berücksichtigt zu werden. Sie wird sprunghaft aufgeladen und ist somit rechnerisch Bestandteil der Spannungsquelle. Es verbleibt lediglich der Reihenschwingkreis aus L und C. Aus dem Spannungsumlauf in Bild 9.3 a ergibt sich $L\,(di/dt) + u_2 = U_-$ und mit dem Strom $i = C\,(du_2/dt)$ die Differentialgleichung

$$LC\,\frac{d^2 u_2}{dt^2} + u_2 = U_-$$

Wird die Zeitkonstante $T = \sqrt{LC}$ eingeführt, erhält man mit der Lösung der homogenen Differentialgleichung $u_{21} = A_1 \exp(jt/T) + A_2 \exp(-jt/T)$ und mit der partikulären Lösung $u_{22} = U_-$ die Gesamtlösung für die Spannung

$$u_2 = u_{21} + u_{22} = A_1\, e^{jt/T} + A_2\, e^{-jt/T} + U_-$$

Die Koeffizienten A_1 und A_2 ergeben sich aus den Anfangsbedingungen. Für den Zeitpunkt $t = 0$ sind $u_2(0) = 0$ und $i(0) = 0$. Nach $i = C\,(du_2/dt)$ ist folglich auch $(du_2/dt)_0 = i(0)/C = 0$, und man findet hiermit die beiden Bestimmungsgleichungen

$$A_1 + A_2 = -U_- \quad \text{und} \quad A_1 - A_2 = 0$$

aus denen sich die Koeffizienten $A_1 = A_2 = -(U_-/2)$ berechnen lassen. Eingesetzt in die Gesamtlösung erhält man schließlich die Spannung am Leitungsende

$$u_2 = -U_-\left(\frac{e^{jt/T} + e^{-jt/T}}{2}\right) - U_- = U_-\left(1 - \cos\frac{t}{T}\right)$$

In Bild 9.3 b ist die Funktion $u_2 = f(t/T)$ dargestellt. Da die Leitung verlustlos angenommen wurde, schwingt die Spannung u_2 ungedämpft um den Gleichwert U_, wobei also Scheitelwerte vom Doppelten der aufgeschalteten Spannung erreicht werden. Überträgt man nun das hier zugrunde gelegte vereinfachte Berechnungsmodell auf praxisgerechte Verhältnisse, dann entspricht nach Bild 9.3 c die Gleichspannungsaufschaltung einer Wechselspannungsaufschaltung im Spannungsscheitelwert, wobei nun die Spannung am Leitungsende u_2 gedämpft

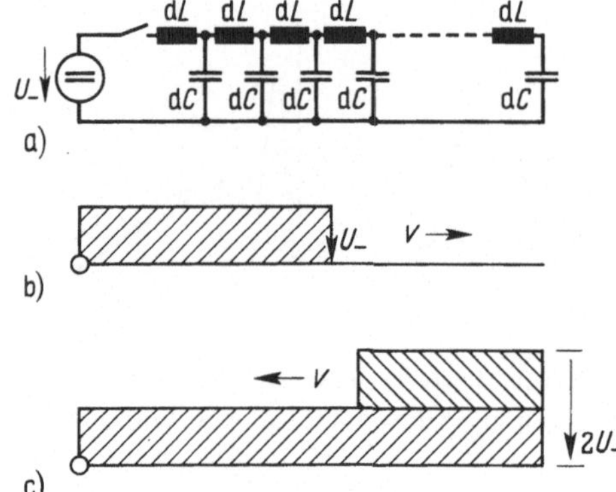

9.4
Ersatzschaltung einer verlustlosen elektrischen Leitung (a) mit hinlaufender Gleichspannungswelle (b) und Spannungsverdopplung durch Reflexion am Leitungsende (c)

auf den Sinusverlauf einschwingt. Voraussetzung ist hierbei allerdings, daß die Eigenfrequenz des Systems erheblich größer als die Netzfrequenz ist.

Nach Bild 9.4 wird wie in Beispiel 9.1 die Gleichspannung U_ auf eine am Ende unbelastete, verlustlose Leitung (R = 0) aufgeschaltet, die der Wirklichkeit entsprechend und somit anders als in Beispiel 9.1 als eine Kette von elementaren Induktivitäten dL mit verteilten elementaren Kapazitäten dC betrachtet wird. Die zum Zeitpunkt t = 0 angelegte Gleichspannung erreicht das Leitungsende erst nach einer bestimmten Laufzeit (Bild 9.4 b). Da jeweils erst die vorgelagerte Kapazität dC aufgeladen werden muß, erfordert dies wegen der Induktivität dL Zeit. Diese mit der Geschwindigkeit v wandernde Spannung (Wanderwelle) wird nach Bild 9.4 c am Leitungsende reflektiert (s Abschn. 9.2.2), so daß sich dort sprunghaft (und somit anders als in Beispiel 9.1) die doppelte Gleichspannung 2U_ ergibt, die sich nun vom Leitungsende her über die gesamte Leitung ausbreitet. Ein elektrischer Durch- oder Überschlag könnte nun an jeder beliebigen Stelle der Leitung eintreten, falls irgendwo die Isolation dieser Spannungsbeanspruchung nicht gewachsen ist.

Ein Vergleich der Bilder 9.3 und 9.4 zeigt, daß das Verhalten von Leitungen durch Ersatzschaltungen mit konzentrierten Leitungswiderständen nur unvollkommen beschrieben werden kann. (s. a. Beispiel 9.9) Im folgenden soll deshalb näher auf Wanderwellen eingegangen werden.

9.2 Wanderwellen

9.2.1 Wellengleichung

Eine Leitung besteht nach Bild 9.5 a aus einer Kette von Leitungselementen der Länge dx mit elementaren Wirkwiderständen R′ dx, Induktivitäten L′ dx, Querleitwerten

$G'\,dx$ und Kapazitäten $C'\,dx$. Hierbei sind $R' = R/\ell$, $L' = L/\ell$, $G' = G/\ell$ und $C' = C/\ell$ die auf die Leitungslänge ℓ bezogenen L e i t u n g s b e l ä g e. Grundsätzlich enthält jede elektromagnetische Welle eine bestimmte Energie, die durch die Verluste in den Wirkwiderständen $R'\,dx$ und den Querleitwerten $G'\,dx$ mit fortschreitender Wanderung verbraucht wird, so daß die Wanderwelle nach Durchlaufen einer großen Leitungslänge zwar noch die gleiche Form, aber nicht mehr dieselben Spannungen aufweist (s. a. Band XI).

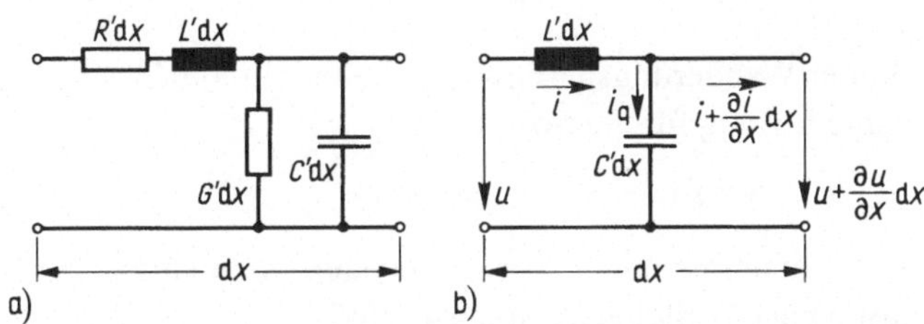

9.5
Leitungselement einer verlustbehafteten (a) und einer verlustlosen Leitung (b)

Im folgenden wird stets vorausgesetzt, daß eine Wanderwelle in ein kurzes Leitungsstück einläuft und auf dieser Strecke praktisch keine Energie verliert. Es kann deshalb eine verlustlose Leitung mit $R' = 0$, $G' = 0$ und dem vereinfachten Leitungselement nach Bild 9.5 b zugrundegelegt werden. Die Spannung am Ausgang dieses Vierpols unterscheidet sich um den Betrag $(\partial u/\partial x)\,dx$ von der Spannung u am Eingang, ebenso der Strom i um den Betrag $(\partial i/\partial x)\,dx$. Mit der Zeit t folgt aus der Spannungssumme

$$\sum u = L'\,dx\,\frac{\partial i}{\partial t} + u + \frac{\partial u}{\partial x}\,dx - u = 0 \tag{9.2}$$

für die partielle Änderung der Spannung u über dem Weg x

$$\frac{\partial u}{\partial x} = -L'\,\frac{\partial i}{\partial t} \tag{9.3}$$

Mit dem Querstrom $i_q = C'\,dx\,(\partial u/\partial t)$, wobei $u + (\partial u/\partial x)\,dx \approx u$ gesetzt wird, ergibt sich die Stromsumme

$$\sum i = i - i_q - \left(i + \frac{\partial i}{\partial x}\,dx\right) = -\,C'\,dx\,\frac{\partial u}{\partial t} - \frac{\partial i}{\partial x}\,dx = 0 \tag{9.4}$$

und hieraus die partielle Änderung des Stroms i über dem Weg x

$$\frac{\partial i}{\partial x} = -\,C'\,\frac{\partial u}{\partial t} \tag{9.5}$$

In den partiellen Differentialgleichungen (9.3) und (9.5) sind Strom i und Spannung u jeweils gemeinsam enthalten. Um eine Lösung zu ermöglichen, bedarf es einer Differentialgleichung mit nur einer Veränderlichen. Um dies für die Spannung u zu erreichen, wird Gl. (9.3) erneut nach dem Weg x

$$\frac{\partial^2 u}{\partial x^2} = -\,L'\,\frac{\partial^2 i}{\partial t\,\partial x} \tag{9.6}$$

und Gl. (9.5) nach der Zeit t differenziert

$$\frac{\partial^2 i}{\partial t\,\partial x} = -C'\frac{\partial^2 u}{\partial t^2} \tag{9.7}$$

Wird Gl. (9.7) in Gl. (9.6) eingesetzt, erhält man die W e l l e n g l e i c h u n g

$$\frac{\partial^2 u}{\partial x^2} = L'C'\frac{\partial^2 u}{\partial t^2} \tag{9.8}$$

Mit der Wanderungsgeschwindigkeit v gilt hierfür nach d' A l e m b e r t die allgemeine Lösung für die Spannung

$$u = f(x - v\,t) + g(x + v\,t) \tag{9.9}$$

wovon man sich leicht überzeugen kann, wenn man Gl. (9.9) in Gl. (9.8) einsetzt. Die Lösung der Wellengleichung ist erfüllt, wenn die W a n d e r u n g s g e s c h w i n d i g k e i t

$$v = 1/\sqrt{L'C'} \tag{9.10}$$

gesetzt wird. Für eine Leitung aus zwei parallelen zylindrischen Leitern mit gleichen Radien r, der Länge ℓ und dem Leiterabstand d ist nach Gl. (1.37) für $d/r \gg 1$ der Kapazitätsbelag $C' = C/\ell = \varepsilon_0\,\varepsilon_r\,\pi/\ln(d/r)$ und nach Band IX mit der Permeabilitätszahl $\mu_r = 1$ und der magnetischen Feldkonstanten μ_0 der Induktivitätsbelag $L' = L/\ell \approx (\mu_0/\pi)\ln(d/r)$. Setzt man beide Größen in Gl. (9.10) ein, ergibt sich mit der Lichtgeschwindigkeit $c = 1/\sqrt{\varepsilon_0\,\mu_0}$ die Wanderungsgeschwindigkeit $v = 1/\sqrt{\varepsilon_r\,\varepsilon_0\,\mu_0} = c/\sqrt{\varepsilon_r}$. Bei Freileitungen mit der Dielektrizitätszahl $\varepsilon_r = 1$ beträgt die Wanderungsgeschwindigkeit $v \approx c = 300$ m / µs; bei Kabeln mit $\varepsilon_r = 4$ kann mit $v \approx c/2 = 150$ m / µs gerechnet werden.

Gl. (9.9) sagt aus, daß eine zum Zeitpunkt $t = 0$ entstehende Spannungswelle $u = f(x) + g(x)$ nach Bild 9.6 aus zwei Anteilen besteht, von denen der erste mit der

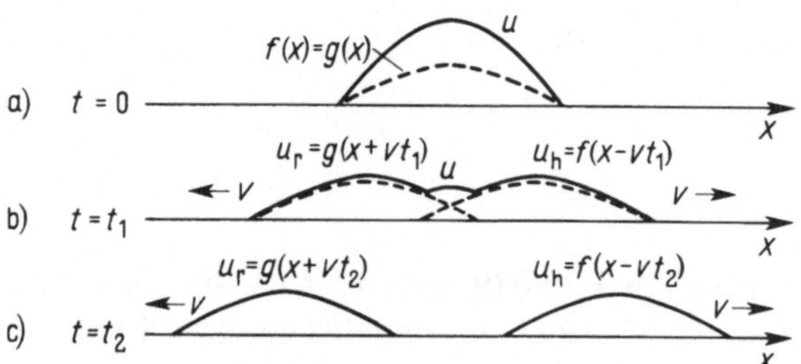

9.6 Spannungswelle $u = f(x) + g(x)$ im Entstehungszeitpunkt $t = 0$ (a) und zu späteren Zeiten t_1 (b) und t_2 (c) mit hinlaufender Welle u_h, rücklaufender Welle u_r und Wanderungsgeschwindigkeit v

Geschwindigkeit v und der Zeit t in positiver x-Richtung abwandert. Er wird deshalb als hinlaufende Spannungswelle $u_h = f(x - vt)$ bezeichnet. Der zweite Anteil wandert dagegen gleich schnell in die entgegengesetzte Richtung als rücklaufende Spannungswelle $u_r = g(x + vt)$.

Differenziert man Gl. (9.9) partiell nach der Zeit, erhält man den Differentialquotienten $\partial u / \partial t = -v\,[f'(x - vt) - g'(x + vt)]$, wobei $f'(x - vt)$ und $g'(x + vt)$ bei Anwendung der Kettenregel die Ableitungen nach den jeweiligen Argumenten bedeuten. Wird dieser Differentialquotient in Gl. (9.5) eingesetzt, erhält man unter Berücksichtigung von Gl. (9.10) die Stromänderung längs des Wegs x

$$\frac{\partial i}{\partial x} = -C' \frac{\partial u}{\partial t} = \frac{f'(x - vt) - g'(x + vt)}{\sqrt{L'/C'}} \tag{9.11}$$

mit dem Wellenwiderstand

$$Z_L = \sqrt{L'/C'} \tag{9.12}$$

Aus Gl. (9.11) folgt für den Strom

$$i = \frac{1}{Z_L} \int [f'(x - vt) - g'(x + vt)]\,\partial x = \frac{f(x - vt)}{Z_L} - \frac{g(x + vt)}{Z_L}$$

$$= \frac{u_h}{Z_L} - \frac{u_r}{Z_L} \tag{9.13}$$

mit dem Strom der hinlaufenden Welle $i_h = u_h / Z_L$ und dem Strom der rücklaufenden Welle $-i_r = u_r / Z_L$, dessen negatives Vorzeichen lediglich besagt, daß die Richtung des Stroms i_r mit der negativen Richtung der x-Achse übereinstimmt. Der Wellenwiderstand $Z_L = u_h / i_h = u_r / (-i_r)$ ist also das Verhältnis von örtlicher Spannung und zugehörigem Strom einer Welle. Als Richtwerte findet man bei Freileitungen den Wellenwiderstand $Z_L = 500\ \Omega$ und bei Kabeln $Z_L = 50\ \Omega$.

Beispiel 9.2. Durch Entladung des elektrischen Feldes, z. B. durch einen Blitzeinschlag in der Nähe einer Freileitung, wird zum Zeitpunkt t = 0 die auf der Leitung bis dahin gebundene Ladung frei, und es entsteht das in Bild 9.7 a dargestellte elektrische Feld. Vereinfachend wird dabei eine auf der Länge ℓ gleichmäßige Ladungsverteilung und somit einheitliche Spannung U zwischen Leiter und Erde angenommen. Bild 9.7 b gibt die Spannungs- und Stromverteilung zum Zeitpunkt t = 0 an, wobei der Strom i = 0 ist. Welche Strom- und Spannungsverhältnisse stellen sich zu einem späteren Zeitpunkt t > 0 ein?

Für t = 0 ist nach Gl. (9.9): $u = f(x) + g(x) = U$
und nach Gl. (9.13): $i\,Z_L = f(x) - g(x) = 0$.

Aus diesen beiden Gleichungen folgt $f(x) = g(x) = U/2$. Der ursprüngliche Spannungsblock der Höhe U teilt sich also in zwei gleiche Blöcke der Spannungen U / 2 auf, von denen einer in x-Richtung und der andere in entgegengesetzter Richtung mit gleicher Geschwindigkeit v fortwandert.

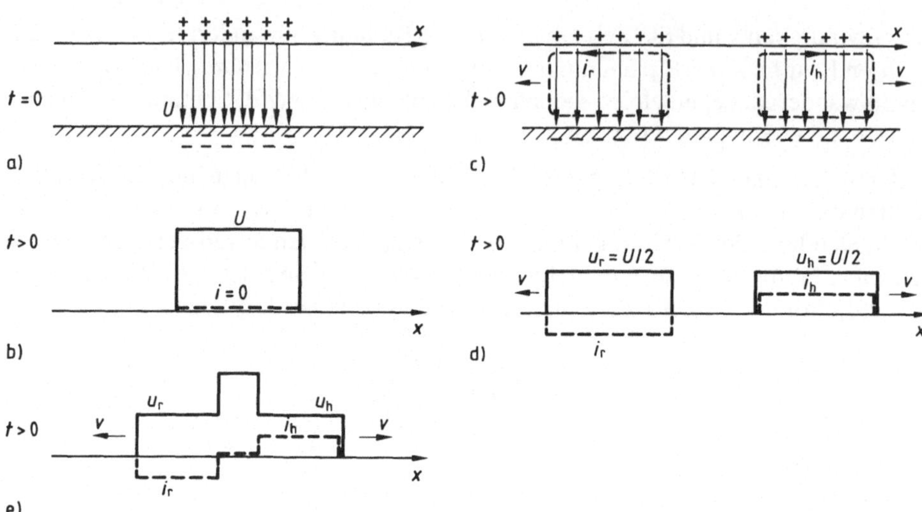

9.7 Räumlich begrenztes elektrisches Feld zwischen Leiter und Erde durch plötzlich freigesetzte Ladungen (a) und schematische Darstellung von Strom und Spannung im Blockdiagramm bei t = 0 (b). Wanderwellen zu späteren Zeitpunkten t > 0 (c), (d) und (e)

Zu jedem späteren Zeitpunkt t > 0 ist deshalb die in x-Richtung hinlaufende Spannungswelle $u_h = f(x - v\,t) = U/2$ und die rücklaufende Welle $u_r = g(x + v\,t) = U/2$. Die Bilder 9.7 c u. d zeigen die beidseitig ausgewanderten Strom- und Spannungswellen, wobei ersichtlich ist, daß der Strom der rücklaufenden Welle entgegen der x-Richtung fließt und deshalb in Gl. (9.13) ein negatives Vorzeichen aufweist. Demgegenüber sind die Spannungsrichtungen beider Wellen gleich. Solange sich beide Wellen noch teilweise überlappen, addieren sich in diesem Bereich die Spannungen und die Ströme heben sich zu Null auf, wie dies aus Bild 9.7 e zu erkennen ist.

Beispiel 9.3. Ein Blitz mit dem Stromscheitelwert $\hat{i}_B = 10$ kA schlägt in ein Freileitungsseil, das nach Bild 9.8 in der Höhe H = 20 m über dem Erdboden hängt und den Seilradius r = 1 cm aufweist. Welche Spannungsscheitelwerte haben die sich hierbei ergebenden hin- und rücklaufenden Wanderwellen?

Da der Blitzstrom i_B nach beiden Seiten der Leitung die gleichen Widerstände vorfindet, teilt er sich nach Bild 9.8 je zur Hälfte auf, so daß auch die Spannungsscheitelwerte der hin- und rücklaufenden Spannungswellen

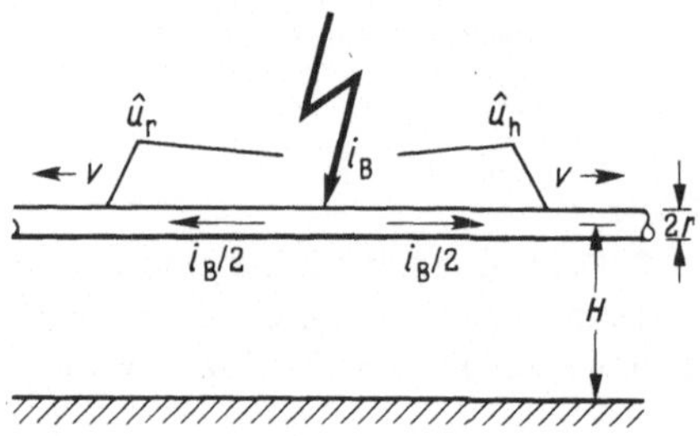

9.8
Blitzeinschlag mit Blitzstrom i_B in ein Freileitungsseil in der Höhe H über dem Erdboden und Entstehen von hin- und rücklaufenden Spannungswellen mit den Scheitelwerten $\hat{u}_h = \hat{u}_r$

$$\hat{u}_h = \hat{u}_r = i_h\, Z_L = i_B\, Z_L / 2$$

gleich groß sind. Zur Berechnung des Wellenwiderstands Z_L benötigt man die Leitungsbeläge. Nach Beispiel 1.6 in Abschn. 1.5.5 ist der Kapazitätsbelag

$$C' = \frac{C}{\ell} = \frac{\varepsilon_0\, 2\,\pi}{\ln(2\,H/r)} = \frac{(8{,}854\ \mathrm{pF/m}) \cdot 2\,\pi}{\ln(2 \cdot 2000\ \mathrm{cm}/1\ \mathrm{cm})} = 6{,}707\ \mathrm{pF/m}$$

Mit der Lichtgeschwindigkeit $c = 300\ \mathrm{m}/\mu\mathrm{s}$ ergibt sich aus Gl. (9.10) der Induktivitätsbelag $L' = (c^2\, C')^{-1}$ und hiermit nach Gl. (9.12) der Wellenwiderstand

$$Z_L = \sqrt{L'/C'} = (c\,C')^{-1} = [(300\ \mathrm{m}/\mu\mathrm{s}) \cdot 6{,}707\ \mathrm{pF/m}]^{-1} = 497\ \Omega$$

Somit betragen die gesuchten Spannungsscheitelwerte gegen Erde

$$\hat{u}_h = \hat{u}_r = i_B\, Z_L / 2 = 10\ \mathrm{kA} \cdot 497\ \Omega / 2 = 2{,}49\ \mathrm{MV}$$

Auch wenn sich diese Spannungsspitzen bis zum jeweils nächsten Freileitungsmast durch Energieverlust etwas verringern sollten, ist bei Höchstspannungs-Freileitungen ein Isolatoren-ketten-Überschlag sehr wahrscheinlich.

9.2.2 Reflexion und Brechung

Trifft eine Wanderwelle auf einen Leitungspunkt, an dem sich der Wellenwiderstand ändert, so muß sich nach Gl. (9.13) auch das Verhältnis von Spannung und Strom ändern. An einer solchen Stoßstelle kommt es zu einer Störung der Wellenwanderung in Form von Reflexion und Brechung.

Ein Reflexionspunkt kann sich z. B. ergeben, wenn nach Bild 9.9 a eine Leitung mit dem Wellenwiderstand Z_{L1} in eine andere mit Z_{L2} (z. B. Freileitung-Kabel) übergeht. Auch wenn nach Bild 9.9 b in einer durchgehenden Leitung mit dem Wellenwiderstand Z_{L1} im Punkt A der Widerstand R angeschlossen ist, liegt an dieser Stelle der geänderte Wellenwiderstand $Z_{LA} = Z_{L1}\, R / (Z_{L1} + R)$ aus dem Wellenwiderstand der Leitung und dem hierzu parallelgeschalteten Widerstand R vor. Ebenso sind die Enden einer

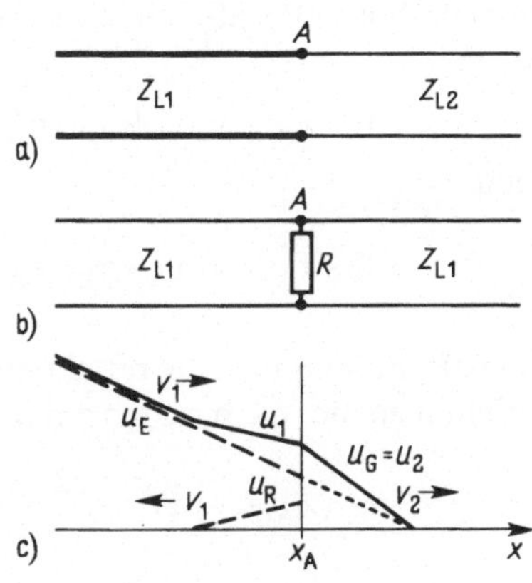

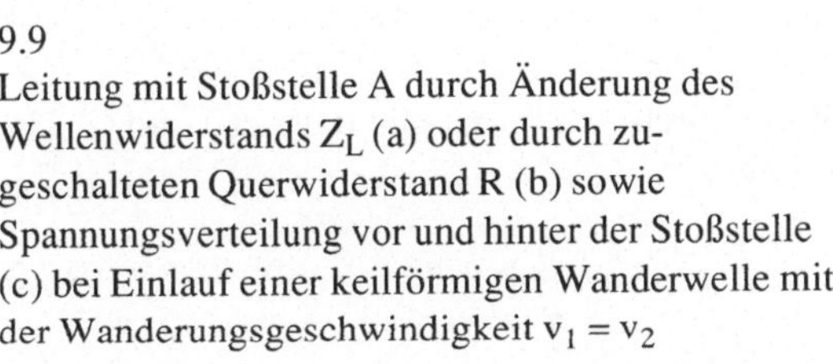

9.9
Leitung mit Stoßstelle A durch Änderung des Wellenwiderstands Z_L (a) oder durch zugeschalteten Querwiderstand R (b) sowie Spannungsverteilung vor und hinter der Stoßstelle (c) bei Einlauf einer keilförmigen Wanderwelle mit der Wanderungsgeschwindigkeit $v_1 = v_2$

leerlaufenden $Z_{L2} = \infty$ oder mit dem Widerstand R abgeschlossenen Leitung $Z_{L2} = R$ Reflexionspunkte.

Liegt nur eine einzige Stoßstelle vor, kommt es zu einer Einfachreflexion, bei der die einlaufende Welle in eine gebrochene und eine reflektierte Welle umgewandelt wird. Von Mehrfachreflexion spricht man dann, wenn sich mehrere Stoßstellen im Leitungssystem befinden. Hierbei kann z. B. die gebrochene Welle der ersten Stoßstelle an der zweiten Stoßstelle teilweise reflektiert werden, zur ersten zurücklaufen und sich dort als weitere einlaufende Welle überlagern.

9.2.2.1 Einfachreflexion. Die in den Reflexionspunkt A von Bild 9.9 a einlaufende Welle hat die Spannung

$$u_E = f_E\,(x - v_1\,t) \tag{9.14}$$

und den Strom

$$i_E = f_E\,(x - v_1\,t)\,/\,Z_{L1} \tag{9.15}$$

Vor der Stoßstelle, also bei $x \le x_A$, setzt sich nach Bild 9.9 c die Spannung

$$u_1 = f_E\,(x - v_1\,t) + g_R\,(x + v_1\,t) \tag{9.16}$$

aus der einfallenden Welle nach Gl. (9.14) und der reflektierten, also rücklaufenden Welle $u_R = g_R\,(x + v_1\,t)$ zusammen. Mit Gl. (9.13) ist der zugehörige Strom

$$i_1 = \frac{f_E\,(x - v_1\,t) - g_R\,(x + v_1\,t)}{Z_{L1}} \tag{9.17}$$

Hinter der Stoßstelle, also bei $x \ge x_A$, läuft die gebrochene Welle weiter mit der Spannung

$$u_G = u_2 = f_G\,(x - v_2\,t) \tag{9.18}$$

und dem Strom

$$i_G = i_2 = f_G\,(x - v_2\,t)\,/\,Z_{L2} \tag{9.19}$$

An der Stoßstelle, also bei $x = x_A$, müssen $u_1 = u_2$ und $i_1 = i_2$, also mit Gl. (9.16) bis Gl. (9.19)

$$f_E\,(x_A - v_1\,t) + g_R\,(x_A + v_1\,t) = f_G\,(x_A - v_2\,t) \tag{9.20}$$

und

$$f_E\,(x_A - v_1\,t) - g_R\,(x_A + v_1\,t) = \frac{Z_{L1}}{Z_{L2}}\,f_G\,(x_A - v_2\,t) \tag{9.21}$$

sein. Eliminiert man die reflektierte Welle durch Addition von Gl. (9.20) und (9.21), erhält man die gebrochene Welle

$$f_G\,(x_A - v_2\,t) = \frac{2\,Z_{L2}}{Z_{L2} + Z_{L1}}\,f_E\,(x_A - v_1\,t) = b\,f_E\,(x_A - v_1\,t) \tag{9.22}$$

mit dem Brechungsfaktor

$$b = \frac{2\,Z_{L2}}{Z_{L2} + Z_{L1}} = \left(\frac{u_G}{u_E}\right)_{x_A} \tag{9.23}$$

der das Verhältnis der Spannungen von gebrochener Welle u_G zur einlaufenden Welle u_E an der Stoßstelle $x = x_A$ angibt. Läuft eine Welle mit dem Spannungsscheitelwert $\hat{u}_E$ in die Stoßstelle A ein, so ist bei Einfachreflexion die höchste dort auftretende Spannung $\hat{u}_A = \hat{u}_G = b\,\hat{u}_E$.

Ebenso findet man mit Gl. (9.20) und (9.21) die reflektierte Welle

$$g_R\,(x_A + v_1\,t) = \frac{Z_{L2} - Z_{L1}}{Z_{L2} + Z_{L1}}\,f_E\,(x_A - v_1\,t) = r\,f_E\,(x_A - v_1\,t) \tag{9.24}$$

mit dem Reflexionsfaktor

$$r = \frac{Z_{L2} - Z_{L1}}{Z_{L2} + Z_{L1}} = \left(\frac{u_R}{u_E}\right)_{x_A} = b - 1 \tag{9.25}$$

der das Verhältnis der Spannungen von reflektierter Welle u_R zur einlaufenden Welle u_E an der Stoßstelle $x = x_A$ angibt.

Bei einer leerlaufenden Leitung ist der Abschlußwiderstand $Z_{L2} = \infty$ und somit nach Gl. (9.23) der Brechungsfaktor

$$b = \lim_{Z_{L2} \to \infty} \frac{2\,Z_{L2}}{Z_{L2} + Z_{L1}} = \lim_{Z_{L2} \to \infty} \frac{2}{1 + (Z_{L1}\,/\,Z_{L2})} = 2 \tag{9.26}$$

und nach Gl. (9.25) der Reflexionsfaktor $r = b - 1 = 2 - 1 = 1$. Die Spannung der reflektierten Welle $u_R = r\,u_E = u_E$ ist gleich jener der einlaufenden Welle. Am Leitungsende tritt also eine vollständige Reflexion ein (s. Bild 9.4). Die Spannung der gebrochenen Welle beträgt $u_G = b\,u_E = 2\,u_E$

Wird die Leitung mit dem Wellenwiderstand Z_{L1} durch den Abschlußwiderstand $R = Z_{L1}$ belastet, ist nach Gl. (9.25) der Reflexionsfaktor $r = 0$ und daher der Brechungsfaktor $b = r + 1 = 1$. Bei diesem als Anpassung bezeichneten Belastungsfall tritt also keine Reflexion auf. Die Energie der Welle wird im Abschlußwiderstand vollständig, z. B. in Wärme, umgewandelt. Der an die Leitung angepaßte Abschlußwiderstand täuscht gewissermaßen eine unendlich fortlaufende Leitung vor.

Ist das Leitungsende kurzgeschlossen, also $Z_{L2} = 0$, betragen der Reflexionsfaktor $r = (Z_{L2} - Z_{L1})\,/\,(Z_{L2} + Z_{L1}) = -1$ und der Brechungsfaktor $r + 1 = 0$. Die einlaufende Welle wird voll, aber mit umgekehrter Polarität reflektiert, so daß die Spannung $u_G = b\,u_E = 0$ auftritt.

Wird das Ende einer Leitung mit dem Wellenwiderstand Z_{L1} allein mit einem Wirkwiderstand R belastet, so ist in Gl. (9.23) Z_{L2} durch R zu ersetzen, und es ergeben sich dann die Brechungs- und Reflexionsfaktoren

$$b = \frac{2\,R}{R + Z_{L1}} \quad \text{und} \quad r = b - 1 = \frac{R - Z_{L1}}{R + Z_{L1}} \tag{9.27}$$

Wird dagegen die Leitung mit einer Drossel der Induktivität L oder mit einem Kondensator der Kapazität C abgeschlossen, dann ergeben sich die Brechungs- und Reflexionsfaktoren als Zeitfunktionen, wie sie in den Beispielen 9.6 und 9.7 abgeleitet werden. Sie sind abhängig von der Form der in die Reflexionsstelle A einlaufenden Welle und können deshalb jeweils nur für eine bestimmte Wellenform angegeben werden. Wie später noch ausgeführt wird, hat dabei die Rechteckwelle (Gleichspannung) eine hervorragende Bedeutung.

Für eine nach Bild 9.12 im Reflexionspunkt A kapazitiv belastete Leitung ergeben sich mit der Zeitkonstanten $T = Z_{L1}\,C$ nach Beispiel 9.6 für eine einlaufende Rechteckwelle die Brechungs- und Reflexionsfaktoren

$$b = 2\,(1 - e^{-t/T}) \quad \text{und} \quad r = b - 1 = 1 - 2\,e^{-t/T} \tag{9.28}$$

Trifft die einlaufende Gleichspannungswelle bei $t = 0$ auf den Reflexionspunkt A, ist nach Gl. (9.28) $b\,(0) = 0$ und $r\,(0) = -1$. Im ersten Augenblick stellt der bis dahin ungeladene Kondensator einen Kurzschluß dar. Mit zunehmender Aufladung wird bei $t = \infty$ der Brechungsfaktor $b\,(\infty) = 2$ und der Reflexionsfaktor $r\,(\infty) = 1$. Dies entspricht einer leerlaufenden Leitung, wobei der Kondensator nun auf den doppelten Gleichspannungswert aufgeladen ist.

Generell kann festgestellt werden, daß auch jede beliebig geformte Welle, deren Einlaufdauer $t_w \ll T$ sehr klein gegenüber der Zeitkonstanten T ist, bei einer kapazitiv abgeschlossenen Leitung praktisch auf ein kurzgeschlossenes Leitungsende trifft. Ein solcher Fall kann annähernd gegeben sein, wenn eine Freileitung in ein Kabel übergeht. Hiervon wird z. B. bei Stationseinführungen Gebrauch gemacht.

Befindet sich am Leitungsende nach Bild 9.13 die Induktivität L, dann gelten nach Beispiel 9.7 mit der Zeitkonstanten $T = L/Z_{L1}$ für die Rechteckwelle die Brechungs- und Reflexionsfaktoren

$$b = 2\,e^{-t/T} \quad \text{und} \quad r = b - 1 = -2\,e^{-t/T} - 1 \tag{9.29}$$

Zum Zeitpunkt $t = 0$ ist wie bei der leerlaufenden Leitung $b\,(0) = 0$ und $r\,(0) = 1$. Ein z. B. am Leitungsende befindlicher Transformator kann deshalb auch bei beliebiger Wellenform vielfach als unendlich großer Abschlußwiderstand $R = \infty$ aufgefaßt werden, vorausgesetzt, daß die Zeitdauer der einlaufenden Welle $t_w \ll T$ sehr viel kleiner als die Zeitkonstante T ist. Für $t = \infty$ ist dann $b\,(\infty) = 0$ und $r\,(\infty) = -1$, was dem Kurzschluß entspricht.

Wenngleich die Gl. (9.28) und (9.29) nur für rechteckförmige Wellen gelten, so sind sie dennoch auch für beliebige Wellenformen einsetzbar, wenn man die betreffende Welle durch Rechteckstufen kurzer Länge nachbildet. Mit der heutigen Rechentechnik ist dies sehr einfach zu bewältigen.

Beispiel 9.4. Eine Spannungswelle mit dem Scheitelwert $\hat{u}_E = 500$ kV läuft gegen das offene Ende einer unbelasteten Leitung. Welcher Spannungshöchstwert tritt am Leitungsende auf?

Mit dem Belastungswiderstand $R = Z_{L2} = \infty$ ist nach Gl. (9.26) der Brechungsfaktor $b = 2$ und somit der Höchstwert der Spannung $u_G = b\, u_E = 2 \cdot 500$ kV $= 1$ MV.

Beispiel 9.5. Von einer Leitung nach Bild 9.10 a mit dem Wellenwiderstand Z_{L1} zweigt im Punkt A eine weitere Leitung mit dem gleichen Wellenwiderstand Z_{L1} ab. Aus einer der Leitungen läuft die gezeichnete Wanderwelle mit dem Spannungsscheitelwert $\hat{u}_E$ in die Stoßstelle ein. Wie groß sind die Spannungsscheitelwerte der beiden gebrochenen Wellen und der reflektierten Welle?

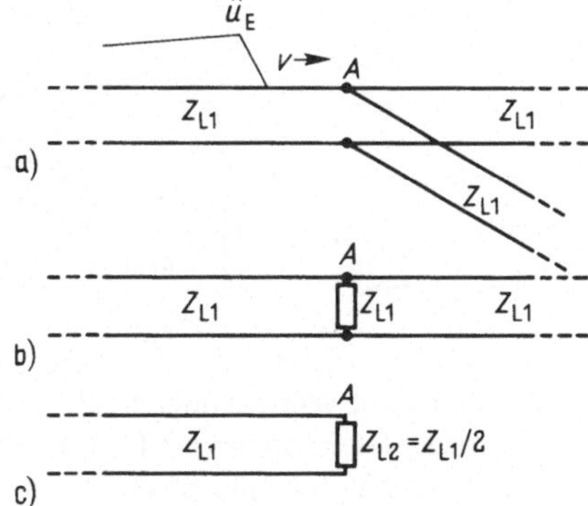

9.10
Leitung mit im Punkt A abzweigender Stichleitung (a), Reduzierung des Abzweigs auf den Wellenwiderstand Z_{L1} (b) und weitere Reduzierung auf eine in A mit dem Widerstand $Z_{L2} = Z_{L1} / 2$ abgeschlossenen Leitung (c)

Nach Bild 9.10 b kann zunächst die abzweigende Leitung im Punkt A durch ihren Wellenwiderstand Z_{L1} ersetzt werden, der zu dem dort schon vorliegenden Wellenwiderstand Z_{L1} der durchgehenden Leitung parallelgeschaltet ist, so daß nun nach Bild 9.10 c an der Stoßstelle der Wellenwiderstand $Z_{L2} = Z_{L1} / 2$ herrscht. Dann beträgt nach Gl. (9.23) der Brechungsfaktor

$$b = \frac{2\, Z_{L2}}{Z_{L2} + Z_{L1}} = \frac{2\,(Z_{L1}/2)}{(Z_{L1}/2) + Z_{L1}} = \frac{2}{3}$$

Die Scheitelwerte der beiden weiterlaufenden gebrochenen Wellen sind demnach $\hat{u}_G = b\, \hat{u}_E = 2\, \hat{u}_E / 3$. Mit Gl. (9.25) findet man den Reflexionsfaktor $r = b - 1 = (2/3) - 1 = -1/3$. Die reflektierte Welle weist also eine gegenüber der einlaufenden Welle umgekehrte Polarität mit dem Scheitelwert $\hat{u}_R = r\, \hat{u}_E = -\hat{u}_E / 3$ auf.

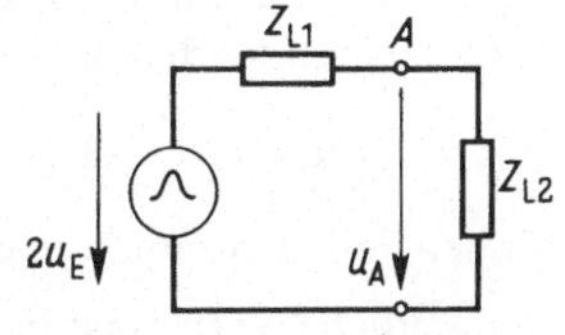

9.11
Wanderwellen-Ersatzschaltung

9.2.2.2 Wanderwellen-Ersatzschaltung. Mit der Spannung der einlaufenden Welle u_E und der in Bild 9.11 angegebenen Ersatzschaltung läßt sich die an der Stoßstelle A auftretende Spannung (Bild 9.9) ermitteln. Nach Gl. (9.23) kann nämlich bei Einfachreflexion die an der Stoßstelle A vorliegende Spannung u_A, die gleich der

Spannung u_G der gebrochenen Welle an dieser Stelle ist, als diejenige Spannung aufgefaßt werden, die an den Klemmen einer Spannungsquelle mit der Quellenspannung 2 u_E und dem inneren Widerstand Z_{L1} bei Belastung durch den Widerstand Z_{L2} entsteht. Besondere Bedeutung gewinnt diese Ersatzschaltung, wenn anstelle des ohmschen Widerstands Z_{L2} oder R eine Kapazität C oder eine Induktivität L tritt.

Beispiel 9.6. Nach Bild 9.12 a ist das Ende A einer Leitung mit dem Wellenwiderstand Z_{L1} durch einen Kondensator der Kapazität C belastet. Auf den Leitungsanfang wird die Gleichspannung U_- aufgeschaltet. Wie ist der Spannungsverlauf im Punkt A nach dem Eintreffen der Spannungswelle?

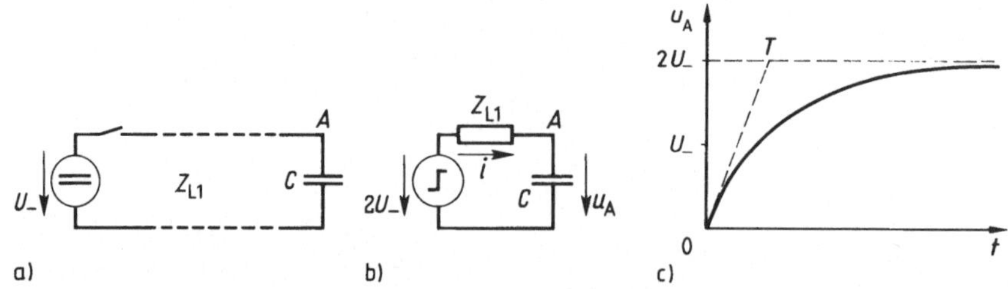

9.12 Leitung mit Wellenwiderstand Z_{L1} und Kapazität C am Leitungsende bei Aufschaltung der Gleichspannung U_- (a), zugehörende Wanderwellen-Ersatzschaltung (b) und zeitlicher Verlauf der Spannung u_A (c)

Die Ersatzschaltung nach Bild 9.12 b reduziert den Vorgang auf das Aufschalten der Gleichspannung 2 U_- auf die Reihenschaltung von Wellenwiderstand Z_{L1} und Kapazität C. Aus der Spannungssumme $u_A + i\, Z_{L1} - 2\, U_- = 0$ folgt mit dem Strom $i = C\,(du_A / dt)$ und der Zeitkonstanten $T = Z_{L1}\, C$ die Differentialgleichung

$$T\,(du_A / dt) + u_A = 2\, U_-$$

deren Lösung $-\ln(2\,U_- - u_A) = (t/T) + k_1$ sich nach Trennung der Veränderlichen aus den Integralen

$$\int \frac{du_A}{2\,U_- - u_A} = \int \frac{dt}{T}$$

ergibt. Aus der Randbedingung $u_A = 0$ bei $t = 0$ folgt für die Integrationskonstante $k_1 = -\ln(2\,U_-)$. Hiermit erhält man die Spannung

$$u_A = 2\,U_-\,(1 - e^{-t/T})$$

für den Fall, daß zum Zeitpunkt $t = 0$ die Gleichspannungswelle am Leitungsende A eintrifft. Der zeitliche Verlauf ist in Bild 9.12 c dargestellt. Aus der Funktion $u_A = f(t)$ ergeben sich entsprechend Gl. (9.28) der Brechungsfaktor

$$b = \frac{u_A}{U_-} = 2\,(1 - e^{-t/T})$$

und der Reflexionsfaktor

$$r = b - 1 = 1 - 2\,e^{-t/T}$$

als Zeitfunktionen, die ausschließlich für den Fall der einlaufenden Gleichspannung, also der Rechteckwelle, gelten.

Beispiel 9.7. Nach Bild 9.13 a ist das Ende A einer Leitung mit dem Wellenwiderstand Z_{L1} durch eine Drossel mit der Induktivität L belastet. Auf den Leitungsanfang wird die Gleichspannung U_ geschaltet. Der Spannungsverlauf im Punkt A nach dem Eintreffen der Spannungswelle ist zu berechnen.

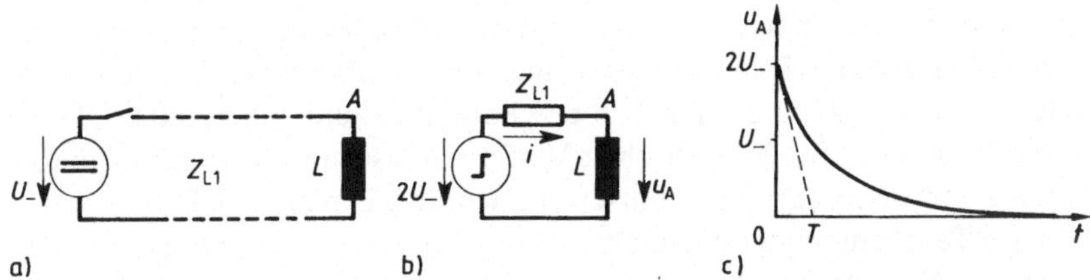

9.13 Leitung mit Wellenwiderstand Z_{L1} und Induktivität L am Leitungsende bei Aufschaltung der Gleichspannung U_ (a), zugehörende Wanderwellen-Ersatzschaltung (b) und zeitlicher Verlauf der Spannung u_A (c)

Aus der Ersatzschaltung nach Bild 9.13 b findet man die Spannungssumme $i\,Z_{L1} + u_A - 2U\_ = 0$, die nach der Zeit t differenziert die Differentialgleichung $(di/dt)\,Z_{L1} + (du_A/dt) = 0$ ergibt. Für die Spannung an der Drossel gilt $u_A = L\,(di/dt)$ und folglich $(di/dt) = u_A/L$. Wird dieser Differentialquotient in die vorhergehende Gleichung eingesetzt, erhält man mit der Zeitkonstanten $T = L/Z_{L1}$ die Differentialgleichung

$$T\,(du_A/dt) + u_A = 0$$

Nach Trennung der Veränderlichen $du_A/u_A = -dt/T$ bekommt man hieraus durch Integration $\ln u_A = -t/T + k_1$. Im ersten Augenblick, also bei $t = 0$, ist der Strom $i\,(0) = 0$ und somit die Spannung $u_A\,(0) = 2U\_$. Hiermit berechnet man die Integrationskonstante $k_1 = \ln\,(2U\_)$ und somit die Spannung

$$u_A = 2\,U\_\,e^{-t/T}$$

Der zeitliche Verlauf ist in Bild 9.13 c wiedergegeben. Aus der Funktion $u_A = f\,(t)$ ergeben sich entsprechend Gl. (9.29) der B r e c h u n g s f a k t o r

$$b = \frac{u_A}{U\_} = 2\,e^{-t/T}$$

und der R e f l e x i o n s f a k t o r

$$r = b - 1 = 2\,e^{-t/T} - 1$$

als Zeitfunktionen, die ausschließlich für den Fall der einlaufenden Gleichspannung, also für die Rechteckwelle, gelten.

9.2.2.3 Mehrfachreflexion. Bei der bisher besprochenen Einfachreflexion wurde davon ausgegangen, daß die an einer Stoßstelle reflektierte Welle in die Leitung zurückläuft und dort verschwindet. Das Gleiche gilt für die gebrochene Welle, die über die Störstelle bis ins Unendliche hinausläuft. Allein schon wegen der begrenzten Leitungslängen gibt es solche Fälle praktisch nicht. Vielmehr ist davon auszugehen, daß die gebrochene Welle am nächsten Reflexionspunkt teilweise reflektiert wird, zur ersten Störstelle zurückläuft und sich den dort bestehenden Verhältnissen überlagert. Entsprechendes gilt auch für die an der ersten Störstelle reflektierten Welle, die ebenfalls an vorgelagerter Stelle reflektiert werden kann.

Diese zunächst recht unübersichtlich erscheinenden zeitlichen Vorgänge bei der Mehrfachreflexion lassen sich im wesentlichen durch zwei Verfahren, insbesondere bei Stoßstellen mit ohmschen Widerständen schnell und anschaulich behandeln. Dies ist einmal das Wellengitter nach Bewley und zum anderen das Bergeron-Verfahren. Beide grafischen Verfahren lassen sich verhältnismäßig leicht in digitale Rechenprogramme umsetzen, wofür in manchen Fällen schon programmierbare Taschenrechner ausreichen. Bei komplexen Widerständen in den Stoßstellen ist der Einsatz von Computern bei der Berechnung der Reflexionsverhältnisse unverzichtbar. Durch das Zusammenwirken mehrerer Wanderwellen-Ersatzschaltungen nach Abschn. 9.2.2.2 sind Mehrfachreflexionen ebenfalls zu erfassen.

Bewleysches Wellengitter. Nach Bild 9.14 sind die drei Leitungen 1, 2 und 3 mit den Wellenwiderständen Z_{L1}, Z_{L2} und Z_{L3} an den Stoßstellen A und B miteinander verbunden. Für eine aus der Leitung 1 in den Punkt A einlaufende Wanderwelle ergeben

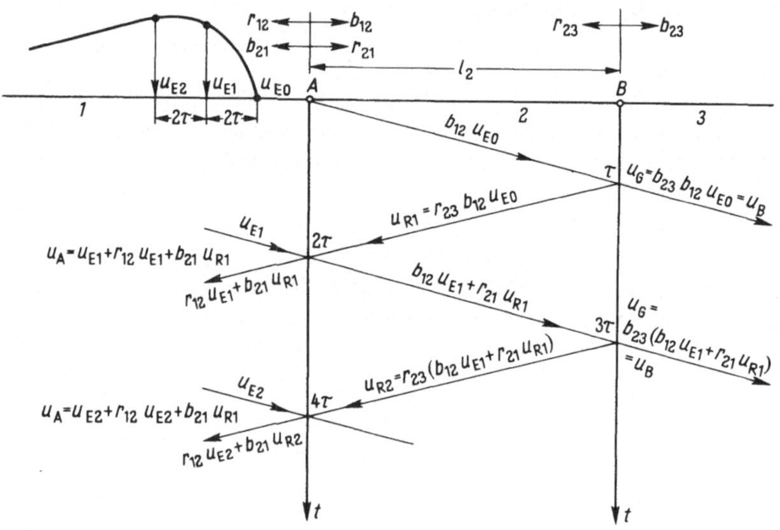

9.14 Wellengitter nach Bewley

sich mit Gl. (9.23) der Brechnungsfaktor $b_{12} = 2\,Z_{L2} / (Z_{L2} + Z_{L1})$ und mit Gl. (9.25) der Reflexionsfaktor $r_{12} = b_{12} - 1$. Die in A gebrochene Welle läuft über die Länge ℓ_2 nach B weiter und trifft dort mit der Wanderungsgeschwindigkeit v_2 nach der Laufzeit $\tau = \ell_2 / v_2$ ein.

Für diese Welle gelten im Punkt B der Brechungsfaktor $b_{23} = 2\,Z_{L3} / (Z_{L3} + Z_{L2})$ und der Reflexionsfaktor $r_{23} = b_{23} - 1$. Die hier reflektierte Welle läuft nach A zurück und wird dort mit dem Brechungsfaktor $b_{21} = 2\,Z_{L1} / (Z_{L1} + Z_{L2})$ gebrochen bzw. mit dem Reflexionsfaktor $r_{21} = b_{21} - 1$ reflektiert, wobei sich nun eine Überlagerung mit der zum Zeitpunkt $t = 2\,\tau$ aus der Leitung 1 noch einlaufenden Welle ergibt.

Das Wellengitter besteht aus den beiden in den Stoßstellen A und B entspringenden und nach unten weisenden Zeitachsen, sowie aus den diagonal verlaufenden Wanderungslinien, die die Zeitachsen in den Zeitabständen $\Delta t = 2\,\tau$ schneiden. Dies ist die Zeitspanne, die eine in A gebrochene und in B reflektierte Welle benötigt, um wieder an der Stoßstelle A einzutreffen. Deshalb wird im vorliegenden Fall die einlaufende Welle in gleiche Zeitabschnitte $\Delta t = 2\,\tau$ mit den zugehörigen Spannungen u_{E0}, u_{E1}, u_{E2} usw. unterteilt, wobei angenommen wird, daß die Welle zum Zeitpunkt $t = 0$ gerade die Stoßstelle A mit dem Spannungswert u_{E0} (meist $u_{E0} = 0$) erreicht. In Bild 9.14 sind die Spannungen der über die Leitungen laufenden Wellen an den Wanderungslinien vermerkt. Die Spannungssummen der hin- und rücklaufenden Wellen sind unmittelbar vor und hinter jeder Stoßstelle gleich und geben die zeitlich dort vorliegenden Spannungen u_A und u_B an. Selbstverständlich kann das Wellengitter feiner gewählt werden, indem man abweichend von Bild 9.14 von der Stoßstelle A die Wanderungslinien in kleineren Zeitabständen $\Delta t < 2\,\tau$ ausgehen läßt.

Beispiel 9.8. Nach Bild 9.15a wird eine Mittelspannungs-Kabelstrecke durch eine 600 m lange Freileitung unterbrochen. Das Kabel hat den Wellenwiderstand $Z_{L1} = Z_{L3} = 50\ \Omega$ und die Freileitung $Z_{L2} = 500\Omega$ bei der Wanderungsgeschwindigkeit $v_2 = 300$ m / µs. Aus dem Kabel läuft die gezeichnete Wanderwelle mit dem Spannungsscheitelwert $u_E = 100$ kV in die Stoßstelle A ein. Die Spannungsverläufe in den Stoßstellen A und B sind zu ermitteln.

Für die aus der Leitung 1 in die Leitung 2 einlaufende Welle gelten nach Gl. (9.23) der Brechungsfaktor $b_{12} = 2\,Z_{L2} / (Z_{L2} + Z_{L1}) = 2 \cdot 500\ \Omega / (500\ \Omega + 50\ \Omega) = 1{,}8182$ und nach Gl. (9.25) der Reflexionsfaktor $r_{12} = b_{12} - 1 = 1{,}8182 - 1 = 0{,}8182$. An derselben Stoßstelle A betragen für eine in der Leitung 2 von B rücklaufende Welle der Brechungsfaktor $b_{21} = 2\,Z_{L1} / (Z_{L1} + Z_{L2}) = 2 \cdot 50\ \Omega / (50\ \Omega + 500\ \Omega) = 0{,}1818$ und der Reflexionsfaktor $r_{21} = b_{21} - 1 = 0{,}1818 - 1 = -0{,}8182$. Mit $Z_{L3} = Z_{L1}$ ergeben sich entsprechend $b_{23} = b_{21} = 0{,}1818$ und $r_{23} = r_{21} = -0{,}8182$ für die aus der Freileitung 2 auf die Stoßstelle B treffenden Wellen.

Zum Durchlaufen der Länge $\ell_2 = 600$ m benötigt eine Welle die Laufzeit $\tau = \ell_2 / v_2 = 600$ m (300m / µs) = 2 µs, so daß die von A bei $t = 0$ ausgehende Wanderungslinie die aus B entspringende Zeitachse bei $t = 2$ µs schneidet.

Im Wellengitter nach Bild 9.15 b sind an den Wanderungslinien links und rechts der Zeitachsen die Spannungen der einlaufenden, reflektierten und gebrochenen Wellen eingetragen. So ist z. B. an der Stoßstelle A bei $t = 5$ µs die Spannung der aus Leitung 1 einlaufenden Welle

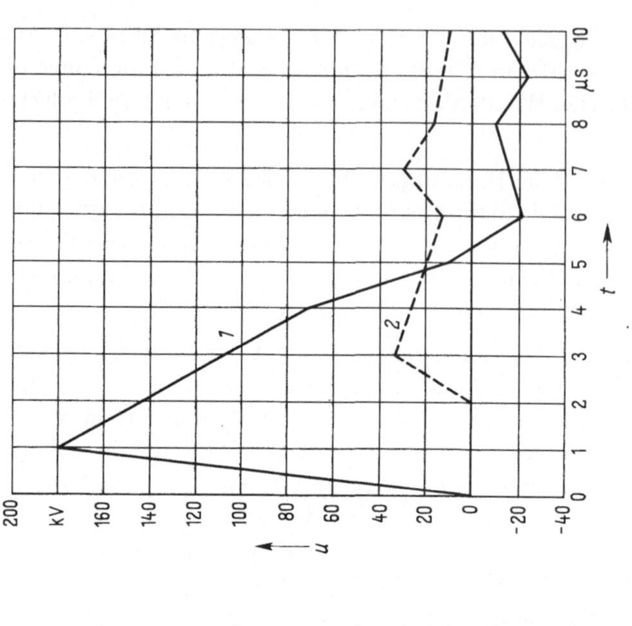

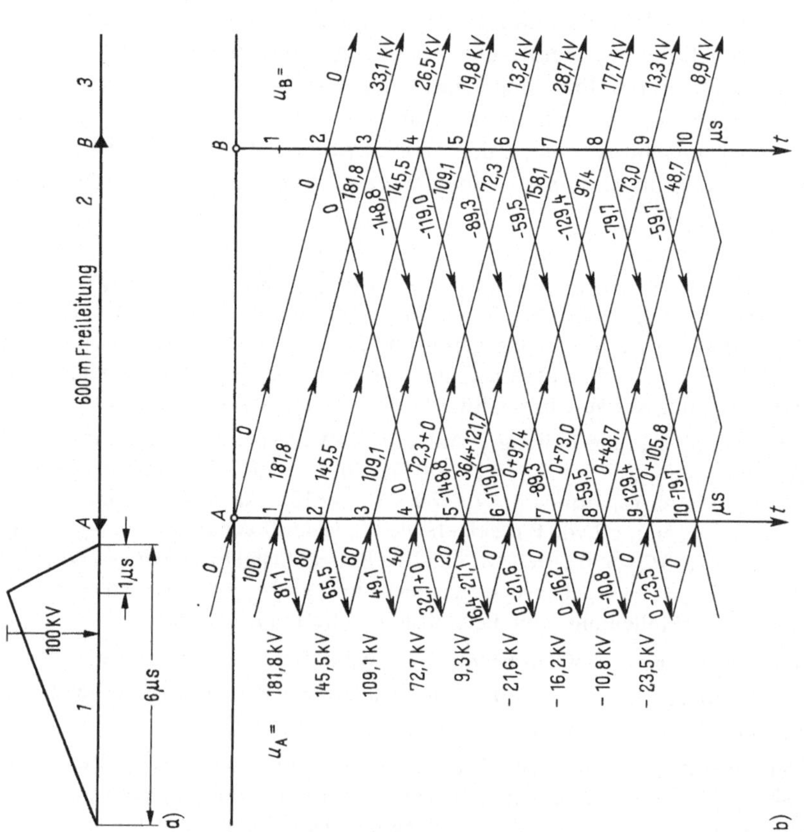

9.15 Durch eine Freileitung unterbrochene Kabelstrecke mit einlaufender Wanderwelle (a) und zugehörigem Wellengitter (b) (Zahlenwerte sind Spannungen in kV) sowie Spannungen u an den Stoßstellen abhängig von der Zeit t (c)
1 Stoßstelle A,
2 Stoßstelle B

u_{E1} = 20 kV und die Spannung der in Leitung 2 übergehenden gebrochenen Welle $u_{G2} = b_{21}\, u_{E1}$ = 1,8182 · 20 kV = 36,4 kV. Die von B nach A zurückgelaufene Welle weist zum gleichen Zeitpunkt die Spannung u_{R21} = – 148,8 kV auf, so daß sich die Spannung der reflektierten Welle $u_{R12} = r_{21}\, u_{R21}$ = – 0,8182 · (– 148,8 kV) = 121,7 kV zur Spannung der gebrochenen Welle u_{G2} = 36,4 kV hinzu addiert. Entsprechendes gilt für die links von der Zeitachse eingetragenen Spannungen. Es ist dann im Punkt A die Spannungssumme $u_A = u_{G2} + u_{R12} + u_{R21}$ = 36,4 kV + 121,7 kV – 148,7 kV = 9,3 kV. Die Spannungen u_B an der Stoßstelle B ergeben sich unmittelbar aus den in die Leitung 3 übergehenden gebrochenen Wellen.

Bild 9.15 c gibt die gesuchten Spannungsverläufe $u_A = f(t)$ und $u_B = f(t)$ wieder. Man erkennt, daß beim Übergang der Welle aus dem Kabel in die Freileitung eine starke Spannungserhöhung auftritt, wogegen umgekehrt an der Stoßstelle B aus der Freileitung in das Kabel sich fortpflanzende Wellen in ihren Spannungen vermindert werden.

Bergeron-Verfahren. Nach den Gl. (9.9) und (9.13) gelten für die Spannung u und den mit dem Wellenwiderstand Z_L multiplizierten Strom i die beiden Gleichungen

$$u = f(x - vt) + g(x + vt)$$

und

$$Z_L\, i = f(x - vt) + g(x + vt)$$

Bildet man hieraus einmal die Summe und zum anderen die Differenz, findet man für die

hinlaufende Welle: $u + Z_L\, i = 2\, f(x - vt)$ (9.30)

rücklaufende Welle: $u - Z_L\, i = 2\, f(x + vt)$ (9.31)

Für einen Betrachter, der mit einem Wellenpunkt, z. B. mit dem Wellenanfang oder dem Scheitelwert, die Leitung entlang wandert, bleiben die Argumente x – vt bzw. x + v t und somit auch die Funktionswerte $f(x - vt) = K_h / 2$ und $g(x + vt) = K_r / 2$ immer gleich. Für einen solchen Wellenpunkt gilt dann mit den Konstanten K_h und K_r nach den Gl. (9.30) und (9.31) für die

hinlaufende Welle: $u + Z_L\, i = K_h$ (9.32)

rücklaufende Welle: $u - Z_L\, i = K_r$ (9.33)

Nach den linearen Gl. (9.32) und (9.33) lassen sich also die Zustandsänderungen der hin- und rücklaufenden Wellen in einem u-i-Diagramm nach Bild 9.16 als Geraden

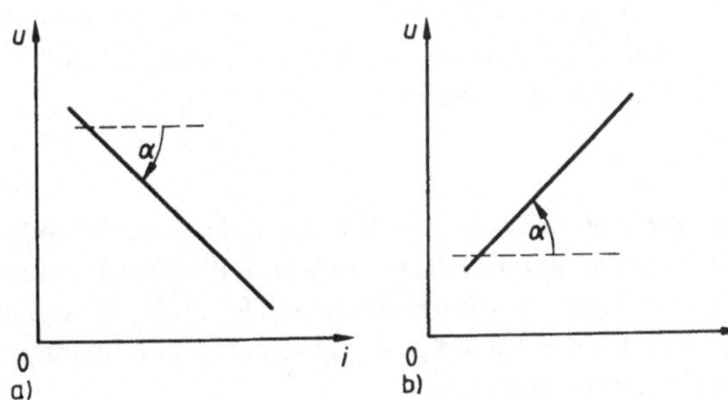

9.16
Bergeron-Geraden für die hinlaufende Welle (a) und für die rücklaufende Welle (b)

(B e r g e r o n - G e r a d e n) abbilden. Mit dem Differentialquotienten $du/di = -Z_L$ weist die Gerade der hinlaufenden Welle nach Bild 9.16 a eine negative Steigung, die der rücklaufenden Welle mit $du/di = Z_L$ nach Bild 9.16 b eine positive Steignung auf. Zweckmäßigerweise wird die Skalierung der Koordinatenachsen so gewählt, daß sich Neigungs- bzw. Steigungswinkel $\alpha = 45°$ ergeben. Die Bergeron-Geraden für die hin- und rücklaufenden Wellen stehen dann senkrecht zueinander, wodurch die grafische Bearbeitung sehr erleichtert wird. Zwingend notwendig ist dies allerdings nicht.

Die Konstanten K_h und K_r lassen sich in einfacher Weise rechnerisch ermitteln. Meist ist dies aber gar nicht erforderlich (s. Beispiel 9.9). Die Anwendung des Bergeron-Verfahrens soll in den nachfolgenden Beispielen erläutert werden.

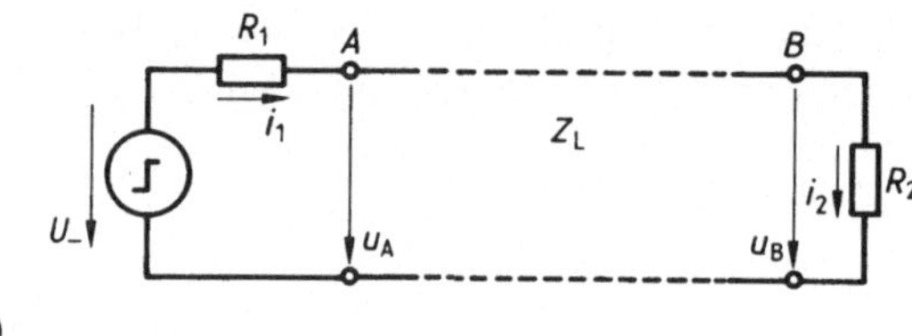

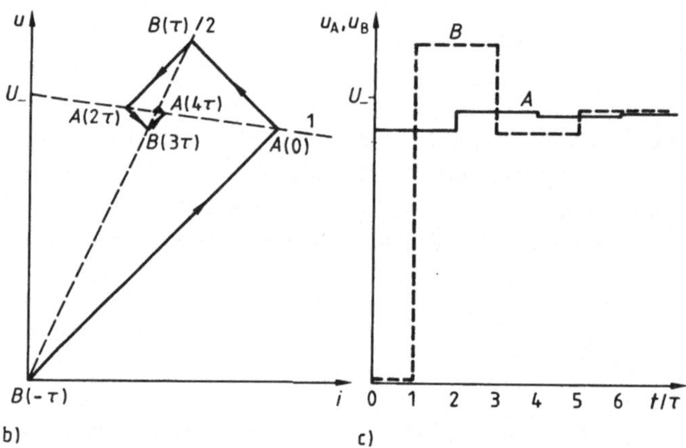

9.17 Leitung mit Wellenwiderstand Z_L und Widerstand R_2 am Leitungsende bei Aufschaltung der Gleichspannung U_ über den Widerstand R_1 (a), Bergeron-Diagramm (b) und zeitliche Verläufe der Spannungen u_A und u_B (c)

Beispiel 9.9. Die nach Bild 9.17 a zwischen den Punkten A und B bestehende Leitung mit dem Wellenwiderstand Z_L ist am Ende mit dem Wirkwiderstand R_2 belastet. Auf den Leitungsanfang wird über den Wirkwiderstand R_1 (z. B. der Innenwiderstand der Spannungsquelle) die G l e i c h s p a n n u n g U_ geschaltet. Die Spannungsverläufe in den Leitungspunkten A und B sind zu ermitteln.

Wenngleich hier keine Zahlenwerte gegeben sind, so wird aber vorausgesetzt, daß die Skalierung der Koordinatenachsen in Bild 9.17 b so erfolgt ist, daß die Bergeron-Geraden für die hin- und rücklaufenden Wellen senkrecht aufeinander stehen.

Aus Bild 9.17 a folgt für die Spannung $u_A = U_- - R_1 i_1$. Alle in dem Leitungspunkt A auftretenden Spannungen müssen folglich auf der in das Diagramm eingezeichneten Widerstandsgeraden 1 liegen. Im Leitungspunkt B gilt für die Spannung $u_B = R_2 i_2$, so daß alle hier auftretenden Spannungen auf der ebenfalls eingezeichneten Widerstandsgeraden 2 zu finden sind. Die Zeit, die eine Welle benötigt, um von A nach B bzw. umgekehrt zu gelangen, wird als Laufzeit τ bezeichnet.

Zum Zeitpunkt $t = 0$ tritt im Punkt A sprunghaft eine Spannung auf, deren Größe zwar nicht bekannt ist, die aber kleiner als die aufgeschaltete Gleichspannung U_- sein muß. Auf sie trifft in diesem Augenblick eine zum Zeitpunkt $t = -\tau$ im Punkt B gestartete rücklaufende Welle, deren Strom und Spannung allerdings Null sind. Da im Punkt B bei $t = -\tau$ also $u = 0$ und $i = 0$ sind, kann in Bild 9.17 b durch den Koordinatenursprung eine Bergeron-Gerade im Winkel von $a = 45°$ gezeichnet werden, die die Widerstandsgerade 1 im Punkt A (0) schneidet. Die Koordinaten von A (0) geben Spannung und Strom im Punkt A zum Zeitpunkt $t = 0$ an.

Diese Spannung läuft nun zum Punkt B zurück. Ausgehend von A (0) muß deshalb eine Bergeron-Gerade für die hinlaufende Welle (hier im rechten Winkel zur vorhergehenden) gezogen werden, deren Schnittpunkt B (τ) mit der Widerstandsgeraden 2 Strom und Spannung im Punkt B zum Zeitpunkt $t = \tau$ angibt. Vom Punkt B aus wird nun wieder eine Bergeron-Gerade für die rücklaufende Welle gezeichnet, die im Schnittpunkt A (2τ) mit der Widerstandsgeraden 1 Spannung und Strom im Punkt A zum Zeitpunkt $t = 2\tau$ liefert, und so weiter.

Auf das Diagramm nach Bild 9.17 c übertragen, erhält man die Spannungen in den Punkten A und B abhängig von der Zeit, in diesem Fall vom Verhältnis t / τ.

Für den Sonderfall der Anpassung mit dem Abschlußwiderstand $R_2 = Z_L$ liegt in Bild 9.17 b die Widerstandsgerade 2 auf der Bergeron-Geraden von B ($-\tau$) nach A (0). Dann fallen alle weiteren Punkte B (τ), A (2τ), B (3τ) usw. mit dem Punkt A (0) zusammen. Die Spannung im Punkt B nimmt verzögert um die Laufzeit τ die im Punkt A bei $t = 0$ bestehende Spannung sprunghaft und ohne Überschwingen an. Reflexionen treten also nicht mehr auf.

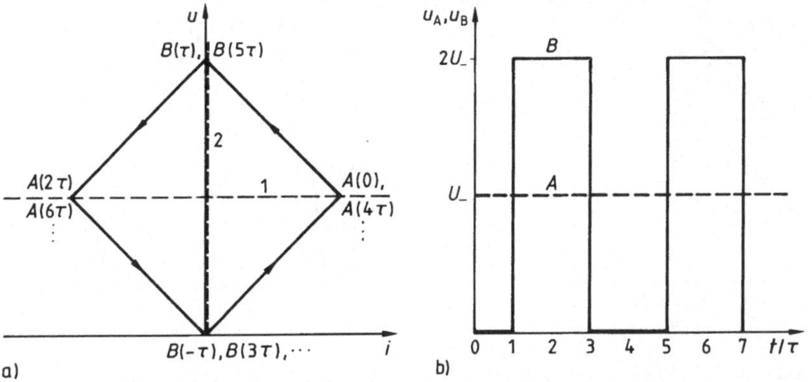

9.18 Bergeron-Diagramm (a) und zeitliche Verläufe der Spannungen u_A und u_B (b) für die Leitung nach Bild 9.17 a mit $R_1 = 0$ und $R_2 = \infty$ (Leerlauf)

Wird in weiterer Vereinfachung $R_1 = 0$ und $R_2 = \infty$ (L e e r l a u f) angenommen, dann reduziert sich das Diagramm nach Bild 9.17 b auf das nach Bild 9.18 a. Die Widerstandsgerade 1 liegt parallel zur Abzisse i und die Widerstandsgerade 2 deckt sich mit der Ordinate u. Bild 9.18 b zeigt den zeitlichen Verlauf der Spannung in den Punkten A und B. Dieser Betriebszustand ist der gleiche wie im Beispiel 9.1, bei dem die Leitung durch konzentrierte Kapazitäten C und die Induktivität L nachgebildet wird. Der Vergleich der Bilder 9.3 b und 9.18 b verdeutlicht, daß man mit einer Leitungsnachbildung gemäß Bild 9.3 a die größte auftretende Spannung $u_2 = u_B = 2\,U_-$ zwar richtig ermittelt, den zeitlichen Verlauf jedoch nur unvollkommen nachbildet.

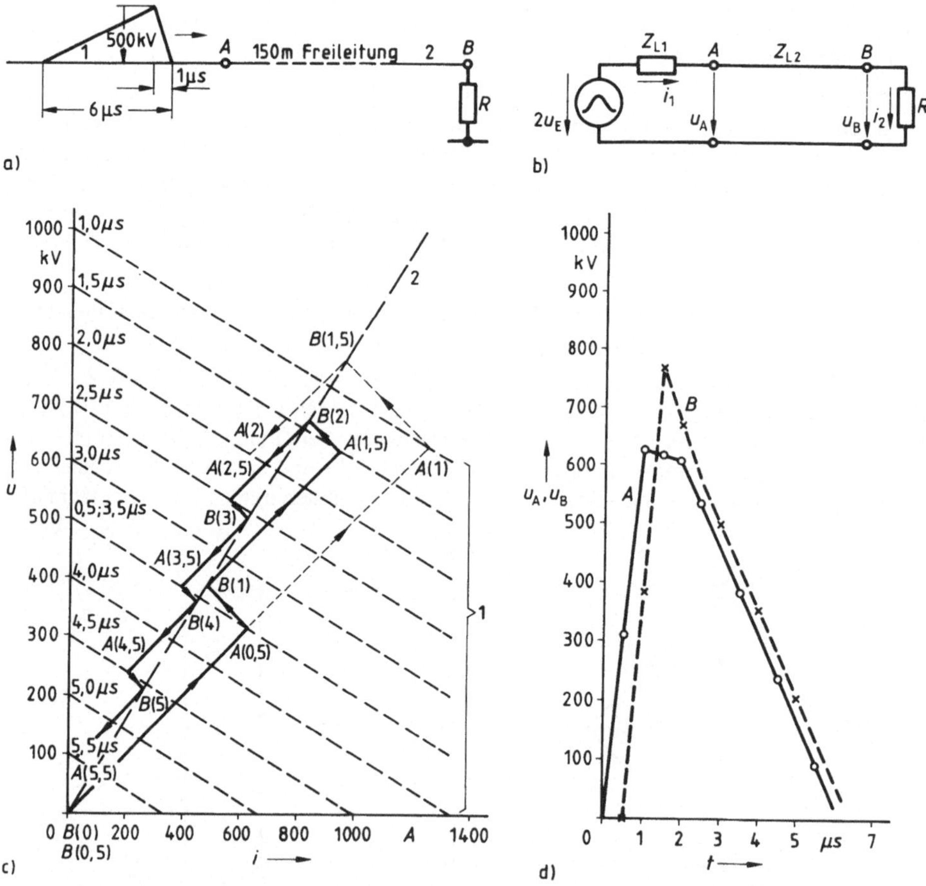

9.19 Leitungen 1 und 2 mit einlaufender zeitlich veränderlichen Spannung (a), Ersatzschaltung (b), Bergeron-Diagramm (c) und zeitliche Verläufe der Spannungen u_A und u_B (d)

Beispiel 9.10. Nach Bild 9.19 a läuft aus der Leitung 1 mit dem Wellenwiderstand Z_{L1} = 300 Ω die idealisiert dargestellte Welle in die ℓ = 150 m lange Freileitung 2 mit dem Wellenwiderstand Z_{L2} = 500 Ω ein. Das Ende B der Freileitung ist mit dem Widerstand R = 800 Ω belastet. Die Spannungen u_A und u_B in den Leitungspunkten A und B sind abhängig von der Zeit zu ermitteln.

Mit der für die Freileitung geltenden Wanderungsgeschwindigkeit $v = 1/\tau = 300\,\text{m}/\mu\text{s}$ beträgt die Laufzeit der Welle von A nach B bzw. umgekehrt $\tau = \ell / v = 150\,\text{m} / (300\,\text{m}/\mu\text{s}) = 0{,}5\,\mu\text{s}$.

Nach Abschn. 9.2.2.2 kann Leitung 1 durch die Wanderwellen-Ersatzschaltung ersetzt werden, und es ergibt sich dann die Schaltung nach Bild 9.19 b, die sich in ihrem Aufbau von der nach Bild 9.17 a nicht unterscheidet. Anders als nach Beispiel 9.9 wird aber hier keine Gleichspannung, sondern eine sich zeitlich verändernde Spannung $u_E = f(t)$ aufgeschaltet.

Die Spannungsquelle in Bild 9.19 b gibt also eine der einlaufenden Welle entsprechende Spannung mit dem jeweils doppelten Momentanwert $2u_E$ ab. Die Spannung $u_A = 2\,u_E - Z_{L1}\,i_1 = 300\,\Omega \cdot i_1$ bildet deshalb im Bergeron-Diagramm nach Bild 9.19 c ein Kennlinienfeld der Widerstandsgeraden 1, die dem jeweiligen Zeitpunkt der Welle zugeordnet sind. Alle Spannungen $u_B = i_2\,R = i_2 \cdot 800\,\Omega$ müssen auf der eingezeichneten Widerstandsgeraden 2 liegen. Die Skalierung der Koordinaten ist so gewählt, daß die Bergeron-Geraden gemäß Bild 9.16 Winkel $\alpha = 45°$ aufweisen und somit senkrecht zueinander stehen.

Zum Zeitpunkt t = 0 läuft vom Punkt B eine rücklaufende Welle mit $i_2 = 0$ und $u_B = 0$ in Richtung des Leitungsanfangs A. In Bild 9.19 c kann deshalb durch den Koordinatenursprung eine Bergeron-Gerade gezogen werden, die bei A nach der Laufzeit $\tau = 0{,}5\,\mu\text{s}$ auf die momentan einlaufende Spannung u_E = 250 kV trifft, die nach Bild 9.19 b mit dem Faktor 2 zu multiplizieren ist. Die von B (0) ausgehende Bergeron-Gerade trifft bei A (0,5) auf die zugehörende Widerstandsgerade 1, die übrigens auch für den Zeitpunkt t = 3,5 μs gilt, weil dann die Welle die gleiche Spannung u_E = 250 kV aufweist. Von A (0,5) wird nun eine für die hinlaufende Welle geltende Bergeron-Gerade gezeichnet. Sie erreicht im Diagrammpunkt B (1) die Widerstandsgerade 2 und gibt dort Strom und Spannung im Leitungspunkt B zum Zeitpunkt τ = 1 μs an. Die Fortsetzung der Diagrammkonstruktion zeigen die ausgezogenen Linien.

Da das bis hier ausgeführte Diagramm den zeitlichen Ablauf nur zur Hälfte erfaßt, wird zum Zeitpunkt τ = 0,5 μs eine weitere Welle von B gestartet, deren Bergeron-Gerade ebenfalls durch den Koordinatenursprung geht, weil auch zu diesem Zeitpunkt in B der Strom $i_2 = 0$ und die Spannung $u_B = 0$ sind. Sie ist in Bild 9.19 c punktiert dargestellt und erreicht im A (1) die für t = 1 μs zutreffende Widerstandsgerade 1. Zu diesem Zeitpunkt läuft gerade der Spannungsscheitelwert $\hat{u}_E$ = 500 kV ein, so daß in Bild 9.19 b die Spannungsquelle $2\,\hat{u}_E$ = 1000 kV abgibt. Die Konstruktion der punktierten Linien ist der Übersichtlichkeit wegen nur bis A (2) ausgeführt.

Die im Bergeron-Diagramm ausgewiesenen Spannungen u_A und u_B sind in Bild 9.19 d über der Zeit t aufgetragen und geben Auskunft über die in den Leitungspunkten A und B zu erwartenden höchsten Spannungen.

9.3 Überspannungsableiter

Überspannungsableiter gehören zu den Schutzeinrichtungen eines elektrischen Netzes und haben die Aufgabe, Überspannungen an zu schützenden Betriebsmitteln auf zulässige Werte zu begrenzen. Hierzu gehören alle auf eine bestimmte Durchschlagspannung eingestellte Schutz- oder Pegelfunkenstrecken. Berücksichtigt man, daß z. B. auf einer Freileitung eine Wanderwelle in 1 µs eine Strecke von rd. 300 m zurücklegt, so muß die zum Überspannungsschutz eingesetzte Funkenstrecke eine äußerst geringe Entladeverzugszeit (s. Abschn. 2.3.4) aufweisen, wenn ein wirksamer Schutz gewährleistet werden soll. Hierzu sind im wesentlichen nur Funkenstrecken mit ausschließlich homogenem Feld geeignet.

Vorwiegend eingesetzt wird bisher der Ventilableiter, auf den nachstehend näher eingegangen wird. Seit einiger Zeit sind auch Metalloxid-Ableiter im Einsatz, die sich vom Ventilableiter dadurch unterscheiden, daß sie keine Funkenstrecken mehr benötigen.

9.3.1 Bauformen und Kenngrößen

Der Ventilableiter besteht nach Bild 9.20 a hauptsächlich aus in Reihe geschalteten Löschfunkenstrecken F und dem spannungsabhängigen Widerstand R_A, dessen Strom-Spannung-Kennlinie in Bild 9.20 b angegeben ist. Überschreitet nach Bild 9.21 die am Ableiter liegende Spannung einer einlaufenden Welle die Ansprechstoßspannung u_{as}, schlagen die Funkenstrecken durch und stellen eine leitende Verbindung zwischen den Ableiterklemmen her, die solange erhalten bleibt, bis der Überspannungsvorgang abgeklungen ist. Der Höchstwert des hierbei abfließenden Stroms wird als Ableitstoßstrom i_s bezeichnet.

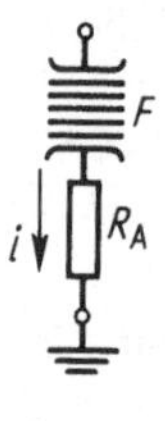

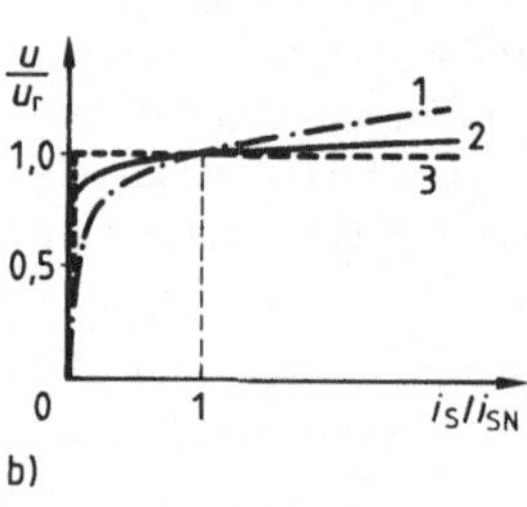

9.20
Ventilableiter (a) bestehend aus Löschfunkenstrecke F und Ableiterwiderstand R_A mit Strom-Spannung-Kennlinie (b)
1 Kennlinie für Ventilableiter mit SiC-Widerstand
2 Kennlinie für Metalloxid-Ableiter mit ZnO-Widerstand
3 ideale Kennlinie

Der spannungsabhängige Widerstand R_A, der bei kleinen Spannungen große Widerstandswerte aufweist, sorgt dafür, daß anschließend bei betriebsfrequenter Spannung nur noch ein kleiner Folgestrom i_f fließt ($i_f < 100$ A), der von der Löschfunkenstrecke beim nächsten Stromnulldurchgang unterbrochen wird. Als Löschspannung $U_{Lö}$ wird der Effektivwert der höchsten Spannung mit Betriebsfrequenz bezeichnet, bei der der Folgestrom i_f sicher unterbrochen wird, und die ständig am Ableiter liegen darf. Löschspannung $U_{Lö}$ und Nenn-Ableitstoßstrom i_{sN} sind Kenngrößen des Ventilableiters (VDE 0675).

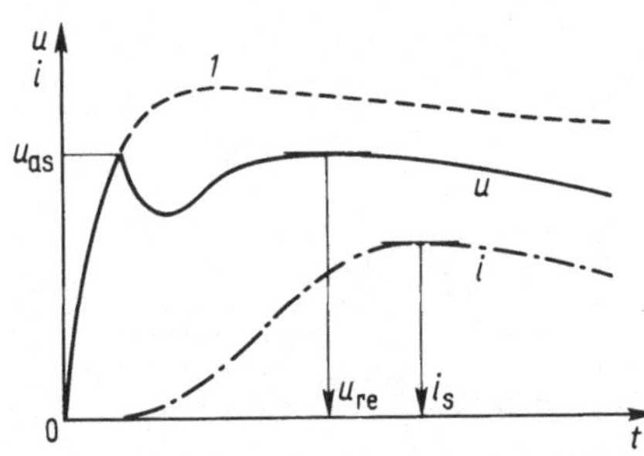

9.21
Spannung u am Ableiter und Ableitstrom i abhängig von der Zeit t mit Ansprechstoßspannung u_{as}, Restspannung u_{re} und Ableitstoßstrom i_s
1 Stoßspannung

Nach Bild 9.21 bricht die Spannung nach dem Ansprechen des Ableiters zunächst etwas zusammen und erreicht mit wachsendem Ableitstrom einen Höchstwert, der als Restspannung u_{re} bezeichnet wird (siehe Beispiel 9.10). Bei Nenn-Ableitstrom i_{sN} (5 kA, 10 kA) ist die Restspannung etwa gleich der Ansprechstoßspannung u_{as}. Überschlägig gilt für die Ansprech-Blitzstoßspannung $u_{as} \approx 3\ U_{Lö}$.

Der Metalloxid-Ableiter besteht lediglich aus einem spannungsabhängigen Ableitwiderstand R_A (Varistor), dessen Arbeitskennlinie nach Bild 9.20 der idealisierten Kennlinie schon recht nahe kommt. Durch Verwendung von Metalloxid, z. B. Zinkoxid Z_nO, wird eine Strom-Spannung-Abhängigkeit erreicht, bei der bei Betriebsspannung nur noch ein so kleiner Leckstrom (z. B. 1 mA) fließt, daß auf Löschfunkenstrecken verzichtet werden kann. Ableitwiderstände aus Siliziumkarbid SiC, wie sie bei Ventilableitern verwendet werden, würden bei gleicher Spannung noch einen Strom von rd. 100 A führen.

Für die funkenstreckenlosen MO-Ableiter haben Ansprech- und Löschspannung keine Bedeutung. Als Kennwerte gelten hier die Bemessungsspannung u_r (rated voltage), welche die Betriebsspannung angibt, die nur einige Sekunden am Ableiter liegen darf und die Dauerspannung u_c (continuous operating voltage), die dauernd anliegen darf, ohne den Ableiter auch bei vorheriger Belastung unzulässig zu erwärmen. Hierbei ist etwa $u_r \approx 1{,}2\ u_c$.

Für grundsätzliche Überlegungen kann von der in Bild 9.20 gestrichelt gezeichneten idealen Strom-Spannung-Kennlinie (3) ausgegangen werden, bei der der Ableiter wie ein Schalter wirkt. Bei Spannungen kleiner als die Ansprechspannung u_{as} ist sein Widerstand unendlich groß, darüber Null. Im folgenden wird nun immer von diesem idealen Ableiter ausgegangen, der eine zeitlich konstante Restspannung $u_{re} = u_{as}$ in der Höhe der Ansprechspannung und ein verzugsloses Ansprechen voraussetzt.

Beispiel 9.10. In Bild 9.22 a läuft eine Wanderwelle mit der Spannung $u_E = f(t)$ gegen das offene Ende A einer Leitung mit dem Wellenwiderstand Z_L. Im Leitungspunkt A befindet sich

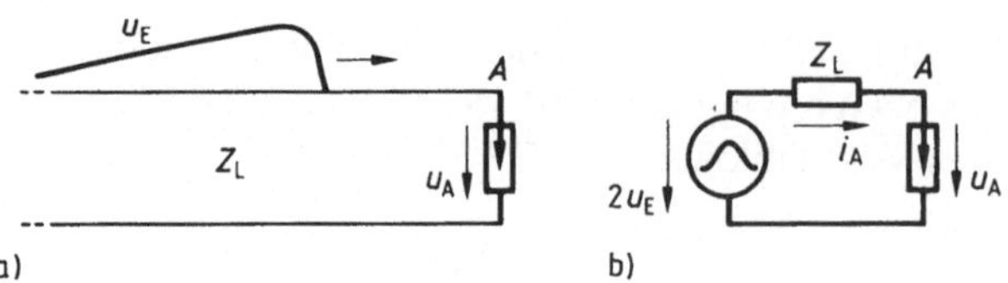

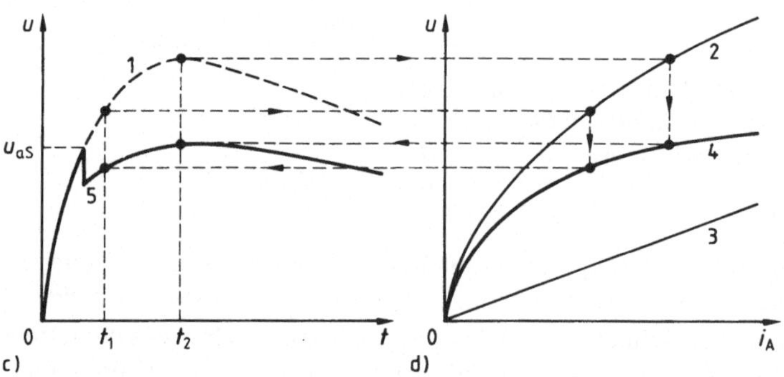

9.22 Leitung mit Wellenwiderstand Z_L, Ableiter in A und einlaufende Spannung u_E (a), Ersatzschaltung (b), Zeit-Spannung-Diagramm (c) und Strom-Spannung-Diagramm (d)
Kurve 1: $2\,u_E = f(t)$ Kurve 2: $2\,u_E = u_A + i_A Z_L$
Kurve 3: $u = i_A Z_L$ Kurve 4: $u_A = f(i_A)$ Kurve 5: $u_A = f(t)$

ein Ventil Ableiter mit der Ansprechstoßspannung u_{as}. Der zeitliche Verlauf der am Ableiter liegenden Spannung $u_A = f(t)$ ist zu ermitteln.

Bild 9.22 b zeigt die Ersatzschaltung, in der die Spannungsquelle mit dem Innenwiderstand Z_L die doppelte Wanderwellenspannung $2u_E$ abgibt, die in Bild 9.22 c als gestrichelte Kurve 1 eingezeichnet ist. Mit dem Ableiterstrom i_A gilt nach Bild 9.22 b für die Quellenspannung

$$2u_E = u_A + i_A Z_L$$

die in Bild 9.22 d als Kurve 2 angenommen wird. Zieht man von dieser die Spannung am Wellenwiderstand $i_A Z_L$ (Kurve 3) ab, erhält man mit Kurve 4 die am Ableiter liegende Spannung $u_A = f(i_A)$. Werden die zeitlichen Spannungswerte $u_E = f(t)$ der Kurve 1 auf die Kurve 2 übertragen (punktiert angedeutet) und von dort auf die Kurve 4, bekommt man bei der Rückübertragung auf das Spannung-Zeit-Diagramm die gesuchte Abhängigkeit der Ableiterspannung von der Zeit (Kurve 5). Sie bestätigt den in Bild 9.21 angegebenen wirklichen Verlauf.

9.3.2 Schutzbereich

Die Begrenzung der Überspannung auf die Ansprechstoßspannung u_{as} bzw. Restspannung u_{re} ist nur an den Klemmen des Ableiters gewährleistet. In einiger Entfernung können sich höhere Spannungen ergeben, die aber dennoch kleiner bleiben als der Höchstwert der Wanderwellen-Spannung. Die spannungsbegrenzende Wirkung des Ableiters erstreckt sich also auch auf Teile der Leitung vor und hinter seinem Einbauort. Die Entfernung s_A vom Ableiter, in der die Überspannung gerade noch auf die am Schutzobjekt zulässige Spannung u_{zul}, i. allg. die Steh-Blitzstoßspannung u_{rB} bzw. Steh-Schaltstoßspannung u_{rS} nach VDE 0111, begrenzt wird, bezeichnet man als Schutzbereich.

Nach Bild 9.23 wird angenommen, daß im Punkt A einer durchgehenden Leitung, z. B. einer Durchgangsstation, ein Ableiter mit der Ansprechspannung $u_{as} = u_{re}$ angeschlossen ist. Über die Leitung läuft eine Wanderwelle mit keilförmiger Stirn, die in Bild 9.23 a am Ableiter gerade die Ansprechstoßspannung erreicht. Die weiterlaufende Welle hätte nach Bild 9.23 b im Punkt A eine die Ansprechstoßspannung um die Spannungsdifferenz Δu übersteigende Spannung. Da aber dort nach dem Ansprechen des Ableiters die Restspannung $u_{re} = u_{as}$ erhalten bleibt, ergibt sich mit den beidseitig ablaufenden negativen Wellen die gezeichnete Spannungsverteilung. Der Leitungspunkt 1 bildet hierbei die Grenze des Schutzbereichs, wenn bei ihm gerade die zulässige Spannung $u_{zul} = u_1$ erreicht ist, die nach Bild 9.23 c auch dann nicht mehr überschritten wird, wenn die Welle ihre Wanderung fortsetzt.

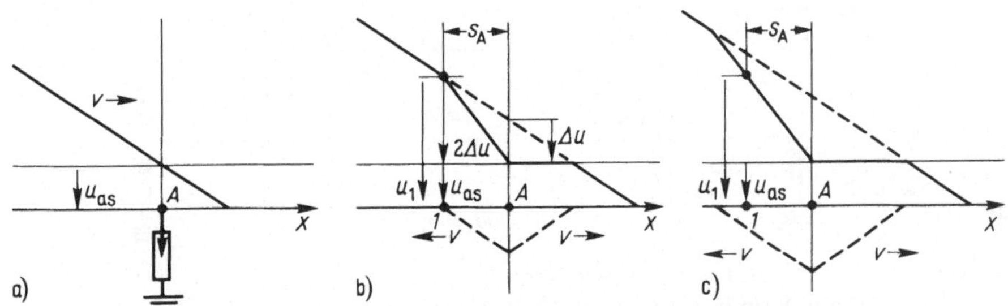

9.23 Spannungsverteilung beim Einlaufen einer keilförmigen Wanderwelle in den Anschlußpunkt des Ventilableiters A in einer Durchgangsstation
a) Spannung der Wellenstirn erreicht die Ansprechstoßspannung
b) Spannung im Leitungspunkt 1 erreicht ihren Höchstwert
c) Spannungshöchstwert im Leitungspunkt 1 bleibt bei weitergewanderter Welle erhalten

Nach Bild 9.23 b gilt für die höchste in Punkt 1 auftretende Spannung

$$u_1 = u_{as} + 2\,\Delta u \tag{9.34}$$

Mit der zeitlichen Steilheit der Wellenstirn S_w (z. B. in kV / µs), der Zeit t_A, die zum Durchlaufen der Strecke s_A benötigt wird, und der Wanderungsgeschwindigkeit $v = s_A / t_A$, ergibt sich der auf den Weg s_A bezogene Spannungsanstieg

$$\Delta u / s_A = S_w\, t_A / s_A = S_w / v \tag{9.35}$$

Wird die aus Gl. (9.35) ermittelte Spannungsdifferenz $\Delta u = S_w s_A / v$ in Gl. (9.34) eingesetzt, erhält man mit $u_1 = u_{zul}$ den Schutzbereich des Ableiters

$$s_A = (u_{zul} - u_{as})\, v / (2\, S_w) \qquad (9.36)$$

Ein Überspannungsableiter erstreckt seine Schutzfunktion also auch auf Betriebsmittel, die bezogen auf die Wanderungsrichtung der Welle vor dem Ableiter angeord~ sind, also von der Welle zuerst erreicht werden.

Der für die Durchgangsstation abgeleitete Schutzbereich nach Gl. (9.36) gilt auch für Kopfstationen. Nach Bild 9.24 a endet die Leitung bei einem Transformator, dessen Wellenwiderstand hier vereinfachend mit $Z_{Tr} = \infty$ angenommen wird. Der Transformator wird geschützt durch den im Punkt A vorgelagerten Überspannungsableiter. In Bild 9.24 b befindet sich der Ableiter hinter dem Transformator. In beiden Fällen ist diejenige Spannungsverteilung dargestellt, bei der die im Anschlußpunkt 1 des Transformators auftretende Überspannung bei Einlaufen einer Keilwelle gerade ihren Höchstwert aufweist. Auch hier gilt für die im Punkt 1 vorliegende Spannung $u_1 = u_{as} + 2\,\Delta u$ wie schon nach Gl. (9.34). Folglich trifft ebenfalls der Schutzbereich s_A nach Gl. (9.36) zu.

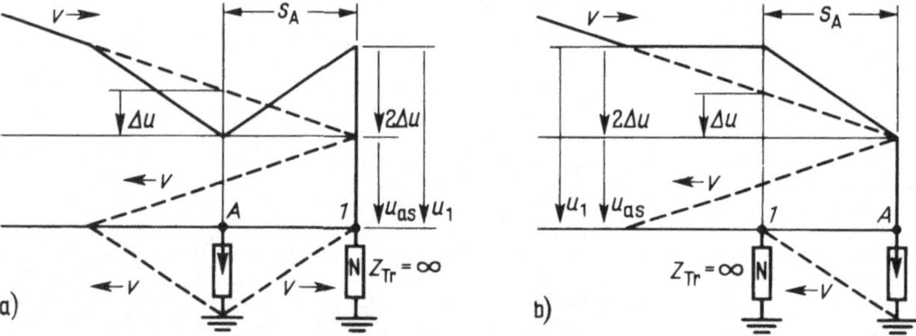

9.24 Spannungsverteilung in einer Kopfstation bei Einlauf einer keilförmigen Wanderwelle. Dargestellt ist der Zeitpunkt, bei dem die Spannung am Transformator (Punkt 1) ihren Höchstwert erreicht. Ableiter im Abstand s_A vor (a) und hinter dem Transformator (b)

Beispiel 9.11. Der in einer 110-kV-Umspannstation nach Bild 9.24 eingebaute Ableiter hat die Ansprechstoßspannung $u_{as} = 330$ kV. Die am Transformator ($Z_{Tr} = \infty$) auftretende Spannung soll den zulässigen Wert $u_{zul} = 420$ kV nicht überschreiten. Wie weit darf der Ableiter vom Umspanner höchstens entfernt sein, wenn Wanderwellen mit Stirnsteilheiten $S_w = 800$ kV / µs und Wanderungsgeschwindigkeiten v = 300 m / µs zu erwarten sind?

Mit Gl. (9.36) findet man für den Schutzbereich

$$s_A = (u_{zul} - u_{as})\, v / (2\, S_w) = (420\ \text{kV} - 330\ \text{kV})\,(300\ \text{m}/\mu\text{s}) / (2 \cdot 800\ \text{kV}/\mu\text{s})$$
$$= 16{,}9\ \text{m}$$

Beispiel 9.12. In Fortsetzung von Beispiel 9.8 soll nun an der Stoßstelle A (Bild 9.25) ein Überspannungsableiter mit der Ansprechstoßspannung $u_{as} = u_{re} = 80$ kV vorgesehen werden.

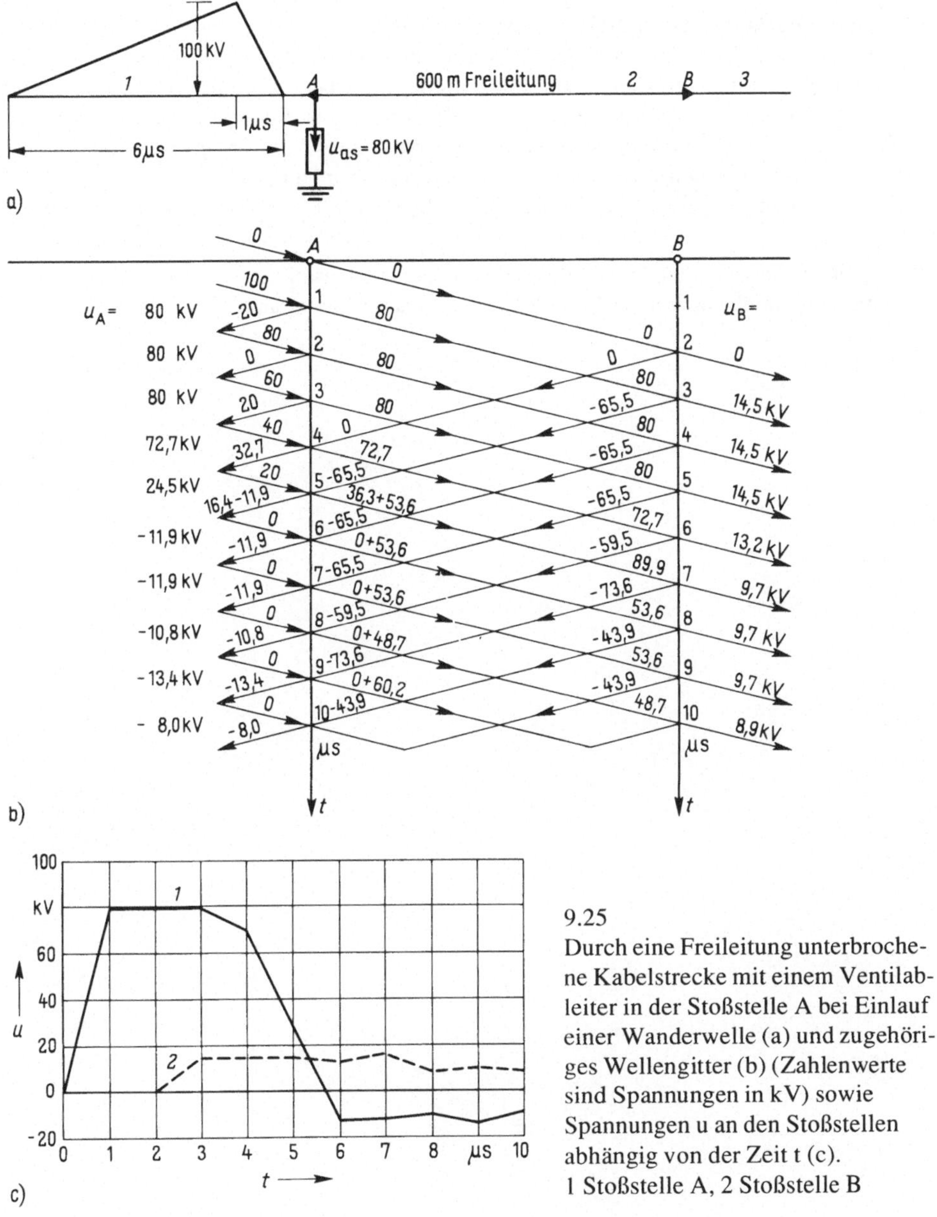

9.25
Durch eine Freileitung unterbrochene Kabelstrecke mit einem Ventilableiter in der Stoßstelle A bei Einlauf einer Wanderwelle (a) und zugehöriges Wellengitter (b) (Zahlenwerte sind Spannungen in kV) sowie Spannungen u an den Stoßstellen abhängig von der Zeit t (c).
1 Stoßstelle A, 2 Stoßstelle B

Mit den schon berechneten Brechungfaktoren b_{12} = 1,8182, b_{21} = b_{23} = 0,1818 und den Reflexionsfaktoren r_{12} = 0,8182, r_{21} = r_{23} = – 0,8182 sind die Spannungsverläufe an den Stoßstellen A und B zu ermitteln.

Das zugehörige Wellengitter zeigt Bild 9.25 b. An der Stoßstelle A wäre ohne Ableiter (s. Bild 9.25 b) zum Zeitpunkt t = 1 µs die gebrochene Welle mit der Spannung u_{G2} = 181,8 kV in die

Freileitung eingelaufen. Nach Bild 9.25 b erzwingt der Ableiter dort zum selben Zeitpunkt die Restspannung u_{re} = 80 kV. Solange also die ohne Ableiter auftretende Spannung die Ansprechstoßspannung erreicht oder überschreitet, ergeben sich die gebrochenen und reflektierten Wellen nicht aus den berechneten Brechungs- und Reflexionsfaktoren, sondern aus der vorgegebenen Spannungssumme. Da in Punkt A bei t = 1 µs die Spannung u_A = 80 kV betragen soll, muß folglich die reflektierte Welle mit der Spannung u_{R1} = – 20 kV in das Kabel zurücklaufen und die gebrochene Welle mit der Spannung u_{G2} = 80 kV in die Freileitung übergehen.

Ein Vergleich der in Bild 9.25 c dargestellten Spannungsverläufe mit jenen von Bild 9.15 c weist die erfolgreiche Spannungsbegrenzung durch den Ableiter aus.

Anhang

1. Umrechnung von Einheiten

1. Kraft F

$1\ N = 1\ kgm / s^2 = 0{,}102\ kp$
$1\ kp = 9{,}81\ N = 9{,}81\ kgm / s^2 \approx 1\ daN$

2. Arbeit W, Biegemoment und Drehmoment M

$1\ Nm = 1\ Ws = 1\ J = 0{,}2778\ mWh = 0{,}102\ kpm = 0{,}2388\ cal$
$1\ kWh = 3{,}6\ MNm$ $\quad$ $1\ kpm = 9{,}81\ Nm \approx 1\ daNm$
$1\ kcal = 4{,}187\ kNm = 1{,}163\ Wh$

3. Druck p, mechanische Spannung σ

$1\ N / m^2 = 1\ Pa = 1\ kg / s^2\ m = 10^{-5}\ bar = 1{,}02 \cdot 10^{-5}\ at = 0{,}75 \cdot 10^{-2}\ Torr$
$1\ bar = 10^5\ N / m^2 = 0{,}1\ N / mm^2 = 750\ Torr$
$1\ Torr = 1{,}33 \cdot 10^2\ N / m^2$
$1\ mm\ Ws = 1\ kp / m^2 = 9{,}81\ N / m^2$

Vorsätze zur Bezeichnung von dezimalen Vielfachen und Teilen von Einheiten

Exa-	(E)	für das 10^{18}	-fache	Dezi-	(d)	für das 10^{-1}	-fache
Peta-	(P)	für das 10^{15}	-fache	Zenti-	(c)	für das 10^{-2}	-fache
Tera-	(T)	für das 10^{12}	-fache	Milli-	(m)	für das 10^{-3}	-fache
Giga-	(G)	für das 10^{9}	-fache	Mikro	(μ)	für das 10^{-6}	-fache
Mega-	(M)	für das 10^{6}	-fache	Nano-	(n)	für das 10^{-9}	-fache
Kilo	(k)	für das 10^{3}	-fache	Pico-	(p)	für das 10^{-12}	-fache
Hekto-	(h)	für das 10^{2}	-fache	Femto	(f)	für das 10^{-15}	-fache
Deka-	(da)	für das 10	-fache	Atto	(a)	für das 10^{-18}	-fache

2. Weiterführendes Schrifttum

[1] B a a t z, H.: Überspannungen in Energieversorgungsnetzen. Berlin 1956
[2] B e y e r, M.; B o e c k, W.; M ö l l e r, K.; Z a e n g l, W.: Hochspannungstechnik. Berlin-Heidelberg-New York-London-Paris 1986
[3] B o c k e r, H.; R e i c h e r t, R.: Digitale Berechnung von elektrischen Feldern in metallgekapselten Anlagen. ETZ-A Jg. 94 (1973) S. 374 – 377
[4] B ö n i n g, P.: Kleines Lehrbuch der elektrischen Festigkeit. Karlsruhe 1955
[5] B ö n i n g, P.: Messung hoher elektrischer Spannungen. Karlsruhe 1953

[6] B u s c h, K.: Einige Betrachtungen über die Entstehung von Gleitentladungen bei der Durchschlagprüfung von plattenförmigen Isolierstoffproben. ETZ-A Jg.92 (1971) H.10, S. 604 – 606
[7] E c k a r d t, H.: Numerische Verfahren in der Energietechnik. Stuttgart 1978
[8] E T G - F a c h b e r i c h t e N r. 2: Dauerverhalten von Isolierstoffen und Isoliersystemen. Berlin 1977
[9] F e l i c i, N. J.: Elektrostatische Hochspannungs-Generatoren. Karlsruhe 1957
[10] F e s e r, K.: Messung hoher Stoßspannungen. etz Bd. 104 (1983) H. 17, S. 881 – 887
[11] F l e g l e r, E.: Einführung in die Hochspannungstechnik. Karlsruhe 1964
[12] G ä n g e r, B.: Der elektrische Durchschlag in Gasen. Berlin 1953
[13] H e i s e, W.: Tesla-Transformatoren. ETZ-A (1964) S. 1 – 8
[14] H e s s, H.: Der elektrische Durchschlag in Gasen. Braunschweig 1976
[15] H o s e m a n n, G.; B o e c k, W.: Grundlagen der elektrischen Energietechnik. Berlin-Heidelberg 1979
[16] I m h o f, A.: Hochspannungsisolierstoffe. Karlsruhe 1957
[17] K i n d, D.; K ä r n e r, H.: Hochspannungsisoliertechnik. Braunschweig 1982
[18] K i n d, D.: Einführung in die Hochspannungsversuchstechnik. 4. Aufl. Braunschweig 1985
[19] K n ö r r i c h, K.; K o l l e r, A.: Digitale Berechnung von ebenen und rotationssymmetrischen Potentialfeldern mit beliebigen Randbedingungen. ETZ-Report Nr. 5, (1971) Berlin
[20] K o h l r a u s c h, F.: Praktische Physik. Bd. 1 – 3. Stuttgart 1985–1986
[21] K o k, J. A.: Der elektrische Durchschlag in flüssigen Isolierstoffen. Philips, Technische Bibliothek 1963
[22] L a u t e n s c h l ä g e r, H.: Untersuchungen zum Vorentladungs- und Durchschlagverhalten von Isolierungen mit SF_6 und SF_6-Gasgemischen im inhomogenen Feld. Diss. T.H. Darmstadt 1985
[23] L e s c h, G.: Lehrbuch der Hochspannungstechnik. Berlin-Göttingen-Heidelberg 1959
[24] M a r x, E.: Hochspannungspraktikum. 2. Aufl. Berlin 1952
[25] M o r v a, T.: Verfahren zur Berechnung der elektrischen Feldstärke an Hochspannungs–elektroden. ETZ-A Bd.87 (1966) H. 26, S. 955 – 959
[26] M o s c h, W.; H a u s c h i l d, W.: Hochspannungsisolierungen mit Schwefelhexafluorid (SF_6). Berlin-Heidelberg 1979
[27] M ü n c h, W. v.: Werkstoffe der Elektrotechnik. 6. Aulfl. Stuttgart 1989
[28] O b u r g e r, W.: Isolierstoffe der Elektrotechnik. Wien 1957
[29] P a a s c h e, P.: Hochspannungs-Messungen. Berlin 1957
[30] P e i e r, D.; S t o l l e, D.: Ohmscher 1-MV-Teiler für Blitz- und Schaltstoßspannung. etz Bd. 108 (1987) H.6/7, S. 248 – 251
[31] P e r l i c k, P.: Der Wärmedurchschlag nach K. W. Wagner. ETZ-A Jg. 74 (1953) H. 6, S. 169 – 173
[32] P e s c h k e, E.: Einfluß der Feuchtigkeit auf das Durchschlag- und Überschlagverhalten bei hoher Gleichspannung in Luft. ETZ-A, Jg. 90 (1969) S. 7 – 13
[33] P e s c h k e, E.: Der Durch- und Überschlag bei hoher Gleichspannung in Luft. Diss. TH München 1968
[34] P f e i f f e r, R.; S o l d n e r, K.: Askarelgefüllte Transformatoren – Betriebsrisiko oder Zwang zur Substitution? Elektrizitätswirtschaft Jg. 83 (1984) H. 7, S. 306 – 309
[35] P h i l i p p o w, E.: Taschenbuch Elektrotechnik. Berlin 1987 – 1991

[36] Potthoff, K.; Widmann, W.: Meßtechnik der hohen Wechselspannung. Braunschweig 1965

[37] Prinz, H.; Zaengl, W.; Völker, O.: Das Bergeron-Verfahren zur Lösung von Wanderwellenaufgaben. Bull. SEV 53 (1962) Nr. 16, S. 725 – 739

[38] Prinz, H.: Hochspannungsfelder. München-Wien 1969

[39] Rosemann, K.-H.; Sundermeier, B.: Bestimmung des Ersatzschaltbildes von Hochspannungsprüftransformatoren und Berechnung mehrstufiger Kaskadenschaltungen. elektrische energie-technik, 25. Jahrg. (1980) Nr. 7, S. 333 – 337

[40] Rost, A.: Messung dielektrischer Stoffeigenschaften. Braunschweig 1978

[41] Roth, A.: Hochspannungstechnik. 5. Aufl. Wien 1965

[42] Rüdenberg, R.: Elektrische Wanderwellen. 4. Aufl. Berlin 1962

[43] Rüdenberg, R.: Elektrische Schaltvorgänge. 5. Aufl.Berlin 1973

[44] Schultz, H.; Zimmer, H.H.: Erfassung äußerer Teilentladungen (Korona) mit Restlichtverstärkern und Ultraschalldetektoren. Elektrizitätswirtschaft Jg. 79 (1980) H. 19, S. 704

[45] Schwab, A. J.: Hochspannungsmeßtechnik. Berlin 1969

[46] Schwaiger, A.: Elektrische Festigkeitslehre. Berlin 1925

[47] Sirotinski, L. I.: Hochspannungstechnik Bd. I, Teil 1, Gasentladungen. Berlin 1955

[48] Sirotinski, L. I.: Hochspannungstechnik Bd. I, Teil 2, Hochspannungsmessungen, Hochspannungslaboratorien. Berlin 1956

[49] Slamecka/Waterschek: Schaltvorgänge in Hoch- und Niederspannungsnetzen. Siemens AG. Berlin, München 1972

[50] Soldner, K. : Elektroisolierflüssigkeiten für Transformatoren – Tendenzen in der Entwicklung, Prüfung und Anwendung. Elektrizitätswirtschaft Jg. 83 (1984), H. 8, S. 365 – 372

[51] Sommer, E.: Isolieröle auf Mineralölbasis – Stand der Technik und aktuelle Fragen. Elektrizitätswirtschaft, Jg.83 (1984), H.8, S. 362 – 365

[52] Steinbigler, H.: Anfangsfeldstärken und Ausnutzungsfaktoren rotationssysmmetrischer Elektrodenanordnungen in Luft. Diss. T.H. München 1969

[53] Stiefel, E.: Einführung in die numerische Mathematik. 5. Aufl. Stuttgart 1976

[54] Striegel, R.; Helmchen, G.: Elektrische Stoßfestigkeit. 2. Aufl. Berlin-Göttingen-Heidelberg 1955

[55] Strnad, A.; Röhsler, H.: Die Häufigkeit rückwärtiger Überschläge und ihre Reduzierung. Elektrizitätswirtschaft Jg. 82 (1983) S. 386 – 390

[56] Wagner, K. W.: Der elektrische Durchschlag von festen Isolierstoffen. Arch. Elektrotechn. Bd. 39 (1948) S. 215

[57] Widmann, W.: Zur elektrischen Festigkeit von Transformatoröl. Wiss.Ber. AEG-Telefunken 42 (1969) 2, S. 71 – 76

[58] Winkelkemper H.; Hasse, P.: Gleitentladungen in SF_6 im Vergleich mit Luft ETZ-A Bd . 94 (1973) H. 7, S . 427 – 432

[59] Zimmer, H. H.; Schwab, A. J.: Luftfeuchtekorrektur für Teilentladungs-Einsetzspannungen an Freileitungs- und Schaltanlagenarmaturen. Elektriziätswirtschaft Jg. 84 (1985) H. 21, S. 851 – 865

[60] Zimmer, H. H.: Gleich-und Wechselspannungskorona an technisch relevanten Elektrodengeometrien unter Berücksichtigung des Luftfeuchteeinflusses. Diss. TU. Karlsruhe 1985

[61] Zimmer, H. H.; Schwab A. J.: Prüfanordnung für Teilentladungsmessung an Freileitungs- und Schaltanlagenarmaturen Elektrizitätswirtschaft Jg. 82 (1983) H. 8, S. 253

3. VDE-Bestimmungen (Auswahl)

VDE-Bestimmungen sind inzwischen DIN-Blätter, deren Nummern jetzt der Vorsatz DIN VDE aufweisen, z. B. DIN VDE 0210

VDE 0104	Errichten und Betreiben elektrischer Prüfanlagen
VDE 0110	Isolationskoordination für elektrische Betriebsmittel in Niederspannungsanlagen
VDE 0111	Isolationskoordination für Betriebsmittel in Drehstromnetzen über 1 kV
VDE 0141	Erdungen für Starkstromanlagen mit Nennspannungen über 1 kV
VDE 0210	Bau von Starkstromfreileitungen über 1 kV
VDE 0212	Armaturen für Freileitungen und Schaltanlagen Teil 53: Teilentladungsverhalten von Armaturen, Anforderungen, Prüfung
VDE 0255	Bestimmungen für Kabel mit massegetränkter Papierisolierung und Metallmantel für Starkstromanlagen
VDE 0256	Niederdruck-Ölkabel und ihre Garnituren für Nennspannungen bis U_0 / U 230 / 400 kV
VDE 0257	Bestimmungen für Gasaußendruckkabel im Stahlrohr und ihre Garnituren für Wechsel- und Drehstromanlagen mit Nennspannungen bis 275 kV
VDE 0258	Gasinnendruckkabel und ihre Garnituren für Wechsel- und Drehstromanlagen mit Nennspannungen bis 275 kV
VDE 0265	VDE-Bestimmung für Kabel mit Kunststoffisolierung und Bleimantel für Starkstromanlagen
VDE 0271	Kabel mit Isolierung und Mantel aus thermoplastischem PVC mit Nennspannungen bis 6/10 kV
VDE 0272	Kabel mit Isolierung aus vernetztem Polyethylen und Mantel aus thermoplastischem PVC; Nennspannung U_0 / U 0,6 / 1 kV
VDE 0273	Kabel mit Isolierung aus vernetztem Polyethylen; Nennspannungen: U_0 / U 6 / 10, 12 / 20 und 18 / 30 kV
VDE 0298	Verwendung von Kabeln und isolierten Leitungen für Starkstromanlagen
VDE 0303	VDE-Bestimmung für elektrische Prüfung von Isolierstoffen
VDE 0311	VDE-Bestimmung für Isolierpapiere
VDE 0312	Regeln für Prüfverfahren an Schichtpreßstoffen: Vulkanfiber für die Elektrotechnik
VDE 0315	Regeln für Prüfverfahren an Schichtpreßstoffen: Preßspan für die Elektrotechnik
VDE 0318	VDE-Bestimmung für die Schichtpreßstoff-Erzeugnisse Hartpapier, Hartgewebe und Hartmatte

VDE 0335 Keramik- und Glas-Isolierstoffe

VDE 0370 Isolieröle

VDE 0373 Bestimmungen für Schwefelhexafluorid (SF_6)

VDE 0432 Hochspannungs-Prüftechnik

VDE 0433 Erzeugung und Messung von Hochspannungen

VDE 0434 Hochspannungsprüftechnik; Teilentladungsmessung

VDE 0441 Prüfung von Kunststoffisolatoren für Betriebswechselspannungen über 1 kV

VDE 0446 Bestimmungen für Isolatoren für Freileitungen, Fahrleitungen und Fernmeldeleitungen

VDE 0448 Prüfung von Isolatoren für Betriebswechselspannungen über 1 kV unter Fremdschichteinfluß

VDE 0472 Prüfungen an Kabeln und isolierten Leitungen

VDE 0670 Wechselstromschaltgeräte für Spannungen über 1 kV

VDE 0674 Prüfung von Innenraum- und Freiluft-Stützisolatoren aus Keramik oder Glas für Betriebsspannungen über 1 kV

VDE 0675 Überspannungsschutzgeräte

4. Normblätter (Auswahl)

DIN 1301 Einheiten; Einheitennamen, Einheitenzeichen

DIN 1302 Mathematische Zeichen

DIN 1304 Allgemeine Formelzeichen

DIN 1311 Schwingungslehre

DIN 1313 Schreibweise physikalischer Gleichungen in Naturwissenschaft und Technik

DIN 1323 Elektrische Spannung, Potential, Zweipolquelle, elektromotorische Kraft

DIN 1324 Elektrisches Feld

DIN 1326 Gasentladungen; Stationäre Entladungen

DIN 1357 Einheiten elektrischer Größen

DIN 4897 Elektrische Energieversorgung; Formelzeichen

DIN 5483 Formelzeichen für zeitabhängige Größen

DIN 40002 Nenn- und Reihenspannungen von 100 kV bis 380 kV

DIN 40108 Gleich- und Wechselstromsysteme; Begriffe, Benennungen und Kennzeichnungen

DIN 40110 Wechselstromgrößen

DIN 48006 Isolatoren für Starkstrom-Freileitungen

DIN 48134 bis 48136 Stützer für Innenanlagen

DIN 51507 Anforderungen an Isolieröle für elektrische Geräte

DIN 53480 bis 53 486 VDE-Bestimmung für elektrische Prüfungen von Isolierstoffen

5. Formelzeichen

(In Klammern Abschnittsnummern der Einführung der Zeichen)

Die im Text in Normalschrift gesetzten Formelzeichen (s. Vorwort) bezeichnen skalare Größen. Nur in den Bildern sind die Formelzeichen durch Schrägschrift hervorgehoben. Vektoren sind durch Pfeile über den Formelzeichen (z. B. $\vec{D}, \vec{E}$), komplexe Größen durch Unterstreichen (z. B. $\underline{I}, \underline{U}, \underline{Z}$) und bezogene Größen durch ′ (z. B. C′, L′) gekennzeichnet.

Die Zeitwerte der Wechselstromgrößen sind klein geschrieben (z. B. i, u), die Effektivwerte der Wechselstromgrößen (und Gleichwerte) sind durch große Buchstaben (z. B. I, U) hervorgehoben.

Die zunächst aufgeführten Indizes kennzeichnen i. allg. unmißverständlich die angegebene Zuordnung. Die mit diesen Indizes versehenen Formelzeichen werden deshalb nur in Sonderfällen in der Formelzeichenliste aufgeführt. Auch sind die nur auf einer Seite (oder in einem engen Seitenbereich) vorkommenden Formelzeichen hier nicht immer angegeben.

Indizes

A	Ableiter	max	Höchstwert
a	Anfangswert	mi	Mittelwert
b	Belastung	N	Nennwert
C	Kapazität	O	Oberfläche
D	Durchgang	P	Prüfling
d	dielektrisch	Q	Ladung
E	Erde	r	Relativwert
e	elektrisch	Str	Stromwärme
i	Ionisation	T	tangential
kr	kritisch	ü	Überschlag
L	Leiter	w	Wirkkomponente
M	Messung	o	Bezugs- oder Ausgangsgröße

Formelzeichen

A	Fläche, Querschnitt (1.3)	C′	Kapazitätsbelag (9.2.1)
A, A′	Gaskonstante (2.3.2)	C_1, C_2	Konstante (2.4.1)
a	Konstante (1.2)	C_{LE}	Luft-Einheitskapazität (1.5.6)
a	Dicke (1.5)	C_m	Kapazität mit Streufeld (1.5)
a	Kantenlänge eines Feldkästchens (1.1 1.1)	C_0	Kapazität ohne Streufeld (1.5)
		C_s	Stoßkapazität (6.3.2)
B, B′	Gaskonstante (2.3.2)	c	Lichtgeschwindigkeit (1.6)
b	Dicke (1 .9.6)	c	Dicke (1.9.6)
b	Kantenlänge eines Feldkästchens (1.1.1.1)	D	Verschiebungsdichte (1.3)
		D	Durchmesser (7.1)
b	Beweglichkeit (2.3.1)	d	Achsabstand (1.5.4)
b	Brechungsfaktor (9.2.2.1)	d	Verlustfaktor (1.9.2)
C	Kapazität (1.4)	E	Elektrische Feldstärke (1.1)

Symbol	Bedeutung
E_d	Durchschlagfeldstärke (2.4.1)
E_K	Feldstärke an der Oberfläche des Atomkerns (2.2)
E_M	Elastizitätsmodul (3.2.4)
e	Basis des natürlichen Logarithmus (1.5.2)
F	Kraft (1.1)
f	Frequenz (1.9.2)
f_a	absolute Luftfeuchte (2.6.4)
f_{ao}	Normfeuchte (2.6.4)
f_{as}	Sättigungswert der Luftfeuchte (2.6.4)
f_m	Minderungsfaktor (3.2.1.2)
f_r	relative Luftfeuchte (2.6.4)
G	Leitwert (1.9.2)
G'	Querleitwertsbelag (9.2.1)
H	Höhe (1.5.5)
h	Höhe (1.5)
h_w	Plancksches Wirkungsquantum (2.2)
I	Strom (1.9.2)
$\vec{i}$	Einheitsvektor in x-Richtung (1.2)
i_E	Strom der einlaufenden Welle (9.2.2.1)
i_f	Folgestrom (9.3.1)
i_h	Strom der hinlaufenden Welle (9.2.1)
i_q	Querstrom (9.2.1)
i_r	Strom der rücklaufenden Welle (9.2.1)
i_s	Ableitstoßstrom (9.3.1)
$\vec{j}$	Einheitsvektor in y-Richtung (1.2)
K	Konstante (1.5.4)
K_k	Kugel-Schichtungskoeffizient (1.9.6.3)
K_p	Platten Schichtungskoeffizient (1.9.6)
K_z	Zylinder-Schichtungskoeffizient (1.9.6.2)
$\vec{k}$	Einheitsvektor in z-Richtung (1.2)
k	Boltzmann-Konstante (2.3.1)
k	Reduktionsfaktor (3.2.1.1)
k	Exponentialkoeffizient (3.2.3)
k_d	Luftdichte-Korrekturfaktor (2.4.4)
k_f	Luftfeuchte-Korrekturfaktor (7.1)
k_h	Feuchte-Korrekturfaktor (2.6.4)
k_0	Korrekturfaktor (7.1)
k_1, k_2	Zeitfaktoren (7.3.2)
L	Induktivität (6.1.3)
L'	Induktivitätsbelag (9.2.1)
ℓ	Länge (1.5.1)
m	Konstante (1.2)
m	Anzahl der Feldkästchen (1.11.1)
m	Masse (2.1)
m_0	Ruhemasse (2.1)
N	Anzahl der Moleküle je Raumeinheit (2.3 . 1)
n	Anzahl der Feldkästchen (1.11.1)
n	Anzahl der Ladungsträger (2.3.3)
n	Konstante (2.6.1.1)
P	Leistung (3.2.1)
P_a	abgeführte Leistung (3.2.1)
P_d	dielektrische Verlustleistung (1.9.2)
P_z	zugeführte Leistung (3.2.1)
p	Geometriekennwert (1 5.6)
p	Druck (2.3.1)
p_e	Kraftdichte (1.8)
p_{ij}	Ladungskoeffizient (1.10.2)
Q	elektrische Ladung (1.3)
Q_p	Probeladung (1.1)
q	Geometriekennwert (1.12.1)
R	Wirkwiderstand (1.9.2)
R	Radius (1.12.1)
R'	Wirkwiderstandsbelag (9.2.1)
R_d	Dämpfungswiderstand (6.3.2)
R_e	Entladewiderstand (6.3.2)
R_ℓ	Ladewiderstand (6.3.2)
R_ϑ	Wärmewiderstand (3.2.1.1)
r	Radius (1.2)
r	Reflexionsfaktor (9.2.2.1)
r_B	Bahnradius (2.2)
r_K	Kernradius (2.2)
r_k	Krümmungsradius (2.6.1)
r_M	Molekülradius (2.3.1)
r_Q	Ladungsträger-Radius (2.3.1)
S	Scheinleistung (6.1.2)
S_w	Steilheit der Wellenstirn (9.3.2)
s	Weg, Schlagweite (1.3)

s_A Schutzbereich (9.3.2)
$s_ü$ Überschlagsweg (2.7)
T absolute Temperatur (2.3.1)
T Periodendauer (6.1.1)
T Zeitkonstante (7.4)
T_c Abschneidezeit (6.3.1)
T_{cr} Scheitelzeit (6.3.1)
T_d Scheiteldauer (6.3.1)
T_r Antwortzeit (7.4)
T_0 Normtemperatur (2.3.2)
T_1 Stirnzeit (6.3.1)
T_2 Rückenhalbwertzeit (6.3.1)
t Zeit (7.4)
t_a Aufbauzeit (2.4.3)
t_d Beanspruchungsdauer (8.1.1.1)
t_s Statistische Streuzeit (2.4.3)
t_v Entladeverzugszeit (2.4.3)
U Spannung (1.2)
U_A Aussetzspannung (2.6.5)
$U_{bü}$ Büscheleinsetzspannung (2.6)
U_d Durchschlagspannung (2.3)
$\overline{U}_d$ Mittelwert der Durchschlagspannungen (5.1.1)
U_{dw} Wärmedurchschlagspannung (3.2.1)
U_{d0} Durchschlagspannung bei Normalbedingungen (2.4.4)
U_E Einsetzspannung (2.6.5)
U_ℓ Ladespannung (6.3.2)
$U_{p\sim}$ Prüfwechselspannung (8.1.1.2)
U_{rB} Nenn-Steh-Blitzstoßspannung (8.1.1.1)
U_{rS} Nenn-Steh-Schaltstoßspannung (8.1.1.1)
U_{rW} Nenn-Steh-Wechselspannung (8.1.1.1)
U_0 Spannung gegen Erde (8.1.1.2)
u_{as} Ansprechstoßspannung (9.3.1)
u_E Spannung der einlaufenden Welle (9.2.2.1)
u_G Spannung der gebrochenen Welle (9.2.2.1)
u_h Spannung der hinlaufenden Welle (9.2.1)
u_R Spannung der reflektierten Welle (9.2.2.1)
u_r Spannung der rücklaufenden Welle (9.2.1)
u_{re} Restspannung (9.3.1)
$u_{üs}$ Überschlagstoßspannung (6.3.1)
$u_{üs50}$ 50%-Überschlagstoßspannung (6.3.1)
u_z relative Kurzschlußspannung (5.1.2)
$ü$ Übersetzungsverhältnis (7.4.1)
V Volumen (1.7)
v Geschwindigkeit (1.6)
W Energie (1.8)
W_a Austrittsarbeit (2.2)
W_e elektrische Energie (1.8)
W_i Ionisierungsenergie (2.2)
W_{kin} kinetische Energie (2.1)
W_p potentielle Energie (1.2)
w_e Energiedichte (1.8)
x Ortsveränderliche (1.2)
Y Leitwert (1.9.2)
y Ortsveränderliche (1.2)
Z Impedanz (8.2.2)
Z_L Wellenwiderstand (7.4.2)
z Ortsveränderliche (1.7)
z Anzahl der Zusammenstöße (2.3.1)
z_0 Stoßzahl (2.3.1)
α Winkel(1.3)
α Ionisierungskoeffizient (2.3.2)
α Temperaturbeiwert (3.2.1.2)
$\overline{\alpha}$ Wirksamer Ionisierungskoeffizient (2.3.2)
α_k Wärmeübergangszahl (3.2.1.3)
β Temperaturbeiwert (3.2.1.3)
γ elektrische Leitfähigkeit (1.9.2)
γ Rückwirkungskoeffizient (2.3.4)
Δ Differenz (3.2.2)
ΔA Teilfläche (2.7)
ΔQ nachfließende Ladung (3.2.2)
Δt Zeitdifferenz (9.2.2.3)
$\Delta Ü_ü$ Überspannung (2.4.3)
Δu Spannungsdifferenz (3.2.2)
$\Delta \vartheta$ Temperaturdifferenz (3.2. 1)
δ Verlustwinkel (1.9.2)
δ relative Gasdichte (2.4.4)
ε Permittivität (1.3)
ε_0 elektrische Feldkonstante (1.3)
ε_r Dielektrizitätszahl (1.3)

ε_r''	dielektrische Verlustzahl (1.9.2)
η	Ausnutzungsfaktor (1.12)
η	Anlagerungskoeffizient (2.3.2)
η_a	Ausnutzungsgrad (6.3.2)
ϑ	Temperatur (3.2.1)
ϑ_a	Außentemperatur (3.2.1)
ϑ_i	Innentemperatur (3.2.1)
λ	Wellenlänge (2.2)
λ	Wärmeleitfähigkeit (3.2.1)
λ_m	Mittlere freie Weglänge (2.3.1)
μ_r	Permeabilitätszahl (9.2.1)
μ_0	magnetische Feldkonstante (9.2.1)
ρ	Raumladungsdichte (1.7)
ρ	Gasdichte (2.4.4)
σ	Temperaturbeiwert (3.2.1)
σ	Standardabweichung (5.1.1)
τ	Laufzeit der Welle (9.2.2.3)
φ	elektrisches Potential (1.2)
ψ	Verschiebungsfluß (1.3)
ω	Kreisfrequenz (1.9.2)

Sachverzeichnis

Moeller, Leitfaden der Elektrotechnik

Herausgegeben von Prof. Dr.-Ing. **H. Fricke,** Braunschweig, Prof. Dr.-Ing. **H. Frohne,** Hannover, Prof. Dr.-Ing. **N. Höptner,** Karlsruhe, Prof. Dr.-Ing. **K.-H. Löcherer,** Hannover, und Prof. Dr.-Ing. **P. Vaske †**

Band I

Grundlagen der Elektrotechnik

Teil 1: Elektrische Netzwerke
Von Prof. Dr.-Ing. **H. Fricke,** Braunschweig, und Prof. Dr.-Ing. **P. Vaske**
17., neubearbeitete und erweiterte Auflage. XVIII, 733 Seiten mit 567 teils mehrfarbigen Bildern, 34 Tafeln und 553 Beispielen. Geb. DM 68,– ISBN 3-519-06403-0

Teil 2: Elektrische und magnetische Felder
Von Prof. Dr.-Ing. **H. Frohne,** Hannover
ca. 350 Seiten mit ca. 250 Bildern. Geb. ca. DM 54,– ISBN 3-519-06404-9

Teil 3: Elektrische und magnetische Eigenschaften der Materie
Von Prof. Dr. phil. nat. **W. von Münch,** Stuttgart
X, 276 Seiten mit 210 Bildern, 44 Tafeln und 40 Beispielen. Geb. DM 56,– ISBN 3-519-06409-X

Band II

Elektrische Maschinen und Umformer

Teil 1: Aufbau, Wirkungsweise und Betriebsverhalten
Von Prof. Dr.-Ing. **P. Vaske**
12., neubearbeitete und erweiterte Auflage. XII, 289 Seiten mit 248 teils zweifarbigen Bildern, 12 Tafeln und 61 Beispielen. Kart. DM 48,– ISBN 3-519-16401-9

Band III

Bauelemente der Halbleiterelektronik

Von Prof. Dr. rer. nat. **H. Tholl,** Hamburg
Teil 2: Feldeffekt-Transistoren, Thyristoren und Optoelektronik
XII, 323 Seiten mit 309 Bildern, 32 Tafeln und 77 Beispielen. Kart. DM 48,– ISBN 3-519-06419-7

Band IV

Grundlagen der elektrischen Meßtechnik

Von Prof. Dr.-Ing. **H. Frohne,** Hannover, und Prof. Dr.-Ing. **E. Ueckert,** Hannover
XII, 548 Seiten mit 271 Bildern, 48 Tafeln und 111 Beispielen. Geb. DM 74,– ISBN 3-519-06406-5

Band V

Grundlagen der Regelungstechnik

Von Prof. Dr.-Ing. **F. Dörrscheidt,** Paderborn, und Prof. Dr.-Ing. **W. Latzel,** Paderborn
XII, 466 Seiten mit 401 Bildern, 30 Tafeln und 134 Beispielen. Geb. DM 58,– ISBN 3-519-06421-9

Moeller, Leitfaden der Elektrotechnik

Band VI

Hochspannungstechnik

Von Prof. Dr.-Ing. **G. Hilgarth,** Braunschweig/Wolfenbüttel

XII, 230 Seiten mit 172 Bildern, 16 Tafeln und 46 Beispielen. Kart. DM 48,– ISBN 3-519-16422-1

Band IX

Elektrische Energieverteilung

Von Prof. Dip.-Ing. **R. Flosdorff,** Aachen, und Prof. Dr.-Ing. **G. Hilgarth,** Braunschweig/Wolfenbüttel

5., überarbeitete Auflage. XIV, 352 Seiten mit 274 Bildern, 46 Tafeln und 72 Beispielen. Kart. DM 54,– ISBN 3-519-46411-X

Band X

Digitaltechnik

Von Prof. Dipl.-Ing. **L. Borucki,** Krefeld
unter Mitwirkung von Prof. Dipl.-Ing. **G. Stockfisch,** Moers

3., überarbeitete und erweiterte Auflage. XIV, 334 Seiten mit 318 Bildern, 82 Tafeln und 55 Beispielen. Kart. DM 52,– ISBN 3-519-26415-3

Band XI

Grundlagen der elektrischen Nachrichtenübertragung

Von Prof. Dr.-Ing. **H. Fricke,** Braunschweig, Prof. Dr.-Ing. habil. **K. Lamberts,** Clausthal, und Prof. Dipl.-Ing. **E. Patzelt,** Braunschweig/Wolfenbüttel

XV, 375 Seiten mit 302 Bildern, 15 Tafeln und 39 Beispielen. Geb. DM 58,– ISBN 3-519-06416-2

Band XII

Grundlagen der Verstärker

Von Prof. Dr.-Ing. **H. Gad,** Lemgo, und Prof. Dr.-Ing. **H. Fricke,** Braunschweig

XII, 305 Seiten mit 202 Bildern, 1 Tafel und 90 Beispielen. Kart. DM 54,– ISBN 3-519-06417-0

Band XIII

Grundlagen der Impulstechnik

Von Prof. Dr.-Ing. **G.-H. Schildt,** Wien

XII, 439 Seiten mit 364 Bildern, 9 Tafeln und 34 Beispielen. Kart. DM 68,– ISBN 3-519-06412-X

Preisänderungen vorbehalten

B. G. Teubner Stuttgart

Günther Hilgarth

Hochspannungstechnik

2., überarbeitete und erweiterte Auflage
(Moeller, Leitfaden der Elektrotechnik)
ISBN 3-519-16422-1
B.G. Teubner Stuttgart 1992

Korrekturblatt

Durch ein technisches Versehen wurden die für die 2. Auflage des Buches neugestalteten Abbildungen 2.23 (Seite 93) und 2.30 (Seite 99) mit den Abbildungen der 1. Auflage verwechselt. Die Abbildung 2.12 (Seite 78) wurde falsch montiert.

Die für die 2. Auflage verbesserten Abbildungen sind in diesem Korrekturblatt wiedergegeben. Sie können ausgeschnitten und an der entsprechenden Stelle im Buch eingeklebt werden.

Seite 78, Abbildung 2.12:

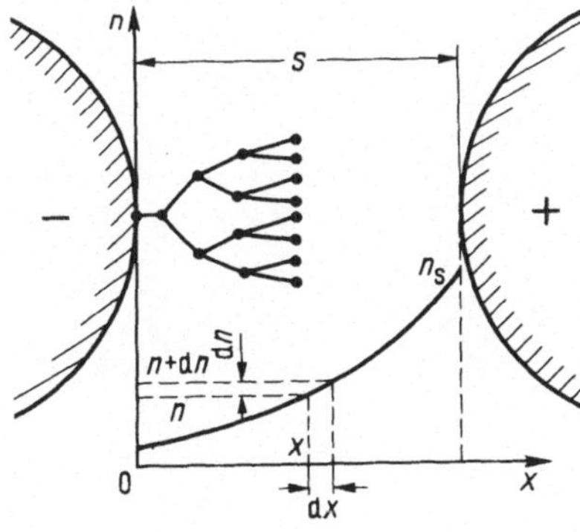

2.12
Elektronenlawine

Seite 93, Abbildung 2.23:

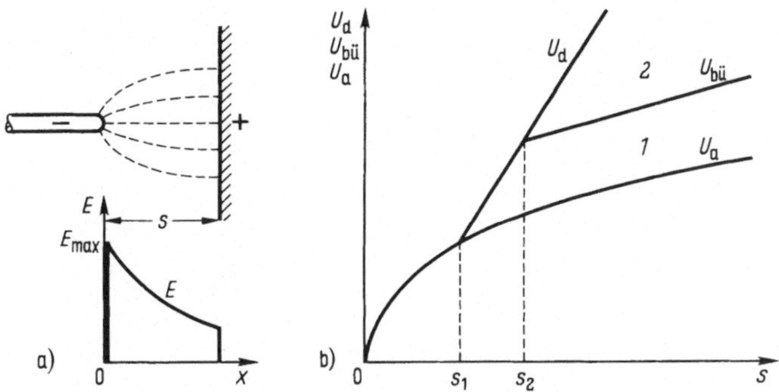

2.23 Spitze-Platte-Anordnung mit Feldstärkeverteilung (a) und Anfangsspannung U_a, Büscheleinsetzspannung $U_{bü}$ und Durchschlagspannung U_d abhängig von der Schlagweite s (b). 1 Glimmen, 2 Stielbüschel

Seite 99, Abbildung 2.30:

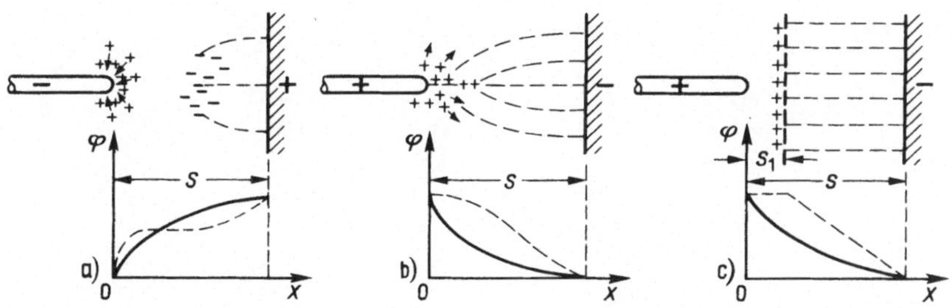

2.30 Spitze-Platte-Anordnung mit elektrischer Potentialverteilung bei negativer Spitze (a), positiver Spitze (b) und positiver Spitze mit dünnem Schirm (c) (———) ohne und (- - - -) mit Raumladung